U0260933

西安曲江文化产业投资（集团）有限公司资助文化项目

西安生态文明启示录

XI'ANSHENGTAIWENMINGQISHILU

张骅 著

西安出版社

图书在版编目（CIP）数据

西安生态文明启示录 / 张骅主编. —西安 ：西安出版社, 2013.3

ISBN 978-7-5541-0111-7

Ⅰ. ①西… Ⅱ. ①张… Ⅲ. ①生态文明－研究－西安市

Ⅳ. ①X321.241.1

中国版本图书馆CIP数据核字（2013）第058222号

西安生态文明启示录

著　　者	张　骅
出版发行	西安出版社
社　　址	西安市长安北路56号
电　　话	（029）85253740
邮政编码	710061
印　　刷	陕西汇丰印务有限公司
开　　本	787mm×1092mm　1/16
印　　张	24
字　　数	356千
版　　次	2013年3月第1版
	2013年3月第1次印刷
书　　号	ISBN 978-7-5541-0111-7
定　　价	50.00元

■ 西安蓝田猿人

■ 西安半坡博物馆

■ 西安钟楼

■ 西安鼓楼

■ 西安城墙

■ 大唐芙蓉园夜景

▌大雁塔北广场

▌秦始皇陵

■ 大唐不夜城

■ 长安塔

▌华清池全景

▌贞观之治雕像

缔造生态文明 建设美丽西安

——《西安生态文明启示录》序

段先念

随着人类工业化、城市化进程的加快，以及人口的爆炸，对土地、森林、水源、矿产等资源的消耗和破坏，对自然环境造成了重大伤害，森林减少、水源萎缩、草原退化、土地沙化、气候变暖、冰川融化、旱涝频生、三废污染、物种灭绝，给人类带来深重的灾难，饥饿和贫困应运而生。所以拯救地球，重视环境，保护和维持自然界的生态平衡，从古到今，都是人类面临的永恒主题和责任。

美索不达米亚平原，有底格里斯河和幼发拉底河穿过，土地肥美，水利发达，巴比伦王国在这里创造了著名的巴比伦文化，对世界文明做出了卓越的贡献，后来这一地区森林遭到砍伐，水土流失，江河泛滥，巴比伦城被泥沙掩埋，变为废墟。同样，我国新疆的楼兰古城因为水源枯竭、土地沙化而毁灭；江苏的泗洲城因洪水淹没在地下，河南的开封宋城因黄河泥沙而埋没。在陕西，陕北的大夏首都统万城因土地沙化而废灭，陕南平利老县城因洪灾而废弃。所有这些都说明，城市失去生态文明的支撑，社会文明就将毁于一旦。

西安之所以成为周秦汉唐等13个王朝的建都之地，创造了光辉灿烂的历史文化，成为中华文明的发祥地，是因为有良好的生态环境为支撑。这里地处关中平原，土地肥沃，物产丰富，秦岭横亘，

1

森林茂密，八水环绕，水源充沛，关塞险要，固若金汤，水陆交通，四通八达，衍生文化，源远流长，一度形成世界最大的国际都会，位列中国八大古都之首，与罗马、开罗、雅典并列为世界四大古都，成为历史的骄傲与自豪。

自唐代以后，中国政治中心东移，西安失去京都地位，自然环境不断受到破坏。建国后，再经过1958年的大炼钢铁、1962年困难时期的毁林开荒、"文化大革命"期间的割资本主义尾巴，使秦岭森林锐减，仅宁东、宁西、太白等6个森工采伐企业，伐木680万立方米。八水环绕的长安，失去森林的涵养，水源萎缩，造成1995年水荒。而大量开采地下水，导致地面沉降，造成11条裂缝，使大雁塔向西倾斜1米。为此不得不从眉县石头河水库和周至县黑河水库实行跨流域调水，付出了沉重的代价。目前正在兴建蓝田县李家河水库和引汉济渭工程，以解决西安和关中用水之虞。上世纪80年代以来，乡镇工业突飞猛进，造纸、电镀等五小工业遍地开花，加上加工业、城镇化的迅速发展，三废污染日益严重，渭河年排污量达到3.75亿吨，COD排放约13.83亿吨。全市拥有汽车151万辆，空气日益恶化，少见蓝天白云。年产生活垃圾200万吨以上，年产建筑垃圾3050万吨，加上人口由解放初的30多万增加到现在的850万，对各类资源消耗剧增，给西安生态环境治理和改善造成了巨大的压力。

从上世纪80年代末开始，西安市委、市政府十分重视生态建设和环境保护，解决了城市水荒，治理河患，防治三废污染，大力植树造林，退耕还林，实施大水大绿工程，举办了世界园艺博览会，建设生态西安，取得显著成绩，使西安生态环境得到极大的改善。以生态文明推动经济文化建设，带来了巨大的经济、生态、社会效益。党的十八大提出，建设"美丽中国"的艰巨任务。展望未来，西安的生态建设、环境保护依然是任重而道远。

基于以上情况，2011年，在市文史馆召开的"生态文明与城市发展"研讨会上，我责成文史馆编著出版一部《西安生态文明启示录》的书，得到了文史馆领导的高度重视和支持。随后文史馆召集专家研讨，拟定编写大纲，报市政府立项，得到了批准。

文史馆把编写任务落实给馆员张骅同志。他是一位水土保持专家，从事水利工作三十多年，又是一位文史专家和剧作家，一生出书32本，是一位很有造诣的学者。他花了半年时间，终于完成了近四十万字的书稿，我向他表示祝贺，对他的辛勤劳动和文史馆的领导的大力支持表示感谢。

纵观全书，我有以下几点感受：

一是全面论述了西安古代的生态文明，展示了周秦汉唐生态文明保护和建设的业绩，关中平原，八水环绕，兴修水利，保护森林资源，发展水陆交通，营造园林，缔造生态文明，繁荣文化，环保立法等，给人留下了深刻的印象。

二是全面论述了西安从唐代以后至建国以来，生态文明的破坏，诸如森林锐减，水源萎缩，水旱频繁，三废污染，物种灭绝，战火纷飞等人为和自然因素对生态环境的破坏。

三是浓墨重彩，用二十三个条目，记述了西安建国后特别是改革开放以来，生态文明建设取得的巨大成就。从培植森林、退耕还林、营造园林、世园会议、生态农业、兴修水利、南水北调、八水入城、群湖相映、山水旅游、三废防治、现代交通、强化人防、抗震防灾、计划生育、控制人口、建设国际化大都市等方面，论述了西安生态建设的巨大成就，同时也指出了不足。

四是就西安生态文明的启示作了深入论述，立足西安，涉及全国，放眼世界，揭示了生态文明建设的重要性。尤其是对在生态文明建设中发展、强化领导机制，做了深刻的阐述，给人启迪。

纵观全书，是一部很好的生态文明建设的高端论述，是各级行政领导、各个部门、大专师生、工人农民、广大市民不可或缺的读物。这些感受，权当作序。

2012年12月20日

◇目 录

第三章　西安生态文明的建设

第四章　西安生态文明建设的启示

⊙ 第一章
西安古代的生态文明

西安，古称长安，是周秦汉唐等13个王朝建都的地方，历时1132年，是中国古代政治、经济、文化中心和交通枢纽，是中国奴隶社会和封建社会最鼎盛的时期。西安是中国八大古都（另有洛阳、开封、南京、杭州、北京、安阳、郑州）之首。唯有西安连同罗马、开罗、雅典被列为世界四大古都，对世界文明进步做出过巨大贡献，驰名五洲。

西安之所以成为世界古都，除军事战略和经济区位优势外，关键是有着得天独厚良好的生态环境和保护改善生态的有效手段的支撑，因为有古代的生态文明，才能演绎出社会文明和古国文明。

世界文明古国巴比伦（今伊拉克），位于美索不达米亚平原，有底格里斯河和幼发拉底河穿过，土地肥美，水利发达，古巴比伦人在这里创造了著名的两河文化（也称巴比伦文化），在这里建造了世界七大奇迹之一的巴比伦空中花园、玛克笃克神像等。通过探索，他们认识了金木水火土五大行星，绘制了黄道十二星座图，计算出一年的时间为365天6时15分4秒，和近代计算仅相差26分55秒，开创了六十进位法和十进位法、算术四则和分数的应用等，对世界文明做出了贡献。巴比伦山青水秀，农业发达，文化昌盛，一个最根本的原因是有良好的生态环境为支撑，因此在公元前1800-600年间闻名于世。后来山上的森林遭大量砍伐破坏，水土流失，江河泛滥，巴比伦至公元前四世纪开始走向衰落，著名的巴比伦城被泥沙掩埋，变为废墟，城

堡、花园、神像也被埋没，巴比伦文明从此毁灭。

同样在中国著名的新疆楼兰城、陕北西夏国都统万城、江苏的泗洲城、河南的开封宋城等，因当年生态环境良好而兴旺，后来因水源枯竭、土地沙化、洪水泛滥而毁灭，可见城市的兴衰存亡与生态环境的保护息息相关，举足轻重。下面我们将分别论述西安古代良好生态环境的因素。

第一节 关中平原 天府之国

西安地处关中平原的中心地带，有得天独厚的地理优势。渭河发源于甘肃省渭源县西南的鸟鼠山，经陇西、甘谷、天水到达宝鸡市后进入了八百里秦川，在高陵接纳泾河，经潼关港口进入黄河，全长818公里（见表1），流域面积13.48万平方公里，其中甘肃占44.1%，宁夏占5.8%，陕西占50.1%，共计69948平方公里，称关中平原、渭河平原、渭河盆地或八百里秦川咤西起宝鸡，东至潼关，北依秦岭，北界渭北群山，东西长约300公里，南北宽度，东部最宽100公里，西安附近约75公里，眉县一带仅20公里，西到宝鸡收尾闭合。其范围和渭河地堑一致，地势西高东低，西部海拔700多米，东部最低325米，平均海拔520米，总面积3.04万平方公里，其中渭河阶地区1.23万平方公里，是陕西第一大平原，在全国平原中列第四。

表1 全国平原名次表

各次	平原名称	面积（平方公里）
1	东北平原	35．0万
2	华北平原	26.2万
3	长江中下游平原	20多万
4	关中平原	1.23万
5	珠江三角洲平原	1.1万
6	后套平原	1.0万
7	成都平原	0.91万
8	银川平原	0.78万
9	前套（呼和浩特）平原	0.70万
10	台南平原	0.5万

关中地区从地貌上，分三大板块：一是渭河河流阶地区，是关中的主体平原，所谓"八百里秦川"通常指这一地区而言，其中主要有两级阶地，一级阶地在渭河两岸犬牙交错分布，高出渭河5-20米，三级阶地高出渭河20-50米，两岸阶地分布不对称，南岸西安附近宽阔，到了临潼以东成为窄狭地带。北岸因有泾河和洛河的缘故，阶地分布广阔,原野舒展，且有三角洲。一二级阶地，地下水资源丰富，便于井灌，灌溉条件优越，目前灌溉面积达1500万亩。

二是渭北黄土高原地区，主要在渭河及支流泾河、洛河的下游，高出渭河水面100-250米，形成典型的黄土高原沟壑区，原面平整宽阔、沟壑纵横相间、原高水深、水源短缺，一般需要抽水灌溉。

三是秦岭北麓冲积区，秦岭北麓共有72个峪口，为涝峪、沣峪、石砭峪等，在峪口形成冲积扇裙，坡度一般3-10°左右，由于秦岭是土石山区，所以峪口砾石遍布，少数辟为农田，多数为林果基地，如华县的大杏、临潼的石榴、周至的猕猴桃，在此多有分布。此外在洛河与渭河夹峙的三角地带，形成一块沙漠，称大荔沙苑，沙丘起伏，面积250平方公里，形成关中平原上的独特景观。

渭河进入关中后为平坦的黄土阶地与冲积平原，这里属干旱和半干旱地区，年平均气温6-14° C,年平均降水量450-700毫米，多集中在7、8、9三个月。年蒸发量1000-2000毫米，无霜期120-220天，作物一般一年两熟。美丽富饶的关中平原"黄壤千里，沃野弥望"，这在我国最早的典籍《尚书·禹贡》就有记载："厥土惟黄壤，厥田惟上上"，记述了关中平原土壤之肥美。从古到今，孕育了发达的农业经济。如今的关中平原，集中了全省61%的人口，56%的耕地，72%的灌溉面积，68%的粮食产量和80%以上的国内生产总值。可见关中平原经济战略地位的重要。

关中平原的名称起源，源于战国时代，说法不一。古代的关中概念比现在要大，东有河南灵宝县的函谷关，西面偏南有秦岭大散关，南有丹凤县的武关，北有宁夏固原的肖关，关中平原居四关之中而得名；一说在函谷关和大散关之间，或函谷关和陇关之间而得名。现代的关中东起潼关，西至大散

关，北到铜川金锁关，南至蓝田县蓝关为界，称关中。

关中平原地势平坦，沃野千里，灌溉发达，气候温和，物产丰饶，以优越的地理位置和良好的生态环境，受到古人的推崇和高度评价。战国时哲学家荀子对秦国考察后对秦国丞相范雎说："其固塞险，形势便，山林川谷美，天材之利多，是形胜也。"战国时苏秦对秦惠王说："大王之国，西有巴蜀汉中之利，北有胡貉、代马之用、南有巫山、黔中之限，东有崤函之固。田肥美，民殷富，战车万乘，奋击百万，沃野千里，蓄积绕多，地势形变，此所谓天府，天下之雄国也"（《战国策·秦策一》）。汉代张良对刘邦说："关中左崤函（崤山与函谷关），右陇蜀，沃野千里，南有巴蜀之饶，北有胡苑之利，阻三南而守，独一面东制诸侯，足以委输。此所谓金城千里，天府之国也。"终于说服刘邦放弃洛阳，建都长安，雄踞关中，开创西汉王朝。相反楚汉之争，项羽入关灭秦，却不听亚父范曾建都关中之言，却要返回徐州，分封诸侯，也是他失败的重要原因。史学家司马迁在《史记·殖列传》中说："关中自汧雍以东至河（黄河）、华，膏壤沃野千里，……关中之地，于天下三分之一，而人众不过什三；然量其富，什居其六。"说其中财富占天下的60%，可见多么富饶。东汉史学家班固评价关中："左据函谷二崤之阻，表以太华终南之山，右界褒斜陇首之险，带以洪河泾渭之川。……华实之毛，则九州之上腴焉，防御之阻，则天下之奥区焉。"唐代柳宗元在《封建论》中说："秦有天下，据天下之雄图，都六合之上游，摄制四海，运于掌握之内，此其所以为得也。"唐代诗人袁朗在《和洗掾登城南坂望京邑》一诗中，赞叹关中形势，可见其美丽富饶。"二华连陌塞，九陇统金方。奥区称富贵，重险擅雄强。龙飞灞上水，凤集岐山阳。神皋多瑞迹，列代有兴亡。"

第二节 秦岭横亘 森林茂密

秦岭是横亘我国中部的一个大山系，它的"身板"西从青海省的西倾山，中经陇南、陕西，到鄂豫皖间的大别山及蚌埠附近的张八岭，总长1500公里。山体庞大，巍峨雄壮，形成一个巨大的屏障，阻挡了北方寒冷气流的南侵和东南季风的北上，形成了秦岭南北气候、土壤植被和动物区系的分异，构成了我国南北的天然分界线，是扼控我国南北气候的最大"挡风墙"，也是我国最大的河流长江和黄河的分水岭。

东西绵延的秦岭，主要地段和高峰在陕西，界于渭河与汉水之间，东西长400-500公里，南北宽120-180公里，山地面积5.2平方公里，约占陕西省总面积的四分之一。平均海拔1000米以上，但大多属2000米左右的中山区，2500米以上的高山险峰有老牛山（2554米）、终南山（2604米）、草链岭（2645米）、首阳山（2719米）、牛背山（2802米）、太白山（3767米）等。

秦岭在陕西境内的山系分布情况是：太白山以西分为三支，北支南岐山，中支凤岭，南支紫柏山，海拔均在2000米以上。太白山以南又有"九岭"，自南而北依次为马道岭、牛岭、兴隆岭、财神岭、秦岭梁、父子岭、卡峰梁、老君岭、青杠岭。太白山以东的商洛地区境内有蟒岭、流岭、鹘岭、新开岭等，其海拔高度多在1500米以下，比西段秦岭低。秦岭山体岩石主要有花岗岩、片麻岩（如太白山、华山蟒岭等）、片岩、石英岩以及碳酸岩类岩石（如草凉驿至凤县和丹凤以南山岭的大理岩，凤岭、紫柏山、镇安一带的石灰岩，有岩溶地形，天然溶洞很多）。

西安市以秦岭为屏障，西安市总面积10108平方公里，其中平原面积48723平方公里，仅占48.2%，秦岭山地面积5235.7平方公里，占全市总面积51.8%，涉及周至、户县、长安区、临潼区、蓝田县，6个区县37个乡镇，总长160多公里。秦岭作为西安古代建都的因素和有利条件，有以下几个方面：

一、秦岭是西安建都的军事战略保障

"关梁者，社稷之宝矣"，古代作战以刀枪剑戟为武器的冷军器时代，

5

西安作为首都，东有黄河之险，南有秦岭作为屏障，秦岭高大雄伟，山高坡陡，交通困难，关隘很多，有武关、蓝关、斜峪关、大散关等关口。一夫当关，万夫莫敌，易守难攻，军事战略位置十分重要。战国时秦昭襄王凭借栈道千里，以通蜀汉，克服秦岭的阻隔，派大将司马错三次伐蜀，取得了胜利。楚汉相争，刘邦在汉中拜韩信为大将，以"明修栈道，暗度陈仓"的战略，进入关中，最终打败了项羽。三国时诸葛亮，六出祁山伐魏，通过褒斜道大军由汉中到达关中，由于交通运输困难，补给不足，最终兵败岐山县的五丈原，鞠躬尽瘁。唐代安史之乱，安禄山大战潼关，最终破关入秦，攻陷长安。宋代名将吴阶、吴璘镇守大散关，凭借天险，于南宋绍兴元年（1131年）大战元兵，金帅金兀术险些丧命。陆游有"楼船夜雪瓜洲渡，铁马秋风大散关"的赞誉。

二、秦岭森林茂密，是林果药杂的生产基地

秦岭山地现有森林37000万亩，森林茂密，覆盖率达到70%，在古代更是高于现在，且多是原始森林。秦岭主峰太白山，海拔高3767米，从坡脚到山顶，生长着亚热带、暖温带、温带、寒温带的植物，纵览全山，可以看到从我国秦岭南麓到俄罗斯西伯利亚的大部分森林植物，是植物的王国。这里有高山杜鹃、金钱松、陕西冷杉等，共有种子植物121科，628属，约1550种，占全国种子植物总种数的6.3%。盛产木材、药材、竹材、生漆、桐油、茶叶、猕猴桃等大宗林特产品，以及天麻、当归、川芎、大黄、柴胡、黄芪、贝母、灵芝草、手掌参、麝香、熊胆等数以百计的珍贵药材，成为从古到今的林特

抱龙峪一角

生产基地，保证了古都西安皇家和臣民的生活给养。唐代长安城人口超过100万，烧火做饭除少量用煤外，主要靠南山薪材。白居易《卖炭翁》有"伐薪烧

炭南山中"的诗句。唐王朝为了运输南山木材和药材，于天宝元年（742年）专门从南山到长安修了一条小运河，分潏水由含光门入城，至西市东街注入为潭，以水运木材、药材供应市中。

秦岭还是动物的乐园，有各种动物560种，尤以"大熊猫、金丝猴、羚牛、朱鹮"最为珍贵，被称为秦岭四宝，另外还有金钱豹、狗熊、大鲵、锦鸡等珍贵的动物资源，成为古代帝王天然的狩猎场和秦岭大自然的保护神。

三、秦岭是关中的水源涵养地

秦岭北麓是关中的水源涵养地，是关中城乡水源地和水产养殖基地。

秦岭北麓直接入渭河的南山支流有150余条，自东向西主要河流有潼关的潼峪河，华阴的柳叶河、罗夫河、葱峪河，华县的罗纹河、石堤河、遇仙河，临渭区的沈河，临潼区的零河、戏河，西安市内的灞河、浐河、沣河，户县的涝河，周至的黑河、清水河，眉县的石头河，宝鸡的磻溪河，渭滨区的清姜河等。其中六水绕长安孕育了千年古都西安，名扬世界。

古代秦岭森林茂密，涵养水源，现在水资源总量约为42亿立方米，占关中渭河6市（区）水资源量61%。古代山上森林使南山支流水量充盈，大兴灌溉鱼舟之利和漕运之便，解决了城乡供水之难，使关中成为天府之国。秦汉时利用泾河建成了郑国渠和白渠，西汉时以渭水为源兴建著名的成国渠、蒙笼渠，周至县兴建了灵轵渠和沣，唐代兴建了三辅渠。民国时期李仪祉建成了梅惠（石头河）、黑惠、涝惠、沣惠渠等，号称"关中八惠"，灌地360万亩。建国后又建成石头河水库灌区，周至田惠渠、井泉渠，户县太平渠，长安幸福渠、少陵渠，蓝田辋灞渠，渭南沈河灌区等，促进了农业生产的发展。其中西安市共建成水地346.4万亩，农田水利的发展使全市四分之三的农田实现了水利化，粮食总产由建国初的4.56亿公斤上升到现在的20亿公斤，增产近4倍。

在城市供水上，西汉时以沣河支流为水源开辟了昆明池，解决了长安城供水。唐代宇文恺开辟了龙首渠、永安渠、清明渠，解决了长安城百万人口的生活、作坊、园林用水。建国后建成石头河和黑河水库，解决了西安水

荒，日供水达到110万立方米。

古代南山支流丰富的水源，使关中平原湖塘遍布，促进了渔业的发展。西周丰京灵沼是中国人工养鱼的发端，汉唐关中渔业盛极一时。建国后关中渔业迅速崛起，西安市水产养殖水面达3.4万亩，年产鱼突破万吨大关，缓解了西安吃鱼难的问题，同时促进了垂钓观光事业的发展。

四、秦岭森林是古都长安的造氧机和空气净化器

森林不仅能保持水土，涵养水源，而且有水气蒸腾、增加雨量、湿润空气的环保功能。更重要的是森林中的林木，通过光合作用，净化空气，每公顷的树木每年可产生氧气12吨，可吸收二氧化碳16吨，可以吸收二氧化硫3000吨，滞留尘埃0.9吨，蓄水1500立方米，蒸腾水分4500-7500吨，成片林木可以调节气温，使空气冬暖夏凉，夏季气温比空旷地低3—5℃，冬季气温可高2—4℃，还可削减噪音26—43分贝，削减风速40—60%，使空气中的含菌量减少29—65%，使居住环境得到极大改善，发挥着强大的身体保健作用，使人类延年益寿。唐代大医学家孙思邈曾长期居住秦岭进行采药，活了100多岁。西安市现存秦岭面积5235.7平方公里，古代森林覆盖率90%计算，共有森林4712平方公里，折合471200公顷，这些森林每年可产氧气564400万吨，可吸收二氧化碳达7539200万吨，可以想像古代西安空气之好。

五、秦岭是关中矿产开发和沙石建材基地

秦岭物华天宝，矿产资源丰富，有色金属有金、银、铜、铁、钛、钼、铅、锌、铌、钽、锶、钨等20余种，非有色金属矿有硫、磷、石墨、蛭石、滑石、水晶石、大理石、花岗岩、白云母、石英石、石灰石等，成为关中矿业生产基地和建材工业原料基地。

如今渭南市所属潼关、华阴、华县金矿储量和产量居陕西之首，年产黄金12万两，在全国产金地市中名列第4位。潼关现有黄金选矿石28个，采矿队100余个，2万人从事黄金生产，年产黄金10万两，居全国第3位。华县秦岭钼矿储量87.6万吨，建有金堆城钼业公司，形成1.5万人的矿山城镇，成为我国

目前最大的钼业采、选、冶基地。宝鸡市所属太白、凤县铅锌储量500万吨，居全国第3位。太白县也是产金大县，年产黄金4万两。宝鸡市钛矿源丰富，建成了中国最大的钛业生产基地。所有这些都促进了关中工业的发展和繁荣，为地方增加了可观的财税收入。

秦岭北麓从古到今是陕西最大的建材原料工业基地，为城市、交通、能源、水利等建设提供了充足的建材，如水泥、板材、沙石等，促进了建筑材料工业的崛起。

六、秦岭是古代南北交通的要冲

秦岭山关险阻，行路艰难，成为南北交通的障碍，李白有"蜀道难，难于上青天""西当太白有鸟道，可以横绝峨嵋巅"的悲叹。北麓有入渭大小河流150余条，著名的有72峪，西安市内的主要峪口从周至到蓝田依次有骆峪、甘峪、田峪、耿峪、涝峪、太平峪、高冠峪、沣峪、石砭峪、大峪、库峪、汤峪、辋峪、流峪、道沟峪等。古人以峪劈路，开辟了陈仓、褒斜、傥骆、子午、库峪、武关共6条道路，成为关中连接汉中、南通巴蜀，西抵陇上，东达江汉的要冲，成为兵家必争的战略要地。

陈仓道：由宝鸡南行，过大散关，翻秦岭，经凤县和甘肃徽县，沿嘉陵江而下，由略阳折向东南通汉中，长1260华里。因宝鸡古称陈仓，故称陈仓道。楚汉相争，刘邦用韩信"明修栈道，暗度陈仓"之计，由汉中北上，据大散关，大败雍王章邯于陈仓城下。南宋初年宋将吴玠和吴璘据散关，与二十万金兵作战，大败金兀术，生俘万人，陆游有"楼船夜雪瓜洲渡，铁马秋风大散关"的赞诗。

褒斜道：由眉县入斜峪关顺斜水溯源而上，跨秦岭，又顺褒河顺流南下，抵石门出褒谷达汉中，因起至褒斜二谷故称褒斜道，长820华里。三国时黄忠在勉县定军山斩夏侯渊，蜀军得胜，曹操亲统魏兵由褒斜道南下增援。诸葛亮六出祁山，最后一次取此道，出斜峪关，屯兵五丈原，大战司马懿。

傥骆道：从周至入傥峪谷南行，越秦岭，到洋县出骆峪，西行通汉中，因起傥骆二峪故称傥骆道，长850华里。蜀汉延熙二年（239年）魏军在长城

戎（今周至境内）建仓贮粮，蜀将姜维出洋县走傥骆道欲进兵关中，中途因受魏兵阻截而原路退回。

子午道： 入长安县子午谷南行，过秦岭，经洋县西达汉中。古称北方为子，南方为午，故称子午道，长955华里。三国时魏将曹真、钟会入子午谷，进军安康，与蜀争地。西魏时王雄曾两次取子午道，攻魏兴（今安康西北），镇压农民起义。

库峪道： 由长安县东南入库谷，越秦岭，顺乾佑河南下，再沿旬河下旬阳，溯汉水而上到安康。此道古代军事行动很少。

武关道： 由蓝田县入山，过七盘坡峣关，越秦岭，到商州，过丹凤县的武关，沿丹江而下，东南行达南阳、襄阳，因途经武关故称武关道。楚汉相争，刘邦取武关道入商洛先到咸阳。西汉周亚夫平定七国之乱，也从长安出发取武关道。故有"道南阳而东方动，入蓝田而关右危"的说法。

七、秦岭是中国南北气候的分界线

秦岭位置居中，高山连绵，阻碍着我国冬夏季风的南北流通。冬季，它挡住了西北风的南下，使南方少受寒潮冷气的侵袭；夏季，它又截断了东南季风的北上，使水汽很难到达西北内陆，使北方变得干燥。这点古人早有记载，伟大的文学家、史学家司马迁在《史记》中就曾说过："秦岭天下大阻也"。因此，秦岭一直是我国南北重要的地理分界线，秦岭南北也呈现出截然不同的自然景观和文化特点，尤以陕西的汉中和关中差别最为明显（表2）。

表2　　西安、汉中温度、湿度对照表

			海拔		位置		冬季			夏季		相对湿度	
西安	396.9米	位于秦岭北麓	北纬34° 18′东经108° 56′	受西北风影响大，冬季寒冷	最冷月平均气温-0.8℃	最冷月平均降水量4.7毫米	受东南风影响较小	最热月平均气温为26.8℃	最热月平均降水量为78.8毫米	最冷月空气相对湿度为63%	最热月空气相对湿度为71%		
汉中	508.3米	位于秦岭南麓	北纬33° 04′东经107° 02′	受西北风影响小，冬季温暖	最冷月平均气温为2.1℃	最冷月平均降水量6.2毫米	受东南风影响较大	最热月平均气温为25.9℃	最热月平均降水量166.9毫米	最冷月空气相对湿度为77%	最热月空气相对湿度为82%		

★ 引自科学普及出版社《中国地理之最》

汉中地属亚热带，气候温暖，雨量充沛，空气温润，到处青山苍翠，水清见底，既有四季常绿的棕榈、杉木、乌柏、油茶，又有汁浓味美的南方水果枇杷、柑橘；汉江两岸更是美丽富饶的鱼米之乡。每到阳春三月，禾苗青青菜花香，鹅鸭嬉戏在池塘，到处是一派生机勃勃的江南景象。宋代的邵雍在他作的一首物候诗《南秦早梅》曾这样来描绘秦岭南麓的景色，诗曰："梅覆深溪水绕山，梅花烂漫水潺湲。南秦地暖花开早，比至春初已数翻。"

■ 秦岭植被

然而一山之隔的关中却是另一番世界。这里属暖温带半湿润气候，虽然常年气候温和，但夏日酷热，冬季寒冷。树木以杨、槐、楸、桐、榆等落叶乔木为主，水果主产：桃、杏、苹果等北方品种。每当春暖花开之际，八百里秦川上，杨柳依依麦苗绿，菜花飘香遍地黄；一到寒冬腊月，则是北风呼

啸，雪花飘飘，到处一片银装素裹的北国风光。

八、秦岭是古代的宗教发祥地

秦岭是西安的屏障，山水明媚，风光旖旎，是古代道教、佛教的发祥地，"深山藏古寺"，所以在秦岭南北，特别是在北麓兴建了一千多座寺庙，有"长安三千金世界，终南百万玉楼台"之美誉。

秦岭有道教师祖老子说经传道的周至楼观台，五代时陈抟老祖于后唐长兴年间（930-933）隐居华山传道，华山的诸多庙宇有玉泉院、镇岳宫等。中国佛教宗派分为八宗：即天台宗、三论宗、唯识宗、净土宗、华严宗、律宗、禅宗和密宗，大多源于秦岭终南山一线，使长安成为佛教的摇篮。一是兴建了数以千计的寺庙，仅长安区五台山，现存有华严寺、广惠寺、石佛寺、观音寺、显圣寺等共计100座。翠华山有黄龙洞，蛟峪有天池寺，扯袍峪有红云寺，库峪有宝丰寺，石砭峪有上天池寺，天子峪有百塔寺，抱龙峪有观仙寺，皇峪有翠微寺、沣峪有丰德寺。嘉午台有观音寺、新庵寺、平安寺。青华山有小佛寺、石佛寺。观音山有法华寺、万佛寺、金蝉寺、南雅寺等等。户县秦岭山中有宝林寺、金峰寺、石门寺、新兴寺、大悲寺。周至县秦岭山中有仙游寺、清凉寺、大秦寺，蓝田县境秦岭山中有悟真寺、西峰寺等。

金仙观大门

12

秦岭佛寺群，成为佛学国际交流的中心，不少西域和海外僧人来此译经传法，如十六国时期龟兹的鸠摩罗什，南北朝时期的阇那崛多，隋唐时期的于阗王子智严，新罗王子圆测、慈藏以及义湘、胜诠、圆安、圆胜、智仁、孝忠、连义、审祥、慧超、无染、道亮等，因此秦岭是世界佛学交流基地，尤以终南山一线为最盛。

九、秦岭是古代帝王行宫和温泉疗养基地

终南山特指秦岭山脉的中段："西起秦陇，东彻蓝田，凡雍、鳌、郿、户、长安、万年，相去八百里"，终南山是秦岭的精华所在，生态环境良好，属京畿之地，临近京都，山水奇异，风光秀丽，且多温泉，是历代帝王兴建离宫别馆之地。秦代兴建阿房宫覆压三百余里，延至秦岭，汉代汉武帝在南山兴建了太乙宫，隋代兴建了凤泉宫、仙游宫、宜寿宫、甘泉宫、太平宫，唐代兴建了著名的华清宫、太和宫（翠微宫）、万泉宫等等。

不但皇家在此兴建离宫别馆，朝中权臣也争先在秦岭山中兴建别墅，唐代尚书右丞、诗人、画家王维在蓝田县辋川兴建别墅，这里秀峰林立、松柏竞翠，清泉石流，竹洲花坞，环境优雅，景色天然，附近有文杏馆、华子岗、白石滩等多处景点，王维晚年在此隐居，吟诗作画，留下了《辋川图》和《辋川十二咏》等诗画作品。唐代兵部尚书韦嗣立，封逍遥公，便在骊山鹦鹉谷，建造了"逍遥公别业"，可见秦岭是世间最美的宜居之地。唐代的卢藏用，想入朝做官，便隐居终南山，后来果然入朝为官，这便是"终南捷径"典故的来历。商朝的姜子牙也在宝鸡的磻溪隐居，后来被周王访贤，成为西周的丞相。

秦岭北麓一线，温泉资源丰富，著名的有骊山温泉、眉县的凤凰泉（称西汤峪）和蓝田县的汤峪温泉（称东汤峪）。骊山温泉最早发现于西周，秦代已很有名，唐代贞观年间，唐太宗在此兴建汤泉宫，天宝年间唐玄宗大肆扩建，改称华清宫，李隆基和杨贵妃在此演绎浪漫的爱情故事，诗人白居易有"春寒赐浴华清池，温泉水滑洗凝脂"的描述。眉县西汤峪，隋文帝杨坚在此兴建"凤泉宫"，在此与嫔妃臣僚沐浴。这些宝贵的温泉资源，从古到

13

今成为疗养沐浴、休闲观光的旅游胜地。

第三节 八水环绕 水源充沛

世界文明古国巴比伦发祥于底格里斯河和幼发拉底河，埃及发祥于尼罗河，印度发祥于恒河，中国发祥于黄河。这些江河孕育了巴格达、开罗、西安等世界名城，开创了人类文明和社会进步。黄河流域的西安、洛阳、开封等古都建都时间2000余年，其中西安建都达1132年，周秦汉唐鼎盛时代创造了古代辉煌，渊源于八水绕长安，这些河流充沛的水源，保证了京畿农田灌溉用水、京城居民用水、宫苑园林用水和开凿运河，发展水上运输以及水产养殖。

一、八水绕长安的来由和概况

西安周围有八条河流，西汉时司马相如作《上林赋》称："终始灞浐，出入泾渭，沣、滈、涝、潏，纡余委蛇，经营乎其内，荡荡乎八川分流，相背而异态。"后人由此引申出"八水绕长安"一词。清代所修《西安府志》也有："长安之地，潏、滈经其南，泾、渭流其后，灞、浐界其左，沣、潦（即涝河）合其右"的记载。泾、渭、浐、灞、沣、滈、涝、潏八条河流，除泾、渭发源于宁夏和甘肃外，其余六水皆发源于森林茂密的秦岭，水量充沛，为孕育古都创造了得天独厚的条件。

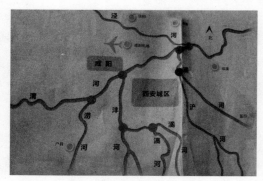

■ 八水绕长安

泾河：为渭河最大的支流，发源于宁夏泾源县老龙潭，流经甘肃，在陕西长武县入境，在泾阳县张家山出峡谷，进入关中平原，于高陵县陈家滩汇入渭河。流域面积45421平方公里，干流长455公里。陕西境内面积9246平方公里，干流长272公里。多年平均迳流量21.4亿立方米，陕西境内径流量4.27亿立方米。泾河是世界上水土流失最严重的流域，年输沙量达3亿吨，占黄河总输沙量16亿吨的18.7%，有"泾水一石，其泥数斗"之说。引泾灌溉，从秦代的郑国渠到现代的泾惠渠，是世界著名的农田水利工程。泾惠渠现灌地145万亩，其中灌溉西安所属高陵、临潼、阎良三县区63万亩农田。国家筹划在礼泉县兴建泾河东庄水库，灌溉发电，又是将来西安咸阳重要的城市供水水源。泾河流域高陵县陈家滩泾渭分明的景观、泾阳县郑国渠遗址和崇文塔、三原县的城隍庙、礼泉县的昭陵、彬县的大佛寺等，都是西安周边的旅游热点。

渭河：渭河是黄河最大的一级支流：发源于甘肃省渭源县乌鼠山，在宝鸡市入陕境，横贯八百里秦川，至潼关东入黄河。流域面积62440平方公里，干流长818公里。在陕境内面积33560平方公里，干流长502公里。年平均迳流量74.9亿立方米，最大111.7亿立方米，省内产流49亿立方米，年输沙量1.69亿吨（不含泾河）。渭河流域物华天宝，人杰地灵，周秦隋唐开国帝王都生于渭河两岸：周武王（武功—岐山）、秦始皇（甘肃陇东—凤翔）、隋文帝（华阴）、唐高祖（甘肃秦安—长安）。他们以雄才大略造就了四朝雄风。境内文物古迹驰名天下，炎帝陵、钓鱼台、周公庙、法门寺、茂陵、楼观台、兵马俑、华岳庙等游人如织。沿渭河形成宝鸡、杨凌、咸阳、西安、渭南、华阴等城市链，是关中工业、科技带和粮棉油基地，并形成西安东西两线旅游区。渭河在西安市流经6个区县，干流长141公里，对西安的建设发展息息相关，极为重要。

浐河：浐河是灞河最大的支流，发源于蓝田县西南秦岭山中，始称汤峪河，与东边的岱峪河汇合后称浐河，在长安区鸣犊镇与库峪河交汇后形成干流，北流15公里后进入西安市郊在灞桥区高桥镇接纳荆峪河，北流经纺织城在广太庙附近注入灞河。浐河流域面积753平方公里，干流长70公里。年平均迳流量2.08亿立方米。浐河名胜有汤峪温泉、半坡遗址。是西安的旅游热点。

灞河：灞河是渭河的一级支流，发源于蓝田县东北箭峪岭南麓的九道沟，称道沟峪，在玉山镇接纳清峪、流峪等支流后，始称灞河。在蓝田县城

南关与辋川河汇合，再沿白鹿原脚下北流，纳白马河、白牛河等，于毛西附近进入平原，在市郊太庙附近与浐河相会，北行于兰家庄注入渭河。流域面积2581平方公里，干流长104.1公里，年平均迳流量7.4亿立方米，年输沙量278万吨。灞河山区景色秀丽，以辋川最为著名，山光水色，茂林修竹，唐代诗人王维在此建有别墅。东郊灞河两岸，垂柳依依，"灞柳风雪"为关中八景之一，折枝送别成为古代长安民俗。此外，还有蓝田猿人遗址、古蓝桥、水陆庵、蔡文姬墓、蓝田溶洞、汉文帝霸陵等。灞河原称滋水。秦穆公为春秋五霸之一，为显霸功，将滋水改为灞水。在古代，浐灞二水各成水系，直接入渭，故分别相称。后来两流合一，统称灞河水系。

沣河：沣河发源于长安县秦岭北坡喂子坪乡鸡窝子，始称沣峪，中纳高冠峪，西纳太平峪，三峪出山后在户县秦渡镇以北的西留堡与张堡村相继汇成沣河干流，再在秦渡镇南门口东边接纳滈河（由潏河、滈河汇流），北流至咸阳鱼王村汇入渭河。流域面积1460平方公里，干流长82公里。年平均迳流量2.58亿立方米，年输沙量9万吨。民国时建成沣惠渠，为"关中八惠"之一，解放后扩建改善，灌地21万亩。沣河以周代兴建丰、镐二京驰名天下，为西安建都之始。境内有大坝沟、子午关、太平峪、草堂寺、高冠瀑布、丰镐遗址、古灵沼遗址、西周车马坑等名胜古迹，其中"草堂烟雾"为"关中八景"之一。

滈河：滈河发源于长安县秦岭北麓，始称石砭峪，古代也称福水、御宿川，直接流入渭河，自成水系。后来经过改道变迁汇入潏河。流域面积278平方公里，干流长46公里，年平均迳流量0.95亿立方米，是八水中最小的河流。

涝河：涝河为渭河一级支流，古称潦水，中穿户县全境。上游分两支：东涝峪发源于静峪垴，西涝峪发源于秦岭梁，两支流交汇于塔庙出山，进入平原，先后接纳栗峪、甘峪，在涝店北改建为人工河道，最后至保安滩汇入渭河。流域面积663平方公里，山区平原各占一半，干流长82公里，年平均迳流量1.79亿立方米，最大为3.55亿立方米。涝河最大特点是重力侵蚀严重，每当山洪暴发，沙石俱下，在出山口至瑶西段，巨石和卵石群立，枯水时在石缝中潜流，形成天桥，河床最宽达9公里。民国时建成涝惠渠，灌地0.96万亩，为"关中八惠"之一，建国后扩建，井渠双保险，灌地2.4万亩，并向户县余下惠安公司及有关单位供水。

滈河：古称沆水、高都水，发源于秦岭光头山，始称大峪，北流至大峪口出山，向西北方向流至关家村附近，接纳小峪河、太峪河进入樊川称滈河。再汇入潏河后入渭河。后来在长安县瓜洲村进行人工改道，绕神禾原在香积寺与滈河汇合称洨水，洨河流至秦渡镇汇入沣河。流域面积687平方公里，干流长64公里，年平均径流量2亿立方米。境内有终南山、翠华山、太乙宫、五台山、香积寺等名胜。

上述八条河流水文资料，是解放后多年实测资料，其河流流量远远小于古代的流量。例如灞河古代流量很大，可行大舟，水上运输发达，近几年考古发现木船的残骸可以证明当时水运之发达。唐代连灞河的支流蓝田县的辋川都可通航，王维住在辋川有"莲下动渔舟"的诗句，可见流量之大。

二、八水绕长安孕育了西安的古代文明

灞河蓝田猿人的进化：人类的文明，首先起源于由猿到人的进化，共分猿人阶段、古人阶段和新人阶段。猿人阶段距今约五六十万年，由于年代久远，古猿化石很少，极为珍贵，目前全世界仅发现8处，中国占3处：即蓝田猿人、北京猿人（周口店）、元谋猿人（云南），1963年中国科学院考古研究所的考古人员，在灞河流域蓝田县公王岭陈家窝村发现了猿人头盖骨和牙齿化石，定名为蓝田猿人，轰动世界。此发现证明灞河流域早在五六十万年前，就孕育了中华民族的远古先祖，繁衍生息在这块土地上。

浐河半坡仰韶文化：1953年在西安东郊浐河半坡村北发现了新石器时代仰韶文化——原始社会母系氏族公社村落遗址。同年中国科学院考古研究所详查总面积5万平方米。从1954–1957年，先后5次发掘1万平方米，出土文物上万件，建成了中国当时最大的遗址博物馆——半坡博物馆。人类的进步由山区采果狩猎，向发展农牧业推进，便择水而居向平原迁徙。半坡先民早在六千年前，在这里依塬傍水，过着农耕渔猎生活，学会了纺织、制陶、建屋等，出现了记事符号，有了文字的萌芽，陶器上有了多种图案，揭开了我国

古代文明的序幕，为商周生产力的发展和社会进步奠定了基础。

渭河与中华始祖炎黄二帝：根据史前"三皇五帝"的传说，我国古代部族分为三大集团：伏羲、女娲出于南方的苗蛮；太皞、少皞出于东方的夷人；炎帝黄帝出于西北的华夏。炎黄集团征服了其他两大集团，民族融合不断形成中华民族，所以炎黄二帝成为中国人的始祖，现代人被称炎黄子孙。炎帝，也称神农氏，居姜水，故姓姜，生于渭河支流姜水，在今宝鸡市区南，至今保留和建有姜城堡、神农祠、炎帝祠、炎帝陵等，证明这里是炎帝的发祥地。炎帝的后代出了两个名人，即姜嫄和姜太公，为中华民族古代文明做出了卓越贡献。

黄帝部族居姬水，故姓姬，姬水记载不清，但姬姓是关中古老的部族，是周人的先祖，主要活动于渭河流域。炎黄二帝发祥于渭河流域，与西安后来的发展一脉相承，有着密切的联系。

周族的泾渭二河之间的迁徙：炎帝之后是有邰氏，封于邰（今武功县），生了个女儿叫姜嫄。传说姜嫄在野外踏了巨人的足迹怀孕生子，视为不祥之兆，弃之荒野，后来又抱了回来，因此起名叫弃，这就是周先祖后稷。后稷，教民稼穑，为我国农业做出巨大贡献，被舜帝封为农官，死后被人尊为稷神。后稷的儿子不窋因为夏朝的动乱，便由渭河流域的武功迁到泾河流域的甘肃庆阳。不窋的孙子公刘由甘肃的庆阳迁到陕西的豳（今彬县），已有发达的农业生产技术，因此而富足，常受少数民族的侵扰。公刘传到九世孙古公亶父（即周太王），由今彬县迁徙到渭河流域的岐山，史称"由豳迁岐"，周部族建都西岐，不断发展壮大，最后周武王伐纣灭商，建立了西周王朝。

第四节 四季分明 气候温和

"天时地利人和"是中国人生存、生活三大制约条件，说明古人对"天时"的重视，天时是指气候气象，包括气温、湿度、光照、风雨雷电、冰雪霜冻、风尘沙暴、台风日灼等等，与人类生活息息相关。西安之所以成为千古帝都，与良好的气候条件密切相关。

一、西安的古代气候

古代科技水平有限，缺乏科学的监测手段和准确的文字记载，如今人们只能通过文献典籍、物候观测、考古挖掘、林木年轮、孢粉分析、黄土地层和沉积物的研究探索，探讨西安古代的气候。陕西师大朱士光教授等人研究了关中历史时期的气候变化，认为西周干冷，战国至西汉暖润，隋唐时期暖润，有着良好的气候环境。

西周初年全球气温明显降低。竺可桢在《中国五千年来气候变迁初步研究》一文中说西周时期气候比较寒冷，他列举了《诗经·豳风·七月》一诗中的"八月制枣，十月获稻"说明豳地（今陕西彬县）之物候，晚于中原等地，说明气候比较寒冷。到了春秋时期，关中气候变暖《东邻》一诗中，说关中，"阪有漆，隰有栗"，《终南》一诗有："终南何有？有漆有梅"，漆和梅都是亚热带的乔木，足见关中气候的温暖。20世纪80年在泾阳县高家堡发掘的戈国之墓中，一个大鼎中贮有34颗核，可作为佐证。到战国时期关中气候也很温暖。吕不韦的《吕氏春秋》卷二载"仲春之月……桃李华……玄鸟至"，说明当时关中桃李花开，与玄鸟（燕子）始见之时比较早。根据《史记》记载，战国时关中出现过"桃李东华"等暖冬现象也是气候偏暖的迹象。

西汉时期《史记·货殖列传》中有"渭川千亩竹"的记载，《汉书·地理志》中记述关中"有雩、杜竹林、南山檀柘"，说明气候温暖，年平均气温比现在高 $1—2℃$，年降水量也多于现代。气候温暖湿润，适宜万物生长，生态环境良好，适宜人居。

隋唐时代，西安建都共328年，这时气候也是温暖湿润。隋代享国三十八年，关中地区仅在隋文帝开皇二十年（600年）有"十一月……京师大风雪"的记载。这显然较曹魏、西晋、十六国、北朝时期大霜酷寒之气候要暖和。

唐继隋后，历时290年（618—907），且是我国历史上继西汉之后又一

个强盛的王朝。因关中为王畿所在，因而关于这一地区之气候状况史籍上记载较详。据《旧唐书》及《新唐书》中之帝纪与"五行志"之记载，有唐代关中地区冬无冰雪的年份竟达16年，即唐太宗贞观二十三年（649年），唐高宗永徽二年（651年）、麟德元年（664年）、总章二年（669年）、仪凤二年（677年），武则天皇后垂拱二年（686年），唐玄宗开元三年（715年）、开元九年（721年）、开元十七年（729年）、天宝元年（742年）、天宝二年（743年），唐代宗大历八年（773年）、大历十二年（777年），唐德宗建中元年（780年）、贞元七年（791年），唐僖宗乾符三年（876年）。这在我国历史上各王朝中是绝无仅有的。这表明唐代气候确是偏暖的。结合唐长安城内外仍长有梅树，皇宫中种有柑橘并能结实的事实看，当时气温要高于现在。

唐代气候较为暖热还可从考古资料中得到印证。从发掘出土的唐代各种人物俑和墓室壁画中可以发现，当时不论男女老幼衣着均比较单薄，特别是仕女，更是坦胸露背，蝉衣轻盈，而以后宋、元、明时的人物俑，大多以身着棉袍厚衣为主。同时唐代帝王贵族常往山区之九成宫、玉华宫、翠微宫、华清宫等离宫别馆避暑，京城官员也每在盛暑之日获准放假，不用上朝。这些生活习俗，也都从侧面反映了当时关中之气候状况。

总之，古代西安，除西周时期比较寒冷而外，在春秋战国之后，秦汉隋唐气候都比现在温暖湿润，风调雨顺，适宜万物生长，促进了关中农业、畜牧、林果业的发展，促进了农业经济的繁荣，使关中富饶甲天下。这也是千年古都永盛不衰、国泰民安的一个有利生态条件。

气候条件的变化与农时节令息息相关，聪明的古代人，根据太阳在黄道上的位置（黄经），将全年划分为四十个节气。到秦汉时二十四节气已完全确立，二十四节气的制定是以渭河关中地区和黄河流域气候为特点制定，在我国东北和长江以南就不太适合。二十四节气，春季有立春、清明、雨水、惊蛰、谷雨，夏季有立夏、小满、芒种、夏至、小暑、大暑，秋季有立秋、处暑、白露、秋分、寒露、霜降，冬季有立冬、小雪、大雪、冬至、小寒、大寒。古代西安四季分明，以二十四节气指导农业生产，如"清明前后，点瓜种豆"，就是按节令指导农业生产的谚语。

二、西安的现代气候

经过一千多年的历史演变，西安的气候依然温和，四季分明，其气候要素如下：

1. 西安的气温：西安平均气温6.4℃—13.4℃，各县略同。大陆性气候在气温上表现特别明显。平均气温由平原向山区递降，海拔每升高100米，降温0.4℃。秦岭山区海拔1700米以上地带，年平均气温8℃以下，周至县双庙年均6.4℃，气温垂直差异显著。

（1）年内月平均气温变幅大：7月平均气温26.6℃，1月平均气温—1℃，年内平均气温变幅为27.6℃。春秋雨季气温变幅大。春季升温快，2月至3月，月平均气温上升达6℃以上；秋季降温更快，10月至11月，月平均气温下降可达6℃—8℃。寒潮一次可使气温迅速下降10℃。

（2）气温年际变化大：年平均气温的年际变幅达1.1℃—1.8℃，西部小于东部，山区小于平原。

（3）极端气温：1934年7月14日西安市城区最高气温曾经达到过45.2℃，1955年1月11日冬季最低气温曾下降至—20.6℃，但平常年份多不低于—10℃。

（4）无霜期：平原地区无霜年均219—233天。年均始于3月22日—31日，终于11月3日—12日。无霜期开始最早2月25日—27日，最晚4月6日—26日；结束最早10月10日—27日，最晚11月30日。无霜最长一年可达248—261天，最短199—207天，秦岭山区只有150—181天。

（5）热岛效应：西安城区气温比周围郊县为高，名为热岛效应。随着城市规模的扩大，人口的增多，建筑物密集度的增强，热岛中心从玉祥门、西门、和平门至长乐路呈元宝状向四周辐射，渐次减弱。城区大于或等于35℃的炎热天已达23天，大于或等于40℃的酷热天数0.7天。

2. 西安的降水：

（1）一般情况：雨水的来源是太平洋和印度洋的暖湿气流，依靠偏南风和偏东风输送，主要成因是太阳辐射热。

一般情况是降水量随太阳热变化。夏至（6月21日或22日）太阳正射北回归线，热气流控制华北，南北气压平衡，气流稳定，风雨不多。从统计资料看，6月份降雨量反而小于5月份，不利于大秋作物的播种和生长。太阳正射地球的位置南移，冷重气流南侵，在西安形成热冷气流南、北交流的局面，7、8、9三个月降水最多，中秋前后形成西安的雨季。当太阳正射南回归线时，冷气流控制北方，冬天的西安多晴、少雨。冬至（12月22日或23日）过后，太阳高度角逐渐增加，到达赤道以后，冷暖气流在西安附近再一次南北交流，在清明前后形成西安的第二个雨季。但因为干冬刚过，北上的湿热空气中水汽微弱，只能下小雨，春风多，降水量少。西安年均降水88—105天，市区96.6天。最多年117—156天，最少年71—84天，大致与降水量曲线相吻合。

（2）特殊情况：

① 降水量的增长和气温的升高成比例，但都有滞后性。春雨偏少，秋雨偏多。降水量3—5月为139.8毫米，6—8月为223.3毫米，9—11月为232.4毫米，12—2月为24.9毫米。降水量最多的季节应在气温最高的夏季，但降雨往往滞后到秋季。这种规律与气温变化情况相似。这种滞后性可能和积热的理论一样，水气有一个积累的过程。

② 降水强度受季节的影响明显。日降水量大于25毫米的大雨日数，7—9月占60%。日降水量大于50毫米的暴雨亦发生在7—9月。局部暴雨还要受地形因素的制约。1963年8月30日蓝田县日暴雨量高达118.12毫米。

③ 降水受秦岭山地的地形影响极大。终南山的年降水量可达1000毫米以上，向北骤减。市区年降水量584.9毫米，高陵县只有537.5毫米，临潼县553.3毫米，户县649.5毫米，长安县676.1毫米，周至县674.3毫米，蓝田县749.5毫米。地面偏南，离山越近，雨水越多。

④ 降水年际变化。西安最少年降水量346毫米（1977年）——552.8毫米；最多年降水量达671毫米——917.6毫米。一般地说，多水年就丰收。天旱雨涝农业就歉收。太阳黑子与厄尔尼诺现象，更加剧了灾害性旱涝的频率和严重性。

⑤霆雨。西安市地处汾渭地堑的西部，关中之地四周环山，降水云气常因无风驱动而停下来生成霆雨。超过四天的降水有人就叫连阴雨。秋雨连绵40天以上不为稀罕，也发生过连阴带雨算上可达百日的霆雨。

霆雨成灾，春、夏、秋都有过。农历三月二十八日小麦吐穗扬花时，霆雨造成减产。芒种初夏小麦成熟，连阴雨成灾也常见，而且多半是丰收年。秋雨成灾常影响晚秋作物成熟，棉花霉烂。秋雨连绵再加暴雨还可造成洪灾，但近年来高气温持续时间长，1988年因霆雨秋播迟了半个月，但晚玉米却获丰收。

3. 西安秦岭山区气候：影响山区气候的因素，一是海拔高程，二是天然植被，纬度的变化影响甚微。

据西安市地理志资料，秦岭北坡每升高100米，温度降低0.4℃—0.6℃。秦岭的制高点太白山较平地高出3000多米，所以6月积雪。一般说来，山区冬天长，夏天短。1400米高程以上的山区，几乎没有夏天。

■ 朱雀森林公园

秦岭植被破坏较严重，岩石裸露面积大，气温的大陆性表现明显。昼夜温差大，气温升降迅速，夏夜凝重的冷气向山下急流，下山风对山前台塬和平原的气温有调节作用。

1700米高程以下的山区，年平均气温10℃—12℃（市区是13.3℃）。1月气温-7℃—5℃（市区-1℃），7月温度18℃—22℃（市区26.6℃）。1700米高程以上年平均气温8℃以下，1月温度-5℃以下，7月温度低于18℃。

第五节　择水而邑　迁建都城

古都西安从周代到隋唐都城地址不断变换，除战略区域位置等因素而外，主要因水而迁，择水而邑，到了隋唐时的长安城，真正实现了"八水绕长安"的格局。

一、西周的都城丰京与镐京

周的始祖是后稷，名弃，被舜帝封为农官，被后人尊为"稷神"。后稷的儿子叫不窋，为避夏朝内乱，迁到甘肃的庆阳，不窋的孙子公刘由庆阳迁到豳（今陕西彬县），经过十三代的经营，到古公亶父（即周太王）时，豳地的农业已十分发达，使狄人垂涎三尺，经常用兵，侵扰豳地，于是古公亶父率臣民迁于岐下的周原称西岐（今陕西岐山、扶风）。古公亶父传位于儿子季历，季历传位于儿子姬昌（周文王）。周文王奋发图强，沿渭河东进，消灭了沣河流域的崇国后，于公元前1200年前后，便把诸侯之都由西岐迁到沣河西岸，称丰京。

周文王为什么迁都丰京？一是政治上的需要，在战略上缩短了殷商首都（在河南省安阳市的小屯村）的距离，便于政治交往和军事争斗。二是西岐属渭北高原，原高水深，水源匮乏，而沣河是渭河的重要支流，水量充盈，能解决城市供水问题。三是沣河两岸平畴沃野，灌溉方便，农业发达，优于渭北高原的旱作农业，使丰京的形成和发展有了雄厚的物质保障。

丰京城市规模可观，但由于历史久远，关于丰京的详细情况不得而知。根据《周礼·考工记》记载只能看到一点影子，据说丰京范围要方圆九里，东南西北各有三个城门，宫殿在南，市场而北，左边修建祖庙，右边设置社稷坛，城内道路宽畅，街道整齐，是一个按照总体规划建设起来的都城。史书记载丰京在沣河西岸，具体位置众说纷纭，莫衷一是。解放后在沣河西岸的客省庄、马王村、曹家寨、张海坡、大原村、新旺村、冯村东西石榴村等村庄进行考古发掘，这块东西长5公里，南北宽2.5公里，总面积12.5平方公里的范围内，发现了车马坑、墓葬、瓦片等西周遗物，证明这块土地必然在丰京范围之内。遗憾的是到现在还没有找到丰京的宫殿遗址,这可能和西周末年的犬戎之乱,使丰京遭到严重的破坏有关。加上沣河的洪水泛滥和建国后土地大平大整的关系,致使丰京遗址荡然无存,无法找到当年准确的位置了。

周文王死后传位于儿子姬发,就是周武王。他励精图治,在姜子牙的辅佐之下,于公元前1122年,会盟诸侯,大战牧野,直捣商朝国都朝歌(今河南省淇县),伐纣灭商,一统天下,建都镐京,是渭河流域建成的第一座大城市,成为西安第一个建立的全国统一政权的首都。

镐京建在了沣河的东岸,比西岸地理条件更加优越,这里平原开阔,没有沣河支流的干扰,有利于城市的扩展。镐京和丰京一样,历史上没有详细的记载。解放后在沣河东岸的洛水北衬、普度村、花园村、白家庄、斗门镇,东西长1.5公里,南北宽4公里,总面积6平方公里的范围进行考古发掘,证明镐京在此范围之内。又在斗门镇的花园村、落水村发掘多处"工"字形的宫殿遗址,破解了未知镐京具体位置的悬案。这座维持运转了352年的都城,也是经过精心规划而修建,街坊整齐,宫殿雄伟,是完全可以想像得到的。

镐京实际上是丰京的扩大,以河相隔而已。周朝的祖庙依旧还在丰京,周人渡过沣河到丰京祭祀祖先,以表孝敬。西周传到周幽王时,在临潼骊山点燃烽火,褒姒一笑失天下,公元前770年周平王东迁洛阳,始称东周,从此镐京衰落,遭到严重破坏,大约在春秋时宫室荡然无存。到汉代汉武帝时开凿了昆明池,面积达320顷,镐京遗址大部分都沦入池底,踪迹难寻了。

二、秦代的都城咸阳

秦人原是崛起于甘肃东部(陇东)和关中西部嬴姓部族,因为养马有功,兴旺于关中。公元前771年犬戎借周幽王贪恋女色,大举进攻镐京。秦先祖秦襄公率兵浴血奋战,解围镐京,并送周平王东迁洛阳,始称东周,进入了春秋战国时代。秦襄公因此有功,被周平王正式封为诸侯,赐西岐之地,自此秦人立国,因此司马迁称"秦起襄公",被视为秦国的创始人。秦人先

后在关中迁都七次，最重要的有两次，一是第四次迁都，秦德公由平阳（在今眉县和陈仓区之间）迁都于雍（今凤翔县南的古城村一带），雍为秦人视为发迹之地，把祖庙建在这里，秦在雍都建都时间最长达294年（前677—前383）。春秋时期秦穆公以雍城为基地，开疆拓土，壮大实力，终于成为春秋五霸之一。第二是第七次迁都，秦孝公拜商鞅为相，实行变法，于公元前350年，将都城由栎阳（今临潼区武家屯）迁到咸阳，至秦二世亡国（前207），咸阳共建都144年。到了秦始皇时以咸阳和关中为基地，成为战国七雄之首，最终翦灭六国，一统天下，建立了中国第一个封建王朝，定都咸阳，咸阳就成为西安建都的第二个王朝。

咸阳位于九嵕山之南，渭水之北，皆为阳，故称咸阳。秦孝公建咸阳城，位于渭水北岸，北依塬坂，土地肥沃，物产丰富，交通便捷，守攻自如，具有战略优势。

秦孝公建咸阳，模仿鲁国、卫国宫廷，"筑冀阙宫廷于咸阳"，今咸阳窑店镇东北牛羊村有规正对称的两处遗址，后代在此基础上扩大城区规模。秦惠文王"取岐雍之材，新作宫室，南临渭，北逾泾，至于离宫三百"，使咸阳城初具规模，后又经秦武王、秦昭襄王、秦孝文王和秦庄襄王四代前后64年经营，扩建完善成为一代名都。到了秦始皇时代，大规模扩建，《三辅黄图》载："秦始皇……筑咸阳宫。因北陵营殿，端门四达，以则紫宫，象帝居。渭水贯都，以象天汉，横桥南渡，以法牵牛。"把城市向渭河以南拓展，修筑了著名的阿房宫，在北坂仿造六国宫殿，迁天下十二万户豪富于咸阳，使咸阳人口达到约五十多万人，成为中国的第一大都会。以营室对应阿房宫，以阁道对应横桥，以天汉对应渭河，以紫宫对应咸阳宫。以星象位置对应陈设，建立了市井街区、手工业区、商业区等，成为中国第一帝都，繁华似锦。

咸阳城区规模究竟有多大？解放后考古工作者从上世纪60年代至今，勘查面积达165平方公里，共发现各类遗址230余处，其中6处经过发掘，发掘面积15000平方米，清理秦墓128座，出土文物5000余件，对咸阳故城有了基本的了解。据学者推测，咸阳城东西约7200米，南北约6700米，城区总面积约为

48平方公里，比明代西安城大4倍多。其范围东自柏家嘴村，西至长陵车站附近，北起成国渠故道，南到汉长安城遗址以北3275米处，是一座没有城墙的开放式的城市，在古今都城建设史上唯一无二。

咸阳城不但宫殿林立，园林绿映，而且商贾云集，市场繁荣。秦始皇统一货币、车轨、度量衡，方便了商业贸易，又迁天下十二万富豪于咸阳，开拓经营，在市中心建有高三丈的两层楼台，楼上悬鼓，晨鼓开市，暮鼓罢市。市场内设直市、平市、军市、奴市。直市在渭河以北，主要经营日用百货、皮毛丝绸、乐器古玩等；平市在今渭城区黄家沟一带，主要经营粮食、水产、农副产品等；军市主要经营各种兵器、车马铠甲等；奴市主要进行奴婢及牲口交易。商贸云集，车水马龙，船只穿梭，络绎不绝，热闹非凡。

曾经辉煌的咸阳城，后来被项羽焚火烧毁，两千年沧桑巨变，渭河的河道北移，秦都咸阳，湮没于地下，成为历史的陈迹。

三、汉代的都城长安

秦始皇统一中国，功昭天下，但他又修长城，建秦陵，横征暴敛，引发了陈胜吴广农民起义暴动，后来又形成楚汉相争。西楚霸王项羽，直捣咸阳，秦子婴交印投降，秦朝短命而亡，并火烧咸阳，大火三月不灭，使咸阳城毁于一旦。项羽硬把刘邦逼到了陕南的汉中，封为汉王，刘邦重用韩信，"明修栈道，暗度陈仓"，占领关中，大败项羽，逼其乌江自刎。刘邦建立了西汉王朝，于公元前202年2月在"汜水之溪"的定陶举行了登基大典，坐上了皇帝的宝座。为了给汉王朝选择一个合适的国都，刘邦就让群臣反复讨论，因刘邦的文臣武将大多数是江苏沛县人，主张建都洛阳，离家乡较近。唯娄敬和张良主张建都关中，张良说"关中左崤函，右陇蜀，沃野千里；南有巴蜀之饶，北有胡苑之利，阻三面而守，独一面东制诸侯，诸侯安定，河（黄河）渭（渭河）漕挽天下，西给京师，诸侯有变，顺流而下，足以委输，此所谓金城千里，天府之国也"，充分阐明了关中平原山川险固，水运发达，物产丰饶，战略地位重要，终于说服了刘邦放弃洛阳，定都长安，命丞相萧何负责营造都城，由阳成延具体负责设计，安排施工。

刘邦率群臣挺进关中，咸阳城已成一片焦土，刘邦就住在秦国故都栎阳（在今临潼区），在公元前199年未央宫建成后才入住长安城。长安本是一个乡名，位于西周故都丰镐二京之东北，咸阳东南，刘邦建都以此取名为长安。

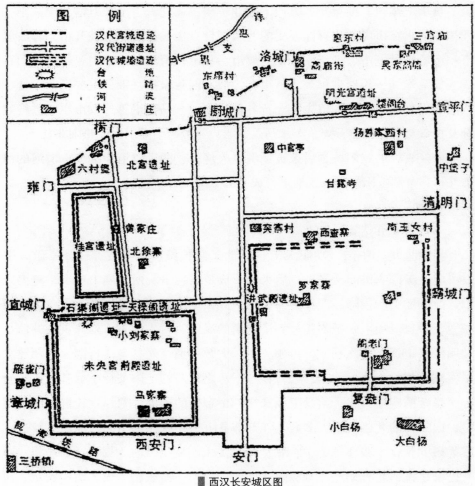
西汉长安城区图

项羽火烧咸阳和阿房宫时，位于渭河南岸的兴乐宫，幸免兵燹，保存下来。兴乐宫是秦始皇关中"离宫三百"之一，规模宏大，宫周长二十余华里，其中有高达四十丈的飞鸿台、大厦殿，殿前有秦始皇收天下兵器铸成的十二铜人，还有鱼池、酒池等。萧何对兴乐宫加以修饰，更名为长乐宫，成为汉初朝廷所在地，叔孙通在此为刘邦导演朝仪，文臣武将再不敢喧哗失礼，使得亭长出身的刘邦第一次领略到皇帝的尊严。

长安城先建宫殿，后建城垣。在汉高祖刘邦死后，儿子刘盈登基，开始扩建长安城。《史记·吕太后本纪》记载："三年（前192年），方筑长安城，四年半就，五年六年城就"。惠帝三年（前192年）春动员了长安附近600华里以内的民夫14.6万人，以及徒奴2万人，共同施工，惠帝五年（前190年）九月建成。

根据《三辅黄图》记载，长安城城墙"高三丈五尺（合今8.23米），下阔一丈五尺（合今3.53米），上阔九尺（合今2.12米），雉高三板，周回六十五里。城南为南斗形，城北为北斗形，至今人呼汉京为斗城是也"。

解放后经中国科学院考古研究所汉城发掘队在1956–1961年对长安城进行考古勘察发掘：东城墙长5940米，南城墙长6250米，西城墙长4550米，北城墙长5950米，城墙周长共计22690米，合22.69公里。与《汉旧仪》的记载的"城方六十里"最为接近。城垣面积35平方公里，平面略成方形，南墙和北墙几处曲折，南城曲成南斗形，西北角折成北斗七星状，为什么修成这个样子？人们认为是模拟天象而建，所以称为"斗城"。实际上是城西北迫近渭河，筑城时顺河势而兴建，向东北方向斜形修筑。

长安城的城墙，根据解放后的实测，墙体底宽达16米之宽（约合六丈八尺），残存的城墙经过两千年的风雨剥蚀还有8米之高，所以《三辅黄图》的记载显然失实，偏低偏窄。

长安城四面各开三门：东城有宣平门、清明门、霸城门；南城有覆盎门、安门、西安门；西城有章城门、直城门、雍门；北门有横门、厨城门、洛城门。

长安城内，根据《三辅黄图》卷二引《三辅旧事》云："长安城中八街九陌"，长安八街，道路宽阔，可以同行十二辆马车。根据《长安志》记载八条大街是华阳街、香室街、章台街、夕阳街、尚冠街、太常街、藁街和前街。九陌指郊野之道，指长安城通往郊区的九条大道。杨巨源和骆宾王有"九陌华轩争道路""三条九陌凤城隈"的诗句，可见交通之繁忙。各条街

道两旁栽植松柏榆槐，蔽日成荫，十分壮观。城内皇宫占城市面积三分之二，所以商业市场分布比较分散，见于记载的有西市、东市、柳市、直市、孝里市、交门市、交道市等八个市场，市场交易兴旺，富商云集。汉景帝时为讨七国之乱，许多列侯随军出征，向富商乞贷现金，无盐氏即捐出千金，三个月内，终平七国之乱，无盐氏一年之中，生息十倍，成为关中最大的富翁之一。

汉代长安城大约延续了八百年，隋代隋文帝杨坚新建大兴城，将汉长安城划为禁苑，百姓称为杨家城。由于划为禁苑。汉长安城遗址才得到了比较完整的保存。

四、隋唐的都城长安

隋文帝杨坚（541–604），弘农郡华阴（今陕西华阴市）人。其父杨忠官至大司空，封隋国公。杨坚袭父爵为北周隋国公，任大将军，隋州刺史，曾随北周武帝灭北齐。其女儿为宣帝的太后，杨坚时任大后丞，操掌重权，宣帝死后传位于儿子宇文衍，称静帝，静帝年幼，杨坚任丞相，总揽国政，后杀北周宗室，大定元年（581年）废静帝自立为帝，建立了隋朝，定都长安，建大兴城，唐改长安城。隋唐两代的都城，由于隋朝历时短促，只存在了37年，主要发展在唐代，因此只以唐长安城相称。

杨坚于开皇二年（582年）六月下诏，命左仆射高颍为营造新都大监，宇文恺为营造新都副监，规划建设大兴城。宇文恺，陕北靖边县人，时任隋太子庶子，是有名的建筑专家，他先后在洛阳、邺城考察，又详细踏勘了长安地形地貌，山原水系，作出了超一流城市规划，充分体现了《周礼·考工记》中记述的古代城市规划制度："匠人营国，方九里，旁三门，国中九经九纬，左祖右社，面朝后市，市朝一夫"。尤其是"旁三门，九经九纬，左祖右社"，以前城市没有这样的布局，只是宫城在北，市场在南（东市和西市），并非完全符合"前朝后市"的城制。他抛开了汉长安城故址，把城市向汉长安城东南转移，把城市布置在沣水和灞水之间，真正形成了"八水绕长安"的布局，在地形上利用了六条高坡，突出了龙首原高耸的优势，实行空间布局。

新都城规划，共有三重，由郭城、宫城和皇城组成。外郭城面积84平方公里，比明清西安城8.7平方公里大9.6倍。从隋初直至开元十八年（730年）才建城。《长安志》记载其长度："东西一十八里一百一十五步（合9694.65米），南北一十五里一百七十五步（合8195.25米），周六十七里（合35456.4米）。"经解放后考古实测东西9721米，南北8651.7米，周长36744米。东西略长，南北略短的横长方形。其范围东至今西安胡家庙，南到南郊杨家村与陕西师范大学，西至西郊大土门村，北至北关自强路以北之间。城墙为穷土板筑，高一丈八尺。城东南西北各开三门，共十二门；东墙正中开春明门，北为通化门，南为延兴门；南墙正中开明德门，东为启夏门，西为安化门；西墙正中开金光门，北为开远门，南为延平门；北面三门，在宫城以西，中为景曜门，东为芳林门，西为光化门。城外挖城濠，环绕四周，濠宽9米，深3米。

郭城之内东西共开14条大街，南北共开11条大街，25条大街，纵横交错，分割成108坊（唐高宗龙朔以后为110坊、唐玄宗开元以后为109坊），其中朱雀大街为南北中轴线。另设东市和西市，形成两大商贸中心区。

皇城是长安城的第二重，俗称子城。位于城内偏北的中部，北与宫城相接，东西与宫城墙齐，南临春光门和金光门大街。东西南三面筑有城墙，夯土板筑，高三丈五尺（合10.3米），墙基宽18米。皇城东西长2820.2米，南北宽1843.6米，周长9.2公里，面积约为5.2平方公里。皇城共开七门；南墙中为朱雀门，东为安上门，西为含光门；东墙开二门，中为景风门，北为延喜门；西墙开二门，中为顺义门，北为福安门。现存明城墙的南城墙东至开通巷附近，西南由南向北到玉祥门处，就是皇城的范围。皇城内东西有七条大街，南北有五条大街，皇城是唐王朝中央机关办公所在地，为封建王朝中枢权力之所在，百僚衙署列于其间，另外还建有宗庙和社稷。

宫城是长安城的第三重。位于城北部的中央，北抵西苑，南接皇城，东界启夏门、兴安门大街，西界安化门、芳林门大街。外有城墙，其中北城墙是外郭城的一分，夯土板筑，高三丈五尺（合10.3米），墙基宽18米。经解

放后考古实测，宫城东西2820.3米，南北1492.1米，周长8.6公里，面积4.2平方公里。宫城共开十门；其中南墙开六门，正中为承天门、东为长乐门、永春门、嘉福门（东宫南门），西有广运门、永安门；北墙有三门，中部偏西为玄武门，东边有安礼门、玄德门（东宫北门），西边有西门。南边与皇城相接无门。其范围南至今西安莲湖公园南，北至北关自强路北，东至革命公园，西至玉祥门之间。宫城内中为太极宫，面积约为1.9平方公里，是皇上会见群臣、决策军国大事的执政场所。太极宫东是东宫，面积1.2平方公里，是太子居住的地方。西边是掖庭宫，面积1平方公里，是宫女生活和内侍省所在地。三宫之间以宫墙相隔，中有宫门相通。

长安城内25条街道，九宫格局，方方正正，街道整齐，十分宽阔，诗人白居易有"百千家似围棋局，十二街如种菜畦"的描述，李白也有"长安大道横九天"的称颂。其中朱雀大街是长安的中轴线，北自皇城南边的朱雀门，南至郭城南边的明德门，南北长5020米，称十里长街，路宽经解放后实测宽达150–155米，笔直宽阔，修有3米宽的排水沟，两旁植树绿化。朱雀大街在唐朝是万年县和长安县的东西行政分界线，各领54坊，实行分县管理。

长安城内108个坊，坊坊有墙，各开有门，街道就像胡同，看不到街房和店铺。为了方便生活和商贸活动，在郭城内开设东西二市各占两坊之地，各有"井"字形街道，四面各开二门。两市分别位于皇城的东南和西南，是长安城的经济中心和国际贸易的基地。通过陆海丝绸之路，使长安城成为国际商贸中心。两市各有二百二十行业，经营货品齐全，并设有专门的管理机构，平准物价，管理市场，如东市局、西市局、东平准局、西平准局等。唐武宗会昌三年（843年）六月二十七日夜东市失火，烧毁"曹门已市十二行四千余家"，可见商业之繁荣。

唐长安城是当时世界上最大的国际都市，与三百多个国家和地区有交往，城内居住少数民族和外国人，尤以波斯（今伊朗）人最多，西市开设有波斯店。特别是胡人影响很大，胡帽、胡乐、胡舞、胡饼、胡酒等风靡一时，能歌善舞和侍酒周到的胡姬，受到青睐，李白有"胡姬招素手，延客醉金樽""落花踏尽游何处，笑入胡姬酒肆中"的诗句。

　　长安城中还有众多的手工作坊、佛院僧寺、仓库武库、戏院球场、高等学府、风景园林等，社会功能齐全，经济繁荣，文化昌盛，形成全城人口超百万的特大城市，在中国城建史上写下了光辉的一页。

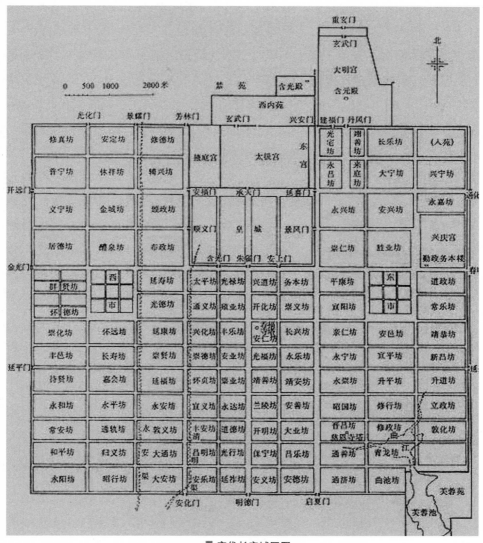

唐代长安城区图

　　中国古都中的洛阳、开封、北京等城市都模仿长安而建，朝鲜的庆州、新罗、日本的奈良、京都，都是仿照唐长安城兴建，产生了深远的国际影响。

雄伟壮丽的唐长安城历经三百年，开创了大唐盛世，贞观之治、开元盛世，缔造了中国古代的历史辉煌。到了唐朝末年，藩镇林立，兵火不断，长安城连遭几次大火，遭受严重毁灭。唐昭宗天祐元年（904年），控制汴州的朱温，挟天子以号令诸侯，劫迫昭宗迁都洛阳，同时下令长安居民"按籍迁居"，拆毁宫室和民宅，木材自渭河漂浮而下，堂堂的一代帝都，变为废墟。今天的西安，只留下了大小雁塔，和莲湖路以南的西五台为宫城南墙遗址，其他所有地面建筑物已荡然无存了。

第六节 兴修水利 物阜民丰

兴修水利从古到今是治国安邦之根本大计，肩负着改造提升自然，改善生态环境，抗御自然灾害，造福人类的使命。关系着农业的发展，经济的繁荣，社会的安定，国家的昌盛和政权的巩固。兴修农田水利，治河防洪，开挖运河，城市供水等都关系国计民生。西安作为十三朝古都，从秦昭襄王、秦始皇、汉武帝到隋文帝、隋炀帝、唐太宗、唐玄宗等，都把兴修水利作为富国强兵之本，涌现出了诸如李冰、郑国、史禄、白公、郑当时、庄熊罴、宇文恺、裴耀卿、韦坚等治水官员和专家，充分表现了中华民族的聪明才智和领先世界的科技水平。他们的治水功绩，造福社会，为后人所尊崇和仰慕。

毛泽东主席说："水利是农业的命脉"，农田水利工程，担负着抗旱、排涝、治理盐碱，保证农业增产，解决人民吃粮的使命。

一、秦代的郑国渠

秦始皇登上王位以后，在始皇三年、四年、十一年、十七年、十八年秦国遭受严重的旱灾和蝗灾，农业歉收，天下大饥。而秦始皇欲扫灭六国，要大量用兵，如王翦灭楚，就带兵60万，人民和军队大量的粮食需求和农业歉收形成供需的尖锐矛盾，所以兴修水利、富国强兵就成为当务之急。秦王嬴政，虎视眈眈，扫灭六国，大势所趋。六国中的韩国最为弱小，又是秦国函谷关以东的第一个邻国，地域在今山西南部和豫西一带，受到秦国的严重威胁，危如累卵。公元前246年，也就是嬴政登上王位的第一年，韩桓惠王便派水利专家郑国为间谍入秦，以兴修水利工程，耗费秦国人力和财力，企图拖垮或削弱秦国，保证韩国的安全，使秦国"毋令东伐"，史称"疲秦"之计。

郑国到了秦国，没有直接去见秦王，而是化装成普通的老百姓，踏遍了关中的山川河流，观察了地形地势，选定了在仲山（今泾阳县张家山）泾河谷口，引泾灌溉工程地址。然后再去见秦王政和臣僚，陈述自己引泾灌溉的设想。秦王嬴政立即采纳了郑国的意见，并委派他主持兴建引泾工程，当年开工建设。

正当郑国紧张施工之际，秦始皇得到密报，说郑国是韩国派来的间谍，秦王政大怒，发了一道"非秦者去，为客者逐"的逐客令，郑国首当其冲。郑国说"始臣为间（谍），然渠成亦秦之利也。臣为韩（国）延数岁之命，而为秦建万世之功"（《汉书·沟洫志》）。这时丞相吕不韦的门客李斯也向秦始皇奏上了著名的《谏逐客疏》。秦始皇接受李斯建议之后，以政治家的博大胸怀，赦免了郑国，让他继续主持引泾工程，渠成之后，以间谍之名命名为郑国渠。

郑国"凿泾水自中（仲）山西邸瓠口为渠，并北山东注洛，三百里，欲以溉田"（《史记·河渠书》）。郑国把引泾渠口选择在了仲山，即今泾阳县张家山泾河出山进入关中平原的谷口，由西向东，穿过冶峪河、清水河，又顺浊峪河而下，再折向东北穿过漆水河和沮水，经富平县、蒲城县退水注入洛河，全长126公里。

郑国渠工程如此浩大，在当时生产力水平很低，工具落后，运输困难的情况下，从秦始皇元年（前246年）开工，于公元前236年完工，仅用了大约十年时间，其速度之快，工效之高，令人赞叹不已。

郑国渠建成，"用注填阏之水，溉泽卤之地四万余顷，收皆亩一钟。于是关中为沃野，无凶年，秦以富疆，卒并诸侯"（《史记·河渠书》）。

郑国渠建成，灌溉今泾阳、三原、高陵、临潼、耀县、蒲城等县农田四万余顷，按秦制一亩等于今0.69亩计算，合今280万亩，在二千多年前能建成如此大的灌区，足可称伟大的水利工程。渠建成后获得良好的经济效益，亩收一钟，合今125.5公斤。从此关中成为沃野良田，抗御干旱，没有灾年，使秦国富强。郑国渠于公元前236年前后建成，至公元前221年秦始皇统一中国，大约十五年间，正值关键时刻，发挥了保证兵马给养和补充兵源的重大作用，以经济实力保障了军事上的胜利，使秦始皇终于完成"六王毕，四海一"的宏图大业。秦末楚汉相争，刘邦凭借关中为根据地，兵多粮广，源源不断，运往关东，也是他取得胜利的主要原因。

郑国渠使关中连年丰收，成为保证秦都咸阳和西汉长安京城的粮食基地。正如《白渠谣》所说"田于何所？池阳谷口。郑国在前，白渠在后。举锸为云，决渠为雨。泾水一石，其泥数斗。且溉且粪，长我禾黍。衣食京师，亿万之口。"郑国渠的建成，不仅在政治、军事、经济上发挥了重要作用。从科学技术上讲，也是科学治水的典范，处于世界领先水平：

一是泥水灌溉，淤田压碱。泾河含沙量很大，平均每立方米含沙量为141公斤，最大含沙量每立方米1430公斤，年输沙量平均达3.09亿吨，为黄河二级支流之冠，也是全国和世界江河含沙量最高的河流。郑国针对泾河的水文泥沙特点，"用注填阏之水，溉泽卤之地四万余顷"，合理利用泥沙，解决了水土肥的问题，改良了大面积的低洼易涝沼泽盐碱地，变泽卤为良田。

二是扩大水源，"横绝"河川。郑国渠灌地四万余顷，用水量很大。泾河水量在干旱时很难保证。因为泾河有暴涨暴落的特点，水量洪枯变化悬殊。根据近几十年水文测验资料，张家山最大流量每秒9200立方米（1933年8月5日），最小流量每秒仅1.94立方米（1977年4月15日）。所以郑国采取接纳北山诸流扩大水源的办法，解决供水不足的矛盾。根据西北大学历史系、陕西省文管会和泾惠渠管理局的联合勘察，认为冶峪、清水、浊峪三条河流曾归并纳入郑国渠无疑。这种穿越支流的工程设施，《水经注》一书称为"横绝"，充分显示了郑国的卓越才能。

三是穿越山原，精确测量。郑国渠的干渠穿越山、原、川、涧和湖泊、河流，在当时没有精确测量仪器的情况下，测量设计要做到精确是十分困难的。郑国渠线，大致沿海拔450-370米的高程，由西向东蜿蜒，展现在渭北平原的二级阶地上，居高临下，最大地控制和扩大了灌溉面积。

四是规划合理，争相步尘。郑国引泾开渠，至今2200多年，历经兴废盛衰，从汉代白渠、宋代丰利渠、元代王御史渠、明代的广惠渠，直到民国的泾惠渠，都是引泾河水，开渠自流灌溉，只是规模大小不同而已。工程规划布局，引水方案，万变不离其宗，可见郑国修渠对后世影响之大。

二、汉代的白渠、六辅渠、成国渠

白渠： 郑国渠由于泾河河床下切，经过一百多年难以继续使用，西汉武帝"太始二年（前95年），赵中大夫白公（史逸其名）复奏穿渠。引泾水，首起谷口，尾入栎阳，注渭中，袤二百里，溉田四千五百余顷，因名曰白渠"（《汉书·沟洫志》）。白渠引水渠首，选在郑国渠渠首以上1200米，引泾河灌溉，这里是石质河床，地质条件较好。所以白渠使用寿命最长，沿袭到宋徽宗赵佶大观元年（1107年），历时1100余年，实际上为郑国渠的第二代工程。白渠流经今泾阳、三原、高陵、临撞，东抵渭南东北，注入渭河，渠长100公里，灌地4500余顷，合今31万亩，为郑国渠灌溉面积280万亩的11%。

六辅渠： 六辅渠为倪宽所修。倪宽（？—前103），西汉大臣，著名水利专家。千乘（今山东高青县东北）人。汉武帝元鼎四年（前111年），倪宽任左内史，后任御史大夫。在任职期间，十分重视水利建设，一是由他主持兴建了六辅渠，二是制定水利法规政令。根据《汉书·沟洫志》记载"自郑国渠起，至元鼎六年，百三十六岁（郑国渠已使用了136年），倪宽为左内史，奏请穿凿六辅渠，以益溉郑国傍高仰之田。上曰：'农，天下之本也，泉流灌浸，所以育五谷也。左右内史地，名山川原甚众，细民未知其利，故为通沟渎，蓄陂泽，所以备旱也。今内史稻田租挈重，不与郡同，其议减。令吏民勉农，尽地利。平繇行水，勿使失时。'"汉武帝十分赞同倪宽的建议，并论述了水利建设的重要性，命他主持兴建六辅渠。该渠灌溉的是秦代所修

郑国渠高程以上无法灌溉的高仰之田，可能是引用郑国渠沿途的冶峪河、清水河、浊峪河等河流之水源，兴建堰渠而成的六条辅助性的渠道，下接郑国渠。灌今泾阳、三原等县黄土台原的农田。六辅渠的建成，对发展郑国渠上游的农业起到了一定的作用。

成国渠：汉武帝元封年间（前110-前105）建成了成国渠，在眉县以东的今杜家村的东门渡口，以渭河为水源，修渠引水，经今眉县常兴、扶风县绛帐、杨凌区以南，武功县、兴平市、咸阳市以北，至高陵县马家湾乡以南注入渭河，全长121公里，"既田万余顷"（《汉书·食货志》），其受益面积比白渠大一倍以上，为关中重要灌区。成国渠在长安西还接上林苑中的蒙笼渠。上林苑规模很大，周长三百余里，是汉武帝射猎游乐之地，为西汉著名的皇家园林，所以解决上林苑水源尤为重要，成国渠便解决了上林苑的供水问题。

到三国时，魏尚书左仆射卫臻征蜀，以关中为粮草基地，把成国渠向西延至陈仓（今宝鸡市），上承汧干水，使成国渠向西延伸47公里。西魏大统十三年（548年），在漆水河上设置了六个斗门以节水，恢复了成国渠的灌溉能力。唐代十分重视成国渠的建设，唐太宗曾征调九州工匠改善成国渠。武则天时引武安水以增加成国渠水源，使成国渠灌溉面积不断扩大，到唐懿宗李漼的咸通年间（860-874），又增引沣川、莫谷、香谷等水，成国渠水源更加丰富，使成国渠灌溉田达两万余顷，约合今160万亩。从武功县开始，引水上原，在今武功县剧院以北半原、渭惠渠一支渠漆水河渡槽东北、西孟村北、焦村，兴平市宋村、豆马村北，咸阳市窑店镇北、红旗抽水站等处，经解放后考古均发现成国渠遗迹，渠道断面十分清晰。成国渠引水上原，意义重大。解放前后的渭惠渠，实际上就是对成国渠的延续和发展。

另外周至县有灵积渠和沣渠。《汉书·地理志》载：周至有"灵轵渠，武帝穿"。《汉书·沟洫志》如淳注"《地理志》周至有灵织渠。……沣音韦，水出沣谷"。可见周至有灵轵渠和沣渠，盛产大米，故有"金周至，银户县"之说。

除上述这些农田水利工程外，汉武帝还在大荔县兴修了龙首渠、在眉县与汉中兴修了褒斜运河等大型水利工程，彪炳史册。

三、唐代的郑白渠和六门堰

唐代贞观、开元盛世，把唐代政治经济文化推向了封建社会的一代高峰。唐代全国农田水利有三个特点，一是就全国的政治、经济、文化中心地位来看，黄河流域重于长江流域，所以从总体讲，北方农田水利比南方农田水利发达；二是从巩固政权、军事战略、交通运输、京城给养等综合因素的抉择，全国农田水利以西安的京畿之地关中为中心，向四周辐射，形成洛阳（今河南省）、河东（今山西省）、巴蜀（今四川）、河套（今宁夏、内蒙古）四个农田水利的重点区域，其中以关中水利为首。三是唐安史之乱以后，黄河流域水利事业遭受破坏而衰败，江淮水利日趋发达。

郑白渠：是郑国渠在唐代的延续。唐代有三条支渠，故又称三白渠。唐代对秦汉时期的郑国渠和白渠，大的整修有三次；唐高宗永徽六年（665年），命雍州长史孙平征发民工，疏通渠道，使很多荒芜土地变成水田；唐玄宗开元初年（从713年起），命京兆尹李元纮疏决汉时的三辅渠；唐代宗李豫大历十二年（777年），命京兆尹黎干又先后开通了郑白渠上的多处支渠，恢复了秦汉时期郑白渠的灌溉能力，使关中大为受益。到唐德宗李适贞元年间（785－805），在郑白渠以南，新开凿三条渠道，即太白渠、南白渠和中白渠，故合称三白渠。据《元和郡县志·泾阳县》载称，太白渠位于京兆府泾阳县东北十五里，东流过高陵县，从今华县注入渭水，中白渠和南白渠往东南流入高陵县境。

郑白渠的渠首引水工程，与郑国渠和白渠不同，不是在河岸开口引水，而是在泾河上建设拦河壅水石堰，相当今天的拦河坝、石堰的形式，根据史料记载有两种说法，一种是"石㘭"，称"将军㘭"，另一种是由若干个"石困"组成拦河石堰。这比郑国渠和白渠从技术上讲有了大的进步，保证了郑白渠一年四季都可灌溉。

三白渠的渠系工程配套更加完善，整个灌区的渠系布置是：自仲山泾河峡谷石门洪堰引水至泾阳县城北三限口以上为总干渠，渠上开设斗门28个，

前四斗与礼泉分溉田亩，以后诸斗灌泾阳田：三限口设闸分为太白、中白、南白三条干渠：太白渠上开设斗门5个，灌三原、富平田，太白渠至邢村设堰，引清、冶水入太白渠，堰下分为二渠，北为务高渠，开斗门23个，南为平皋渠，设斗门8个：中白渠在汉堤洞附近从北岸支分一支渠名狂渠，后废，在南岸开斗门3个，北岸开斗门4个，流至高陵县西北30里县界设有彭城闸。彭城闸北限为中白渠正流，设斗门23个，分水灌三原、临潼，从灌区总体布局来看，与近代泾惠渠灌区渠系布置走向大体相似，说明唐代渠系工程设计定线技术已达到很高的水平。唐代三白渠的渠系工程，是古代引泾历史上的鼎盛时期，以后各代只是沿泾河峡谷，不断上移另开新的引水口，而下游三白渠的布局没有多大变动，以至三白之名一直沿用到清代。斗门、斗渠之名，也沿用至今。

刘公渠：又称"彭城堰"。唐敬宗（李湛）宝历元年（825年），高陵县令刘仁师，在高陵县境改建古白渠而修筑的一条渠道，该渠有四条支渠与三白渠中的中白渠相接，增强了中白渠的灌溉能力。刘仁师在修渠中，敢与达官贵人较量，大公无私，为官一任，为民造福，受到后人的推崇和仰慕，故将此渠称"刘公渠"。

六门堰：为京兆府重要的农田灌溉工程，前身是汉武帝时兴建的成国渠，西魏时沿渠兴建了6个斗门，以节水流，因此称六门堰。由于年久失修，失去灌溉效益。唐朝建国后，先后经过了四次大的修复，使成国渠又恢复了当年的风采。唐高宗（李治）永徽四年（653年），命右仆射于仲谧组织关中民夫，进行修复。接着在武则天圣历年间（698-700），命稷州刺史张知謇疏扩治理，使这条古渠维持了将近一百年。唐宣宗（李忱）大中八年（854年）命武功令李频从事修浚，使关中西部连获丰收。到唐懿宗（李漼）咸通十三年（872年），命京兆府主持，对六门堰进行了唐代规模最大的也是最后一次整治，京兆府动员大量民工疏浚渠道，清淤泥沙，保证渠水的畅通。更重要的是，把沣川、莫谷、香谷、武安四条河的水，导入渠道，扩大了水源，提高了灌溉保证率。据宋敏求《长安志》的记载，可以灌溉"武功、兴平、咸阳、高陵等二万余顷"。民国时期李仪祉先生兴建的渭惠渠从今眉县魏家堡引渭水灌溉，大体沿袭六门堰的模式。

此外唐王朝还在大荔县境内兴建了通灵陂，在渭南市兴建了金氏二陂，在延安兴建了延化渠等农田水利工程。

四、长安古代城市供水工程

兴修水利除农田灌溉外，还要解决城市供水问题，包括民用水、作坊用水、园林用水，以满足城市发展的需要。

1. 汉代城市供水工程——昆明池

云南省昆明市的滇池，又称滇南泽、昆明池、昆明湖，水面近三百平方公里。西汉时汉武帝为讨伐滇国和探索沟通西域的捷径，而被滇国的昆明湖所阻，汉武帝便下令在长安西南上林苑中开凿一个巨大的人工湖——昆明池。其目的是以"昆明有滇池，方三百里，乃作昆明池以习水战。"

据《汉书·武帝纪》记载，于元狩三年（前120年）开凿昆明池（故址在今长安县斗门镇东南），根据《三辅旧事》记载，"昆明池地三百二十顷"，池周长四十里，是秦汉至隋唐间西安历史上最大的人工湖，不仅达到了训练水军，发展军事的目的，而且对京都和关中的繁荣起到了巨大的作用。长安作为西汉的国都，商业贸易繁荣，最盛时期人口约30万，城市供水矛盾突出。而昆明池水源充盈，主要来源于石达堰，石达堰之水来自滈水，滈水发源于终南山，流经樊川，为沣河的支流。故《括地志》载"沣、滈二水皆已堰入昆明池，无复流派"。昆明池蓄水量大，又居于斗门一带的高地，居高临下，"故其下流当可壅激，以为都城之用。于是并城疏别三派，城内外皆赖之"，使长安城供水得到切实的保证。所谓三派是指三个明渠：一是漕渠的源头；二是在建章门外通过飞渠（渡槽）而入城的明渠；三是流向城西建章宫内的明渠。昆明池的开凿和三渠的疏通，使长安城景色秀丽，绿树红花，芳草如茵，城外如南国水乡一般。昆明池中立有巨大的鲸鱼石雕，两岸立有两个石人，左为牵牛（牛郎），右是织女，隔湖相望（二石人至今尚存）。《西京杂记》记载"昆明池中有弋船、楼船各数百艘"，成为长安有名的风景区。

昆明池在东汉时依然如旧，延光三年（124年）汉安帝亲临长安昆明池。北魏太武帝拓跋焘于太平真君元年（440年）下令"发长安五千人浚昆明池"。至唐代昆明池犹存，历时一千多年，到后秦姚兴时枯竭，夷为农田，至今昆明池故址比周围农田低2-4米。沧桑之变，今仅留牛郎、织女石人成为历史的见证。但可喜的是，西咸新区的开发，为昆明池焕发了青春。

昆明池在水利、军事、航运、城建史上写下了光辉的一页。杜甫有："昆明池水汉时功，武帝旌旗在眼中。织女机丝虚夜月，石鲸鳞甲动秋风"的诗句。

2. 唐代京城供水三渠

唐长安城是当时世界上人口最多的国际都会，人口超过一百万。如何解决百万人口吃水问题和作坊用水、水景园林用水问题，是城市规划和设计中首先要解决的难题。著名隋唐城建规划和建筑专家宇文恺主持设计，妥善地解决了这一问题。

宇文恺充分利用八水绕长安的水源优势，以及六坡高低地势，采取长藤结瓜、池湖蓄水、三渠串连的办法，解决供水问题，成为长安城区供水的主要来源。

龙首渠：它是为唐长安城市供水的引水重要渠道，因此渠靠近城东龙首原，故称龙首渠，又因引浐水，又称浐水渠。隋代开皇三年（583年）开凿。根据《长安志》记载，龙首渠自城东南方秦沟村筑堰引浐水北流，至长乐坡分二渠，东渠过通化门外，绕郭城东北角，一支北流入东内苑，汇为龙首池，再向东北流经凝碧池、积翠池，绕龙首原西北注入大明宫后庭的太液池。另一支西流，经大明宫前的下马桥。其西渠从通化门入城后，又分为三支：一支南流入兴庆宫注入兴庆池（龙池），再由兴庆池向西南修渠导入东市，汇为放生池；另一支西去，流经皇城，再北流入宫城，在太极宫后庭，汇为山水池和东海池；第三支是唐德宗（李适）贞元十三年（797年），于永嘉坊西北，分水北流至大宁坊西南隅太极宫前。根据建国后考古探测，龙首渠西渠入通化门处，有一米厚的砖石混砌的涵洞，洞高0.75米，渠顶宽6米，渠底宽2.5米，梯形断面，洞长5.5米。此渠为西内太极宫、东内大明宫、东内苑、兴庆宫、皇城及都城东北隅用水的主要干渠。故南宋程大昌著《雍录》载"凡邑里、宫禁、苑固，多以此水为用。"

永安渠：因从洨水开渠引水，故又称洨渠。隋开皇三年（583年）开凿。永安渠从城南香积寺西南引洨水北流，从郭城南面安化门以西的大安坊西街入城，北流穿城而过，沿途经大通、敦义、永安、延福、崇贤、延康六坊之西，过西市以东，与漕渠汇为池。再北流，穿布政、颂政、辅兴、修德四坊之西，北出景曜门，流经禁苑，注入渭水。永安渠自南而北，横穿都城西部，为长安城区西部主要用水渠道。

清明渠：隋开皇初年开凿，从长安城南皇子陂引潏水，向西北折流，从郭城南面永安渠东入城，经大安坊东街，又曲而东折，经安乐坊之西，再端向北流，经昌明、丰安、宣义、怀贞、崇德、兴化、通义、太平诸坊西部，又向西北呈弧形流经布政坊之东，从东北方向流入皇城，再北流入太极宫后庭，长藤结瓜，分别注入南海池、西海池和北海池。此渠为长安城西区和皇城、宫城的主要供水渠道。沿干渠又引许多小支渠，引入各坊皇亲国戚、达官贵人的私宅，作为风景园林用水。清明渠沿途在城内穿越，两岸柳荫花径，形成一道秀丽的风景线。

以上三渠为长安城区主要城市供水渠道，解决了全城居民生活、手工作坊以及园林用水问题。

长安城的供水除三渠外，还开凿了不少水井，井水比渠水纯净甘洌，多为皇家和臣僚拥有。城内著名水井有以下几处：

新昌井：位于郭城之东的新昌坊，故称新昌井。这里地势较高，井很深，其水质甘甜，称誉长安。殷尧藩作《新昌井》诗，有"辘轳千转劳筋力，待得甘泉渴杀人"的诗句。姚合作《新昌里》诗，有"旧客常乐坊，井泉浊而咸。新屋新昌里，井泉清而甘"的描述。

旧御井：位于朱雀门外的善和坊，此井水供宫内饮用，"开元中，日以骆驼数十驮入宫内，以给六宫"（《唐国史补》）。后因地卑水柔，不宜再饮而终止。

八角井：位于长乐坊西南隅景公寺前街中段，此井很大，民间可用。

《太平广记》载，唐元和初年，有公主夏中过此，见百姓方汲以银棱碗就井承水，误而坠井，经月余，碗出于渭河。

甘泉浪井： 位于皇城之西的醴泉坊内。醴泉坊本名承明坊，隋开皇二年（582年）创建都城筑此坊时，掘出甘泉浪井七眼，不仅水质甘甜，而且可以治病，因此将承明坊改为醴泉坊。甘泉浪井是长安城难得的甜水井群，隋文帝专门设置水井管理机构礼泉监，取甘泉水以供大内御厨。

第七节 水陆交通 四通八达

人类的生存环境，受到大自然条件的限制，山川险阻，于是，人们便逢山开路，遇水架桥，改善自然条件，兴建交通设施，以便四通八达，实现人流和物流的畅通。西安是周秦汉唐等13个朝代建都之地，为保证京城皇家、官员、军队、居民的粮食财货供应，便兴建了许多著名的水陆交通工程，诸如丝绸之路、南北大运河等，以适应军事战略和繁荣经济的需要，使西安不仅是全国的政治、经济、文化中心，而且是位居中央、辐射全国的交通枢纽。

一、西安古代的水路交通运

汉代的漕渠： 漕渠就是运河。漕运，本意泛指水路运输，后专指中国历代王朝所征粮食运往京都或其他定点的运输方式（主要是水运，间有部分陆运）。从秦汉至明清，都十分重视漕运。秦始皇曾将山东粮食漕运到北河（今内蒙古乌加河一带）作军粮。从西汉到唐代，都将东南的粮食水运到洛阳和关中的长安，元明清三代江南粮食和财货经贯通南北的大运河运往通州（今北京市通县）和北京。

渭河是长安八水中最大的河流，横贯八百里秦川。其河道情况是，自宝鸡峡以下至咸阳河床比较狭窄且顺直，易于通航；自咸阳以下至潼关，地势舒展，河床宽阔，水流曲折，动荡不定，不便通航。从河南的崤山以东把粮食运到长安，往往需要半年多的时间。到了汉武帝时，国力强盛，长安更加繁荣，对外又应付匈奴入侵，经常用兵，粮食和其他的物资消耗日益增多，运输供不应求的矛盾更加突出。西汉元光六年（前129年）大司农郑当时提出了开凿漕渠的建议。他说"异时关东运粟漕水从渭中上，度六月而罢，而渭水道九百余里，时有难处。引渭穿渠，起长安，傍南山（秦岭）下，至河（黄河）三百余里，径，易漕，度可令三月罢；而渠下民田万余顷，又可得以溉田。此损漕省卒，而益肥关中之地，得谷"（《史记·河渠书》）。

由此可以说明开凿漕渠，既可以缩短航程，节省时间、人力，还有灌溉农田的效益。汉武帝采纳了这一建议，征发了几万人施工，以三年的时间建成了漕渠。除水运外，还灌溉了万顷农田。

要开凿漕渠这样大的水利工程，渠线的勘测和规划是一个突出的技术难关。当时由齐人水工徐伯担负了这个任务，他用了一种叫做"表"的测量仪器，进行规划定线和操平高程，圆满地完成这一使命。徐伯的测量仪器"表"，是我国水利史上一大贡献。漕渠西起长安，引渭水连通昆明池，沿途接纳浐河、灞水、沈水以及渭南以东秦岭北麓诸峪之水，经临潼、渭南、华县、潼关直抵黄河，全长三百余里，成为当时最大的人工运河。

然而漕运只是东抵潼关，连通黄河，而潼关以东的运输则靠鸿沟转运。鸿沟是战国时魏惠王（前361年）时开凿的运河，也叫狼汤渠，从现在河南的荥阳县北引黄河水，沟通黄河、汴水、济水、汝水、泗水而贯通淮河、长江。鸿沟两岸建有仓库，最大的敖仓就建在鸿沟引黄入口附近。楚汉相争，刘邦采纳郦食其的建议，"收取荥阳，据敖仓之粟"，在保证给养上起了很大的作用。西汉定都长安后，凭借鸿沟、黄河、漕渠把江淮一带的粮食物产源源不绝地运到京都，鸿沟和漕渠就成为西汉王朝的生命线，与长安息息相关，安危共存。东汉初，杜笃在《论都赋》中有"鸿渭之流，经入于河；大船万艘，转漕相过；东综沧海，西网流沙……"的描写。当时造船水平已很高，出现了五丈到十丈可装五百到七百斛的大船，在鸿沟、漕渠畅通无阻。到了西汉末年，在鸿沟的东南又兴建了一条汴渠，经彭城，接纳泗水、沂水、沭水而沟通淮河，逐渐代替了鸿沟的作用。东汉时迁都洛阳，政治经济

中心东移，加上王莽建国三年（11年）的黄河大改道，鸿沟淤塞，从而丧失了生命线的作用，成为历史的陈迹。

隋代的广济渠：隋朝初年，河南的豫州、河北的冀州、江苏的扬州等已成发达的农业区，经济中心向东南转移，为了把关中的政治中心与东南经济中心连接起来，保证京城给养，除过陆路交通外，还必须加强水上运输，连通长安—黄河—东南的漕运。从长安到黄河，有两条水道，一是渭河自然河道，水浅沙多，河道弯曲，不便通航。二是汉武帝时所修的漕渠，东汉迁都洛阳，漕渠失修，而已湮废。隋朝皇权一建立，隋文帝于开皇元年（581年）命大将郭衍为开漕大监，改善长安与黄河之间的水运。郭衍"部率水工，凿渠引渭水，经大兴城北，东至潼关，漕运四百里，关内赖之，名之曰富民渠"（《隋书·郭衍传》）。富民渠隋初虽发挥重要作用，但因仓促成渠，工程粗糙，渠道浅窄，难以满足东粮西运之需要。

三年之后，即开皇四年（584年），隋文帝决心改造富民渠，要求富民渠又深又宽，可以通航"方舟巨航"。这时大兴城建设业已就绪，就命宇文恺担当此任，重开运河。宇文恺首先带领水工，深入实际，进行勘察规划，然后动工改建，当年竣工，改名曰"广济渠"。此渠引渭河水为水源，自长安至潼关150公里，比郭衍旧渠缩短航程近50公里。新渠且宽又深，可通大船，运力大增，满足京城用粮外，每年还节余储备。隋开皇五年和六年关中大旱，关东又遭水灾，无粮可运，隋王朝利用原来水运的积存粮食300多万石，赈济关中灾民，可见广济渠作用之大。该渠除漕运外，还灌溉沿渠的农田，促进了农田水利的发展。

另外隋文帝于开皇七年（587年）开凿江淮运河——山阳渎，北起山阳县（今江苏省淮安市），向东南流经射阳湖，南至江都（今江苏扬州市），入长江，长300余里，具有军事战略和经济开发的意义。《隋书·高祖本纪》故有"于扬州开山阳渎，以通漕运"的记述，这给第二年五十万大军灭陈开辟了一条水上通道。灭陈以后，使江淮一带的粮货顺利通过黄河到达京城长安。

开皇十五年（595年）"六月戊子，诏凿砥柱"（《隋书·高祖本纪》）。黄河水运，有砥柱之险，砥柱横立黄河之心，堵塞航道，形成神门、鬼门、人门三条险道，称三门峡。其中神门和鬼门无法通航，人门可勉强航行，风险甚大，常常船仰人翻，成为东粮西运的"瓶颈"。文帝下令开凿砥柱，以通三峡，但就当时技术手段，很难奏效，可见隋文帝对整治漕运的决心之大。

隋文帝开凿漕运的功劳，为后来隋炀帝开凿大运河和隋唐漕运奠定了良好的基础，功不可没。

唐代的兴成渠：汉代的关中漕渠，隋代虽再开凿，但常有淤塞，运输不畅。唐玄宗天宝元年（742年）陕郡太守、水陆转运使韦坚申奏唐玄宗，复开关中漕渠，玄宗准奏，韦坚主持这一伟大运河工程，改名兴成渠。从咸阳钓鱼台附近（距咸阳18华里）处渭河上筑坝引水，建成兴成堰，凿通了自咸阳至潼关之间三百华里汉代漕渠，引渭入渠，沿途又接纳浐水、灞水等入渠，至华州华阴县永丰仓附近汇合渭河，连通黄河。同时在长安望春楼下开挖了广运潭，作为京城水运码头。望春楼位于禁苑东南龙首原上，韦坚在原下开凿广运潭，用以停泊漕运船只。漕渠两年完工，广运潭直到天宝十一年（752年）完工。这一运河系统工程的完工，恢复了昔日漕渠的光彩，又成为唐王朝的京城水运生命线，每年从江南和中原转运到长安的粮食由原来120多万石，增至400万石，最高达到700万石，可见长安水运之发达。根据《旧唐书·韦坚传》记载，唐玄宗在长安望春楼下运河西段的广运潭举办了一次水上运输博览会，有二三百船只参加，按次序标明船号，各船所装货物写得一清二楚。除过粮食外，还有各类财货，琳琅满目，应有尽有：如广陵郡的船，装载的是广陵所产的锦、镜、铜器、海味产品；丹阳郡的船，装的是京口的绫缎；晋陵郡的船，装的是绞绣；会稽郡的船，装的是铜器、吴绫、绛纱；南海郡的船，装的是玳瑁、珍珠、象牙、沉香；豫章郡的船，装的是名瓷、酒器、茶釜、茶铛、茶碗；宣城郡的船，装的是空青石、纸张、毛笔、黄连；始安郡的船，装的是蕉葛、翡翠、蛇胆。这些粮船商舟，把江南和沿海各类物资源源不绝地运到长安，促进了商业和经济的繁荣。各船队尽显各郡风采，竞相媲美。驾船的船工都戴着大斗笠，穿着宽袖的衣服和草鞋，用鼓笛胡笙伴奏音乐，边歌边舞。各郡第一条船上人领唱，其余船只上的人随

着和唱，穿着色彩艳丽的妇女表演舞蹈。一船领队，其余尾随，徐徐前进，船队绵延数里，参观的人群蜂拥，盛况空前。

陕郡太守兼水陆转运使韦坚"治汉隋运渠，起关门，抵长安，通山东租赋"（《新唐书·食货志》），使汴渠、黄河漕运能力大为提高，天宝二年一年内运抵关中的粮食达400石。

到唐代宗（李豫）时，转运使刘晏确立了漕运岁修的制度，规定"每年正月，发近县丁男，塞长交，决沮淤"（《旧唐书·刘晏传》），保证河湾运输的畅通。

河漕运输是唐王朝的生命线，唐王朝专设水陆转运使，或由宰相、郡守兼任，主管漕运，整治关中漕渠、渭河水运、黄河、汴渠水运，节省了运费，改善了交通运输状况。

唐代的海上丝绸之路：唐代开辟了海上丝绸之路，主要是新罗（朝鲜）、日本和东南亚诸国。从贞观四年（630年）到唐昭宗乾宁元年（894年）的264年期间，日本派遣唐使正式成行多达13次，使团最少120人，最多达650人，他们远渡重洋，登陆后由中国地方公差护送经开封、洛阳到达长安。高丽王也多次派遣使者到长安。另外还有诃陵国（今印度尼西亚的爪哇）、天竺（今印度）、骠国（今缅甸）、林邑（今越南）、波斯（今伊朗）、大食国（今阿拉伯联合酋长国）等国的使者、商人、僧侣、留学生从海路或陆路到达长安，办理国务、经商、传教、留学。其中日本人如晁衡、吉备真备，新罗人崔致远等都在唐朝为官。综上所述，可见海上交通之盛。

二、西安古代的陆路交通

秦代的陆路交通：西周时有陆路通行中原，周武王在牧野会盟诸侯，兵马战将众多，道路通畅。春秋战国时，秦国已是"栈道千里，通行蜀汉"，并设置了管理交通的机构驿置（即驿站）。

秦始皇统一中国后，实行车同轨，大修道路，形成了以首都咸阳为中心，辐射四方的道路网络，便利了交通，东面新修的驰道是一条比现代高速公路还要宽阔的高标准高速公路，由丞相李斯主持兴建。根据《汉书·贾山传》的记载，李斯要求这条道路"道广五十丈，三丈而树，厚筑其外，隐以金椎，树以青松。"路面宽69.3米，中道6.93米（宽三丈），是皇帝车马行走的御道，路基用铁椎砸实，两旁栽植松树，进行绿化。这条道路沿渭河南岸，东通函谷关、崤阪，直指洛阳，通向中原。另外有通行东南的"武关道"，从咸阳，过灞河，走蓝田，到商洛的丹凤"武关"，直至宛城（今河南省南阳市），通往荆襄地区。通往东北地区的有"蒲津大道"，这条道路出关中，过黄河，到今山西省蒲州，经运城、太原直达上党。

南边的道路十分艰险，要穿越秦岭和巴山，到达巴蜀，连通云贵。穿越秦岭的有长安的子午道、周至的傥骆道、眉县的褒斜道、宝鸡的陈仓道，到达四川盆地，连通云贵高原，并连接长江水运，到达湖北、湖南诸省。

西边通往甘肃、宁夏等地，主要沿河而行，有四条道路，走"泾水道"，可抵达今甘肃东北、宁夏固原地区；走"渭水道"，可经过邽县治所（今甘肃天水市北道埠），再经陇西郡治狄道（今至甘肃临洮县）；走"楚水道"，沿陇山西侧的金陵河（古称楚水），过吴山，抵达今甘肃清水县。

北边，大将蒙恬屯兵30万人，修筑了万里长城和著名的"直道"，是一条通向北边的国防专用大道。大将蒙恬主持修筑，"自九原抵甘泉，堑山堙谷，千八百里。"从秦都咸阳到林光宫（即汉甘泉宫，在今陕西淳化县北凉武帝村）沿子午岭主脊东侧北上（由今淳化甘泉山到志丹与安塞县交界处的一段），再沿横山县西侧折而北侧，东经阳周（今子长县曹家洼）、上郡，出长城，过鄂尔多斯东部的平原，直抵九原郡治（今内蒙古包头市西郊麻池古城），共长1500里。2009年陕西考古研究院在陕北富县桦沟口考古发掘，发现战国至西汉使用的三翼铜镞、"大泉五十"铜币，为秦直道提供了有力证据

汉代的丝绸之路：汉代在秦代的基础上将驰道扩建延伸，形成了以京城长安为中心的陆路交通网：东线出函谷关（在今河南灵宝），经洛阳，至定陶，到临淄，通今山东省，此线到中原后，又有三条支线沟通黄河南北。南线修栈道，过秦岭，经汉中，通益州郡（今云南晋宁东）。西线汉代张骞出使西域，开辟丝绸之路，抵陇西（今甘肃临洮），经河西走廊，通今新疆

和西域各国，横跨欧亚。北线经陕北，直达九原郡（今内蒙古包头市西）。此外还有东北线，过蒲津（今山西永济），晋阳（山西太原），到通平（山西大同）。东南线，经蓝田，越秦岭，达江陵，水陆兼并，直达番禺（今广州）。

在海运不发达的古代，陆路交通居于首位。汉朝张骞，陕南城固人，是中国历史上最大的探险家和有名的外交家，有胆有识，雄才大略。他于汉武帝建元三年（前138年）和元狩四年（前119年），先后两次出使西域，到达中亚、西亚若干国家和地区，开辟了长安通往西方的国际道路，历经隋、唐，不断开拓发展，成为横跨亚洲、非洲、欧洲的最长的一条国际道路——丝绸之路。自西汉至明代，延续了1500余年。

丝绸之路从长安向西一直通往遥远的罗马帝国。公元1世纪罗马学者普利尼（23—79）在他所著《博物志》一书中写到。"（中国）锦绣文绮，贩运至罗马。富豪贵族之妇女，裁成衣服，光辉夺目。由地球东端运至西端，故极其辛苦"（《中西交通史料汇编》第一册，第20页），说明丝绸之路对东方和西方的文化与经济交流产生了深远的影响，其中中国最有代表性的产品就是丝绸。丝绸之路，由古都长安开始，出陇西，经河西走廊到新疆，越葱岭（帕米尔高原）联结中亚、西亚，再通往欧洲。

丝绸之路主要路线由长安到甘肃河西走廊分北、西两路。北路由长安，经陕西咸阳、彬县、长武到甘肃泾川、平凉，过六盘山，向西沿祖历河而下，在靖远附近渡黄河，经景泰、大靖至武威、张掖、酒泉，到敦煌。西路由长安经陕西咸阳、兴平、周至、眉县、宝鸡，沿渭河进入甘肃境内的天水、秦安、陇西、临洮、兰州（金城），渡黄河，再经武威、张掖、酒泉，到敦煌。到了河西走廊以后向西又分两路，一是北路，过酒泉向西北出玉门关，入新疆到吐鲁番（古称车师）、龟兹（库车）、疏勒（喀什）等地，越葱岭北部，到大宛（俄罗斯费尔干纳等地）、康居（即康国，今乌兹别克共和国境内），再往西南经安息（即波斯，今伊朗）而达大秦（罗马帝国）。另一路是南路，由敦煌向西南出阳关，沿塔克拉玛干沙漠南侧、昆仑山北侧的楼兰（即鄯善，今若羌东北）、于阗（和田）、莎车等地，越葱岭，到大

月氏（阿姆河流域中部）、大夏（土库曼共和国）、安息，再往西到达条支
（伊拉克、叙利亚一带）、大秦（罗马）。

　　在漫长的历史岁月中，中国历代的一些将军、兵士、边疆官吏、商人
以及国外的使节、商人、僧侣、旅行者，犯险涉难，频繁往来于丝绸之路，
沟通了西方和中国经济、文化的交往，加强了新疆与内地的联系，促进了沿
途城镇的兴盛繁荣，从而使长安成为当时世界上最大的国际城市。现存的陕
西文物胜迹，如乾陵61个宾王像、鸵鸟，礼泉昭陵六骏石刻，西安出土的罗
马、波斯金币，为藏经建造的大雁塔等都是丝绸之路的佐证。

　　通过这条丝绸之路，把中国的丝绸、茶叶、纸张、火药、陶器、竹器、
漆器、金器、银器等大量运往西方各国，又把西方各国的苜蓿、石榴、胡豆
（蚕豆）、胡椒、珍珠、琥珀、玻璃、沉香、犀角、玳瑁、象牙，以及骏
马、鸵鸟、犀牛、大象、狮子、白鹦鹉等珍禽异兽、名畜良种输入中国，促
进了长安经济及贸易的繁荣发展。

　　通过丝绸之路，我国边疆和西方的文化也传播到内地和长安。如唐时以
胡服为时装，由波斯传入的骑马竞技的马球（波斯球），更是风靡一时，在
长安街坊广设球场，打球取乐，唐玄宗李隆基就是打马球高手。来自中亚的
胡乐胡舞十分流行，有一种"胡旋舞"，节奏很快，旋转疾速。其他如在饮
食、绘画、建筑等方面也都受了西域文明的影响。汉代、唐代在吸收新疆少
数民族文化和西方各国外来文化上兼收并蓄，使中国文化，特别是盛唐文化
更加昌盛。对于东方国家如朝鲜、日本等也发生了重大影响。

　　唐代丝绸之路促进文化交流的大事之一，就是玄奘西行到印度取经。玄
奘由丝绸之路新疆境内的中道出国，经南道回国，往返19个春秋。从印度带
回佛教经论650余部，收藏于大雁塔，与其弟子共译佛经、论75部，1300余
卷。玄奘回国后所著《大唐西域记》，描写了所经西域各国情况，其中就有
我国蚕丝生产西传的记载。

　　万里迢迢的丝绸之路，路途艰辛而遥远，要穿越沙漠（如塔克拉玛干
沙漠）、火洲（如吐鲁番）、山岭（如昆仑山）、高原（如帕米尔高原）
等，不少地方干旱缺水，气候多变，风沙弥漫，白雪皑皑，步履艰难，人们

主要依靠沙漠之舟骆驼运输。张籍《凉州词》一诗中写道："边城暮雨雁飞低，芦笋初生渐欲齐。无数铃声遥过碛，应驮白练到安西。"生动地描写了骆驼商队由武威向西行进的情景。王维《送元二使安西》一诗（又名《渭城曲》）中写道"渭城朝雨浥轻尘，客舍青青柳色新。劝君更尽一杯酒，西出阳关无故人。"

为了巩固边陲，保证道路畅通和往来旅行的安全，从汉至唐在丝绸之路沿途派驻军队，建立寨堡，兴修城镇，战时打仗，平时军屯，生产粮食，发展畜牧。由于长期惨淡经营，保证了丝绸之路经久不衰，为古代世界交往创造了有利条件，也促进了西北地区的经济发展。历史上遗留下来的武威、张掖、玉门、安西、敦煌、哈密等名城塞堡，以其灿烂文化遗产，光耀世界。

从明代开始，由于航海事业的日益发展，中国同西方的交通几乎被海路航运完全取代。历经1500余年的丝绸之路因此衰落了。现代丝绸之路已为铁路和航空所代替，更为兴旺发达。

唐代的陆路交通：唐代是我国历史上最兴盛的时代，长安又是世界第一大都会，所以强化陆路交通就更为必要，形成了通向全国的四通八达的道路网。

道路实行一体化的驿馆管理，每三十里一设，形成以长安为中心的驿路系统，主要干线：东至洛阳、汴州（开封），再分二路，一至登州（今山东蓬莱），一至东南扬州、杭州、洪州（南昌），以达广州；西南经汉中，至成都、渝州（重庆）；西北有二路，一至灵州（今宁夏灵武西南），一至凉州（武威）、沙州（敦煌），以通西域；北线至夏州（今内蒙古乌审旗南）、天德军（今内蒙古乌拉特前旗北）；东北至太原、幽州（北京）；南至江陵、经潭州（长沙），达广州。此外还有通往今云南大理、西藏拉萨，内蒙古哈尔和林等少数民族之驿站。

唐代设置了专门管理京城长安驿道管理机构，称"馆驿使"。馆驿使韩泰邀请柳宗元撰《馆驿使壁记》，立于馆驿使馆的墙壁上，以作纪志。柳宗元在该碑之中记载了七条驿道是：两京（长安至洛阳）驿道，长安蓝田道，长安周至道，长安奉天道，长安栎阳道等，并详细记载了驿站的具体情况。

如两京道分设城东驿（位于城东四里，长乐坡下）、灞桥驿、滋水驿、会昌驿（今临潼）、新丰驿、渭南驿等，长安西去有陶化驿（即渭城驿）、槐里驿、马嵬驿、武功驿等。

宋元两代在隋唐陆路交通的基础上扩充，加大密度，沿袭唐代馆驿制度。宋代赵匡胤陈桥兵变，黄袍加身当皇帝就发生在陈桥驿（开封北）。明清两代形成以北京为中心的交通网，道路管理设驿站，在东北和西北边疆设驿站和军塘。

自宋以后，建都在开封、杭州、北京。随着政治中心的转移，西安失去了全国交通中心的地位，然而仍不失沟通西北和西南的交通要冲作用。

第八节 营造园林 美丽都会

西安是我国古代的政治中心和文化摇篮，先后有周秦汉唐等十三个朝代在此建都，兴建了我国历史上规模宏大、建筑豪华的群殿宫室，同时也建成了许多著名的皇家囿苑，形成中国古典园林艺术，相接衍替，丰富发展，故长安有"世界园林之母"的称号。

就西安古典园林发展过程而言，萌芽于周代，奠基于秦汉，繁荣于隋唐。西安的古典园林对唐代以后，直至明清产生了深远的影响。

一、西安古代园林建筑的演变

中国古典园林，发展到今天的现代园林，大体上经历了四个阶段的演变，就是从囿→苑囿→宫苑→公园（包括动物园、植物园、遗址公园等），其园林的性质、功能、规模、造园技艺都发生了重大变化。

西安的古典园林，西周称囿，秦汉时成为苑囿，到隋唐时发展为宫苑。

古代园林的萌芽，首先是从狩猎开始的，在周代叫囿，以困养野兽进行射猎为主。从奴隶社会到封建社会，射猎是帝王游乐的重要方式。《淮南子·原道篇》中说："强弩弋高鸟，走犬逐狡兔，此其为乐也。"秦末李斯

遭赵高陷害，临刑时对儿子说："吾欲与若复牵黄犬俱出上蔡东门逐狡兔，岂可得乎？"（《史记·李斯列传》），以再不能走犬射猎为最大遗憾。

阙铎所写《园治识语》一文中称："三代苑囿，专门帝王游猎之地，风物多取天然，而人工之役设施盖鲜。"意思说囿的建立，主要功能是保证帝王狩猎，自然环境保持原生态，没有人工修筑的建筑物。《说文》也云："囿，养禽兽也。"古代圈地为囿，划为禁区，不准百姓打猎，保证猎源，比远郊野外打猎就方便多了。周文王在丰京兴建了灵沼、灵台、灵囿，据《孟子》记载其范围"方七十里"，可见其大。

到了秦汉时，不单纯是圈地为囿，猎取囿中的自然猎源，而且增加了放养、笼养珍禽异兽，对动物由过去的单纯捕猎变为捕猎、观赏、游乐（包括斗兽）三个功能。同时栽植花木，构山聚水，兴建宫室。这种把山水、花木、动物、宫室融为一体的园林称为"苑囿"，代替了以困养动物和狩猎为主的囿。因此，在《汉制考》中有"古谓之囿，汉家为苑"的记载。

到了隋唐，政治上高度统一，经济繁荣，外交活动频繁，皇家政务繁忙，这就迫切要求把皇室处理朝政、饮食起居、游乐玩赏集中到一起，出现了以宫为主，宫寓于苑，或宫苑分离，而囿的成分很少，称为"宫苑"。这就是西安古典园林发展演变的过程。囿苑和宫苑习惯上多称"禁苑"，都是皇家园林，只供统治者享用，平民莫入。唐代中期一些禁苑定期向市民开放，这是一个很大的进步，也就是公园的萌芽。囿苑历经演变，到了近代才成为公园（包括遗址公园、动物园、植物园、水族馆以及游乐场等），普通民众才可游览。

二、西周丰镐二京的园林

约在公元前1136年左右，周文王（姬昌）消灭了崇国，把国都由西岐迁到西安沣河以西，建立了丰京。周武王翦灭商纣，统一中国建都镐京，镐京实际上是丰京的扩大。丰、镐二京，其范围大体在沣河，西至灵沼河，北至省客庄、张家坡，南到西王村、冯村，总面积约6平方公里。

周文王迁都丰京以后，兴建了宫室园林，称为灵台、灵囿和灵沼。

奴隶社会等级森严，囿的大小也有规定"天子百里，诸侯四十里"。周文王所建囿，介于二者之间，据《孟子》记载"方七十里"。为什么称灵囿，《陕西通志》载："灵者，言文王有灵德。灵囿，言道行于苑囿也。"灵囿、灵沼和灵台就是周文王的游乐场所。《诗经·大雅》中有如下的记载：

　　经始灵台，经之营之，庶民攻之，不日成之，经始勿亟，庶民子来。

　　王在灵囿，麀鹿攸伏，麀鹿濯濯，白鸟翯翯，王在灵沼，於牣鱼跃。

灵台、灵囿、灵沼在什么地方呢？据程大昌《雍录》记载："《长安志》曰在户县，灵台、灵沼、灵囿皆属其地也。台、沼、囿，诗人皆赏颂其美矣，而不载其制，今无可考，独灵台遗址至贞观尚在，故魏王泰《括地志》曰："辟雍灵沼今悉无复处，惟灵台孤立，高二丈，周围一百二十步也。"今户县秦渡镇以北二华里处的平等寺有一土台，相传为周文王的灵台。今长安县海子村与户县秦渡镇北的董村附近有一洼地，传为灵沼遗址。灵囿理应也在秦渡镇附近，其范围大，现在很难考究。

周文王修建了灵台，可以登高望远；修了灵囿，养有母鹿、公鹿、白鸟；在灵沼养鱼，享受"台、池、鸟、兽"之乐，可以在囿内进行游乐性的狩猎，比当时庶民在荒野山林攫取野生动物生产性的狩猎就方便得多了。

周代灵囿的管理有专门的人员，称"囿人"。根据《周礼·地官》记载，囿人职责是"掌囿游之兽禁""牧百兽""祭祀丧纪宾客，供其生兽死兽之物。"意思是经营管理好野兽，除天子狩猎外，还要为祭奠仙、祖和宴请宾客提供猎品。这也是我国最早专门从事公园管理和动物饲养的人员，后来还出现斗兽的勇士，相当今天斗牛士和马戏滑稽演员。灵囿很大，林木葱茂，生息繁衍着飞禽走兽，是狩猎游乐场所。灵台和灵沼建在灵囿之中，形成了一个整体园林。灵沼、灵囿，是我国在三千年前所建的最早的动物园。

到了周武王时，建都镐京，他十分喜爱珍禽异兽，公元前1050年建造了一个巨大的动物园——"智牲园"，饲养了老虎、犀牛和各种鸟类、水生类

（鱼、龟）、两栖类（蛇）等动物，被誉为中国最早的动物收藏家。

灵囿、灵沼和智牲园，创造了中国园林和水景园林之最：①灵囿和灵沼是中国和世界上第一个人工建设的动物园，是中华民族的骄傲。国外最早的动物园是奥地利维也纳城的申布隆动物园，该园是弗郎索瓦皇帝一世为玛丽娅·塞莱于1752年兴建的观赏性动物园，比西周的动物园晚了2000多年。②灵沼是我国最早开挖的人工湖泊，灵沼附近有灵台，可以登高望远，灵沼的周围有花木相映，形成了中国最早的人工水景园林。③灵沼是中国最早人工养鱼池。人类在原始社会的食物来源，主要靠狩猎、捕鱼和采集野果而生活，进而才有了畜牧业，进入农耕时代。人类从江河湖海捕捞水产品，到人工开挖鱼池养鱼，是中国古代养鱼的发端，是渔业生产的一大进步。

西周的囿是中国园林的发端，到秦汉发展成苑囿，到隋唐形成宫苑，所以西周的囿在中国园林史上具有开创先河的意义。

三、秦代的园林

秦代的园林就是处于囿到苑囿变化的过渡时代。秦始皇崇尚山水，在秦代皇家园林中，水景园林比重很大，推动了中国古代园林的进步和发展。

秦代苑囿规模宏大，数量众多，遍布关中。《三辅黄图》载，阿房宫"规恢三百余里，离宫别馆，弥山跨谷，辇道相属，阁道通骊山八十余里，表南山巅以为阙，络樊川以为池"。加上秦国仿造的六国群殿宫苑，可知其规模之大。

秦代的苑囿主要有上林苑、宜春苑、骊山苑、梁山苑、兔园等，其中不少苑囿水景园林占有很大的比重。

上林苑：其范围大概东起曲江池，南至终南山，西到沣水，北界渭河，面积很大。苑内除有渭河、沣河、潏河等天然河流景观外，在苑内开挖许多人工湖泊：①牛首池：《长安志》载"秦王上林苑有牛首池，在苑西头"。《史记·司马相如传》集解载："牛首，池名，在上林苑西头。"《括地志》载牛首池："在雍州长安县西北三十里。"其位置大体在今阿房宫遗址西北。②镐池：《三辅黄图》载："镐池，在（汉代）昆明池北，即周之故都也。《庙记》曰:'长安城西有镐池,在昆明池北,周匝二十二里,溉地三十二顷。'《史记》曰:'秦始皇帝三十六年,使者从关东夜至华阴平舒道。有人持璧遮使者曰:为吾遗镐池君。'"镐池周长达二十二华里,可见水面之辽阔,故址在汉昆明池北,乡人俗称小昆明池。③樊川池:《三辅黄图》载:"络樊川为池"。樊川就是今长安县潏河两岸的川道平原,引潏水为池。秦代上林苑内的这些湖池,丰富了苑内水上景观,也为飞禽走兽提供了饮水水源和栖息之地,便于皇家狩猎游乐。上林苑中兴建有虎圈和射熊馆,可见狩猎的功能仍很重要。另外在苑中兴建了长杨宫、长杨榭等建筑,呈现了苑与宫结合的逐渐转变。在上林苑中已人工栽植花木,司马相如在《上林赋》中有"吐芳扬烈,郁郁菲菲,众香发越"的描述,可见上林苑遍地花草,浓香遍野,花繁似锦的盛况了。

兰池宫: 秦代除苑囿水景园林外,还兴建了许多宫殿,以水取胜。最著名的是兰池宫。秦始皇引水为池,临池建宫,为水景园林。《史记·秦始皇本纪》载三十一年,"始皇为微行咸阳,与武士四人俱,夜出逢盗兰池"。《三秦记》载:"始皇引渭水为池,东西二百里,南北二十里,筑土为蓬莱,刻石为鲸,长二百丈。"又据《元和郡县志》记载,兰池在咸阳县东二十五里,可能在今咸阳市东北杨家湾附近。兰池水面辽阔,长达二百里,烟波浩淼,池中构筑假山为蓬莱仙岛,雕刻鲸鱼石,临池兴建宫阁,山水相依,宫室相映,草木争辉,为秦代著名的离宫别馆。

骊山苑: 临潼的骊山不仅风景秀丽,更有温泉之水,尤为秦国诸王和秦始皇的重视,在此兴建骊山苑、骊山汤,经常来此沐浴、游玩和狩猎。《三辅黄图》载:"阿房宫,亦名阿房城,惠文王造,宫未成而亡,始皇广其宫,规恢三百余里,离宫别馆,弥山跨谷,辇道相属,阁道通骊山八十余里。"改革开放后发掘华清宫遗址时,在唐文化层以下,发现秦代骊山汤的板瓦、瓦筒、方砖、檩条等,同时发现秦代五角形水道,直径0.3米圆形绳纹水管等,为秦代骊山苑、骊山汤提供了证据。

秦代的苑囿数量众多,规模宏大,尽管如此,秦始皇还不满足,嫌苑囿太小。秦代艺人优旃,是个侏儒,个子虽然矮小,但生性滑稽,善于谈笑,

又敢大胆讽谏，名噪一时。司马迁在《史记》中专门为他立传。"始皇尝议欲大苑囿，东至函谷关，西至雍、陈仓。优旃曰'善，多纵禽兽于其中，寇从东方来，令麋鹿触之足矣。'始皇故辍止。"（《史记·滑稽列传》）。秦始皇要把苑囿扩大到东到今河南省灵宝县的函谷关，西到今天的宝鸡市。优旃说那好呀，等东方各国进攻秦国的时候，就让麋鹿用角抵抗敌人去吧！秦始皇醒悟，停止了这一动议。

秦代苑囿园林的特点：一是博采广收，兼容并包。每消灭一国，就仿建其宫室园林，集六国宫殿于咸阳北阪之上。又将咸阳城向渭河以南扩展，"渭水贯都，以象天汉"，把渭河纳入城中，并修建了横桥以及兰池宫，显山水之灵气，构筑宫室园林，集六国之精华。二是宫苑相济，规模宏大。把建筑与园林融为一体，相得益彰。《历代宅京记》载："咸阳北至九嵕山、甘泉，南至户、杜，东至河（黄河），西至渭之交。东西八百里，离宫别馆，弥山跨谷，辇道相属。木衣锦绣，土被朱紫。宫人不移，乐不改悬，穷年忘归，犹不能遍。"唐代诗人杜牧在《阿房宫赋》中，有"六王毕，四海一。蜀山兀，阿房出。覆压三百余里，隔离天日，骊山北构而西折，直走咸阳"的描述。三是构思精巧，设计精良。秦代宫廷园林，注意融合山水，配置花木，建筑构造，形式多样，大气磅礴，殿宇高耸，回廊曲绕，亭台点缀，冷暖可调，风景如画，令人神往，也为汉代苑囿在秦代基础上发展壮大，奠定了基础。

四、汉代的园林

秦亡汉兴，刘邦立国，吸取秦代亡国的教训，治国兴邦，颇有建树。接着文帝、景帝继位，开创了"文景之治"，国力强盛。汉武帝在景帝之后登位，文武兼备，造就了一代雄风，使西汉进入了最强盛的时期。汉武帝安富尊荣，生活奢侈，加上他贪生怕死，迷信方士，仿效秦始皇寻求长生不老之药，所以大肆兴建宫苑园林，苑囿建设比秦代有过之而无不及，达到了一代巅峰。纵观汉代的园林，还是处于苑囿阶段，但宫的成分和比例增大，呈现出由苑囿向宫苑过渡的趋势。其中水景园林大放光彩，使宫室苑囿更为壮观，造园技艺明显提高。

西汉长安的苑囿有上林苑、甘泉苑、御宿苑、思贤苑、博望苑、西郊苑、乐游苑、黄山苑、昭祥苑、三十六苑等等。除过苑囿中的水景园林外，在未央宫、长乐宫、建章宫等著名的皇宫，还增加水上景观。

上林苑： 是西汉皇家最大的园林建筑，也是世界上当时最大的皇家园林和动植物园，是汉武帝时代将秦代上林苑增而扩大建成。扩建时受到大臣东方朔的强烈反对。《陕西通志》记载，东方朔进谏曰："夫南山之阻，陆海之地也。山出玉石、金、银、铜、铁，豫章檀柘，异类之物不可胜原，此百工之所取给，万民所仰足也。又有秔稻、梨、栗、桑、麻、竹箭之饶，土宜薑芋，水多蛙鱼，贫者得以人给家足，无饥寒之忧，故丰、镐，号为土膏，其价晦一金。今规以为苑绝陂池水泽之利，而取民膏腴之地，上乏国用，下夺农桑，其不可一也；且盛荆棘之林，大虎狼之墟，坏人冢墓，发人室庐，其不可二也；垣而囿之，骑驰车骛，有深沟大渠，夫一日之乐，不足以危无堤之舆，其不可三也。且殷作九市之宫而诸侯畔，灵王起章华之台，而楚民散，秦兴阿房之殿，天下乱。粪土愚臣，逆盛意，犯隆罪，当万死。"上乃拜朔为太中大夫给事中，赐黄金百斤，然遂起上林苑。汉武帝对东方朔冒死谏议废修上林一事置若罔闻，我行我素。汉王朝最终还是置百姓万民于不顾，为了皇帝一人之乐，将方圆几百里的范围"垣而固之"，使百姓不能擅入其内，躬耕陇亩，衣食之源遂绝。

西汉上林苑，规模宏大。《汉书》云："武帝建元三年开上林苑，东南至蓝田宜春、鼎湖、御宿、昆吾，旁南山而西，至长扬、五柞、北绕黄山，濒渭水而东。周袤三百里，离宫七十所，皆容千乘万骑。"《汉宫殿疏》云："方三百四十里。"其范围东起蓝田，西到周至，南依秦岭，北濒渭水。上林苑有离宫七十，苑三十六，台观三十五，池十，包罗万象。

《三辅黄图》载："上林苑有初池、糜池、牛首池、蒯池、积草池外、东陂池、西陂池、当路池、大壹池、郎池。"可见人工湖泊之多。《初学记》卷七记载说"汉上林有池十五所"，除了上述十池外，还有承露池、昆台池、戟子池、龙池和鱼池。这些池湖周围广植花草树木，兴建殿阁亭榭，

与碧水清波相映生辉，把汉家宫阙点缀得艳丽多彩，满目锦绣。各池景色千姿百态，各有特色：例如鱼池可以观鱼和钓鱼；蒯池滩岸，盛产蒯草，可以织席；积草池中有南越王赵佗进献的珊瑚树一个，称为烽火树，树高一丈二尺，一本三柯，上有四百六十二个枝条，夜晚随着灯的变换，五光十色，引人入胜。上林苑中除池以外，还有昆池观、郎池观、鼎池观、白渠观等。

这些皇宫御苑，专供皇帝和嫔妃居住游乐。辟有为皇帝演奏乐舞的宣曲宫，为皇帝玩乐的鱼鸟观、走马观、犬台观。还有为太子及接待贵宾的博望苑，思贤观等。

上林苑内广植花木，"群臣远方献名果异木三千多种"一个庞大的植物园，堪称当时世界之最。《西京杂记》记载，栽培的奇果异树有：梨十：紫梨、青梨、芳梨、大谷梨、细叶梨、缥叶梨、金叶梨（出琅琊王野家，太守王唐所献）、瀚海梨（出瀚海北，耐寒不枯）、东王梨、紫条梨。枣七：弱枝枣、玉门枣、棠枣、青华枣、樿枣、赤心枣、西王母枣（出昆仑山）。栗四：候栗、榛栗、瑰栗、峄阳栗（峄阳都尉曹龙所献）。桃十：秦桃、榹桃、缃核桃、金城桃、绮叶桃、紫文桃、霜桃（霜下可食）、胡桃（出西域）、樱桃、含桃。李十五：紫李、绿李、朱李、黄李、青绮李、青房李、同心李、东下李、含枝李、金校李、颜渊李（出自鲁）、羌李、燕李、蛮李、候李。奈三：白奈、紫奈（花紫色）、绿奈（花绿色）。查三：蛮查、羌查、猴查。椑三：青椑、赤叶椑、乌椑。棠四：赤棠、白棠、青棠、沙棠。梅七：朱梅、紫叶梅、紫花梅、同心梅、丽枝梅、燕梅、猴梅。杏二：文杏、蓬莱杏（东郡尉干吉所献。一株花朵五色，六出，云是仙人所食）。桐三：椅桐、梧桐、荆桐。林檎十株。批把十株。橙十株。安石榴十株。楟十株。白银树十株。万年长生树十株。扶老木十株。守宫槐十株。金明树二十株。摇风树十株。鸣风树十株。琉璃树七株。池离树十株。离娄树十株。白榆、梅杜、桂、蜀漆树十株。楠四株。枞七株。栝十株。楔四株。枫四株。

汉上林苑背山傍水，山谷原野，泉池河湖，宫室殿群，栉比其间，垂柳扶疏，绿树成荫，奇花异草，落英缤纷，珍禽怪兽，囿藏其中，集山水草木鸟兽之大成，凝为一体，应有尽有，绚丽幽致，引人入胜。西汉时词赋家司马相如《上林赋》描写上林苑"离宫别馆，弥川跨谷，高廊四注，重坐曲阁……醴泉涌清室，通川过于中庭""嬉游往来，宫宿馆舍，庖厨不徙，后宫不移，百官备具。"所造宫室极为雄伟豪华，登峰一时，建章宫侈靡超过未央宫，班固在《西都赋》中描写说"正殿崔嵬，层构阙高，临于未央。"

上林苑作为皇家禁苑，不但供皇帝游乐，同时还保留着狩猎的功能，苑中养百兽，天子春秋射猎苑中，取兽无数。直到汉成帝元延三年（前10年）秋，成帝到上林苑长杨射熊馆校猎，因其劳民伤财，扬雄目睹其状，心中郁郁不乐，于是写了《长杨赋》以讽谏。《汉书》扬雄传里记载了当时的情况："上将大夸胡人以多禽兽，秋，命右扶风发民入南山，西自褒斜，东至弘农，南驱汉中，张罗网置罘，捕熊罴、豪猪、虎豹、狖玃、狐兔、麋鹿，载以槛车，输长杨射熊馆，以网为周阹，纵禽兽其中，令胡人手捕之自取其获，上亲临观焉。是时，农民不得收敛。"可见上林苑一直保留射猎这一专供皇帝游猎取乐的园林功能。

汉武帝时在上林苑中兴建了一座飞廉观。飞廉是古代神话中的神鸟，"身似鹿，头如雀，有角而蛇尾，纹如豹纹。"观高四十丈，合今92米。武帝还在上林苑中建章宫前殿西北兴建了一座神明台，台上立铜柱，柱上铸铜仙人捧铜盘玉杯，以"承云表之清露"，供汉武帝饮用，以求长生不老。根据《史记·孝武本纪》司马贞索隐引《三辅故事》记载：仙人承露盘"高三十丈，大七围，以铜为之"。说明铜柱和铜人高有30丈，合今70.5米，加上基座共高50丈，合今117.5米。今西安市太液池苗圃西北孟家寨北有神明台遗址，现留台高约10米，底边宽约60米，为正方形，当地群众称"柏梁台"。唐代诗人李贺感此曾写下"衰兰送客咸阳道，天若有情天亦老。携盘独出月荒凉，渭城已远波声小"的诗句（《金铜仙人辞汉歌》）。

未央宫十三池：未央宫不但宫室殿宇高大豪华，水景园林也很兴盛。《西京杂记》载未央宫"池十三，山六，池一、山二亦在后宫。"但未央宫中有那十三池湖，史书没有明确记述，《三辅黄图》只记载了"沧池，在长安城中"，《旧图》曰"未央宫有沧池，言池水苍色，故曰沧池。"尽管史

书记载不详，但从未央宫开挖有十三个人工湖泊，可知其水景之胜，湖周遍植树木花草，形成皇家园林。

长乐宫池：长乐宫位于未央宫东，两宫相临，原为秦始皇所造兴乐宫，汉灭秦后，高祖刘邦迁居长乐宫，进行了修饰。长乐宫宫墙周长二十华里，有十四座宫殿。长乐宫中也开凿有人工湖泊——秦酒池、鱼池等。《三辅黄图》载"秦酒池，在长安故城中。"《庙记》曰"长乐宫中有鱼池、酒池，池上有肉炙树，秦始皇造。汉武帝行舟于池中，酒池北起台，天子于观牛饮者三千人。又曰：'武帝作，以夸羌胡，饮以铁杯，重不能举，皆抵牛饮。'《西征赋》云：'酒池监于商辛，追覆车而不寤。'"

建章宫太液池：建章宫是上林苑中最重要的宫城，为汉代三大宫城之一，不仅殿阙雄伟，而且山水园林兴盛。在建章宫出现了叠山理水的园林建筑，在前殿西北开挖了一个很大的人工湖——太液池，水面宽阔，"沧海之汤汤"（班固《西都赋》），在池中构筑了瀛洲、蓬莱、方丈三座仙山，象征东海仙境，还雕刻有鱼龙、奇禽、异兽之属。良好的水域生态环境，为水生植物生长、水生动物栖息创造了生存条件。"太液池边皆是雕胡、紫萚、绿节之类。菰之有首者，长安人谓之雕胡。葭芦之未解叶者，谓之紫萚。菰之有首者，谓之绿节。其间凫雏雁子，布满充积，又多紫龟绿龟；池边平沙，沙上鹈鹕、鹧鸪、䴔䴖、鸿鹔，动辄成群"（《西京杂记》）。构成了一幅返璞归真美丽动人的天然图画。"太液池中有鸣鹤舟、容与舟、清旷舟、采菱舟、越女舟"（《西京杂记》）。汉昭帝时"又刻大桐木为虬龙，雕饰如真，夹云舟而行"（《三辅黄图》）。汉成帝时常与赵飞燕戏于太液池。建章宫太液池成为汉代皇帝和宫妃驾舟嬉戏游乐之地，西汉著名水上游乐风景区，可惜在西汉末毁于王莽之手。

昆明池：汉武帝为伐讨滇国，开凿滇池，即昆明池，在上林苑中，《三辅旧事》记载，昆明池三百三十二顷，水面面积达三万多亩。池中有弋船数十艘，楼船一百艘，船上立戈矛，四角皆垂幡旗葆麾。另外还建造有一艘豫章大船，上可载万人。还有皇帝专用的龙首船，皇家和宫女们泛舟轻荡，张风盖，建华旗，作櫂歌，杂以鼓吹奏乐，皇帝亲临章台观看，以求娱乐。

昆明池中刻有一大石鲸鱼，长三丈，每遇雷雨，石鲸吼叫不已，鬣尾皆动。每逢久旱不雨，便在昆明池祭祀石鲸求雨，往往灵验。《庙记》还载昆明池"养鱼以给诸陵祭祀，余付长安厨。"因为昆明池是上林苑中水面最大的人工湖，水域辽阔，从汉代至唐代一直是京城长安最大的养鱼基地，所产之鱼除供皇家祭祀皇陵、皇家食用外，多余的运到长安市场上销售。使昆明池充分发挥了水军操练、城市供水、渭河水运、水产养殖、风景游乐等多种功能。

曲江池：《太平寰宇记》卷二十五云："曲江池，汉武帝所造，名为宜春苑。其水曲折有似广陵之江，故名之。"秦始皇在今西安城南大雁塔一带兴建了宜春苑，开发水上风景，当时称"隑州"。汉武帝时，在这里兴建了宜春下苑，开发隑州，改称曲江池。从秦汉一直延续到唐代，成为长安著名水上风景区，今西安市已建成曲江池遗址公园，恢复了曲江池水面，再现汉唐雄风。

御宿苑：御宿苑在长安城南御宿川中，即今长安韦曲向东南沿潏河一带。汉武帝为其离宫别馆，禁御人不得入，往来游观，止宿其中，故曰御宿。据《三秦记》载："出栗，十五枚一胜（升），大梨如五胜（五个一升），落地则破，其取梨先以布囊承之，号曰含消，此园梨也。"足见帝苑中所种之栗与梨，皆名贵品种，既可食用，又可观赏，堪为一大景观。

乐游苑：汉宣帝神爵三年（前59年）春建，在杜陵西北，其地四望高敞，苑中建有一庙，称为乐游庙，《西京杂记》载："乐游苑自生玫瑰树，树下多苜蓿，苜蓿一名怀风，时人或谓之光风。风在其间，常萧萧然，名首宿为怀风。日照其花，有光彩，敞茂陵人谓之连枝草。"当时能把从西域引种的苜蓿植于乐游苑，可见风光宜人之景观。到了唐代，太平公主在原上作亭游赏，每年三月上巳节、九月重阳节，女士游嬉，登高抒怀，吟诗作赋，人潮如涌，车马填塞，热闹非凡。

博望苑：汉武帝专为戾太子所立。使通宾客，苑在汉长安城外，漕渠之北。据《汉书》记载，武帝年二十九乃得太子，甚喜，等太子加冠成立，为立博望，以通宾客。据《雍录》载，言太子奔湖，斫汉城覆盎门而出，因苑

在门外，而太子听门以出，则知博望非常居之地。此苑至汉成帝时撤去。

西汉私园：西汉长安和关中，不仅皇家宫苑园林遍布，而且私人园林也很兴盛。《西京杂记》记载："茂陵（今兴平市境）富人袁广汉，藏镪巨万，家僮八九百人，于北邙山（今兴平市北二十里）下筑园，东西四里，南北五里。激流水注其内，构石为山，高十余丈，连延数里。养自鹦鹉、紫鸳鸯、牦牛、青兕（犀牛），奇禽异兽，委积其间……"其他的王室显贵、商贾豪富，争造府邸私园，相竞媲美，促进了汉代园林的发展和造园技艺的提高。

西汉的宫苑池湖山水园林建筑众多，限于篇幅，只择其重点简要介绍，不能一一叙述了。

西汉园林建筑的特点：一是园林增大，宫苑结合。园林不仅是依靠天然园林，而是加大人工园林比重，叠山理水，辟池凿沼，广植树木，配以花草。饲养动物，兴建殿阁楼亭，一应具备，理政、游乐、射猎等功能齐全。二是造园技艺，突飞猛进，开创我国人工堆山叠石之先河。加上充分利用河湖溪流，形成丰富的山水风景。在植物栽培上有温室培育，仅梅花就有七色之多。在动物饲养上有了长进，而且进行驯兽、斗兽取乐，继续保持园林射猎功能。三是规范管理，经营有方。《汉旧仪》载："上林苑中有令有尉，簿记禽兽各数。又有上林诏狱，主治苑中禽兽，宫馆之事属水衡。"《百官表》中记述："水衡都尉于武帝元鼎二年（前115年）初置。上林苑有五丞官属，有上林、均输、御羞、禁圃、辑濯、钟官、技巧掌六厩，辨铜九官令丞。"连制造铜钱的作坊都设在上林苑之内。这些官职难以考证，但可以看出园林建筑管理官僚机构之庞大，管理之严格，经营之妥善。

五、唐代的园林

中国古典园林，一枝独秀，富有中华民族特色，昌盛不衰，在世界园林史上占有重要的地位。唐代长安和关中园林为一代高峰，对后世造园技艺产生了深远的影响，成为民族文化的瑰宝。唐代园林大体上可分长安京城宫苑园林、关中离宫别馆园林、京畿私人宅墅园林、京畿皇家陵墓园林、京畿寺庙僧院园林、自然河湖山川园林六类。这里只介绍宫苑园林和私人园林。

京城宫苑园林：唐代京城长安，河湖渠堰，波光粼粼，流水潺潺，杨柳飘拂，松柏常青，花簇似锦，是一座美丽的园林化城市。

①三宫园林：皇帝执政和寝居的皇宫主要是三大宫殿区：即太极宫、大明宫、兴庆宫，为唐王朝以宫室为主的皇家园林。其特点是以宫为主，宫苑结合，修建"御花园"，把帝王理政居住、游乐集为一体，出现了"宫寓于苑""前宫后寝""寝后有苑""左右为苑"的格局，与秦汉的宫苑分离大不相同；为了防卫安全，宫苑面积相对缩小，造园技艺奇思精巧，更加集中，水景园林，各领风骚。

太极宫：皇宫前半部分为前朝，是听政议政的地方，后半部分是寝宫，为居住游乐的场所。在寝宫中修筑山池水榭，构成皇宫水景园林，共开挖了四个人工湖泊。从潏河开清明渠引水入宫，长藤结瓜，形成三个湖池，即咸池殿东的南海池、凝碧阁以东的西海池、玄武门以西的北海池，西海池边还兴建有千步长廊，在西海池西北构筑有假山。在太极宫后宫区还引浐河开龙首渠，积蓄而成的海池，水域宽广，碧波荡漾，为皇帝泛舟游乐之所，为太极宫中主要水上风景区。

大明宫：在大明宫北部，唐初开挖了一个很大的人工湖——太液池，分东西二池，经考古探测，西池东西长500米，南北宽320米；东池南北长220米，东西宽150米，两池水面总面积19.3万平方米。池中筑有蓬莱仙山，湖光山色，碧波粼粼，成为三大宫最大的水景园林。沿池周筑有长廊四百间，总长约1200米，把山水桥廊融为一体，诗人李绅有"桥转彩虹当绮殿，舰浮花鹢近蓬莱"的描述。唐代贾至在《早朝大明宫呈两省僚友》诗中写道："绛烛朝天紫陌长，禁城春色晓苍苍。千条弱柳垂金锁，百呼专流莺绕建章。剑佩声随玉墀步，衣冠身若御烟香。共沐恩波凤池上，朝朝染翰侍君王。"唐李华作《含元殿赋》，赞誉太液池的山水风光，云："天光流于紫庭，倒景入于朱户，腾祥云之郁霭，映旭日之葱茏。清渠导于元气，玉树生于景风。平坦数里，徘徊无穷。罗千乘于万骑，曾不得半乎其中。"

兴庆宫：是唐玄宗李隆基的皇宫，以水景园林著称。据《旧唐书·玄宗

本纪》记载：在武则天时，居民王纯家中有井溢水，浸成水池数十顷，称隆庆池，为避玄宗隆基名讳而改为兴庆池，也称龙池。并引龙首渠水入池，在唐中宗时，池"广袤五、七里"，经考古探测，兴庆池东西长915米，南北宽214米，水面18.2万平方米，池呈椭圆形，池周广植草木花卉。兴庆池湖光水色，波天碧翠，游船画舫，相映倒影，垂柳婀娜，随风拂动，牡丹斗艳，国色天香，殿阁林立，雕梁画栋，廊道曲径，幽通迂回，奇石相叠，嶙峋多姿，是三宫中最幽美的皇家园林。唐玄宗在此结彩为楼，宴会群臣，泛舟游乐。文人雅士留下许多诗章，韦元旦《兴庆池侍宴应制》诗写道："沧池奔沉帝城边，殊胜昆明凿汉年。夹岸旌旗疏辇道，中流箫鼓振楼船。云峰四起迎宸幄，水树千垂入御廷。宴乐已深鱼藻泳，承恩更欲奏甘泉。"沈佺期作《龙池篇》诗："龙池跃龙龙已飞，龙德先天天不违。池开天汉分殿道，龙向天门入紫微。邸第楼台多气色，君王凫雁有光辉。为欣寰中百川水，来朝此地莫东归。"此外，陈湖有"青春光风苑，细草遍龙池。曲渚交萍叶，回塘惹柳枝。因风初冉冉，覆岸欲离离。色带金堤静，阴连玉树移。日光浮磊靡，波影动参差。岂比生幽远，芳馨从不知"的描述（《龙池春草》）。

②唐城禁苑：原为隋代大兴苑，唐代更名禁苑，规模宏大。东临浐水，南接长安城，北枕渭河，西界汉长安城西。东西长27里，南北宽23里，周长百里，面积155平方公里。禁苑四周共开十个城门，是唐长安城郊最大的皇家风景园林区和狩猎区。禁苑与太极宫之西的内苑和大明宫内的内苑，合称唐城"三苑"。禁苑位于北郊，这里原坡滩岸，高低参差，河渠潭池，波光水影，林木葱郁，飞禽走兽，尽在其中。禁苑中有殿阁亭观20多处，水景园林遍布其中。望春宫位于禁苑东部，紧临浐水，清流细浪，鱼翔浅底，风光旖旎，是以浐河水色为主的风景区。宫内有升阳殿、望春亭、放鸭亭等。天宝二年（743年）水陆转运使韦坚引浐水通清运，开挖了广运潭，皇帝多在望春楼观赏水景。鱼藻宫，位于禁苑东部中段，开挖有人工湖鱼藻池，水深一丈八尺，池中筑山，山上建鱼藻宫，为禁苑主要水景区，皇帝和后妃、臣僚多在此设宴相聚，观舟竞渡。唐王建《宫词》诗云："鱼藻宫中锁翠娥，先皇行处不曾过。而今池底休铺底，菱角鸡头积渐多。"在鱼藻宫之西开挖有人

工湖凝碧池。禁苑之内临池湖河渠，兴建了青城桥、龙鳞桥、栖云桥、凝碧桥，临渭亭、七架亭、神泉亭等，小桥流水，亭榭旁依，风景如画。

③唐曲江池：位于长安城东南，今大雁塔之东南，始于秦代，称"陷洲"。秦始皇在这里曾开辟宜春苑，汉武帝时划入上林苑，隋代又加疏阔开凿。到了唐代，有两次大规模的扩建和复建：第一次是在开元年间，唐玄宗令扩大曲江，疏凿水道，引南山义谷水的黄渠补充水源，使曲江池水面达到70万平方米（1000余亩），大肆兴建楼台亭榭，使曲江池成为最重要的皇家水景园林区。安史之乱以后，曲江遭受浩劫，一片衰败。唐文宗读了杜甫"江头宫殿锁千门，细草新蒲为谁绿"的诗句，得知天宝以前曲江盛况，突发奇思，要恢复曲江盛景，于太和九年（835年）二月，征发神策军修淘曲江，并号召诸司，沿池兴建 亭馆堂所，把曲江建设又一次推向一个高潮。唐亡以后，曲江干涸，成为一片洼地废墟。今西安市政府投入巨资，兴建了国家级的曲江池旅游风景区，再现盛唐雄风。

曲江池一角

对于曲江池水景盛况，康骈在《剧谈录》中作了详细描述："曲江开元中疏凿，运为胜境，其南有紫云楼、芙蓉园，其西有杏园、慈恩寺。花卉环周，烟水明媚，都人游玩，盛于中和、上巳之节，彩屋翠恃，匝于堤岸，鲜车健马，比肩击毂。上巳赠宴臣僚，京兆府大陈筵席，长安、万年两县，

以雄胜相较，锦绣珍玩，无所不施。辟会于山亭，恩赐太常及教坊声乐，池中备彩舟数只，惟宰相三使北省官与翰林学士登焉。倾动皇州，以为盛观。入夏则菰蒲葱翠，柳荫四合，碧波红药，湛然可爱。好事者，赏芳晨，玩清景……"可见曲江之盛。

曲江池为皇家乐园，唐玄宗为了保密和安全，从兴庆宫到曲江池的芙蓉园专门修了高大城墙，称夹城。

在曲江游乐以及政治活动很多，主要表现以下几点：

曲江流饮：为长安八景之一，皇帝在此宴会群臣、新科进士，将酒酌杯（羽觞）内，置于水面，杯随水势漂流漫泛，流在谁的而前，谁就执杯畅饮，成为幸运者，遂成盛事。朱集义有"坐对回波醉复醒，杏花春宴过兰亭。如何说得山阴事，风度普经数九令"的诗句。

曲江宴会：唐代开科取士，最多每科取进士30人，皇上为新科进士在这里设宴庆典，宴设在船上称为"游宴"。规模盛大，皇族妃后，名臣显贵，纷纷而至，不少官宦人家带上闺中待嫁妙龄少女来此择婿，进士们也以"洞房花烛夜，金榜题名时"为荣。此外，在重大节日皇帝也在此设宴，以会臣僚。

曲江题咏：在曲江宴会和游乐时，臣僚显贵、翰林学士、新科进士在此吟诗作赋，各显奇才。李白、杜甫、韩愈、白居易都写下不少诗文。新科进士更是借此显露锋芒，如刘沧在《及第后宴曲江》中有"及第新春选胜游，古园初宴曲江头。紫毫粉壁题仙藉，柳色箫声拂御楼"的诗句。

曲江歌舞：曲江一年四季游人不断，而以中和（二月一日）、上巳（三月三日）、重阳（九月九日）三个节日最为热闹，以上巳节最盛。皇家梨园子弟奏乐，宫女载歌载舞，民间艺人卖唱，胡人表演胡舞，江湖艺人表演杂耍和杂技，构成盛大的文艺表演盛会。

曲江赏花：曲江池岸，柳暗花明，曲江池中，荷花玉立，游人赏花争先恐后。唐人姚合作诗云："江头数顷杏花开，车马争先尽此来。欲待元人连夜看，黄昏树树满尘埃。"可见游人之众。庐编作《曲江望》诗云："菖蒲翻叶柳交枝，暗上莲舟鸟不知。更到荷花最深处，玉楼金殿影参差。"可见水景之妙。

曲江开禁：历代皇家园林，平民莫入，划为禁苑。而曲江池每年上巳节，即三月三日这天，向市民开放，开创了皇家园林开禁的先例，形成公园的萌芽，不能不说是一个很大的进步。故杜甫有"三月三日天气新，长安水边多丽人"的诗句。

京畿私人宅墅园林：唐王朝历经290年，除兴建大量的皇家宫苑园林外，居住在京城和在外地做官的皇亲国戚、臣僚显贵、文人骚客、巨贾富豪在长安城内和京郊兴建了数以百计的私人园林，或是受皇家赐赠池观，以为燕游之地，使建宅造园风靡长安，竞相攀比。园林风格多样，各领风骚，多以山池、池台等命名。私人园林分以下两类：

①京城坊宅私人园林：长安城内街如棋盘，共有108坊，唐朝官员和富豪宅第豪华，私园竞美，造园风格多样，有的以花木取胜，有的以动物取胜，有的以山野取胜，其中以水景园林取胜者不计其数，只列举数例，可窥一斑。

孤独公园：益州大都督孤独遐叔在长安城内永宁坊私宅建成"孤独公园"，内有渠道、池塘、深潭、喷泉、瀑布。宰相张说称赞此园"有通渠转池，巨石数赚，喷险凉漏，泪潭沈沈，珠声异状，而为形胜。"

郭子仪园：位于长安城南大通坊，园内引永安渠凿地为池，掘土为山，亭榭园林，轻舟画舫，别有情趣。羊土谔《游郭驸马大安山池》诗云"仙杏破颜逢醉客，彩鸳飞去进行舟。洞箫日暖移宾榻，烟横北渚水悠悠。"吕温在《春日游郭驸马大安亭子》一诗中有"戚里容闲客，山泉若化成。寄游芳径好，借赏彩船轻。春至花常满，年多水更清"的描述。

曹郎中山池院：位于长安城内崇贤坊，引永安渠水为山池园。李洞作《赠曹郎中崇贤所居》一诗，胜赞水景园林："闲坊宅枕穿宫水，听水分余盖蜀绪。药样声中捣残梦，茶铛影里煮孤灯。刑曹树荫千年井，华岳楼开万千刃冰。诗句交风官渐紧，夜涛春断海边藤。"

宁王宪山池院：位于长安城内胜业坊东北隅，引兴庆宫池渠之水西流，疏凿屈曲，长藤结瓜，形成九曲池，筑土为基，叠石为山，广植松柏，有落

猿岩、栖龙山由，奇石异木，珍禽怪兽，收列其中。水景中设鹤洲仙涛，殿宇相连，左沧浪，右临漪。宁王与宫人宾客常在此饮宴垂钓。

段成式山池园：位于长安城内修行坊，以山池取胜，兼有果园数亩。刘得仁《初夏题段郎中修行里南园》诗称："高人游息处，与此曲池连。密树才春后，深山在目前。"

琼山县主山池院：位于长安城内朱雀街西的延福坊西北隅，开元年间，县主适慕容氏，家富于财，在私园内凿疏山池，溪磴自然，林木葱郁，为长安著名山池私园。

许敬宗山池院：位于长安城内永嘉坊，引龙首渠水，开山池园。唐太宗李世民到此，作《许敬宗家小池赋》有"引泾渭之余润，萦咫尺之方塘"之句。

冯宿山池院：位于长安城内亲仁坊。主人为剑南东川节度使冯宿，他喜爱鸭鹅杂禽之类，在私园凿山池，养水禽，以求其乐。

王鉷山池院：位于长安城内太平坊，在府宅开凿山池，建有自雨亭，亭檐之上引水，飞流四注，每当盛夏，凛若高秋，又有宝锢井阑，不知其价。可见达官贵人建造水景园林，奢侈豪华，不惜工本。

裴度池亭：位于长安城内兴化坊，引清明渠水开山池院，傍水建亭阁。白居易到此，作《宿裴相公兴化池亭兼蒙借船航游汛》诗，有"林亭一出宿风尘，忘却平津是要津。松阁晴看山色近，石渠秋放水声新"的描述。

此外，著名的私园有岐阳公主山池院、长宁公主山池院、杨慎交山池院、安禄山池亭、萧氏池台等，这里不一一赘述。

②京郊私人别墅园林：凡是以官、财、势为支撑的大家，不仅在长安城内有豪华宅第和园林外，为了避免城市的喧闹，夏季的酷热，或武将为求走马狩猎之乐，或文人追求山水田园之趣，或是名人追求隐士之所，还在京郊之地纷纷兴建别墅山庄园林。根据《陕西通志》记载"唐京省入伏，假三日一开印。公卿近郭皆有园池，以至樊杜数十里间，泉石占胜，布满川陆，至今基地尚在。寺省皆有山池，曲江各置船航，以拟岁时游赏。诸司家寺山池为最，船以户部为最。"

　　唐代京郊别墅园林，大都集中在三个区域：

　　一是京城东郊浐河和灞河两岸。这里水源充沛，风景宜人，交通便捷，邻近大明宫和兴庆宫，利于政事活动。所以皇亲国戚和显赫贵臣多在东郊兴建别墅，例如太平公主、长乐公主、安乐公主、薛王、宁王、驸马崔惠童、宰相李林甫的别墅均在东郊。安乐公主山庄蔚为壮观，虽史缺乏详尽记载，但从一些诗作中，便可知水景园林之盛。韦元旦《幸安乐公主山庄》诗，有"刻凤蟠墙凌桂邸，穿池凿石写蓬壶。琼萧暂下钧天乐，奇缀长悬明月珠"的描述。宗楚客《幸安乐公主山庄》诗亦称"水边垂阁含飞动，云里孤峰类削成。幸睹八龙游阆苑，无劳万里访蓬瀛。"

　　二是长安南郊樊川。距城三十五里，即今长安区韦曲和杜曲一带，潏河流贯其间，东南起自江村，西北至塔坡，川道长约三十里，原名后宽川，又名华严川，后因汉高祖刘邦将此地赐封给大将樊哙，故名樊川。这里南靠终南山，北依少陵原，滈河河川宽畅，地势平坦，景物秀丽。《长安志图》称樊川"天下之奇处，关中之绝景。"官僚文人多在此兴建别墅，长安韦、杜两家是唐代名门望族，仅宰相就有40人，加上名列三公九卿的要官，数以百计，故古人有"城南韦杜，去天尺五"之说。韦杜两家南郊别墅名冠天下，《长安志图》载："韦杜二氏，轩冕相望，园林栉比。"另外从许多诗作，可知城南山泉池之盛。王建《薛十二池亭》诗云"每个树边消一日，绕也行匝又须行。异花多是非有时，好竹皆当要处生。斜竖小桥看岛势，远移山石作泉声。"周瑀《潘司别业》诗云：门对青山近，汀牵绿草长。寒深抱晚橘，风紧落垂杨。湖畔闻渔唱，天边数雁行。萧然有高士，青思满书堂。"孟浩然《泛舟过滕逸人别业》诗云："水亭凉气多，闲梓晚来过。涧影见藤竹，潭香闻芰荷。"

　　三是终南山北坡沿线。终南山，又称太乙山，距京城八十里，是秦岭山脉自武功到蓝田县境的总称，包括翠华山、南五台、圭峰山、骊山等。这里重峦叠山，山谷幽静，泉瀑密布，森林茂密，鸟语花香，空气清新，景色多变，寺庙林立，为兴建别墅之胜地，不少文人雅士隐居于此，多有征召为官者，故有"终南捷径"之说。这一地区别墅，以王维辋川别墅最富有代表

性。辋川位于蓝田县西南秦岭北麓，因诸水汇流如车辅环凑，故名辋川。这里秀峰林立，松柏满山，辋水环绕，竹洲、花坞，风景优美。王维官至尚书右丞，又是诗人画家，他在唐开元年间购得宋之问的辋川别墅，晚年在此隐居。他利用这里天然风景，按照"诗中有画，画中有诗"的意境，人工写意造园，把山谷、冈岭、溪流、飞瀑、湖泊、河洲建成富有诗情画意的私园，点缀馆、桥、坞、亭，养殖鹿鹤等动物。主要景点有孟城坳、华子冈、文杏馆、斤竹岭、木兰柴、莱萸泮、宫槐陌、金屑泉、自石滩、临湖亭、奕家濑、欹湖、柳浪、鹿柴、漆园、椒园、辛夷坞等。王维在此著《辋川集》，作《辋川二十咏》和《辋川图》，成为珍贵的文化遗产。

此外长安城西郊有安乐公主定昆池，为西郊著名水景园林。安乐公主是唐中宗李显最小的女儿，骄横恃宠，要将昆明池为私沼，中宗不允，公主大怒，夺民田，耗巨资，新开一池，延袤十数里，取名定昆池，广集花木鸟兽。新宅池建成，中宗幸临，大宴群臣，有人作诗云："皇家贵主好神仙，别业初开云汉边。山出尽如鸣凤岭，池成不让饮龙川。"建造皇家私园给国家和人民造成沉重的负担，受到后人的指责。

总之唐代长安园林是我国园林建设的一代高峰，在园林的规模、形制、功能和造园技术都有所发展，在水景园林建设上更是大有突破，人工山池构筑蔚然成风，挖湖摄山，山以土石结合，"虽由人作，宛自天成"，使以自然山水园，升华到写意山水园，融诗情画意于风景园林之中。

六、西安古代的花卉

西安古代，从秦汉到隋唐，建造了中国历史上最大的园林，在栽植树木的同时，还广泛栽植花卉，使长安变成绿色的世界、花卉的海洋，并形成花卉交易市坊。

古代长安栽培花木种类繁多。仅汉代上林苑中，"远方群臣，各献名果异卉三千余种"。到了唐代，除皇家宫苑园外，臣僚显贵和巨商大贾私园增多，加上街坊路旁河湖两岸的绿化，使长安园林更加兴盛。观赏花木，有木本花卉（牡丹、梅花、玉兰、海棠等），草本花卉（菊花、兰花、芍药、玉簪等），水生植物（荷花、菖蒲、沙草、芦苇等），木本花果观赏性的树木（桃、杏梨、石榴等），木本果树（葡萄、枇杷、樱桃等），观赏落叶乔木（垂柳、中槐、榆树、梧桐、枫树等），观赏常绿乔木（松、柏、女贞等），观赏竹藤类（竹、荆、葛等）。每个花木中还有不少品种，如汉代长安梅花品种有朱梅、燕梅、猴梅、紫蒂梅、紫华梅、同心梅、丽枝梅七种之多。唐代长安牡丹，已拥有红、粉、紫、黄、白等多色重瓣牡丹。白居易有"仙人琪树白无色，王母蟠桃红不香。宿雾轻盈泛紫艳，朝阳照辉生红光。红紫二色问注，向背万态随低昂"的诗句，可见牡丹品种之多。

古代长安花木栽培技术高超。主要表现在以下几个方面：一是野生品种的培育，如号称花中之王的牡丹，原产西北。秦岭山中多见，南北朝时已成观赏植物，隋代已广为栽培，唐代时经过人工培育极为兴盛，使长安成为第一个牡丹之乡，洛阳为第二个牡丹之乡，山东菏泽为第三个牡丹之乡）。王象晋在《群芳谱》中记载："唐开元中，天下太平，牡丹始盛于长安。逮宋，唯洛阳之花天下冠。"另外如石榴，是汉代张骞从西域引种，首先在京都长安和京畿之地栽培，到唐代时长安石榴更是普及京城和山野郊外。唐代诗人杜牧有"似火山榴映小山，繁中能薄艳中闲。一朵佳人玉钗上，只疑烧却翠云鬟"的描述。二是花木栽培技术高超，经过皇宫和官家花圃的花工和花农的努力，使长安花卉栽培技术处于领先地位，领导全国的新潮流。牡丹的培育,唐代大臣中以开化坊中的令狐楚住宅牡丹名列前茅，慈恩寺内元果园牡丹以早开半月先睹为荣，而大宁坊内的兴唐寺的一株牡丹在唐宪宗元年间开花竟达二千一百朵，争奇斗妍，堪称牡丹王中王，引无数观众观光。石榴花经过长期培育，色彩更加多样，有大红、深红、粉红、紫红以及黄白、淡绿等色。三是温室栽培，古代长安气温虽然比现在略高，但还属温带，一些亚热带的植物难以栽培，使用温室弥补气温不高的不足，如西汉时长安建扶荔宫，宫中引种栽培柑橘、荔枝、槟榔、橄榄等，尽管开花结果不够理想，但能生长存活，可见工艺水平之高。唐代用温室培植瓜果蔬菜和花卉，临潼县利用温泉水栽培瓜果，诗人王建有："酒幔高楼一百家，宫前杨柳寺前花。内园分得温汤水，三月中旬已进瓜"的诗句。四是盆景花木栽培技艺

高超。盆景是我国传统的园林艺术珍品，将自然山水花木浓缩于尺寸盆盎之间，构成一幅幅立体园林，形成树木盆景和山水盆景两大类。树木盆景起源很早，唐代成为一代高峰，1972年乾陵发掘章怀太子墓，发现侍女手捧盆景壁画果实累垂，可见唐代盆景盛行。因此韩愈才有《盆池诗》之作，王维有"以黄瓷斗贮兰蕙，养以绮石，累年弥盛"之记述。李贺还作《五粒小松歌》："蛇子蛇孙鳞蜿婉，新香几粒洪崖板。绿波浸叶满浓光，细束龙髯扎修剪。"五粒松即华山松，李贺对松树盆景和整枝造型作了生动的描述。

古代长安赏花买花成风，花市兴旺发达。古代长安园林兴盛，成为绿色的世界，花的海洋。唐代诗人有"草色青青柳色黄，桃花历乱杏花香。"（贾至《春思》）和"金络马衔原上草，玉颜人折路旁花"（胡曾《寒食都门作》）的赞誉。为了满足城都花木的需要，皇家显贵和民间花木苗圃应运而生，形成商品性的生产，出现花市，专门出售花木。唐长安城内的东市、西市和城南韦曲（今长安区）都是著名的花市，名贵花木比比皆是，有钱人不惜重金购买花木。诗人罗邺有"韦曲城南锦绣堆，千金不惜买花栽"（《春日偶题城南韦曲》）的诗句。白居易有"帝城春欲暮，喧喧车马度。共道牡丹时，相随买花去。贵贱无常价，酬直看花数……"的描述（白居易《秦中吟·买花》）。名贵的花木一株相当四五匹白绢的价值。卖花通常分三种：一种是无根的花木，供作插瓶花之用；第二种是盆景之花木，供摆设常年欣赏；第三种是带根的花木，供作移植栽培。花农为了出售花木，保证成活，苦心经营。"上张帷幕庇，旁织芭篱护。水洒封泥封，移来色如故"（白居易《秦中吟·买花》）。意思说花农在花圃中搭设凉棚以遮阴，四周作篱笆精心保护，出售时根上带土封泥，用水喷洒枝叶，使买花者回去保证成活，花的颜色鲜艳如故。长安花市，人涌如潮，花市成为京都一大景观，到花市和皇家园林赏花的人群蜂拥，诗人杨巨源有"若待上林花以锦，出门俱是看花人"的诗句。这里特别应当指出的是古代皇家园林一律禁止平民百姓出入，故称禁苑，而唐代长安城南曲江风景区的芙蓉池，在开元年间的上巳节向市民开放三天，逢及三月三日游人如云，就连闺中的少女少妇都可以到此赏花观景了。

七、西安古典园林对后世的影响

古代西安建设了许多著名的皇家宫苑园林，形成历史上最大、内容最丰富的中国古典园林建筑艺术，对我国古都洛阳、开封、北京等京城和韩国的庆州、日本的京都、奈良的建筑都产生了深刻的影响。

这里仅以对元明清首都北京的建筑为例说明。汉武帝元狩三年（前120年）在上林苑内开挖了巨大的人工湖——昆明池。1751年，乾隆皇帝仿效汉武帝，假借昆明，将瓮山泊改为昆明池，把水面扩大到200多万平方米，占颐和园的四分之三，成为北京最大的水上风景区，以求与长安昆明池媲美。

秦始皇欲求长生不老，齐国方士徐福说东海有蓬莱、方丈、瀛洲三座仙山，有仙人居住，能生长长生不老之药。秦始皇一面派徐福渡海求仙药，一方面在上林苑中开挖太液池，池中人工堆筑了蓬莱、方丈、瀛洲三座仙山。清代兴建圆明园时，也效法建设了福海景区，在东湖中兴建了"方壶胜境""蓬莱瑶台"等仙山。

秦始皇当年建阿房宫，"五步一楼，十步一阁，廊腰缦回……复道行空，不霁虹。"唐代在大明宫内开挖蓬莱池，沿湖筑长廊400间，总长1200米。清乾隆皇帝也效法长安，在颐和园修筑长廊273间，总长728米，成为园中一大景观。

汉武帝在长安上林苑建章宫前殿西北兴建了一座神明台，台上有仙人手托承露盘，取玉露为汉武帝饮用。元代忽必烈在琼华岛（今北海白塔山）东面，竖起了一个高数十米的汉白玉石柱，柱上也立了一个铜仙人，手托荷叶形承露盘一个。

周文王建都丰京，修建灵囿和灵沼，建立了我国最早的动物园。北京西郊动物园，原为三贝子花园，清光绪三十二年（1906年），扩建为农事试验场，养有动物。1908年改为"万牲园"，专门饲养珍禽异兽，解放后扩建成我国最大的动物园。

由此可见西安古典园林对中国和世界影响的深远。

第九节 商贸发达 国际都会

从秦汉至隋唐，长安以优越的生态环境，促进了城市的经济繁荣。秦代都城咸阳是当时中国最大的商贸城，从汉代开凿丝绸之路后，从汉至隋唐，长安城为世界上最大的商贸国际城市。

一、秦代的商贸

秦始皇统一中国后，对繁荣工商采取了一系列的措施，统一了货币，统一了度量衡，统一车轨和文字，更加便利了商贸交易和流通。为了巩固咸阳的政治和经济中心地位，把并吞六个诸侯国的12万户富商迁徙到咸阳落户，其中不少人在咸阳继续经商，揭开了封建帝国工商业繁荣的历史序幕。

秦欲扫灭六国，韩国首当其冲，韩桓惠王便派水利专家郑国为间谍，施"疲秦"之计，用兴修水利拖垮秦国，秦始皇得知大怒，便下了"逐客令"，要赶走外籍客卿，这时李斯上《谏逐客疏》，说从外地流入到咸阳的商品有昆山之玉、随和之宝、明月之珠、太阿之剑、江南金锡、西蜀丹青、宛珠之簪、传玑之珥、阿缟之衣以及纤离之马等等大宗商品，"夫物不产于秦，可宝者多；士不产于秦，而愿忠者众"的道理终于说服秦始皇，撤销了"逐客令"，保证了秦国对外开放的干部政策。从李斯《谏逐客疏》中我们可以领略到秦国商贸之发达，流通商品种类之齐全。在吕不韦的《吕氏春秋》中也有商品交易的记载，其中有丹凤山的凤蛋，洞庭湖的鳟鱼、东海的海鱼、昆仑山的蔬菜、寿木的花果、阳华地的芸菜、云梦泽的水芹、阳朴的生姜、拓摇的小米，阳山的糜子、南海的黑泰、昆仑山的泉水、长江边的橘子等等，可见秦都咸阳商贸之胜。

秦统一全国后，在都城咸阳设有直市、平市、军市和奴市 四大商贸中心。直市在渭水以北，主要经营百货、乐器古玩、皮革、丝绸等；平市在今天渭城区黄家沟一带，主要经营农副产品、粮食蔬菜、水产品、农杂贸易；奴市主要经营奴婢及牛马牲畜；军市主要经营军士所需的车马铠甲、刀枪剑戟等各种武器、军衣、军鼓等。在每个市场上建有高达3丈的两层楼台，可全面俯视掌控市场交易，楼台上置有大鼓，晨鼓上市，暮鼓罢市，进行着有条不紊的管理。

咸阳的手工业也很发达，作坊林立，包括铸铁冶铜、兵器制造、玉器制陶、烧制砖瓦、纺织染色、皮革制品、家具制作、酒醋酿造等门类齐全的制造业。

咸阳市有严格和完善的商业管理，市场设司稽、掌巡市，纠察不法经营，维护市场秩序。并制定市律，要经营者遵法守纪，确保度量衡的准确无误。使用前必经官方校验，若短斤少两，要受到严惩。所有这些都促成了咸阳为当时中国最繁华的商贸都会，对繁荣首都经济起到了巨大作用。

二、汉代的商贸

到了汉代国力强盛，工商繁荣《史记·货殖列传》载："汉兴，海内为一，开关梁，弛山泽之禁，是以富商大贾周流天下，交易之物莫不通，得其所欲"。司马迁又说："关中之地，于天下三分之一，而人众不过什三，然量其财富，什居其六"，长安城更是财富集中，物质殷阗之地。特别是张骞开拓了丝绸之路，沟通西域，西方商贾络绎不绝，使西汉长安形成当时世界上最大的国际商贸都城。

长安的市场，根据《长安志》卷五列举，有柳市、东市、西市、直市、交门市、孝里市。四市是指长安东西南北四市，把东西二市纳入四市之中。柳市在长安城西、昆明池以南，直市和交门市均在渭桥以北，孝里市在雍门之东，交门市在便桥以东。说明长安城内和城郊皆有市场分布。

根据《三辅皇图》的记载，可知长安各市皆为方形，四周筑有围墙，外墙设门，市内有隧，中央有井字形道路相交，沿路两旁，开设商会，井然有序。

根据《史记·货殖列传》的记述，长安市上商品种类繁多，各种生产生活用品齐全：有新鲜蔬菜（如生姜、韭菜等），果实（如杏、橘等）、肉类（猪、牛、羊肉）、水产（如鱼虾等）、毛皮（如貂皮、羊皮、牛皮、裘衣等）、建材（木材、竹材等）、车辆（如牛车、轺车等）、蚕丝（帛、丝

棉、纺织品等）、麻布以及金器、银器、铁器、铜器、漆器、木器等大宗产品。

通过丝绸之路的开拓，克服沙漠险途恶劣的自然条件，以骆驼为主要运输工具，沟通西域各国，直至意大利的罗马。把中国的商品，如丝绸、茶叶、纸张、火药、陶器、漆器、金器、银器大量运往西方各国，希腊、罗马、埃及人非常稀罕丝绸，在罗马丝绸重量单价等同黄金，可见丝绸之珍贵。西方人把中国称为"赛里斯"，意思是产丝之地或丝国。通过丝绸之路又把西域各国的苜蓿、石榴、胡桃、蚕豆、胡椒、珍珠、琥珀、玻璃、沉香、犀角、玳瑁、象牙、骏马（特别以汗血马最为著名）、鸵鸟、犀牛、大象、狮子、白鹦鹉等珍禽异兽引进了中国，促进了中国农牧业和商贸的兴旺。

随着西域人进入长安，大量胡人来中国经商，胡服、胡饼、胡曲、胡旋舞、流行于长安，张骞把横吹胡曲（即摩诃儿勒曲）也介绍到长安，被汉武帝采用为军乐，还把马球传到中国，一直延续到唐代。丝绸之路不仅是经济交流的纽带，也成为中西方文化交流传播的通道，促进了西安经济和文化的繁荣兴旺，在中外交流史上书写了光辉的一页。

西汉长安市场的管理十分严密，设有市令或市长等官吏，据《汉书·百官公卿表》所列，京兆尹属官有长安市、厨两令丞和四市四个长丞，管理市场的官署设在"市楼"（亦名旗亭），楼皆重屋，楼上悬大鼓击鼓以为市令。

西汉的商业繁荣，孕育了许多富商，如韦家栗氏、安陵杜氏、杜陵樊嘉、平陵如氏、茂陵挚网、长安王君房、樊少翁和王孙大卿等都成为长安富商。还有无盐氏，放高利贷而富比天下。

三、唐代的商贸

唐代推行睦邻友好，对外开放的政策，先后与亚非200多个国家建立了外交关系，呈现"百蛮奉遐赆，万国朝未央"的盛况。通过陆上丝绸之路和海上丝绸之路，使长安成为最大的国际都会和国际商城。

　　唐代是中国封建社会最为鼎盛的时代，经过贞观之治、开元盛世，把唐代推向了时代的高峰。国力强盛，经济繁荣，首都长安商贾云集，货物丰裕，贸易繁荣。唐长安城中最重要的市场为东市和西市。

　　东、西市分别位于皇城东南和西南的外郭城中。这一布局方式不仅改变了中国都城传统的"前朝后市"分布格局，将市场摆放在朝堂的前面，而且由于两市距离宫城、皇城较近，位于城市人口、住宅较为稠密的城市北部区域，既方便了城内居民的日常生活，也方便于商人运送货物。由于东、西二市的地理位置非常优越，交通便利，促进了长安商业市场的繁荣。

　　东市：在皇城东南部。由于东市靠近三大内（西内太极宫、东内大明宫，南内兴庆宫），周围坊里多皇室贵族和达官显贵宅第，故市中"四方珍奇，皆所积集"，市场经营的商品，多上等奢侈品，以满足皇室贵族和达官显贵的需要。据《长安志》等史料记载，东市"南北居二坊之地"，呈长方形。据考古实测，东市位于西安交通大学以西、西安铁路局以北的地方（今天西安交通大学校园尚有西区部分建在东市的遗址上），南北长1000米余，东西宽广924米，面积为0.92平方公里，墙基厚度6-8米不等。四周围每面各开二门，共有八门。井字形街道遗址，推测（南北向）偏西的街道在今太乙路西侧与其平行；（南北向）偏东的街道沿今乐居场一线，南段与其平行。东西向两条街道均被建筑叠压。其井字街宽都近30米，约是西市街宽的1倍。

　　西市：在皇城外西南部，是长安城乃至全国最主要的市场。规模与制度均与东市相仿。但由于西市距三内较远，周围多平民住宅，市场经营的商品，多是衣、烛、饼、药等日常生活品。商贾大半集中于西市，故西市贸易状况远较东市为盛，是长安城的主要工商业区和经济活动中心。

　　1959年夏季，中国科学院考古研究所西安唐城工作队开始对西市遗址全面钻探，初步探测的结果，知道西市平面大致呈正方形，长宽各约1050米，位于今西安莲湖区中国航空器材公司西北分公司以南，东桃园路以东，糜家桥以西范围内。经1960年复探，发现了西市东北角墙址残段，距地表1.2米左右，残存厚约0.5—0.6米，宽约19米。市内有两条东西大街和南北大街，街宽16—18米，四街交叉呈井字形。市中央部分呈长方形，东西长295米，南北宽

330米。据文献记载，此处当为市署和平准局。在钻探西市及怀远坊时，发现永安渠往北流经怀远坊和西市东部，且沿西市南大街北侧向西又伸出一段长约140米，宽34米，深6米的支渠。这是供应西市用水的渠道。西市西北隅有海池，长安中，僧人法成所穿，分永安渠以注之，以为放生之所。穿池得古石铭云："百年为市，而后为池"，方便了西市水上运输。

大唐西市

此外，西市距离唐长安丝绸 之路起点开远门较近，周围坊里居住有不少外商，尤以中亚与波斯（今伊朗）、大食（阿拉伯联合酋长国）的"胡商"最多。西市中有许多外国商人开设的店铺，如波斯邸、珠宝店、货栈、酒肆等，从而成为一个国际性的贸易市场。

唐代的市场实行严格的定时贸易与夜禁制度。两市的大门，亦实行早晚同唐长安城城门、街门和坊门共同启闭的制度，并设有门吏专管。

隋唐时期是我国封建社会经济文化最为繁盛时期，物质产品极为丰富。隋炀帝时市内店铺就已非常整齐、奢华。史书记载："大业六年，诸夷来朝，请入市交易，炀帝许之。于是修饰诸行、茸理邸店，皆使梵宇齐正，卑高如一。环货充积，人物华盛。时诸行铺竞崇侈丽，至卖菜者，亦以龙须席籍之。夷人有就店饮啖，皆令不取直。胡夷惊视，浸以为常。"由此可知天朝大国之势力、物产之丰富，以至于人们可以随便就餐而不用付钱。唐代东西市内的商业门类就分为220行，而西市的繁盛更胜于东市。西市设有大衣行、秤行、绢行、金银行、侯景先当铺、张家楼饭店等。东市的商行与西市大致相仿。唐会昌三年（843年）六月二十七日夜间，东市失火，一次烧毁曹门以西十二行四千余家，包括铁行、肉行等许多行业，可见规模之大。围绕东、西市也还有不少小茶肆、酒馆、旅馆、旅邸，也是城市商业繁荣的一个标志。永昌坊设有茶肆，春明门至曲江池一带，有少数民族开设的酒馆。

除了东、西两市之外，唐朝还在城内其他一些地方设立过集中交易场所。如城南的安善坊，唐高宗用此一坊之地及其南大业坊半坊地设置了"领口马牛驴"的中市。具体位置大致在今西安市南二环以南、纬二街以北，东至翠华路，西至长安中路。中市以牛、马、驴等牲畜交易为主，也是买卖奴婢的重要场所，但这一带人烟稀少，交易不便，未能使用多久即改在东市交易。武则天长安元年十一月二十八日中市正式废除，场地改用作威远军教弩场。唐玄宗天宝八年（749年）又在安善坊威远营立市，称为"南市"，但也很快废弃。宪宗元和十二年（817年）于芳林门南置新市。唐代中后期在永福坊（十六王宅）一带设置了一个特殊的市场——宫市，该市主要是为皇族成员服务的。

盛唐长安富商大贾，八仙过海，各显神通，不少人白手起家，家资巨万，使皇家也刮目相看，有名的如邹骆驼攫金开店，窦义一双绣鞋成巨富，罗会掏粪而发家，王元宝扫雪迎宾，任宗长途贩运而发迹，王酒胡撞钟捐钱等富商故事。唐玄宗召见富商王元宝问其家资多少？王回答："臣请以绢为匹，系陛下南山一树，南山树尽，臣绢未尽"，唐玄宗惊叹而赞："朕天下之贵，元宝天下之富"。唐代诗人元稹在《估客乐》诗中写下"经游天下遍，却到长安城。城中东西市，闻客次第迎。迎客兼说客，多财为势倾"的诗句。

盛唐时代，长安人口超百万，国势强盛，经济繁荣，成为中国商贸中

心。据《旧唐书·韦坚传》记载，唐玄宗在东郊广运潭举行了中国历史上一次盛大的商品博览会，共有二三百只船只参加，各类货物，琳琅满目，应有尽有，足见长安货物交易之盛况。

第十节 生态文明 缔造文化

陕西的关中是中华民族文明的发祥地，从古代的蓝田猿人到半坡人，古老先民就繁衍生息在这块美丽富饶的土地上。此后又产生了炎、黄二帝，开创了炎黄文化，成为中华民族之根。再历经唐尧禹舜夏商之后，西安从周秦至隋唐建都1100多年，凭借着良好的生态环境作为保障，不但国防强盛，经济发达，而且文化繁荣，成为华夏文明的发祥地，周秦汉唐开创了中国文化艺术的三个高峰。

一、炎黄文化

《史记·三皇本纪》载："太昊疱羲氏，风姓，代燧人氏，断天而亡，母曰华胥……生疱羲氏于成纪。"《国语·晋书》载："昔少典氏娶于虫乔氏，生黄帝、炎帝。黄帝以姬水成，炎帝以姜水成。"疱羲氏即伏羲，成纪是现在甘肃天水秦安。姬水一说陕西 岐山县岐水，一说黄陵县沮水。这就是说，燧人氏部落一直生活在渭河上游天水谷地，伏羲生于此，长大后取而代之，成为部落首领。再后燧人氏部落一分为二，一支为伏羲部落，另一支是后来的黄帝部落。为了更好地生存发展，两支部落分头离开天水谷地，一支向青海河湟地区挺进，另一支沿渭河向东迁徙。伏羲部落进入关中后，居于今宝鸡市姜水之畔，炎帝神农就出生于此。据《帝王世纪》《周易》等记载，炎帝制耒耜,种五谷，尝百草，立市廛，作《易经》，兴陶业，创五声，制作弓箭和五弦琴等，使部落不断发展壮大，并冲出潼关向中原拓展。与此同时，燧人氏另一支部落从甘、青一带辗转关中，居于渭河支流姬水，黄帝由此诞生，后发展到秦、晋豫交界地区，慢慢兴盛发达起来。此后经阪泉之战，黄帝部落战胜炎帝部落，形成强大的炎黄部落联盟，继而征服了蚩尤等部落，才逐渐推展到黄河与长江中下游地区。据史料记载，黄帝肇始天下，把全国分为九州，推行田亩制，开荒凿井，种桑养蚕，纺线织布，饲养牲畜，冶金铸铜，并发明了历数、天文、阴阳五行、十二生肖、甲子纪年、甲骨文、占卜术、原始礼制和刑法，把仰韶文化推向了顶峰。

炎黄文化成为西安后来的文化积淀，发挥了一脉相承的作用。

二、西周文化

炎帝之后有邰氏生女姜嫄，姜嫄生后弃，也就是后稷，是周的始祖，后稷的后代姬发就是周武王，伐商灭纣，建立了西周王朝，建都镐京，创造了灿烂的西周文化。

西周文化实际是儒学文化，孔子是世界公认的思想家，儒学思想在封建社会占绝对统治地位，而孔子尊西周，崇周礼，把西周视为楷模。他说"文王之政，布在方策，其人存，则政共举。"他把周公旦制定的《周礼》尊为"元圣"，说"周公成文王之德，追大王、王季，上祀先公以天子礼。斯礼也，达到诸侯、大夫及庶人。"又说："郁郁乎文哉，吾从周。"到了汉代出了一位著名思想家董仲舒，广川（河北枣强县）人，后迁居茂陵，他尊孔崇儒，提出"罢黜百家，独尊儒术"的主张，受到汉武帝的赏识，付诸实践。儒学思想和文化一直延续到明清，以至当今社会，于丹讲红《论语》就是例证。西周创造了中国历史上青铜文化的第一代高峰。周文王的《周易》被史学家称为是中国文化源头的活水。《诗经》是我国最早的诗歌总集。

三、秦代文化

秦始皇扫灭六国，建立了中国历史上第一个统一的封建帝国，实行了郡县制，"书同文，车同轨"，统一了文字、车轨、货币、度量衡，开创了中国最早推行标准化和规范化的先河，确立了中国两千多年的国家政治框架，为后世所仿效，故有"百代犹行秦政事"之说，对中国政治和文化产生了深远的影响，如万里长城、都江堰、郑国渠、灵渠和天圆地方的货币，使用延

续了两千年之久就是例证。

秦始皇焚书坑儒，使诸子百家之书大多化为灰烬，而丞相吕不韦的三千门客，著成《吕氏春秋》一书，洋洋20万言，分《八览》《六论》《十二纪》三个部分，共计160篇，称作杂家之言，内容涉及政治、法律、经济、思想、哲学、科学、文化，成为秦代唯一保留的百科全书，有很高的文史和学术价值，成为宝贵的文化遗产。

四、西汉文化

西汉建都长安达231年之久，"文景之治"开创了中国第一代盛世，随后又出现了汉武雄风。汉武帝独尊儒术，又推行法制，经济繁荣，推动了文化的昌盛。司马迁著成《史记》，开创史学先河；西汉的歌赋，达到一代高峰，也是五言诗的起源时代。司马相如的《上林赋》《长门赋》，贾谊的《吊屈原赋》《鹏鸟赋》，扬雄的《甘泉赋》《羽猎赋》，枚乘的《七发》等，成为赋的绝品。在科技方面，西汉的帛书《五星占》记述了秦始皇元年至汉武帝三年，金、木、水、火、土等行星运行情况及准确位置，比希腊天文学家喜帕哈斯的记录，至少要早一个世纪；张骞出使西域，开辟了促进东西方文明、文化交流的丝绸之路，不仅在物质文明，诸如丝绸、茶叶、瓷器、苜蓿、胡豆等方面的中外交流，而且在文化方面开拓了国际视野，形成中西兼容并包的多元文化，如胡服、胡乐、胡舞等在长安颇为流行，一直延续到唐代，产生了深远的影响，因此史学家称西汉是中国历史文化的第二代高峰。

五、隋唐文化

以长安为都城的隋唐文化是中国历史文化的第三代高峰。隋炀帝开凿南北大运河，不但促进了交通和经济的发展，而且孕育了灿烂的运河文化。唐代"贞观之治"和"开元盛世"，史学家认为是中国历史上第二个盛世。隋唐兴建的长安城，是中国城市规划建设的一个里程碑，可谓空前绝后，影响中外。长安城聚集了一流的专家学者，有全国最大的学府和藏书。1966年发现的《陀罗尼经》是目前世界上发现最早的印刷品。医学家孙思邈在《丹经内伏硫磺法》所写的火药配方，是世界公认的现存最早的火药配方。唐代的建筑、园林、制瓷、缫丝、织锦、服饰、金属工艺（如法门寺出土文物）达到了精美绝伦的境界。唐代的诗歌、散文、书法、绘画、雕塑、音乐、歌舞、体育无不繁荣昌盛，达到登峰造极的地步，涌现出伟大诗人李白、杜甫、白居易，大散文家韩愈、柳宗元，大史学家杜佑、姚思廉、令狐德棻，大画家吴道子、严立本、李思训，大雕塑家杨惠之，大书法家虞世南、欧阳询、褚遂良、颜真卿、柳公权、张旭、怀素等。

■ 杜甫雕像

六、宗教文化

渭河流域是宗教的策源地，春秋思想家老子李聃在周至县楼观台结草为楼，著《道德经》，开创道教。唐代吕洞宾（长安人，一说山西芮城人）成为一代宗师，北宋思想家陈抟在华山开创关中道派，元代丘处机在陇县龙门洞修道，开创龙门道派，明代张三丰在宝鸡金台观修道，可见关中道教之兴盛。渭河流域更是佛教圣地，天水麦积山石窟、陕西扶风法门寺、西安慈恩寺等驰名中外。关中寺庙林立，佛教宗派祖庭，有三论宗、唯识宗、净土宗、华严宗、律宗、密宗，这六大派祖庭都在关中。唐代玄奘西天取经，更是在中外佛教史和外交史上写下了光辉一页。此外，回教在唐太宗初年传入长安，现在化觉巷大清真寺是中国四大清真寺之一。景教（基督教的一个分支）在唐代贞观九年（635年）最早传到长安，现存碑林博物馆的《大秦景教流行中国碑》作了详细记载。所有这些都促进了古都西安多元文化和科技的交流和发展。

七、诗词文化

关中和西安山河壮丽、生态环境良好，古代诗人留下了无数赞美的画卷，形成了洋洋诗海大观。关中秦岭横亘，其中有名的有太白山、华山、骊山、终南山等，为诗人所向往。位于陕西眉县的秦岭太白山，海拔高3767米，以"太白积雪六月天"列入"关中八景"，李白登山发出"西上太白峰，夕阳穷登攀。太白与我语，为我开天关。愿乘冷风去，直出浮云间。举手可近月，前行若无山"（《登太白峰》）的感叹。秦岭高耸，成为阻隔秦蜀的天然障碍，交通险阻，李白写下了《蜀道难》，称"蜀道难，难于上青天。蚕丛及鱼凫，开国何茫然！尔来四万八千岁，不与秦塞通人烟。西当太白有鸟道，可以横绝峨嵋巅。"

西岳华山又是秦岭的一座奇峰，李白写下了《西岳云台送丹丘子》一诗"西岳峥嵘何壮哉，黄河如丝天际来。黄河万里触山动，盘涡毂转秦地雷。荣光休气纷五彩，千年一清圣人在。巨灵咆哮擘两山，洪波喷流射东海。三峰却立如欲摧，翠崖丹谷高掌开。白帝金精远元气，石作莲花云作台。"杜甫登上了华山，写下了《望岳》诗："西岳凌嶒竦处尊，诸峰罗立似儿孙。安得仙人九节杖，拄到玉女洗头盆。"位于临潼县的骊山，因周幽王烽火戏诸侯和唐代华清池温泉宫而驰名。唐代诗人罗邺有《骊山》诗："风摇岩桂露闻香，白鹿惊时出绕墙。不向骊山锁宫殿，可知仙去是明皇。"终南山位于长安县，王维作《终南山》一诗："太乙近天都，连山接海隅。白云回望合，青霭入看无。"描述了终南山雄壮景观。

渭河横贯八百里秦川，是陕西的母亲河，元代王冕作《渭河道中》，诗云："平地连沧海，孤城带渭河。行人俱汉语，舟子半吴歌。野草惊秋短，鲂鱼出水多。只怜乡国远，处处有胡笳。"白居易也作《渭水垂钓》："渭水如镜色，中有鲤与鲂。"对渭河盛产鱼类作出盛赞。黄河流经陕晋，在潼关一弯东去，李白发出了"黄河之水天上来，奔流到海不复回"的感叹。

古都长安有泾渭等八条河流环绕，称"八水绕长安"，汉代司马相如作《上林赋》有"荡荡手八川，分流相背而异态"的概述。陕西湖池温泉星罗棋布，留下了许多脍炙人口的名诗绝句。汉武帝为操练水军和提供城市供水，开凿了著名的昆明池，杜甫作《秋兴八首》，描写道："昆明池水汉时功，武帝旌旗在眼中。织女机丝虚神月，石鲸鳞甲动秋风。"曲江池是著名的水景园林，唐代诗人郑谷作《曲江》诗，有"细草岸西东，酒旗摇水风。楼台有烟杪，鸥鹭下沙中"的赞美。除此而外，还有歌颂帝王将相治国安邦、战争杀伤、爱情友情，以及劳动人民稼穑务农、辛苦耕作、赋税劳役之苦的大量诗词作品，限于篇幅，不再一一叙述。

八、书画文化

唐代的书法为一代高峰，书法大家，人才辈出，如欧阳询、虞世南、褚遂良、李阳冰、颜真卿、柳公权、张旭、怀素、智永、李隆基、史维恭等，真草隶篆，琳琅满目，精品荟萃。西安碑林博物馆，藏真书的有欧阳询的"道因法师碑"、褚遂良的"三藏圣教序"、虞世南的"孔子庙堂碑"、颜真卿的"颜氏家庙碑"、柳公权"玄秘塔碑"；草书有智永"草真千字文"、张旭的"断千字文"；篆书中李冰阳的"三坟记"；隶书中的"汉曹全碑"和"周易残石"等等。

隋唐画家也是群贤聚会，特别是以反映壮丽山河、生态之美的山水画盛极不衰。隋代展子虔是青山绿水画师的先驱，代表作有《春游图》，唐代山水画走向成熟，人才济济，主要有李思训、李昭道、卢鸿、郑虔、王维、王洽、强璪等，李思训和李昭道父子称"大小李将军"，他们用青绿填彩，人称金绿画，代表作有李思训的《江帆楼阁图》《春山旅行图》等。唐代大画家吴道子创造了笔简意远

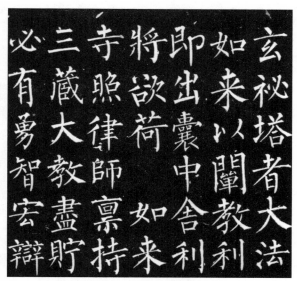

■ 柳公权《玄秘塔碑》

山水"疏体"，使山水画成为独特画种。王维开创了水墨渲染的山水画风，意在笔先，画中有诗、山平水远的画境，代表作有《雪溪图》等。此外还有擅长画牛的韩滉，画马的韩干，画人物的周昉等等。

九、建筑文化

隋唐长安城人口超百万，是当时世界上最大的国际都会，由城市规划专家宇文恺（陕北靖边县人）建造，总面积83.8平方公里，为世界之最，由郭城、宫城、皇城三部分组成。东西11条大街，南北14条大街，构成108坊，规模宏大，布局合理，为后世所推崇，洛阳、开封、北京都以长安为模式营造，日本的奈良、京都和韩国的庆州、新罗也是模仿长安营造。

在建筑材料上，秦砖汉瓦流传至今。秦汉两代不仅能建造高大豪华的阿房宫、未央宫，而且能建造超高建筑，秦始皇建造的鸿台高92米，汉武帝建造的神明台，高达175米。唐代大明宫3.3平方公里，比北京故宫大5倍，含元殿、麟德殿开创了中国宫殿之最。西安又是古典园林之母，从西周的灵沼、灵圃到秦汉的兰池、上林苑，唐代的华清宫、曲江池，闻名遐迩。还有秦直道、郑国渠，以及西渭桥、霸桥，都是西安古代的建筑杰作，充分显示了中国古代高超的建筑科技水平。

十、关中理学文化

唐代以后关中失去京都地位，但是关中和西安的历史文化沉淀，造就了许多哲人的前仆后继，从宋代到元明清，涌现出宋代的张载、明清的李二曲等理学大家。宋代眉县人张载首先开创关中理学，简称关学，集陕甘学者之大成，继承先周秦儒学之精华，开创了与濂学、洛学、闽学的四大学派。张载创立了"气本论"，认为气有创生意蕴，其精神体现为"太和"，提出"太之无形，气之本体"，主张一种趋于超道德的生命意识，不尚空谈，旨在从我做起，苦心孤诣，潜心学问，知行修养，教化门徒，净化人心，达到改良社会的目的。到了明清，以李二曲、李因笃、李柏为代表的"关中三李"，使关学更加发扬光大，他们都是关中名儒，举而不仕，严学操守，享誉海内外，特别是李二曲，被誉为"熙代学宗"，被清康熙皇帝御赐"操志高洁"的匾额。他们坐堂讲学，著书立说，诗人唱和，为弘扬传统文化做出巨大贡献。受到顾炎武、侯外庐、冯友兰等人的青睐，给予很高评价。

第十一节 重视环保 立法保护

西安古代生态环境良好，一个很重要的原因，就是从周秦到隋唐各个王朝，十分重视环保，制定法律、禁忌、规矩、民约等手段来保护生态环境。

《周书·大聚篇》记载：西周王朝颁布《伐崇令》用法律手段规定："毋坏屋，毋填井，毋伐树木，毋动六畜，有不如令者，死无赦。"并提出："非山林时不登斤斧，以成草木之长，川泽非时不入网罟，以成鱼鳖之长，不卵不蹼（缚足之网）以成鸟兽之长。"明确保护建筑、水源、森林、动物的安全法令，违反者处罚十分严厉。

王侯打猎也只能在春秋冬季进行，夏季在动物繁殖季节禁止打猎。周文王临终之时，叮嘱太子周武王，要重视保护环境。

《礼记·月令》对"四时之禁"提出了具体规定，所谓"四时之禁"是指每年12个月都有各自的禁令要求和侧重之点，它为当时的人提出了按不同节令而制定的行为规范，并为后世所沿用。

孟春一月："命祀山林川泽，牺牲毋用牝，禁止伐木，毋覆巢，毋杀孩虫，胎夭飞鸟，毋麛，毋卵，毋聚大众，毋置城郭"。（夏历正月为孟春一月）"毋聚大众，毋置城郭"意为不要出兵打仗，不要修筑城池。

仲春二月："是月也，安萌芽，养幼子，存诸孤……毋竭川泽，毋漉陂池，毋焚山林。"

孟春三月："田猎、置罘罗网、毕、翳，餧兽之药，毋出九门。"

孟夏四月："继长增高，毋有坏堕，毋记土功，毋发大众，毋伐大树""是月也，驱兽毋害五谷；毋大田猎。"

仲春五月："令民毋艾蓝以染，此月蓝始可别。《夏小正》曰：五月始

灌蓝蓼，毋烧灰，毋暴布。"

季夏六月："树木方胜，乃命虞人入山行木，毋有斩伐，不可以行土功，不可以合诸侯，不可以起兵动众，毋举大事，以摇养气（夏季万物长养之气为"养气"），毋发令而待，以防神农之事也。"

孟秋七月："命百官，始收敛，完堤防，谨壅塞，以备水潦。"

仲秋八月："可以筑城郭，建都邑，穿窦窖，修囷仓……乃命有司，趣民收敛，务畜菜，多积聚。"

季秋九月："草木黄落，乃伐薪为炭，蛰虫咸俯在内，皆墐其户。"

孟冬十月："乃命水虞渔师，收水泉池泽之赋，毋或敢侵削众庶兆民，以为天子取怨于下，其有若此者，行罪无赦……命农毕积聚，系收牛马，山林薮泽有能取蔬菜食田猎禽兽者，野虞教道之，其有相侵夺者，罪之不赦。"

仲冬十一月："可以罢官之无事，去器之无用者，天地闭藏而万物休，可以去之，涂阙廷门闾，筑囹圄，此以助天地之闭藏也。"

季冬十二月："命渔师始渔，天子亲往，乃尝鱼，先荐寝庙……"这些记载都与长安有关。它从一个侧面反映了古代中国的环保意识与具体实践。

《周书·文传篇》还有："天有四殃，水旱饥荒，甚至天时，非以积聚何以备之"，指出在自然灾害面前要珍惜和节约资源，要有防旱抗灾的粮食贮备，使人与自然和谐相处。

到了秦代更加重视环保立法，秦孝公重用商鞅为相，实行变法，法度严峻。汉代桑弘羊在《盐铁论·刑德篇》中称赞商鞅"商君弃灰于道，而秦民治，故盗马者死，盗牛者加，所以重本而绝轻疾之资也。"意思说秦国人若在路上撒灰、乱到垃圾者必要判刑，可见对环境保护的重视。建国后出土了云梦秦简，弥补了秦代环境立法历史缺乏记载的空白。在云梦秦简中，秦国的法律就对农田水利、作物管理、水旱灾荒、风虫病害、山林保护等作了具体规定。在《田律》《厩苑律》《仓律》《工律》《金布律》中，有关于保护森林、土地、水流、野生动植物等自然资源的规定，目的就是保护"农本主义"赖以存在发展的自然环境。例如，《田律》规定，"春二月，毋敢伐树木山林及壅堤水。不复月，毋敢夜草为灰，取生荔、麝毂，毋毒鱼油鳖，置罔。到七月而纵之。唯不幸死而伐棺椁者，是不用时。邑之皂及它禁苑者，麝时毋敢将犬以田。百姓犬入禁苑中而不追兽及捕兽者，勿敢杀；其追兽及捕兽者，杀之，呵禁所杀犬，皆完入公；其它禁苑杀者，食其肉而入其皮。"

秦国丞相吕不韦召集门客著成有名的《吕氏春秋》一书，《吕氏春秋·十二世》记载，古代天子每个月初都要颁布一些禁令：孟春之月，"乃修祭典，命祀山林川泽，牺牲无用牝，禁止伐木，无覆巢，无杀孩虫胎夭飞鸟，无麛无卵"；仲春二月，"无竭川泽，无漉陂池，无焚山林"；季春三月，"时雨将降，下水上腾，循行国邑，周视原野，修利堤防，导达沟渎，开通道路，无有障塞，田猎毕弋，置罘罗网，喂兽之药，无出九门。"孟夏四月，"继长增高……无伐大树"；仲夏五月，"令民无刈蓝以染，无烧炭（陈厅猷曰：炭当作灰，烧灰者，火耕也），无暴市"；季夏六月，"树木方盛，乃命虞人，入山行木，无或斩伐"。孟秋七月，"命百官，始收敛，完堤防，谨壅塞，以备水潦"；仲秋八月，"命司趣民收敛，务蓄菜，多积聚"；季秋九月，"草木落黄，乃伐薪为炭。蛰虫咸俯在穴，皆墐其户。"孟冬十月，"乃命水虞渔师始收水泉池泽之赋"；仲冬十一月，"有能取疏食田猎禽兽者，野虞教导之，其有侵夺者，罪之不赦"；季冬十二月，"命渔师始渔……天子乃与卿大夫饬国典，论时令，以待来岁之宜。"

一年四季十二个月，飞禽走兽，山森川泽，堤防水坝，该保护时就保护，该捕杀时就捕杀，该采伐时就采伐，面面俱到，秩序井然，维持着大自然的生态平衡。

秦代的《秦律》规定，东方六国的人到秦国来，入秦时必须用火熏其车上的衡轭。为什么要这样做呢？官方的解释是：如果来人不处治马身上的寄生虫，虫子附着在车的衡轭或驾马的绳索上，就会被带到秦国来，所以必须用火来熏，以便消毒防疫，防止病疫入秦，似同我们现在的海关口岸的安检防疫。

到了西汉，于元始五年（公元5年）以诏书颁布农事法律《四时月令十五

条》，规定：孟春禁止伐木，并注明"谓小大之木皆不得伐也"，甚至提到要做好死尸及兽骸的掩埋。仲春毋焚山林，注明"谓烧山林田独守伤害禽兽也"。季春要修缮堤防和沟渠等水利设施。

唐代也制定了严格的环保法律。《唐律·杂律》规定："诸部内有旱、涝、霜、雹、虫、蝗为害之处，主司应言不言，及妄言者，杖七十"，"诸失去，及非时烧田野者笞五十"，"诸弃毁官私器物及毁伐树木、庄稼者，准盗论。"意思是凡烧毁农田秸秆者、撂荒者、毁林伐木者，都以盗贼论处要被处以"杖""笞""徒"之刑。

唐代还制定了我国古代著名的水利法典《水部式》。唐代法律分为律、令、格、式四类，《水部式》是式的一种。《水部式》于1899年在甘肃敦煌鸣沙山千佛洞被发现，是唐玄宗开元二十五年（737年）的修订本，残存的《水部式》共29个自然条，2600余字，内容包括农田水利管理、碾硙设置及用水量的规定、运河船闸的管理、渔政管理以及城市水道管理。水利管理要求珍惜水资源，杜绝浪费，维护农田灌溉次序。"灌田自运始，先稻后陆""凡用水，自下始"，农田灌溉先灌末端的农田，避免了上下游争水的矛盾，灌溉上要求先灌水田（稻田），再灌旱地。唐代京城政要和有权势的人家纷纷在长安东郊设置水碾，加工来米麵谋利，为此规定，每年正月一日至八月三十日，碾硙水闸必须加锁封印，禁止使用，以保证农田灌溉用水，其余农闲时节，才可开碾。在京都郑白渠专设官吏和丁夫守护，合理利用分配水源，维护灌溉秩序。

由于从周代至唐代，各个王朝都十分重视立法保护生态环境，以法律为准绳，约束和规范人们的行为，使人与自然和谐共处，保持了自然界生态相对平衡，才促进了经济的发展，人居环境的改善，才取得国泰民安的效果。

⊙第二章
西安生态文明的破坏

　　西安从唐代以后，失去了国都地位，此后历经宋元明清，以至建国以后，西安生态环境不断遭到破坏，生态环境恶化，远不如秦汉隋唐时期，严重制约西安现代经济的发展，恶化了西安的生产生活环境，造成了严重的后果。

第一节　森林锐减　植被破坏

　　森林生态系统是地球陆地生态系统中最积极有影响的生态系统。森林是人类赖以生存的基础，森林可以调节空气、涵养水源、保持水土、防风固沙，稳定自然界的生态平衡和营造优美的人居环境。被誉为"绿色金子"之称的森林，覆盖着地球陆地面积的2/3，面积达76亿公顷。随着人类的采伐，到1978年减到了31亿公顷，目前估计只剩下26.4亿公顷。现在世界上每年以1800万~2000万公顷的速度减少，截至2000年全球森林覆盖率减少到1/6，预计2020年将减少到1/7，若再不制止毁林，预计160年后森林将消失殆尽。美洲的亚马逊森林面积达210万平方公里，占世界热带雨林的1/3，覆盖着7%的大地。到1978年已有77000平方公里的森林被砍伐，1988年一年内，亚马逊森林被砍伐600万英亩。非洲的刚果和几内亚等地，有热带雨林4亿公顷，到1981

年普查时已减少到不足2亿公顷。亚洲的印度原有森林面积7500万公顷，覆盖率23%，但因大量采伐，到1983年森林覆盖率减少到了12%。

我国也不例外，从古到今不断采伐森林，建国后在大力造林的同时，又大面积采伐东北兴安岭和南方的森林，致使森林覆盖率只有16.55%，比世界平均水平27%，少10个百分点，森林面积和积蓄量分别占世界第5位和第7位。用占世界不足5%的森林资源来满足世界人口22%的生产生活要求，使生态环境受到了严重破坏。古代我国森林资源丰富，例如北京明代十三陵中的长陵享殿内有32根金丝楠木巨柱，最大的直径1.7米，高达14.3米，这些木材来自我国南方。到了改革开放后，北京重新修筑天安门，由于缺乏大型木料，不得不从美洲的巴西进口木材。中国的珍贵木材为楠木、紫檀、花梨木，几乎消耗已尽，致使我国从越南、泰国等东南亚国家进口，造成市场红木家具的价格节节攀升，居高不下。

陕西古代的秦岭森林茂密，植被良好，成为西安挡风的屏障，水源涵养地，古都的造氧机和后花园，林特矿产生产基地，兴旺的文化旅游胜地。王维在蓝田辋川有"空山新雨后，天气晚来秋。明月松间照，清泉石上流。竹喧归浣女，莲动下渔舟"的描述，可见秦岭生态环境之幽美。然而随着人口的增多，粮食的不足，工矿业的发展，木材需要量的增加，人们开始大面积砍伐森林，破坏植被。

一、古代对森林的破坏

古代木材的消耗主要是京都建筑、居民建筑和薪材，军队征战的消耗。另外还有毁林开荒的破坏。

秦始皇统一全国以后，大规模扩建咸阳城，兴建阿房宫，并把齐楚燕韩赵魏的六国宫殿在咸阳仿建。这些豪华宫殿建筑，都是土木造构，要耗费大量的木材，所以杜牧在《阿房宫赋》中才有"蜀山兀，阿房出"的描述。

到了汉代兴建未央宫、建章宫，规模宏大。到了盛唐兴建了太极宫、大明宫、兴庆宫等，森林的破坏更是达到了登峰造极。

这些高大雄伟的宫殿，用材之多，相当惊人，以唐代大明宫含元殿为例，殿宽11间，进深四间，东西宽75.9米，整体建筑高达40多米。共有外槽柱30根，副阶柱38根，内槽柱20根，加上檐子、木椽、斗拱等，根据肖爱玲所著《隋唐长安城》一书精确计算，含元殿共用木材合计1430立方米。

明德门是长安郭城的正南门，也是长安最大的城门，面阔11间，进深3间，耗费木材共计464立方米。根据肖爱玲教授测算唐长安城皇宫、王公府邸、官宅佛寺道观等建筑，共耗费木材多达200万立方米。另外长安城中的东西二市耗费木材400万立方米，长安城中100万人口，其中居民8万多户，每户平均约10人，其住宅耗费木材27立方米，8万户共耗材216万立方米，这样测算下来长安城的各类建筑消耗木材，共816万立方米。

816万立方米的建筑用材，是经过加工切制后的净木材量，是从森林里采伐的原木利用比例大体是1：3，就是说长安城消耗木材816万立方米，折合原木即达到了2448万立方米。

唐代长安，居民生火做饭，烧炕取暖，只能靠煤炭和薪材，当时长安人口一百万，主要靠终南山砍伐森林取用，从白居易《卖炭翁》一诗中，可知伐薪卖炭的艰辛，其耗材量之大。

唐代长安要消耗这么多的木材，就要大量砍伐秦岭和渭北诸山的森林，以及甘肃、山西、河南邻近省份的森林。为了采伐木材，唐代政府还在宝鸡、眉县、周至、户县设立四处监司，就近山中采伐森林。《旧唐书》卷四十四《职官志》将作监所属的百工、就谷、库谷、斜谷等监，主要负责掌管伐林木。"宝鸡西北有升原渠，引汧千水至咸阳，垂拱（680-688）初运岐陇木入京城。"（《新唐书》卷三十七《地理志》）。

唐代以后，关中失去京都地位，但是随后各代还是采伐秦岭森林，例如宋代开封城的兴建，木材大都来自陕甘两省的秦岭。还有造船也用的是秦岭的木材，北宋名臣包拯在他的奏折中说："凤翔府斜谷（眉县石头河）造船务，每年造六百斛额船六百只，方木料等 来自分劈秦、陇、凤翔处采买供应。"可见宋代在陕西秦岭采伐竹木数量之大。

另外还有军队和战争的耗材，秦国战车千乘，仅王翦伐楚军队达70万人之众。前秦秦王符坚以长安为首都，公元383年，组成了90万大军出征，妄图

消灭东晋，兵马多的可以挥鞭断流，这么多的将士征战南北，建造栈道、桥梁、战车，运用车马运输粮草，战士做饭，都要砍伐树木，消耗大量木材。

二、建国后对森林的破坏

建国后秦岭森林资源遭到严重破坏、植被锐减，陕西省上上世纪50年代成立了森工局，在秦岭下设宁西、宁东、太白、长青、龙草坪、汉西等六个森工企业，有采伐职工最多达10728人，大肆砍伐森林，共采伐木材860万立方米。1958年全民大炼钢铁，1962年国家又遭受暂时困难，以及十年动乱，使大肆砍伐森林，造成生态环境的破坏。以秦岭南麓的商洛山区为例，1956年据航测资料，共有森林237.3万亩，到了1977年森林普查时减少到184.4万亩，森林覆盖率由64%减少到46.7%，木材积蓄由218.6万立方米减少到128.2万立方米，21年减少90.4万立方米。全区除抵消此间造林保存面积外，森林净减53万亩。其中1958年大炼钢铁，全区砍伐森林32万亩，1960-1962年三年困难时期，林权下放，农民粮食短缺，全区毁林开荒20万亩，十年动乱期间，推行极左路线，无政府主义泛滥，全区采伐森林13万亩，以上共计破坏森林面积，累计多达63万亩之多。"文化大革命"中，陕南安康兴建襄渝铁路，所用枕木，便在镇安段木王区原始森林区采伐木材，使原始森林大量减少。

西安所属周至县的黑河流域，建国初期森林覆盖率高达95%，到处乔木森罗，郁郁葱葱，到目前林缘线已后退了40公里，童山濯濯，不少地方已沦落到"老子砍柴在村旁，儿子砍柴进沟掌，孙子砍柴要翻几道梁"的悲惨境界。

森林锐减，造成水土流失，洪水泛滥，河流失去涵养水源萎缩，水荒严重等严重恶果。

第二节 水源萎缩 水荒严重

从周秦至隋唐，秦岭、渭北以及甘肃宁夏森林茂密，所以八水充沛，水量很大，如汉唐的关中运河漕渠可行十丈长的大船，唐代的王维也是从蓝田的辋川坐船转灞河到灞桥，再改乘车马到长安城中。

建国后由于大量砍伐森林，致使河流水量锐减，甚至出现断流。渭河是八水绕长安中的最大河流，1956-2000年的45年间，渭河天然迳流量平均100.40亿立方米，占黄河支流量580亿立方米的17.3%。随着人口的骤增，城镇的扩展，工业的发展，森林的减少，水源失去涵养，加上农田灌溉和城镇工业用水的消耗，使渭河水量迅速递减。20世纪90年代以来，渭河入黄流量平均仅44.78亿立方米，比90年代以前消减一半多。干旱年最小的渭河流量在10亿立方米以下，1997年只有4.02亿立方米，甚至出现断流现象。西安的沣河、灞河建国后不但水量锐减，而且出现断流，断流天数由建国初期的30天，增加到现在的120天，最多达250天，引舟划船，捕鱼捉蟹，已成历史。

由于河流水量锐减，使全市总量减少到31.46亿立方米，其中地表水仅23.47亿立方米，人均水资源量仅为234立方米，仅占全省人均水量的1/4，比大家都认为缺水的陕北人均718立方米还要少，为全国人均水量1/16，为世界的1/24，这样给一个拥有851.34万人口的国际化城市，造成城市供水短缺的严重后果，供需矛盾十分尖锐。1995年西安市区已扩展到136平方公里，城区人口达200多万，全市工农业生产和生活用水高峰每天供水需要103万吨，实际供水60万吨，日缺水达50万吨，造成西安历史上最严重的水荒。全市有200多家企业因缺水被迫限产或停产，减少工业产值50亿元，减少财政收入2亿元。在农业灌溉上，沣河、灞河、浐河两岸不少农田靠井水灌溉，由于水源短缺，便大肆开发利用地下水，致使三河两岸地下水由原来的1—5米，下降到13.8-31.3米，使农用水井吊空或无水可抽而报废。城市居民用水，市区60%地区水压不足，影响50万居民正常用水，全市20%城区经常断水，30万居民为接水守候在大街小巷自来水龙头前以及市政府组织汽车送水的地方昼夜苦等，奏响了锅桶罐盆交响曲。这些痛苦的记忆，给西安市民心目中留下了深

深的烙印，不堪回首。

西安市投入巨资修复了明城墙，形成了墙林路河（护城河）风景区，然而护城河因水源不足，变黑变臭，大煞风景，影响国内外游人的观光，妨碍旅游业的发展。

如今西安市城区面积由136平方公里已扩展到415平方公里，人口增加到851.34万人，水资源的短缺更要面临经济、人口、城市化水平高于全省增长的巨大压力。根据规划，西安要建成国际化大城市，到2020年西安人口要达到1000万，经济总量超过10000万亿元，年用水量将达到25.9亿立方米，而西安水资源利用量仅为16.57亿立方米，即使全部用完也达不到用水要求，与现在供水能力相比，每年将缺水7亿到8亿立方米。

因此，解决西安供水水源问题成为关系西安经济可持续发展和人民安居乐业的战略性问题。自从上世纪八九十年代西安严重水荒之后，兼于八水绕长安的八条河流水源萎缩状况，省上和西安市共同努力，只能从眉县石头河水库、周至县黑河金盆水库实行跨流域引水调水，基本缓解了西安用水问题。面向未来，西安市正在蓝田辋川河上兴建李家河水库，省上将在礼泉县泾河上兴建东庄水库，更重要的是省上于2011年开工建设的引汉济渭工程，投资达146.6亿元，工程完工后可由汉江年调水15亿立方米，翻越秦岭，进入关中接济渭河，增加渭河水量10亿立方米，为西安、宝鸡、咸阳、渭南等沿渭大中城市解决工业和城市生活用水问题。同时将提高河流纳污能力，改善水环境将起到关键作用。

这些事实，告诫人们，自然界的生态环境，一旦遭受破坏，森林锐减，河流水源萎缩，人们逼迫大量开采地下水，解决城市供水问题，结果形成地下水位下降，引起地面下沉和地面裂缝等次生灾害，破坏了自然界的生态平衡，人类必然遭受大自然的报复，为此就要付出昂贵的代价，付出巨大的财力、人力的牺牲而进行补救。我们就不得不高度重视解决西安水供给、水环境、水生态、水灾害、水管理的问题，立足当前，兼顾长远，克服水荒，解决西安的供水问题。

第三节 气候失调 旱灾频繁

陕南由于在秦岭以南，为亚热带气候，年降雨量在800毫米以上，巴山最大降雨量可达1800毫米，空气湿润。西安所在的关中地区，位于秦岭以北，属暖温带气候，年降雨量在550—650毫米之间，且集中在7、8、9三个月。

降雨的多少，受大气环流、地域纬度和森林植被的影响，涝灾多发生在夏秋之际，间歇性的旱灾则也有发生，尤以春旱多见。就关中干旱而言，发生全年性的干旱概率极小。关中古代生态环境良好，所以发生旱灾次数相对较少。根据历史资料的统计，从东汉建武元年（前25年）至清代宣统三年（1886年）陕西共发生旱灾251次，平均7.5年一次。随着森林植被的破坏，民国时期从1912年至1945年发生旱灾24次，约1.4年发生一次，建国后发生旱灾21次，平均2年一次。

一、关中历史上的旱灾

根据《西安水利志》载，从秦汉到隋唐，关中大的旱灾相对较少，从明清开始旱灾加剧，频繁发生，可见唐代以后陕西生态环境的恶化。关中历史上发生的旱灾：

1. 194年，后汉献帝兴平元年秋八月，关中大旱，人相食，白骨累积。

2. 536年，西魏大统二年，关中大旱饥，人相食，死者十七八。第二年，关中人饥流散。

3. 762年唐代宗宝应元年，关中旱蝗，饥疫，人相食，死者相枕于路。

4. 1328年，元天历元年，陕西自泰定二年至天历元年，三年旱饥，人相食。1329年，关中大旱，人相食。

5. 1484年，明成化二十年五月，京畿、陕西、河南、山东、山西皆大旱饥，陕西秋旱饥，人相食。第二年旱饥，赤地千里，尸骸枕藉。第三年，1486年，关中7—8月不雨，"西安大饥，死亡载道"。

6. 1528年，明嘉靖七年，陕西大旱饥，人相食。

7. 1582年明万历十年，关中大旱饥，人相食。

8. 1628年，明崇祯元年，陕西5—8月不雨。1629年，明崇祯二年，西安饥荒稍次。1630年，明崇祯三年，陕西连岁旱。1631年，明崇祯四年，陕西全省旱。1632年，明崇祯五年，陕北大饥。1633年，明崇祯六年，陕西旱饥，饿殍遍野。1634年，明崇祯七年，陕西旱饥。1636年，明崇祯九年，礼泉旱无麦。1637年，明崇祯十年，富平旱。1638年，明崇祯十一年，陕西十月旱饥。1639年，明崇祯十二年，陕西旱。1640年，明崇祯十三年，陕西大旱饥，父子夫妇相割啖，道馑相望，十亡八九。1641年，明崇祯十四年，陕西大旱，人相食。明代从1628年至1641年，19年间连续有13年发生大旱，为陕西历史上所罕见。

二、明清两代的特大旱灾

1. 明末（1628—1641）大旱：《陕西通志》载：崇祯二年（1628），"延安府自去岁一年无雨，草木枯焦，八、九月间民争采山间蓬草而食，西安、汉中饥荒稍次，为明代陕西最重之灾荒。"崇祯十二年（1639年），旱区扩大至西北、华北、华东和中南地区，崇祯十三年（1640年），陕境旱情尤以关中地区最重。"秋，全陕大旱饥，十月粟价腾踊，日贵一日，斗米三钱，至次年春十倍其值，绝粜罢市，木皮石面皆食尽，父子夫妇相剖啖，道馑相望，十亡八九。"崇祯十六年（1643年）华县灾民立《感时悲记》石碑（现存于西安碑林四展室）也有如下记述："盖自累朝以来，饥荒年岁，止见斗米三钱倍增七钱者，余等痛此遭逢，尚谓希有之事。岂料崇祯八、九年来蝗旱交加，浸至十三四年，天降大饥，商洛等处稍康，四外男妇奔走就食者、携者、负者，死于道路者不计其数，万状极楚，细陈不尽。……"这场旱灾延续到崇祯十四（1641年）结束，历时长达十余年，实为千年罕见。

2. 清光绪三年（1877年）大旱：据《陕西通通志》及《陕西水旱灾害》等记载，光绪二年（1876年），陕西从六月以来未下透雨，影响秋禾正常生长。至光绪三年（1877年）渭北地区春旱严重，大荔、朝邑、合阳、韩城、白水、富平、三原、泾阳、礼泉、淳化、长武及蒲城等 县夏麦薄收。五至七月全省干旱，补种荞麦出土黄萎。重旱区为蒲城、大荔、朝邑、合阳、韩城、白水、澄城、泾阳、三原、高陵、富平、同官（今铜川）、耀州（今耀州区）、邠州（今彬县）、三水（今旬邑）、长武、淳化、乾州、永寿、武功、鄜州（今富县）、中部（今洛川）、宜君、肤施（今延安）、甘泉、定边、保安（今志丹）、延长、靖边、延川、宜川、安塞、葭州（今佳县）、怀远（今横山）、府谷、榆林、神木、绥德、米脂、清涧、吴堡、渭南、临潼、潼关、留坝、勉县、褒城等49个州县，次重旱区37个州县，大部分地区无透雨长达一年左右。八月间，泾河、渭河几乎断流，汉江可以穿行，丹江久涸不能通舟。这次旱灾涉及黄河中下游地区及内蒙古、河套、大青山以北地区。

三、民国十八年（1929年）大旱

据近代大量史志和报刊资料，民国十七年（1928年）陕西始露旱情，夏季二麦歉收，秋未种冬麦，亦无透雨下播，加之三月间又遭黄霜、暴雨、冰雹等灾害，夏季基本绝收。民国十八年（1929年）全省旱象更加严重，春至秋滴雨未沾，井泉枯竭，泾、渭、汉、褒诸水断流，多年老树大半枯萎，春种延期，夏季收成不过二成，秋季颗粒未收，饥荒大作，草根、树皮皆不可得，死者日众，殍满道旁，尸腐通衢，流离逃亡，难以数计。据当年9月5日陕西救灾委员会统计，全省92个县中，发生旱灾的县达91个，除滨渭各县略见青苗外，余均满目荒凉，尽成不毛之地。在91个灾县中，有特重灾县24个，重灾县27个，一般灾县15个，轻灾县25个。长安、武功、凤翔、扶风、乾县、岐山、眉县、兴平、咸阳、临潼、渭南、周至、蒲城、合阳、宝鸡、陇县、澄城、淳化、长武、礼泉、褒城等县为重灾区。全省940余万人口，饿死者达250万人，逃亡者约40万人，有20多万妇女被卖往河南、山西、北平、天津、山东等地。

据当时调查，渭北一带人口每县约损40%，乡间房屋约损60%。树木约损70%，农村凄惨不堪。国民政府冯钦哉、孙蔚如的部队入陕后，西路武功、扶风一带士兵回乡探亲，见不到父母、妻子，找不见家里的房子，邻里不见者甚多，无不痛哭而归队。国民政府监察院长于右任自南京回陕探望，带回20万现金救济灾民，目睹故里惨状，挥毫赋诗："迟我遗黎有几何？天饕人

虐两难过。河声岳色都非昔，老人关门涕泪多！"。

四、建国后的旱灾

1. 1959年至1962年干旱：1959年—1962年，陕西连年干旱少雨。1959年6月—8月，一直未下透雨，西安、渭南、咸阳和安康4个地（市）旱象最为严重，全省受旱面积达2183.7万亩。1960年3月至4月，全省春旱，150余天未下透雨，重旱区有米脂、绥德、定边、汉中、洋县、勉县、城固、镇巴等县（市），全省受旱面积2904.8万亩。1961年1月—6月，全省除汉中、安康专区的部分地区外，普遍干旱，降水量陕北北部小于50毫米，陕北南部及关中50毫米—100毫米，陕南100毫米—170毫米，比历年同期偏少6至8成，全省受灾面积达2618.5万亩，成灾面积2064万亩，粮食减产161.94万吨，饥荒加剧，不少地方发生浮肿病患者及非正常死亡。据安康专区统计，1959年10月—1961年5月发生浮肿病患者6万人，非正常死亡5400人。

2. 1965年至1966年干旱：1965年4月—1966年7月，陕北连旱440天，关中和陕南秋、冬、春、夏连旱达300天。1965年全省受旱面积1654.4万亩，成灾率达18.5%。1966年受旱面积达1868.0万亩，成灾率为20.8%。以佳县、吴堡、神木、横山、榆林、米脂、绥德7县为最重灾区，清涧、定边、靖边、府谷、子长、延川、延长等县次之。陕北榆林、延安两专区当年受旱面积931万亩，成灾面积618万亩，其中绝收52.5万亩，粮食减产9.36万吨，直接经济损失0.52亿元。全省急需救济的灾民297万人，中央和陕西省发放救灾款1769万元外，国家还动员军队和13个省（区）的汽车3万辆次运送救济粮3亿斤，支援陕北老区人民，度过荒年。

3. 1986年干旱：1985年11月至1986年2月下旬，130多天少雨雪。陕北、关中降水偏少8至9成，陕南偏少4至6成。全省受旱夏田2115万亩，成灾面积349.5万亩。入夏后干旱持续发展，降水量与历年同期相比，偏少4成以上，其中35个县（市）偏少8成或基本无雨。全省秋田受旱面积达2100万亩，成灾面积100.5万亩，其中绝收120万亩。1986年全省受旱面积共达2225.5万亩，成灾面积1459.9万亩，其中绝收120万亩。因旱全省粮食减产86.71万吨，直接经济损失9.46亿元。

4.1994年至1995年连旱：自1993年冬至1994年春，全省发生冬春连旱，1994年4月下旬至5月底，关中、商洛等地持续干旱40多天，7月至8月以后，全省除陕北等局部地区外，60多天干旱少雨，降水偏少5至8成，入伏以后，夏粮较1993年减产17.6%，秋田受旱2600万亩，占总播种面积的65%，严重干旱1800万亩，绝收520万亩。

1994年11月至1995年8月，全省冬、春、夏三季连旱。关中23个县（市）降水较历年同期偏少5至7成，西安市降水总量仅313毫米，省内其他74个县（市）比历年同期降水偏少1至4成。全省583条流域面积百平方公里以上的河流，有400条干涸，黄河、渭河、泾河、北洛河、汉江、丹江等近乎断流，安康的月河断流40天。全省大部分地区10厘米至50厘米土层土壤相对湿度仅50%左右，4月中旬夏田受旱面积3019万亩，其中重旱2000万亩，干枯410万亩，1300万亩未出苗。全省有743万人和233万头大家畜饮水困难。6月—8月，西安市日供水仅50万吨，持续缺水80余天，市内出现27个断水点，约50万人断水，51个大中型工厂企业停水限水，造成工业经济损失20.66亿元。陕北山区，一汽油桶水价高达48元，商洛一担水也卖到5元至7元。牲畜存栏减少60余万头，畜牧业损失4000万元。全省旱灾经济损失66.75亿元。

1995年全省干旱，为60—100年一遇的特旱级，但却灾年不荒，社会稳定，既无饿死人，也很少有逃荒讨饭现象，关键是全省近2000万亩水地发挥了重要的作用。在"以秋补夏""以水补旱"中，全省水地作物普遍丰收，秋粮总产为45.56亿公斤，经济效益达70多亿元。

1995年以后未发生大旱，今年发生轻微旱灾，受旱面积达400万亩，但很快解除。

第四节 水土流失 洪涝成灾

　　水是生命之源，土是万物之本，水土资源是人类赖以生存的基本条件和最宝贵的资源。水土流失，是通过水力侵蚀、风力侵蚀、重力侵蚀（滑坡、崩塌、泥石流等）和冻融侵蚀四种方式，生成土壤侵蚀，使土壤中的氮磷钾等肥份和有机质的损失，使土壤瘠贫，以至丧失殆尽，是造成低产、贫困、粮荒的主要原因。水土流失另一个现象就是森林和草原的破坏，水源枯竭，造成土地沙化，使水草丰美的草原变成沙漠。此外还有我国云南、贵州土石山区，因为水土流失，形成土地的石漠化。水土流失的后果，不仅造成土壤瘠贫，农业低产，生活贫困，同时造成河湖淤塞，江河泛滥，给人类带来深重的灾难。

　　土壤侵蚀、水土流失成为世界性的生态灾难，从第二次世界大战以来，全世界10%、4.5亿多公顷的耕地发生不同程度的退化，共有12亿公顷的耕地遭受破坏。其中中美洲有24%的耕地退化、欧洲为16%、非洲为15%、亚洲耕地退化更严重，总面积为4.5亿公顷，其中印度为1.4亿公顷。全世界约有900万公顷已全部被毁，不能利用。发展中国家，每年损失农田400万—500万公顷，每年流失土埌230亿吨。中国也是世界上水土流失严重的国家，全国水土流失面积达356万平方公里，占国土面积37.1%，其中水蚀165万平方公里，风蚀191万平方公里，每年土壤侵蚀量高达60亿。另外还有163.2万平方公里的沙漠，占国土面积17%。

　　陕北和关中属黄河流域，地理类型属黄土高原，黄土深厚，土质疏松，是世界上水土流失最严重的地区，输入黄河的泥沙达8亿吨，占黄河三门峡以上输沙总量16亿吨的50%。8亿吨泥折合5.9亿立方米，若筑成高宽各1米的土堤，可绕地球赤道14.8周。每吨黄土中含氮0.8—1.5公斤，含磷1.5公斤，含钾20公斤。这样8亿吨泥沙，每年损失氮磷钾多达1784万–1849万吨，让年产20万吨化肥厂生产，也得生产90年（还不按纯量计算）。水土肥的大量流失，土壤贫瘠是造成陕西贫困低产的主要原因。大量水土流失使黄河每年入海泥沙12亿吨，4亿吨沉积在河南山东两省黄河河床，形成悬河，致使黄河大堤高于开封市区17米，黄河泛滥成灾，成为中华民族的心腹大患。和西安有关的渭河年输沙总量4.28亿吨，其中泾河占3.07亿吨。

一、西安市水土流失概况

就西安市而言，全市共有水土流失面积4447平方公里，其中关中平原地势平坦，每平方公里年土壤侵蚀量低于240吨，属基本不流失地区。沿秦岭北麓黄土台原、骊山丘陵和秦岭山地，每平方公里年侵蚀量在1288-5358吨，属严重水土流失区。秦岭深山区，森林覆盖率75.47%，植被良好，水土流失轻微、生态环境相对良好。

西安市的水土流失，从唐代以后生态环境受到破坏，特别是在建国以后，随着人口的增加，毁林开荒加剧，现代工业的发展，修路开矿、基本建设的规模增大，炸山取土、挖河取沙，工业三废的排放，使水土流失有增无减，生态环境日益恶化。水土流失面积，建国初期为3851平方公里，经过45年的治理，到1994年，水土流失面积反而增加到4447平方公里，抵消治理面积后，反而增加596平方公里，每年土壤侵蚀量达到1亿吨，农田水土肥的流失，造成秦岭北麓山原地区农业低产，加大了入黄泥沙，贻害下游人民。同样周至县水土流失面积也由264平方公里，扩展到658平方公里。由于山区水土流失严重，加上交通闭塞，水电不通，生产环境、人居条件恶劣，土尽石出，树难长，地难种，人难存，使西安市秦岭山区中形成20万人的生态难民，需要搬迁。

二、加剧西安水土流失的原因

西安水土流失为何有增无减，一是山原地形地貌、暴雨集中等自然因素；二是人为破坏严重，三是西安水土流失治理效果差。建国后项目少，投资小，省上把水土保持重点项目和投资集中于陕北和陕南，导致西安市水土保持治理滞后所造成的。

西安水土流失加剧的人为主要因素：

1.森林采伐：建国后我省成立了太白、宁西、宁东森工采伐企业，大肆

采伐木材，多达680万立方米。二是毁林开荒扩种，周至县1949–1981年，32年间开荒播种多达5252亩。三是森林火灾的破坏，蓝田县冯家村一农民放羊生火取暖，烧毁油松林多达1200亩。

2.秦岭开矿采石：户县共有49家采矿企业，多年来排放废渣和尾矿200多万砘，破坏植被，堵塞河道，妨碍防洪安全。户县栗峪石料丰富，成为户县水泥厂和石井乡石灰场、栗峪村石料加工场三个企业的采石基地，作者曾亲临工地发现，在沟中形成了1公里多长的废石弃渣带，总方量超过2000万立方米，造成山体悬崖壁立，多处崩塌，致使栗峪河河床抬高了一米，威胁到沟口栗村、下庄等三个村庄200多人的生命安全，每逢暴雨，村民惶惶不可终日。户县涝峪镇办采石场，由于乱采乱弃，2000年7月14日晚一场暴雨，发生泥石流，堵塞河道，造成12位民工死亡的悲剧。

3.秦岭北麓台原和山地农田水土流失：西安市全市500米以上的沟道8142条，总长1.3万公里，沟壑纵横，坡耕地多，蚕蚀原面，如长安区神禾、少陵、炮里三个台原受到237条沟道的切割，从1950年蚕蚀原面，减少耕地达7582亩之多。

4.秦岭北麓无序的旅游业开发，造成水土流失：沿秦岭北麓据不完全统计，有大小景区64个，300多家旅游景点220多家宾馆、饭店和旅游山庄，其中199家无三废处理设施，仅生活垃圾每年排放4000多吨，排放污水330万吨。

三、水土流失造成洪水泛滥

1.**西安从秦至唐的洪涝灾害**：从秦汉至隋唐西安生态环境良好，能长治久安，很少发生大的洪涝灾害。根据史料考证，较大的灾害共有7次。

（1）西汉汉文帝元年（前179年），长安积霖百日。

（2）西汉汉文帝后元三年（前161年）蓝田，秋大雨，昼夜不绝35日，山洪漂流900余家。

（3）西汉汉成帝建始三年（前30年），三辅霖雨30余日，山谷水出，杀4000余人，坏民舍八万间。

（4）梁简文帝大宝元年（550年），长安10月6日起，连阴雨自秋至冬，诸军马驴多死。

（5）唐代武则天长安元年（704年），长安霖雨雪，凡阴150余日。

（6）唐代唐顺宗元和八年（813年），6月京师大风雨，毁屋飘瓦，民多压死。7月11日，渭水涨，毁三桥，绝济。

（7）唐代唐宪宗元和十一年（816年），6月京畿大雨，8月甲午，渭水溢，毁中渭桥。

2.西安清代洪涝灾害：西安从唐以后，宋元明时代基本没有发生大的洪涝灾害，到了清代有所加剧。

（1）清圣祖康熙元年（1662年）4至10月，周至雨不止，高陵6至9月霖雨40余日，西安绝渡半月。

（2）清光绪十三年（1887年），10月连日大雨，潏河暴涨，冲毁碌碡堰，40里尽成泽国。

（3）清光绪十九年（1893年），蓝田、长安8月11日迅雷大雨。

（4）清光绪二十四年（1898年），6月18日至19日大雨，渭水泛涨，民不聊生。

3.建国后的洪涝灾害：建国后由于西安生态环境恶化，洪涝灾害频繁，给人民生命财产造成巨大损失。

（1）1953年，蓝田7月16、17日大雨，大洪水，长安8月3日浐河决，公路交通断绝半天。

（2）1962年，西安市8月至10月连阴雨72天，陇海铁路中断两小时。稻田积水发芽。

（3）1962年8月14日、15日，蓝田县暴雨151.9毫米，伍家嘴和杨坡头水库被洪水冲毁，黑峪湾水库淤平，白马河流域水保工程报废。

（4）1980年8月2日，周至山区发生洪水，黑河、沙河、渭河决堤75处，长达6.7公里，冲毁滚水坝1座、水电站7座，使16个乡35个村庄遭灾面积达10万余亩，毁坏房屋4100余间，直接经济损失5000多万元。8月23日户县大雨、渭河南泛，蔡户公路冲毁多处。

（5）1981年，西安市6月至9月连阴雨间暴雨，周至8月连降，渭河洪峰5380立方米/秒，主干公路交通中断，水利设施受损。

（6）1988年8月14日，灞河泛滥，使蓝田县葛牌、灞塬等8乡镇1.4万户农户受灾，冲毁农田2.16万亩，淹没4.08万亩，减产1426万公斤。冲毁河堤124.9公里，公路243.6公里，渠道17公里，小水电站10座，鱼池52个。倒塌房2584间，致死55人，伤残42人，6所小学毁于一旦，7100亩良田变为乱石滩。造成直接损失6155万元。

（7）2002年6月，西安南山遭受特大洪水，使沣峪沟、大坝沟公园等4处旅游景区服务设施遭到毁灭性破坏，毁坏房屋930余间，直接经济损失4500多万元。108国道、210国道多处冲毁，陇海铁路灞河桥坍塌，交通被迫中断。

（8）2011年夏秋，西安市所属13个区县暴雨不断，遭受洪涝灾害，全市受灾人口655216人，紧急转移安置59781人，因灾死亡25人；倒塌居民住房6936户，18317间，公路中断67多次，损毁堤防688处88公里，发生地质灾害153起，给人民生命财产造成严重损失。

四、水土流失造成水利设施的破坏

洪涝灾害同时造成了塘库淤积，渠道阻塞，影响灌溉。秦岭北麓共兴建135座，有效库容5亿多立方米，对防洪、灌溉发电、养鱼、供水、旅游等起到重要作用。其中西安市所属各县共建成水库118座，总库容1.59亿立方米，1984年水库淤积量占总库容的16.7%，目前已超过30%。蓝田县现有28座水库，已有14座淤满报废。临潼的龙河水库也已淤满，戏河水库1958年建成，后经2次重建和加高，也于1988年全部淤平。户县曲峪水库也同样夷为泥库，失去滞洪灌溉之利。

第五节 重力侵蚀 地面下沉

重力侵蚀是水土流失灾害，或称地质灾害，包括滑坡、崩塌、泥石流，威胁城市村舍、工厂矿山、房屋窑洞、道路交通、电力和通讯电缆以及各种地下管道安全，引起河道堵塞，形成堰塞湖，蚕食农田，毁坏庄稼，造成矿山毁灭、交通、供电、供气的中断，给国家经济造成巨大损失，危及人民生命财产安全。

重力侵蚀广泛分布我国山岳地区，发生了许多重大灾害。云南金沙江下游的大砂坝，是历史上有名的米粮川，1754年发生大滑坡，淤埋的左县城，成为废墟，变成荒沙滩。1987年9月17日凌晨，四川省巫溪县城龙头山发生崩岩，摧毁一栋六层宿舍楼、两家旅馆、居民房29户，造成122人死亡，掩埋公路干线70余米，造成直接经济损失270万元。1983年四川喜德县，暴雨后造成27条溪沟形成泥石流，长达4公里，淤埋上千亩农田。1972年四川冕宁县罗玉沟发生泥石流，冲毁房屋7000余间，耕地7500亩，死亡105人。1972年7月27日，北京怀柔县龙扒沟发生泥石流，冲毁房屋100余间，耕地1005亩。1979年6月28日，辽宁宽甸县龙爪沟发生泥石流，冲毁房屋7000余间，耕地7500亩，死亡105人，使一座工厂1000余间厂房和设备被毁，死亡8人。1979年11月2日，四川雅安陆王沟、干溪沟发生泥石流，冲毁房屋300余间，耕地750亩，169人丧生。1981年7月9日，四川甘洛县利于依达沟泥石流，流速每秒高达133米，把直径8米以上的巨石推动，冲毁了利于依达沟铁路大桥，使正在行驶的422次客车颠覆，造成300余人遇难。1984年5月27日，云南车川县黑山沟发生泥石流，冲毁房屋4000余间，造成121人死亡。1984年5月27日，云南东川黑山沟泥石流冲毁房屋4000余间，造成121人死亡。泥石流常常造成河流淤塞。形成堰塞湖，1984年7月18日，川南平县关高沟发生泥石流，形成堰塞湖，30分钟后坝体溃决，使南平县城2700间房屋冲毁和淤埋，25人死亡，直接经济损失1500万元以上。

从以上这些触目惊心的重力侵蚀现象的危害，说明了重力侵蚀在我国分布范围之广，威害之大，所以防治重力侵蚀，治理水土流失，就显得十分迫

切和需要。

一、西安的重力侵蚀

就重力侵蚀的自然条件而论，秦岭北麓群山对峙，削壁高仞，地质复杂，风化严重，潜水较多，植被疏松，山高沟深，导致崩塌、滑坡等地质灾害的发生。就人为破坏因素而言，诸如开荒毁林，开矿修路，采石采沙，破坏了原有地形地貌和自然坡面的坡角稳定，毁灭或减少原有地面林草植被，每遇地震、暴雨更加促使了重力侵蚀的加剧。

以秦岭北麓的渭南市为例，山原地带，有滑坡121处，滑动土石方891.9万立方米，破坏耕地1215亩，道路3890米，隐患危及110个村镇，1853户，8221人，1014头大家畜和817间房窑的安全。1987年华山突发洪水，发生崩塌32处，道路被冲毁，输电线路中断，数千游人被困，造成19人死亡、9人受伤，造成直接经济损失156万元，震动了全国，影响旅游业的发展，造成不良的政治影响。2008年汶川地震，引发了我省宝鸡市地质灾害103起，其中崩塌68处，滑坡21处，地面裂缝12处，地面塌陷2处，造成4813间房屋倒塌，毁坏耕地3500亩，矿山灾害8起，造成严重的损失。

我省宝成、陇海、西康铁路都是穿越山原而行，每逢暴雨经常受滑坡、泥石流的袭击，影响交通正常营运。宝成铁路秦岭段和陇海铁路宝鸡至天水段和华县的孟原段，被称为中国铁路的"盲肠"，事故不断，"文化大革命"中宝鸡市卧龙寺发生滑坡，导致铁路冲毁和移位，中断运行。1983年孟塬至华山站山体塌方3.25万立方米，逼迫铁路停运44小时。

西安市所属区县重力侵蚀灾害严重，1985年西安市政府滑坡办组织西北大学、西安地质学院、西安理工大学等大专院校对重力侵蚀作了普查：西安市所属区县共有滑坡隐患面积1975平方公里，滑坡危险地段937处，危及806个村庄，36500户15万人的安全。其中临潼区骊山横岭丘陵区最为严重，滑坡区共有806个村庄，36500户村民，居住着15万人口。其中危险区有24平方公里，滑坡点228处，居住的2000多人受到威胁。

根据历史资料统计，仅1950年至1986年36年间，全市发生重力侵蚀415

次（平均每年10多次），其中滑坡灾害302次，滑塌109次，泥石流4次，死亡248人，伤残13人，毁坏房屋千余间，毁坏耕地近万亩。蓝田县冯家村骞家湾三组，1985年9月26日晚发生滑坡，造成41人死亡。同年10月黑沟村六组发生滑坡，又造成11人死亡，损失粮食0.6万公斤。

临潼区仁宗乡，1964年8月17日发生滑坡，毁田67.5亩，倒塌房屋28间、45人无家可归，逼迫搬迁。临潼区鱼夫村和蓝田县小寨村位于滑坡体，危在旦夕，不得不进行整体搬迁。时隔不久，发生滑坡。1984年12月20日，西安市所属高陵县蒋刘乡发生滑坡，毁坏耕地245亩，倒塌房屋159间，死亡22人，整个村庄遭到毁灭。

2011年9月17日，由于连续降雨，土塬水分饱和，造成西安市灞桥区席王街道办石家道村白鹿原北坡发生山体滑坡，导致瑞丰空心砖厂和奇安雁塔陶瓷公司部分车间被埋，最终造成32人死亡，5人受伤的悲惨事件。西安市政府组织700人和动员大量挖掘机、汽车用6天5夜的时间，组织抢救抢险。

2011处夏季108公路周至县黑河山区段，发生多起山体滑坡，造成车辆堵塞，中断交通的事故。

2012年根据最新统计，西安市有地质隐患点566处，直接威胁5898户，17306间房屋，151孔窑洞及11所学校的安全。

二、西安的地面下沉

由于我国城镇建设迅猛发展，城市人口用水剧增，造成城市水荒，北京、天津、大连、青岛、西安等城市水荒给人们留下深刻的印象。为了解决供水，利用河川径流修建水库和远距离输水，工程浩大，耗费巨资。而就地打井取水比较简单，投资较少，由于历史的原因和城市基础设施投资匮乏，就形成了城市以取地下水为主要手段的供水方式。长期过量开采地下水，严重违犯了自然界天上水（降雨）、地表水（江河泉源）、地下水三者相互补充的生态平衡，给国民经济建设和人民生命财产造成不可估量的损失。

地下水过采，造成地面下沉是我国城市建设中较为普遍的问题，北京、天津、唐山、沈阳等城市普遍存在着严重后果和潜在危机。政府采取强硬措

施，限制地下水过采，防止地面下沉，成为极为迫切解决的当务之急。国家不得不耗费巨资，实施南水北调工程，解决京、津等北方城市缺水问题。

西安市在建国后至黑河引水工程建成前，80%的水源为地下水。全市共打供水机井775眼，日采水28万立方米，年采水1.02亿立方米，而西安地下水允许年开采量为4430万立方米，日采限量为11万立方米，而实际开采量超出允许开采量的1.3倍。一般人认为打井取水，地下水取之不尽，用之不竭，能有什么危害呢？但事实却截然相反，地下水的超采，造成了三大灾害：

1.**造成地下水位的下降**：西安市自来水公司的水源井，市区机关单位厂矿学校的自备水源井，都是深井大泵抽水，使地下水位急剧下降，沣河、浐河、灞河两岸的地下水位由原来的1—5米，下降到13—30米，使许多农用普通井吊空、空干和报废，使不少水地起旱，城郊农民和菜农深受其害，收入减少，叫苦不迭，给全市农业生产造成不可弥补的损失。

2.**加快西安地面下沉**：地下水的过采，使黄土含水量失去平衡稳定，造成漏斗，引起地面下沉。据1998年测定，全市地面下沉100毫米的面积为162平方公里，其中大于300毫米的为84平方公里，大于500毫米的为55平方公里，大于1000毫米的约为8平方公里。大雁塔十字下降341毫米，致使唐代大雁塔向西倾斜1000毫米。

3.**加剧了地面裂缝**：地面下沉引起连锁反应，诱发市区产生了11条裂缝，伸延长度115公里，出露长度70公里，危害面积115平方公里，毁坏楼房176幢，厂房57座，民房1813间。裂缝所过之处，造成道路开裂，水、煤气、天然气、电缆、电讯、地下管道破裂、扭曲、中断，建筑物受损，迫使西安东郊微波设备厂搬迁，耗资近1000万元。位于西安市长乐公园南边的黄河上中游水土保持局家属楼，因受地裂缝影响成为危楼，不得不搬迁另建。

第六节 现代工业 三废污染

世界的生态文明，在原始社会、奴隶社会和封建社会，人类生产手段主要依靠手工操作，所以生态环境很少受到人为的破坏，而从产业革命以来，地球受到的压力就越来越大，致使生态环境恶化，给人类带来了深重的灾难。

从18世纪60年代起，英国等西方资本主义国家掀起工业革命，最大的特点是变手工操作为机器生产，蒸汽机的发明，使人类进入了第一次工业革命，随着化学工业的兴起，钢铁工业的扩大，运输部门的现代化，大大推动了世界经济的发展，到了19世纪下半期，世界进入广泛使用电力的电力时代，开始了第二次工业革命，实现了工业化，工业化加速了城镇化的进程，改变了农业与工业，乡村与城市的格局。

工业化的发展核心是科技的进步，新技术、新工艺、新材料、新产品层出不穷，推动着社会物质文明的进步和发展。据统计，从发明和应用所花的时间，蒸汽车100年，电动机57年，电话56年，无线电35年，真空管33年，汽车27年，飞机14年，电视机12年，原子弹6年，晶体管5年，集成电路3年，激光器1年。每一项新发明、新技术、新材料、新产品的出现，虽然推动了生产力的发展，但同时会带来新的环境污染和破坏，其速度对环境的影响需要几百年甚至上千年，而现代的新发明可能只需要几年，造成了种类繁多的污染源，酿成地球污染的悲剧，造成生态不断失去平衡，给人类带来极大的痛苦。

现代工业的发展，首先是造成空气污染。地球表层生物圈外围，有一层维持生物生存的空气，离地面1100—1400公里，这就是大气层，其中空气重量占95%，离地面12公里厚的空气层，即人们常说的对流层。在对流层内，每升高1公里，气温会下降5℃，这种上冷下热的周而复始的空气对流，形成了风雨雪雾，影响着人类居住的环境的生存条件。

大气层基本上由氮气（78.09%）、氧气（占20.95%）、氩气（占0.93%）、二氧化碳（占0.033%）和一氧化碳（占0.027%）组成，还有微量的

氢、氖、氮、氙，形成新鲜空气，保证着人类和动植物的健康和成长。

工业革命以来，煤和石油、天然气的消耗增加，每年向大气排放的二氧化碳从最初的1亿吨，到1988年增加到146亿吨。目前全世界每年燃烧煤约40亿吨，消耗石油250亿吨，矿石燃料占世界能源的80%，而且每年以3%速度增加。大气的污染，从20世纪80年代以来，使全世界13亿人口健康受到威胁，肺癌、肺炎、生肺病等病人增多，每年造成30万—70万人的过早死亡。世界还发生了许多空气污染事件，例如1952年英国伦敦烟雾事件，由于成千上万的烟囱向空中排烟，使烟尘浓度最高每立方米达4.46毫克，为平时的10倍，二氧化硫的浓度达到百万分之1.34，为平时的6倍，仅12月5-8日四天时间造成了市民4千人死亡，烟雾事件两个月后，伦敦陆续又死亡8000人。第二次世界大战以后，西德工业发展很快，二氧化硫飘流到瑞典，形成酸雨，降到地面的 硫酸多达100万吨，使瑞典冬季下雪呈黑色或茶色，造成木材损失达450万立方米，农田土壤变酸，不得不大量使用石灰减酸。日本四日市也发生了气喘病事件，四日市是日本的石油城，所产石油占日本总量的1/4。四日市工厂每年排出的粉尘、二氧化硫总量达到13万吨，使哮喘病、肺气肿，慢性支气管炎等疾病大为发作，仅哮喘病者多达500人，不少人因病丧命和自杀。还有印度博帕尔毒气事故。美国联合碳化物公司1977年在印度中部博帕市创建了印度联合碳化物公司，生产剧毒甲基异氰酸盐，1984年12月3日，博帕尔工厂地下储气罐因压力过大，一个阀门破裂，形成45吨的毒气泄露，最终造成2000人死亡，12000人住院治疗的悲剧。

现代工业不仅造成空气污染，还有废渣、废水污染、土地污染、放射性污染等等，都导致了环境恶化，生态失去平衡，给人类造成很多悲剧。2011年由瑞士埃特尼特建材公司在意大利开办了四个生产石棉的工厂，生产水泥板，致使4个工厂6000名员工吸入石棉纤维，其中2000人患肺癌而死亡。

我国产煤是世界第一大国，年产14亿吨，每年排放到空中的二氧化碳1500万吨。我国的空气污染，其中二氧化碳排放量居世界第二位，1990年到2001年，净增二氧化碳8.23万吨，预计到2025年，超过美国，居世界第一位。

随着建国后工业的发展，特别是改革以后，西安市建设更是一日千里，日新月异的，西安成为西北地区的工业巨头，2011年国民经济总产值达到3864.2亿元，对西安经济的发展和人民生活的改善，做出巨大贡献。但同时也带来了工业的三废污染，破坏了天然的生态平衡，造成生态环境的恶化，带来严重的后果。

一、西安市的空气污染

西安市的空气污染主要是二氧化碳、二氧化硫等造成。这些污染源主要是：

1.人口排气污染：西安市人口已达851人，1个人每天排出的二氧化碳为2公斤，这样每天就要排放1702万公斤的二氧化碳。另外还有几百万流动人口和百万外来打工人员排出的二氧化碳。

2.燃煤污染：发电厂、电热厂和众多工厂都兴建锅炉，以及居民的用煤取暖做饭，由于煤绝大部分没有脱硫，这些锅炉燃烧就产生大量二氧化硫和二氧化碳，使烟煤污染占到二氧化碳排放量的60%，造成空气污染。

3.工业排气污染：包括炼钢、石化、建材（砖瓦、水泥、制陶等）、塑料、制药、化肥、制碱等众多工业生产排放二氧化碳、二氧化硫和其他有害气体。

4.汽车废气污染：全市现有机动车达151万辆，汽车排出碳氢化合物和一氧化碳，成为增长最快的污染源。为此，发展使用甲醇汽油、发展电动汽车将成为趋势。

5.电器污染：我国城市每百户拥有洗衣机95.95台，电冰箱90.15台，彩电133.44台，空调69.81台。这些家用电器的使用，也排放有害气体，造成了空气的污染和气温的升高。

6.建筑工地扬尘污染：西安市到处都是建设工地，在地基开挖、土方清运，建筑工地中产生尘土飞扬，也是造成空气污染的一个重要原因。

7.沙尘暴污染：西安受到陕北毛乌素沙漠沙尘暴的影响，使西安产生扬沙天气，造成沙土飞尘污染。

8.秸秆污染：西安市的农业种植一般都是小麦和玉米一年两熟，其中小

麦种植面积稳定在306万亩左右，每当夏收后，农民为处理秸秆和麦茬，便用火烧处理垃圾，造成西安夏季空气污染。

9.其他污染：除上述污染源外，还有燃放鞭炮、焰火等，也造成空气污染。

上述综合性的污染，使西安市失去了昔日蓝天白云的风采，天气灰蒙，2002年全年就有190天污染，给人民生命健康造成严重威胁。

二、河流污染

人类从封建社会进入资本主义和社会主义社会，工业化和城市化过程中，忽视水环境保护，使水域遭到污染，许多河流和湖泊将不再有生命存在。美国有30多万的工厂和16500个水道系统，每年排放废水高达1500亿吨，致使美国42万平方公里的流域面积中，有12万平方公里被污染。五大湖泊之一的伊利湖污染，致使优质蓝梭鱼近于灭绝。欧洲的莱茵河是欧洲的黄金经济水道，两岸工业发达，其中西德在莱茵河沿岸就有289个工厂，大量向莱茵河排放污水，1971年在西德和荷兰交界的克勒费城观测，每天有11500吨的硫酸盐，28060吨的氯化物，11000吨的钙和镁流入荷兰境内。在前苏联，1969年向江河湖泊排泄废水36立方公里，到1980年增至60立方公里，九年增长1倍。著名的贝加尔湖受到污染，鱼类产量下降，白鲑鱼的捕获量从1945年的4565吨，1957年下降到2009吨，减少近55%。在亚洲的印度恒河，由于大量排放污水、废水和倾倒垃圾，从1980年以来，恒河中细菌含量增加了两倍，硅酸盐、硫酸盐的浓度比以前增加1—1.5倍，致使恒河不少河段不能饮用，甚至不能洗澡。我国河流每年排放量360亿吨，致使436条河流污染。

这些污染过的河流湖泊，对人类身体健康有着巨大的危害，产生诸如伤寒、霍乱、肝炎、痢疾、肠道病等。据估计，全世界由于水污染每年有9亿人口患病，200多万儿童夭折。水污染同时影响航运，危及农业、果业、渔业生产，给人类带来深重的灾难和不可弥补的经济损失。

陕西的渭河是关中的母亲河，也是流经西安的最大河流。古代生态环境良好，唐代诗人白居易在《渭水垂钓》一诗中写道："渭水如镜色，中有鲤与鲂。偶持一竿竹，悬钓在其旁。"诗仙李白在《君子有所思行》一诗中写道："渭水银河清，横天流不息。"温庭筠在《咸阳值雨》一诗中吟道："咸阳桥上雨如悬，万点空蒙隔钓船。还似洞庭春水色，晓云将入岳阳天。"是说咸阳的渭河可与洞庭湖媲美，可见渭河生态之好。即使到了民国时期的诗人杨景熙在《渭水东注》一诗中，也有"运岸斜阳光射雁，平沙激石浪惊鸥。一帆风顺达千里，东走西安轻荡舟"的描述。

建国后特别是改革开放以来，社会经济飞速发展，工业化步伐加快，城镇化人口骤增，排入渭河的污水、废水1980年为4.09亿吨，2000年为9.03亿吨，据在渭河林家村断面测定，耗氧量超标1.4倍，氨氧超标2.4倍，铜超标2.4倍、镉超标达7.8倍，利用渭河水灌溉，致使土壤遭受严重污染，使粮食、蔬菜、瓜果也遭受污染，有害人体健康。渭河水源污染主要是关中造纸企业，1995年多达855家，造纸企业的污染占COD排放量85%以上。

与此同时，渭河水量不断剧减，1956-2000年45年间，渭河天然径流量100.40亿立方米，从20世纪90年代以来渭河入黄流量仅为44.78亿立方米，年最小径流量在10亿立方米以下，1997年甚至只有4.02亿立方米，这样就使渭河污染浓度相对增加，造成的恶果就更加严重。

位于西安西咸交界的沣河（包括潏河）流域面积1460平方公里，干流长78公里，近几年沣河沿岸新建、迁建大专院校近30所，增加人口20多万，加上乡镇造纸、食品、制革等60多家企业，以及沿河两岸群众集居，饲养大家畜8.2万头，形成大小排污口237个。每年排入沣河的生产生活污水达700多万吨。其他还有浐河、灞河都遭受严重污染，其中浐河水质劣为五类水，有6项检测指标超标。这样西安市每年共向河流排放工业废水和生活污水共计达4.7亿吨之多，造成环境恶化。民谚说"60年代，鱼虾尚在；70年代，淘米洗菜；80年代，黑水掩盖。"

三、固体废物污染

随着工业化、城镇化的发展，废物污染愈演愈烈，包括工业固体废物、工业危险废物、医疗废物，生活垃圾废物、城市建筑垃圾废物等等，对西安市造成严重污染，不但破坏了生态环境，而且严重地威胁市民的生命健康，

成为世界各国面临的难题。例如美国是世界上生活垃圾最多的国家，年产垃圾量达2.2亿吨，而我国处理垃圾占地1.18万平方公里。根据西安市环保局发布2010年的固体排放物的信息如下：

1.工业固体废物：全市水泥、建材、电厂等进入2010年环保统计的企业共有376家，工业固体废物产生量为247.84万吨，比2009年增加了20.90万吨，增长8.43%。

2.工业危险废物：2008年全市工业危险废物量为0.29万吨。2009年为0.31万吨，2010年上升到0.4356万吨。

2010年工业危险物品0.4356万吨中，其中占前五位的废碱（HW35）占82%，无机氰化物废物（HW33）占8.2%，表面处理废物（HW17）占0.79%，废矿物油（HW08）占0.79%，感光材料废物占0.07%。这五类危险废物包括废弃物品药、废乳化液、染料和涂料废物、含锌废物、含铅废物、含铜废物等等。

3.建筑垃圾：西安市三环内共有城中村292个，常住人口36.49万人，市区的新城、莲湖、碑林三个区3亩以上的棚户区92处，常住人口25.7万人。近几年西安市大力改造城中村和棚户区，进行拆迁，城中村需要拆迁的建筑面积达4055.68万平方米，棚户区需要拆迁的建筑面积634.7万平方米。2010年西安市产生建筑垃圾约3500万吨，折合体积约合2000万立方米。另外城市基建开挖产生垃圾11535251立方米，兴建地铁出土建筑垃圾1956020立方米，这样2010年西安市的建筑垃圾总量达到33491217万立方米，可见建筑垃圾之多。因此也带动了疯狂拉土车运输业的兴起，车辆达3045辆之多。仅2011年便有50人丧车轮之下，引起了垃圾次生灾害。

4.污水处理厂污泥：2010年西安市运行的11家污水处理厂，共产生污泥148656.02吨。

5.生活垃圾：随着城市化进程的加快，人民生活水平的提高，生活垃圾日益剧增，日产生垃圾5000吨左右。西安市2010年城市垃圾产生总量209.3万吨。

6.医疗废物污染：西安市的医院、卫生院、农村卫生院、疾病预防中心、妇幼保健院、采血站、动物诊疗等医疗卫生单位共3593家，每年产生医疗废物共6126.49万吨；另有感染性废物生产单位3317家，年产生废物5337.34吨；损伤性废物生产单位3020家，产生废物612.9吨；病理性废物生产单位342家，产生废物44.27吨；药物性废物生产单位560家，产生废物54.28万吨；化学性废物产生单位247家，产生废物28.16吨。以上共计产生医疗废物多达12202.63吨。

7.餐厨垃圾：西安市共有大小餐饮商业网点3.3万个，日产餐厨垃圾400吨左右，年产14.6万吨。

从以上这些触目惊心的数字，可见西安市固废物污染之严重，造成的环境污染，破坏了自然界的生态平衡，威胁人们健康生活，而防治和处理这些废物，需要付出昂贵的代价。

第七节 战火纷飞 毁坏古城

战争是解决阶级与阶级、民族与民族、国家与国家、政治集团与政治集团之间矛盾的一种最高的斗争形式，战争是政治的继续。

西安作为13朝古都，王朝的更替、农民起义的暴发，发生过无数的战争。唐代以后西安失去了国都地位，但是西安作为西北的军事重镇，受到宋元明清各朝的重视，派皇亲贵族、名臣显贵进行镇守。到了民国时期，由于中共中央在延安的缘故，西安成为反共剿共的中心，蒋介石调东北军张学良几十万大军，进行剿共，导致了"西安事变"的发生。1949年人民解放军，打败国民党军队，解放了西安。

从古到今的战争，无论是古代冷兵器时代，还是现代化的战争，给人民带来深重的灾难，战争造成城镇的毁灭，森林的砍伐，工农业生产条件的恶化，人民生命财产的损失，以至文物古迹的破坏，大气的污染等等，严重地破坏了大自然的生态平衡，造成生态环境的恶化，以至毁灭人类文明。

一、秦都咸阳城的毁灭

公元前350年，秦孝公锐意政治改革，商鞅变法催生了秦都咸阳的建立。随着秦国经济力量的增长、军事胜利的推进、城市人口的增加和政治活动的频繁，经过惠文王、悼武王、昭襄王、孝文王、庄襄王和秦始皇等七代国君的经营，城市范围急剧扩大，跨有渭水南北的广阔地域。从秦国之都变为天下统一的秦王朝之首都，城市的繁荣兴盛达到了光辉的顶点。

然而经过长期统一之战而建立起来的秦王朝，并没有给予饱经战乱之苦的人民带来安宁、祥和与幸福。大兴土木，修造陵墓，北筑长城，南戍五岭，妇孺转输，使仅有两千万人口的泱泱大国的20%人离开了土地，而他们又占青壮年劳力的76.8%。兵役与徭役，夺走了直接生产者，但田租和税赋等的沉重负担未减，竟"二十倍于古"（《汉书·食货志》引董仲舒语）。土地兼并，使自耕农民逐渐丧失了土地，变为依附于地主的佃农或雇农。即使如此，地主还要从农民的收获中剥削十分之五。天灾人祸，造成了"贫民常衣牛马之衣，而食犬彘之食"的悲惨景象。严刑厉法，使本已加剧的阶级矛盾更加尖锐化。秦王朝处在火山之巅，秦都咸阳的统治集团也在秦始皇死后的时间里，经历血腥风雨的夺权斗争之中。

在社会动荡中，由陈胜、吴广点燃的起义烽火终于从安徽的大泽乡（今安徽宿州市南涉故台村）爆发。建立"张楚"政权后，进军关中。由于孤军深入，遭到秦将章邯反击而不得不退出函谷关。

尽管义军退败，而乘机起兵的旧贵族、地主竟成了反秦的骨干。经过军事力量的重新组合，最后形成项羽和刘邦两大军事集团。

公元前206年10月，刘邦领兵入关，秦王子婴"封皇帝玺、符节，降轵道旁"（《史记·高祖本纪》）。秦王朝被推翻，正式结束了自己15年的统治。

项羽随后破关而入，同刘邦在鸿门（今陕西临潼新丰镇的鸿门阪）举行宴会。在这个历史上有名的"鸿门宴"后不多日，志得意满、骄横逞力的项羽带兵进入秦都咸阳。《史记·项羽本纪》载："项羽引兵西屠咸阳，杀秦降王子婴，烧秦宫室，火三月不灭，收其货宝妇女而东。"经过一番烧、杀、掠、抢夺，一把火焚烧了秦都 城中主要的宫阙建筑，也光顾了秦始皇陵。一座辉煌的都城，随着政权的更迭，也从地平线上消失了。

二、西汉长安城的毁灭

司马光说，汉武帝"穷奢极欲，繁刑重敛，内侈宫室，外事四夷，信惑神怪，巡游无度，使百姓疲敝，起为盗贼，其所以异于秦始皇者无几矣。"到武帝后期，西汉社会已经发生了极大危机。但武帝在晚年及时采取补救措施，停止对外用兵，改良苛暴，禁止擅赋，提倡农业。到汉宣帝时，西汉又出现了中兴局面。但是，汉元帝时就转入了衰亡时期。元帝时，年岁不登，郡国多困，关东大水，人或相食。

汉成帝沉溺酒色，不理朝政，却兴师动众，赶修昌陵，弄得国家疲敝，府库空虚，天下骚动不安。长安城内也谣言四起，由于关东地区比岁不登，流民纷纷涌入关中就食。走投无路的民众，开始聚众起事，反抗封建统治。《后汉书·梁统列传》，李贤注引《东观记》说：汉哀帝元寿二年（前1年），"三辅盗贼群辈并起，至燔烧茂陵都邑，烟火见未央宫。"建平四年（前3年）关东饥民西入长安，与当地民众一起，聚会闾里，"或夜持火上屋，击鼓号呼相惊恐"。

在西汉王朝动荡不安、矛盾重重的情况下，外戚王莽于公元8年夺取了刘氏政权，建立"新"朝。汉居摄二年（7年），翟义等率十余万人讨伐王莽，三辅地区民众响应，攻烧宫寺，威胁长安。长安城内一片混乱，大火映红了未央宫前殿。

当时，气候急剧变冷，灾害接连发生，地震、雪灾、蝗灾、饥荒闹得社会极不安宁。地皇元年（20年），王莽拆毁城西上林苑中建章、承光、包阳、大台、储元宫及平乐、当路、阳禄馆等十余所宫、馆，取其材料砖瓦，以起九庙于长安 城南，制度甚伟，"以铜为柱薹，大金银错镂其上"，穷极百工之巧，功费数百巨万，卒徒死者万数。王莽地皇三年（22年），关东人相食，当年夏，蝗虫从东方飞到长安，入未央宫爬满殿阁。而王莽却用黄金三万斤聘杜陵史氏女为皇后，车马奴婢杂帛珍宝费至巨万计，而且还大兴土

木。王莽的暴政，加速了新朝的灭亡。

早在天凤年间，王匡、王凤领导的绿林军和樊崇领导的赤眉军就先后在湖北和山东揭竿而起。地皇三年（22年），南阳郡春陵乡（今湖北省枣阳县东）的西汉宗室刘縯、刘秀兄弟，也起兵反抗王莽。同年，以刘縯统率的汉军为主，改编绿林军（新市、平林、下江三支）为六部。次年，以起义农民为主体的汉兵已有十余万人，并拥立刘玄做汉皇帝，号称更始帝。接着，起义军在昆阳（今河南叶县北）击溃王莽军的主力，在不到一个月的时间里，洛阳和长安也陷入起义民众的包围之中。

这年十月，由申屠建统率的绿林军终于从宣平门攻进长安城，城中市民起义响应。城中少年朱弟、张鱼等人呼喊相应，火烧了未央宫北的作室门，入宫后用斧子斫开敬法殿小门，高呼："反虏王莽，何不出降？"大火一直延烧到后宫掖庭、承明殿和已故汉平帝的遗孀、黄皇室主（王莽女）所居之处。黄皇室主投火中而死，王莽也避火宣室前殿，火亦随及烧来，后被起义军杀于渐台。

据《后汉书·刘玄传》记载，公元24年2月更始皇帝到长安时，"唯未央宫被焚而已，其余宫馆一无所毁。宫女数千，备列后庭，自钟鼓、帷帐、舆辇、器服、太仓、截止库、官府、市里，不改于旧。更始既至，居长乐宫"。当时，长乐宫保存完好。

更始三年（25年）九月，樊崇率赤眉军数十万人入关，攻占长安，并立刘盆子为皇帝，更始帝投降赤眉军。第二年（光武帝建武二年），长安城中粮尽，"赤眉遂烧长安宫室市里，……民饥饿相食，死者数十万，长安为虚，城中无人行。宗庙园陵皆发掘，唯霸陵、杜陵完。"

刘秀建立东汉以后，遂迁都洛阳。长安称为西京，虽经培修，但许多宫室再也没有恢复旧观，所以后汉繁钦哀叹"秦汉规模，廓然泯毁"，而班固在写作《西都赋》时亦声称"徒观迹于旧墟，闻之于父老"。到东汉末年，长安再次遭到破坏。191年，董卓至长安，毁掉铜人、钟虡（ju,悬挂磬的架子两旁的柱子）等汉宫铜铸饰品，用以铸钱。铜人（金狄）系秦始皇二十六年（前221年）所铸，历经秦汉两代约四百余年，竟毁于一旦。192年，王允诛董卓，董卓部属李傕（jiao角）、郭汜、樊稠等又合围长安。城陷以后，死者狼藉，"盗贼不禁，白日虏掠""人相食啖，白骨委积，臭秽满路"，以至"长安城空四十余日，强者四散，羸者相食，二三年间，关中无复人迹"。所以，王粲（177—217）在著名的《七哀诗》中道："出门无所见，白骨蔽平原。路有饥妇人，抱子弃草间。顾闻号泣声，挥涕独不还。"

到西晋（265—316）末年，统治阶级内部为争夺皇位又爆发了长达十六年之久的混战，长安已变成一座凄凉、破败不堪的古城："户不盈百，墙宇顿（颓）毁，蒿棘成林"。西晋的潘岳（247—300），在他任长安令时，曾作《西征赋》，详细描绘了当时汉长安故城的凄凉景象：

街里萧条，邑居散落。市肆官署集于城内一角，不及昔日百分之一。而往昔那些繁华的大街小巷，皆"夷漫涤荡"，空有其名。诗人历览了长乐、未央二宫后，从太液池泛舟至建章宫，探寻每一座宫殿。然后他来到桂宫，又登上柏梁台。诗人惆怅伤怀，他看见巍峨壮丽的宫殿，已成废墟，仅余数仞（仞，古制七尺长）之余趾。野鸡在残存的宫殿台基上鸣叫，狐兔在殿旁打洞做窝。大钟废弃在已被毁坏的宗庙里。昔日的朝堂已变为一片茂草丛生之地，而残存的秦代金狄铜像被弃置在灞水之滨无人过问。

五胡十六国和北朝期间，虽有不少王朝在长安建都（如匈奴刘曜的前赵国，氐族苻坚的前秦国和羌族姚苌的后秦国等），但是这些国家的政权都极不稳定，加之连年烽火，往往建树不足而破坏有余。

到隋唐时代，都城移至汉长安城东南，整个汉长安城被划入禁苑，成为园林区，荒烟哀草，林木萧萧，曾作为西汉王朝繁华的帝都，成为历史的陈迹，其城北部也因渭河折动荡而湮没。

三、隋唐长安城的毁灭

隋文帝杨坚于开皇二年（582年）下令营造新都大兴城，初具规模，但隋朝短命而亡，只存在38年，随后李渊建立了大唐王朝，改大兴城为长安城。继续扩建完善，使唐长安城成为当时世界上最大的都会，规模宏大，建筑雄伟，九宫格局，布设严谨，人口百万，经济发达，文化繁荣，在世界城建史

上写下了光辉一页。

唐王朝历经唐太宗的贞观之治、唐玄宗的开元盛世，使盛唐达到了高峰。随着历史的演进，唐代发生三次大的战乱：一是安史之乱，二是黄巢起义入长安，三是朱全忠入关后，逼迫唐昭宗迁都洛阳，大肆拆毁长安城。经过这三次的破坏，一代繁华的长安城烟消灰灭，残存无几了。

安史之乱的罪魁祸首是安禄山和史思明，两人同是营州柳城（今辽宁朝阳）人，又都是西域胡人和突厥人的混血儿，精通多种番语，又同在幽州（北京）从军，骁勇善战。天宝元年（742年）安禄山任平卢（辽宁朝阳）节度使，他拍马逢迎，竭力讨好唐玄宗和杨贵妃，深受恩宠。两年后（744年）又兼任范阳（北京）节度使，到751年，又兼领河东（山西太原）节度使。他一人兼领三镇，是华北唐军的统帅，掌控十几万雄兵，占唐军总兵力的1/3，史思明也当上了平卢军兵马使。

唐玄宗当政，错用两人，一个是杨贵妃的兄长杨国忠当了宰相，专横跋扈，不可一世，一个是野心勃勃，图谋不轨的大将安禄山。安禄山与杨国忠为争权夺利，而不共戴天，天宝十四年（755年）十一月，他在范阳起兵，以讨诛杨国忠为借口，发动安史之乱，起兵反唐。

安史之乱受害最深的就是河南洛阳和唐都长安。755年12月，安禄山率兵南渡黄河，击溃唐将封常清，攻克东都洛阳，756年正月称帝，国号大燕。唐玄宗此时调名将高仙芝据守陕州，封常清也投奔高仙芝，两人合计，放弃陕州，退守天险潼关，但唐玄宗偏听宦官监军边令诚的诬奏，竟冤杀了高仙芝和封常清。另派重病在身的突厥名将哥舒翰把守潼关，哥舒翰本想固守天险，但唐玄宗与杨国忠严令他开关出战。756年6月7日率军20万在西原（灵宝县西南）与叛军将领崔乾祐决战，结果全军覆没，哥舒翰被俘。6月9日，叛军破潼关，直入关中，5天后唐玄宗仓皇逃出长安，入蜀避难，在马嵬坡发生兵变，杀死了杨国忠，也让杨贵妃自缢而亡。安禄山大兵进入长安，大肆烧杀掠抢，京城被掠夺一空，不少建筑变成废墟，一片凄凉萧索。杜甫目睹惨景，写下了著名的《春望》"国破山河在，城春草木深""少陵野老吞声哭，春日潜行曲江曲"的悲伤诗句。后来由大将郭子仪平定战乱，结束了8年的安史之乱，但从此唐长安城走向了衰败之路。

此外，在唐德宗即位的第二年（781年），又发生了朱泚之乱，唐德宗被迫逃往汉中。唐派名将李晟剿灭朱泚，平息了叛乱。这次战乱也造成了长安城的破坏。

黄巢是山东句县（今曹县）人，盐商世家，在唐僖宗乾符元年（875年）响应王仙芝濮州起义，成为反唐的农民革命。黄巢义军扩大到50万人，先后攻克了江西、浙江、福建、广东、广西。在广州，黄巢改称"率士大将军义军百万都统"，发布檄文，痛斥唐朝黑暗统治，庄严宣布北伐中原，西取长安。879年10月在桂林誓师，一路北伐，势如破竹，所向无敌，11月轻取洛阳，12月攻破潼关，仅用3天时间到达长安。唐僖宗狼狈出逃，丢下的文武百官在大将张直方的率领下，出城到灞桥受降，八天后黄巢在大明宫含元殿即位皇帝，国号为大齐。黄巢痛恨皇族官僚，便把长安城南樊川皇族的官宅园林全部平毁，称为"均平运动"。有人作诗称"唯有一般平不得，南山依归依山齐"，可见破坏之大。但黄巢对皇宫却没有破坏，长安"九衢三内，宫室宛然"，没有受到破坏，但闯入长安与黄巢对垒的各路唐军，烧杀掠抢，使长安一片火海，不少建筑化为灰烬。黄巢最终被唐将李克用打败，败走长安，撤出关中。

唐末朱温是宋州砀山（今安徽砀山）人，朱温与其兄朱存，参加黄巢义军，打仗勇猛，屡立战功。朱存战死，朱温在唐进士谢瞳的怂恿下，叛变投唐。唐僖宗喜出望外，便封朱温为同华（大荔和华县）节度使，并赐名朱全忠。朱成了黄巢的死敌，因收复长安有功，又授武军（开封）节度使，继后，他接连打败山东、河北四镇节度使朱瑾、朱瑄、王镕和刘仁恭，成为最有实力的军阀。随后他便与唐朝宰相崔胤勾结，朱温率7万雄兵于903年西征关中，一路势如破竹，打败唐将李茂贞，在长安杀了崔胤及500名宦官，大权独揽。904年逼昭宗迁都洛阳，拆毁长安宫室，命长安居民按户迁居，逐宅拆毁房屋，长安城变成了一片废墟。当时诗人描绘"岂知万顷繁华地，强半今为瓦砾堆"，可见长安城破坏之严重。

904年朱温杀死昭宗，扶一位13岁的小皇帝称帝，称哀宗。905年，朱温把

朝廷大臣几乎杀光，投尸黄河，两年后，又废杀哀帝，自立为帝，国号为梁，建都开封，史称后梁。持续289年的大唐王朝，至此消亡，进入五代十国时期。随着朱温的破坏和迁都，盛唐首都长安从此毁灭，西安从此也失去了国都地位。历经沧桑，至今唐长安城只有留下大小雁塔作为历史的见证了。

古代战争造成了古都西安的破坏与毁灭。现代战争同样给西安人民带来深重和灾难。例如1925年冬，吴佩孚、张作霖在日美英等帝国主义的支持下，向国民军发动进攻。河南军阀刘镇华受吴佩孚之命，并与山西军阀阎锡山的同谋合作，以"讨贼联军陕甘军总司令"的名义，纠结残部和河南的土匪，共10万军士，进军陕西。1926年2月夺取潼关，连克渭南，4月初到达西安灞桥，4月下旬，将西安城东、北、南三面包围，仅留西门可通咸阳，所谓网开一面，让西安守军西撤。5月中旬，西安四面皆被包围，对外交通完全断绝，南门箭楼在战火中被摧毁。

6月上旬，刘镇华竟下令放火烧郊县麦田达10万亩之多，白天浓烟蔽空，夜晚火光烛天，长达五六天之久。

当时国民军李虎臣任陕西督办，驻守西安，深感形势危急，遂向驻守在三原县的国民军第三军三师杨虎城求援。杨虎城4月中旬进驻西安，兵力仅1万人，由邓宝珊任总指挥，与刘镇华对垒，史称"二虎守长安"。进行了小雁塔争夺战、大白杨突围战等激烈战斗。

1926年9月17日冯玉祥、于右任在绥远省五原县誓师，组成国民联军，策应北伐，率军援陕。当年10月到兴平、三原，向刘镇华发动总攻，经过四十多天的激战，加上北伐军的胜利大局，刘镇华见大势已去，于11月27日晚率军撤围，28日坚守8个月围城之战胜利结束。

西安围城之战，城内居民粮食短缺，加上降雪特早、冻死和饿死军民达5万人之多，为此建立了革命公园，安葬军民共2743人。

第八节 突发地震 家破人亡

关中处于中国大陆中部，是陕西地震最活跃的地区，也是我国历史上最有名的地震带之一。这里又是中国古代的政治中心，因此有关地震的资料记载比较翔实。三千年来，关中四级以上的地震共有39次，其中五级以上的地震24次，发生在陕西境内六级以上的8次大地震均集中在关中。

关中地震，历史上记载最早的是发生在商帝乙三年的岐山地震（震级4—5级）。公元前三世纪的《吕氏春秋·制乐篇》中记载："周文王立国八年（前1177年）岁六月。文王寝疾五日，而地动东西南北，不出国郊，"是世界上最早文字记载，可以查出时间、地点、震级（地震三要素）的最早地震。

表3　关中地区六级以上地震统计表

顺次	发生年代	地震地点	震级
1	前780年	岐山	6—7级
2	前7年	蓝田、咸阳、长安一带	6级
3	793年	渭南、华县一带	6级
4	1487年	临潼	6.25级
5	1501年	朝邑	7级
6	1556年	华县	8级
7	1568年	西安	6.75级
8	1704年	陇县	6级

明代是历史上地震高发期，明代中叶成化至隆庆年间，80年内先后发生过四次地震：1489年的临潼地震，1501年的朝邑地震，1556年的华山（华县）地震，1568年的泾阳地震。其中以华州地震最为强烈。这次地震发生在明嘉靖三十四年十二月十二日（1556年1月23日）午夜发生，震级八级，烈度11度多（分级最高12级），是我国历史上最大的地震之一，震中在渭河下游的华县、渭南、华阴、潼关和山西蒲州一带，还波及到甘肃、河北、河南、山东、安徽、湖北、湖南等七省的185个县，面积达90万平方公里。据史书记载这次地震："军民被害，其奏报有名者八十三万有奇，不知名者复不可

数计。"秦可大的《地震记》中有死亡比例的记述，他说："受祸大数，潼关之死者什七（即十分之七），同华（即大荔、华县）之死者什六，渭南之死者什五，临潼之死者什四，省城之死者什三，其他州县则以地之所剥，别近远，分浅深矣。"说明有半数居民被地震夺去了生命。他还说，"穴居之民，谷处之众，多全家压死，而鲜有脱者"。西安市区临潼死亡人数均在30—40%，夺去了数万人的性命，霎时家破人亡，目不惨睹。西安城区，大批房屋倒塌，当时经历了840多年的小雁塔坍毁二层，塔身纵裂。这次地震要比1920年甘肃海源地震（死亡20万人）、1923年的日本东京地震（死亡24万人）和1976年河北唐山地震（死亡24万人）死亡人数大得多，是迄今为止世界上死亡人数最多的一次地震，破坏也极其严重。这次地震，据记载："川原坼裂，郊墟迁移，或壅为岗阜，或陷作沟渠，山鸣谷响，水涌沙溢。城垣、庙宇，官衙、民户，倾颓摧圮，十居其半"。有记载的遭到严重破坏的州县就达96个。地裂、地陷、山崩、滑坡等，几乎到处可见，如渭南地裂数十尺，潼关山崩塞沟水逆流，华州地裂喷水火。"山川移易，道路改观，屹然而起者成阜，坎然而下者成壑，倏（shu音疏）然而涌者成泉，忽焉而裂者成涧"（隆庆《华州志》）。至于井泉荡溢干涸、树木翻倒移置等异常现象，更是数不胜举。

关中地震最主要的特点有两个：一是发生次数少，震级大，并且与陕南呈现出交替发生的规律，关中每当出现一次大地震，陕南也将发生一次大震，反之亦同。二是在空间上有东多西少的规律，如前所述八次地震中，就有六次发生在咸阳以东的地区。在时间上有高潮期和相对平静期的周期变化（见表），高潮期与高潮期间隔约600年左右，而且持续时间一次比一次长，在平静期也曾发生过突发性的地震，但最大的地震也没超过五级。第三次高潮期以1556年的华山大地震为标志，地震的强度逐渐衰弱，频率在逐渐降低。

表4   关中地震高潮—平静期表

年　代	历时	类　型
前131—公元8年	139年	高　潮
9—599年	591年	平静期
660—880年	221年	高　潮
881—1488年	606年	平静期
1487至现在	525年	高　潮

关中为什么会成为陕西地震最活跃的地区呢？根据科学研究资料证实，主要与大地 构造有着密切的联系。关中属于汾渭内陆断陷西段，渭河地堑，与山西汾河地堑紧相连。这个地堑总体上是个南深北浅的箕状坳陷，构造十分复杂，有四大构造体系，即祁吕贺山字型、秦岭东西带、陇西旋卷构造和新华夏构造体系，祁吕系和新华夏系发育形成较晚，晚近期有着强烈活动，而且有间歇性，这就是关中地震具有周期性、强度大、频率低的原因所在。关中东部正处于祁吕系的转折地带，并与秦岭东西带和新华夏构造复合交汇，具有发生强烈地震的地质背景，因此1556年的华山大地震就发生在这里。

关中地区虽有发生强地震的地质构造背景，但从活动周期看，目前高潮期已经过去，强度在衰减，频率在降低，周期在增长，发生强烈地震的可能性是很小的。而且地震是有前兆的，如井水变色、动物异常、天气闷热等。群众在长期同地震作斗争总结出了生动的歌谣：

震前动物有前兆，综合异常作预报。

牛羊骡马不进圈，老鼠搬家往外逃。

鸡飞上树猪拱圈，鸭不下水狗狂咬。

蛇儿冬眠早出洞，鸽子惊飞不回巢。

兔子竖耳蹦又撞，鱼儿惊慌水上跳。

并且随着科学技术的发展，观测手段的提高，预测准确性会越来越高，人们可以防患于未然。

建国后，1988年7月西安发生了地震，虽然有所震感，未造成房屋倒塌和人员伤亡。

建国后2008年四川汶川发生大地震，造成四川、陕西、甘肃、重庆等省区不同程度的受灾，造成直接经济损失100000亿。受汶川地震的影响，陕西震区共发生3级以上余震80余次，其中5级以上17次，此次地震共倒塌房屋17427间，造成92人死亡。关中的宝鸡市震感强烈，全市受灾人口88.64万人，有32人在地震中丧命，392人受伤，农村倒房和需要重建的4.6万间，涉及农户18231户、244个村庄、1180间村级活动场所，直接经济损失4亿元。全市企事业单位办公房受损482栋，受损面积144.31万平方米，造成直接经济损失3.45亿元。全市926所学校受损面积42万立方米，119条道路、593.5公里的公路、102座桥涵受损，造成直接经济损失2500多万元。受损企业174户，重灾区9户，造成直接经济损失5.78亿元。农业方面，损毁日光温室455座，蔬菜大中棚358座，养蚕大棚1605座，造成种植业经济损失738.21万元，全市有11.2万只家禽，1479头牲畜死亡，近1000座畜禽圈舍倒塌，造成直接经济损失2252.85万元。

这次地震，西安市也受到轻微的危害，西安建筑科技大学对155幢中小学教学楼进行了调查，发现有50幢房屋遭受轻微破坏，其中有15座建议停止使用，进行维修和加固处理。这次地震中还造成西安市死亡16人的悲剧。

第九节 生态恶化 物种灭减

地球上物种估计有3000多万个，已被认识的只有140万个，其中植物25万种，昆虫75万个，脊椎动物4.1万个，还有无脊椎动物、真菌、水藻等微生物。随着世界人口的爆炸，森林的锐减，沙漠的漫延、三废的污染、生态环境的恶化，物种不断在减少或灭绝。据统计，在公元1600—1700年，有724个物种灭绝，1970年以后继续增长，目前有3956个物种濒危，3647个物种易危，现在每天有3种动植物从地球上消失。

不少品种，濒于灭绝。如发菜，被誉为"山珍""黑宝"，主要产在我国的内蒙、甘肃古、青海、宁夏等地。宁夏同心县是我国最大的发菜生产基地，年产250吨，出口东南亚已有100多年的历史，国内主要销往广州、香港和澳门等沿海城市。发菜主要生长在海拔1200—3000米以下的北方干旱地区的草原、低山丘陵和石滩戈壁，采二两发菜，就要掘16个足球厂的面积。据国家林业局的资料统计，近10年来每年有200万人来到内蒙古大草原挖掘发菜，使内蒙古0.6亿亩的草原破坏，变成沙漠，为此2002年7月15日起广州市政府决定关闭了广州发菜市场。

植物包括粮食、油料、蔬菜、瓜果、棉花、甘蔗、药物等等，都是人类生命的源泉，人类赖以生存的物质基础。随着世界人口的增多，生产建设的发展，人为的索取和活动的增多，加上自然因素的影响，许多植物越来越遭到人类的破坏，有的濒临灭绝，甚至已经灭绝。为此国家环保部门会同中国植物研究所等单位，组织全国有关部门的专家，在调查研究的基础上，反复讨论审议，1984年10月9日，由国务院环保委员会，发布了我国第一批珍稀濒危植物名录。其中珍稀的蕨类植物13种，裸子植物71种，被子植物305种，划为临危的类别有121种，其中珍稀类别有110种，濒危（受威胁）的类别有158种。按重点保护级别来分，列为一级保护的8种，二级重点保护的160种，三级重点保护的221种。

其中陕西列为一级保护稀有植物有珙桐（分布镇坪县和岚皋县），列为二级的有杜仲、连香树、山白树、鹅掌楸（分布陕南）、太白红杉（分布秦岭）、独叶草（分布太白县、眉县）、羽叶丁香（分布户县、周至和太白山）。另外还有庙台槭、桃儿七、黄蘖、紫斑牡丹等，共12种。陕西共有珍稀植物3种，稀有植物16种，濒危植物178种。上述这些珍稀和濒危植物分布在西安境内的户县、周至两县。秦岭山中还盛产天麻、当归、川芎、大黄、柴胡、黄芪、贝母、灵芝草、手掌参等大宗中药。由于建国后人工大量挖采，使药材资源自然蕴藏量减少，使不少名贵药材面临严重威胁。西安地处秦岭的中段，动植物资源十分丰富，所以珍惜和保护秦岭植物资源迫在眉睫、刻不容缓。

动物资源，也是人类生产生活物质的基本来源，人类所需肉食、蛋奶、肉产品，是保证人类生存和健康的必需品，取之于牛、马、骡、驴、骆、猪、狗、羊、鸡、兔和鱼类贝类等水生动物。牛可耕田，马和骆驼能够运输，或作军马、赛马。随着现代农业、畜牧、渔业的发展，人们饲养家畜、家禽饲养量不断上升，如牛的饲养量达20多亿头之多，世界上平均3人就有一头牛，就是例证。而天然的野生动物，受森林采伐、草原的开发，城镇的增加，农田的扩大、工业的污染，水域和海洋的污染，使动物生存的空间越来越小，食物补给的范围越来越少，加上人工捕杀，许多动物面临生存的威胁或濒于绝迹或已经绝迹。仅四川、陕西、甘肃三省已判决捕杀大熊猫的案件就有102起。雪豹为世界上濒临绝种的珍稀动物，主要栖息在青海，目前仅存不足100只。1989年4位农民一次竟猎杀4只。青海省发现一辆汽车装满了国家二级动物岩羊和黄羊，总重12吨，轰动了全国。各省捕杀老虎、金钱豹、白唇鹿、野象、野牛和珍贵鸟类事件，性质同样十分严重。如东北大兴安岭的老虎已是寥寥无几，华南虎全世界不足百只。

　　秦岭是动物的乐园，共有动物560种，其中大熊猫、金丝猴、羚牛、朱鹮被誉为秦岭四宝，另外还有金钱豹、狗熊、野猪、獐子、野鹿、獾、狐、锦鸡、大鲵（娃娃鱼）等。秦岭在古代由于生态环境良好，人口相对稀少，为动物生存繁衍提供了良好的生存条件，所以动物经久不衰。西晋十六国时期，前秦苻生建都长安，在位两年（355—356），秦岭狼虫虎豹大量聚集，而且进入平原，到达京城长安，白天虎狼横卧大路以上，夜间常常闯入民宅。在苻生在位的两年中，京城长安就被虎狼吃掉的居民达700多人，可见当时天然野生动物之多。可是到了近代和现代，由于环境的恶化，人为大量捕杀而濒于灭绝和已经灭绝。著名的华南虎分布于我

大熊猫

国湖南的茶陵、甘肃的会宁以及陕南的秦巴山中。据《陕西野生动物图鉴》载："虎，省内见于佛坪、宁陕、汉阴、镇坪、旬阳、洋县、太白、周至等

地"。可见陕西秦岭南北种群分布广泛。但是，由于虎能伤害人畜，人们以为养虎为患，便捕杀老虎，诸如武松打虎成为英雄，受人崇拜，这样一来使我国野生虎数量急剧减少。秦岭的老虎也因人为捕杀而绝迹。根据记载，清代光绪年间秦岭山区的佛坪厅城，蹿入一只华南虎，被三名猎手杀死。民国三十八年（1949年）隆冬，佛坪县龙草坪乡坪西村植沟碓窝坪李维银的妻子发现猪圈的一口肥猪不见了，周围一尺厚的积雪中发现老虎的脚印和鲜血，于是便组织38名猎手携带猎枪，沿着老虎足印寻找，发现吃饱的老虎栖息在一块石岩下边便将老虎打死。到了解放以后，秦岭山中还有华南虎。1953年7月，佛坪县龙草乡乡长李明智同该乡几名猎手上山打猎时，将一只老虎打死在密林里。1964年3月龙草坪公社河东大队一只老虎叼走了社员许桂莲的肥猪，跑进了山林，随即公社书记李加顺等来到东河大队，组织了3名猎手和两只猎犬，赶到山中找到老虎，将其击毙。经检验，老虎重225公斤，高1.3米，长1.99米，尾长0.9米。这是秦岭山中最后一只老虎。从此老虎绝迹，再无踪影。

狼是犬科哺乳动物，显著特点是眼斜、耳竖立不曲、尾垂于后肢之间。栖息于山地、平原和森林、草原。性情残暴，平时单独或雌雄同居，冬季常常群居，袭击家养的禽畜，是北方草原区发展畜牧业的大敌，也常伤害人类，因此声名狼藉。

关中地区的秦岭北麓、关中平原和渭北高原在解放前有大量野生狼的存在，解放初期至五六十年代，西安市所属区县都常有野狼出没，长安、蓝田等县，经常发生狼吃儿童或致残的惨剧。就连西安明城墙以内，也都有狼的踪影。后来随着森林的减少，人口的剧增，交通的发达以及捕猎，使狼的生存环境日益恶化，活动范围越来越小，到目前为止，狼已在西安绝迹，人们只有在动物园见到狼的真面目了。

另外大熊猫、金丝猴、羚牛、朱鹮、大鲵等珍稀动物数量减少。朱鹮曾濒于灭绝，建国后国家为此耗费巨资建立保护区和人工繁育基地，保护这些动物，使人与动物和谐相处。

⊙第三章
西安生态文明的建设

建国后，特别是改革开放以来，西安市的生态文明建设取得了显著成就，初步实现了人与自然的和谐相处。

第一节 植树造林 绿化山塬

保护森林和植树造林，实现无山不绿，有水皆清，万壑鸟鸣，把祖国大地变成丹青，是事关国计民生的大计，也是农民脱贫致富奔小康的主要途径。城市林业更是绿化美化城市环境，吸附扬尘和有害毒气、杀灭细菌、净化天空、调节气温、涵养水源、保持水土，为城市居民和中外游人和客商创造一个优美整洁、舒适宜居的工作和生活环境的根本措施。我国近十年间经过大力造林育林，森林覆盖率已由16.55%提高到20.36%，取得了巨大成就。

建国后，特别从2007年实行退耕还林以来，陕西林业得到空前的发展，2007年至2011年，陕西省累计完成造林2491万亩，其中人工造林1351万亩、飞播造林370万亩，封山育林770万亩，平均每年造林500万亩左右，森林覆盖率每年增长近一个百分点，达到41.42%。

2007年，国务院又出台政策，延长退耕还林成果。五年来，陕西省新营造林440万亩，被评为全国退耕还林成果巩固先进单位。按照规划，到2015

年，国家和地方将投入陕西省退耕还林巩固成果资金200多亿元。

　　天然林保护工程实施以来，陕西省共取缔了1000多家木材经营加工企业，平均每年减少森林资源消耗量600多万立方米，同时，天保工程使森林水源涵养等生态功能明显增强，水土流失强度逐年降低。据延安市水利部门监测，全市主要河流每年平均含沙量减少2500吨，土壤侵蚀模数由每平方公里9000吨下降到6968吨，生态环境开始向良性发展。五年来，天保工程共营造公益林1027万亩。

▌秦岭飞播造林

　　2011年，陕西省启动实施天保二期工程。十年后，全省森林面积将增加1500万亩，森林蓄积增加1亿立方米，届时将会构建起比现在更加稳定的森林生态屏障。

　　在地处毛乌素沙漠南缘的榆林，昔日的沙海已经变成了林海。据统计，五年来，陕西省共治理沙化土地800余万亩，完成三北及长防工程造林560余万亩。建成了陕蒙交界、长城沿线、白于山北麓、榆定公路、黄河沿岸总长2000多公里的五条大型防风固沙林带，沙区植被覆盖度达到55.2%，每年减少入黄泥沙1.8亿吨。大风扬沙、沙尘暴天气由"十五"末的每年52次下降到目前的24次以下，实现了由"沙进人退"到"人进沙退"的转变。

　　高山远坡绿了，但人们身边仍然缺林少绿。对此，陕西省实施了以"身边增绿"为主的八大重点区域绿化工程，加快了村镇周围、道路两边、大中城市等人口密集区域绿化。目前，渭河堤绿化初具规模，陕西东大门潼关和渭南南塬绿化基本完成，西安万棵大树进古城取得显著效果，宝鸡已成功创建为国家森林城市。在国土不断增绿的同时，陕西省还通过发展干杂果经济林，有效增加农民收入。五年来，全省干杂果经济林面积发展到1700余万亩，年产值逾74亿元，林农人均增收300多元。

陕西绿了，人们对三秦大地的印象正在改变。到2015年，全省森林覆盖率将达到43%。届时陕西大地将会呈现出一幅天更蓝、山更绿、水更清的优美画卷。

一、建国后西安林业艰难发展

建国后，党和政府十分重视林业建设，采取了一系列保护森林措施，提倡个人造林、合作造林，积极发展育林护林，森林资源开始恢复。但从1958年以后，在极左路线的影响下，我国森林资源经历了1958年大炼钢铁、1962年暂时困难毁林开荒和十年动乱割资本主义尾巴的三次大破坏，使森林面积锐减，生态环境不断恶化，导致洪涝灾害频发等严重后果。

十一届三中全会以后，我省全面开展了林业"三定"（稳定山林权属、划定自留山，确定林业生产责任制）工作，广泛宣传"森林法"，落实林业政策，在一定程度上调动了广大农民护林、造林的积极性。但从,80年代起到90年代末，国有林场变为事业单位，企业管理，人员工资和事业费压缩，林场自收自支或财政少量补差，林场靠伐木维持生计，很难筹措资金开展营林活动，在一定程度上加剧了对森林资源的采伐，可采资源接近枯竭。有些林场由于资金匮乏，无法开展正常的森林经营活动，出现了"守摊子"的现象。国家对林业的投入只限于造林工程，每亩造林补助费仅6元左右，而实际造林成本从1988年的每亩46.2元增加到1996年的每亩68.6元，其余部分要求地方、单位配套，严重影响了群众和职工造林的积极性，造成"年年造林不见林"。因此，这个阶段森林资源增长缓慢，人工造林保存率低，森林蓄积量增幅不大。

二、十一五期间林业飞速发展

从上世纪末，国家实施了西部大开发的战略，对生态环境建设高度重视，发出了森林"禁伐令"，加大了林业投资力度，使我国的林业建设进入了一个黄金时代。在这种背景下，西安市的林业得到了蓬勃发展，实施了天然林保护工程、退耕还林工程、三北防护林四期工程和野生动植物保护区工程、日元贷款造林工程、西安市大绿工程等，强化了林业基地建设，森林资源进入了一个空前发展阶段。制订了三环八带十廊道的绿地结构。"三环"是指三条环形路的绿化，"八带"是指八条河流防护林带，"五区"是指秦岭生态区、神禾原生态区、洪庆原生态区、狄寨原生态区。从2008年深入开展"绿满西安，花映古城"三年植绿大行动以来，西安市累计栽植乔木126万株，灌木2246万株，建成公园12个，城市广场27个，街头小绿地广场225个，新增城市绿地面积1666万平方米。去冬和今年，将栽植大乔木2万株、小乔木100万株，增加绿地面积1300万平方米，提升绿地面积460万平方米。2010年荣获了国家园林城市的光荣称号。

1. **退耕还林工程**：累计完成退耕造林26.55万亩，恢复增加了森林和果园植被，减轻了水土流失，涵养了水源，增加了工程区域内的农民收入，调整了当地农业生产的结构，使退耕区89个乡镇、839个行政村的43538户农民受益。并认真贯彻落实《退耕还林条例》和《国家林业局关于进一步加强退耕还林林权证发放工作的通知》精神，累计发证291628本，发证林权面积285258亩。

2. **天然林保护工程**：首先执行"禁伐令"，停止了商品性的采伐，由伐木改为护林育林，大力绿化秦岭。按照国家有关天然林保护政策和"严管林、慎用钱、质为先"的九字方针，大力保护更新天然林，全市十一五期间，共完成公益性造林81.6万亩，其中人工造林20.39万亩，飞播造林29.1万亩，封山育林32.1万亩。落实森林资源管护面积635.6万亩。签订管护责任书1363份，落实专职兼职管护人员1363人，建设管护点136个，设置管护标志685个。安置职工2335人，国有林场利用天保工程资金共计27762.5万元（其中财政专项资金16198.7万元、国债11563.8万元）解决了职工养老统筹、医疗保险等社会保障问题，维护了职工合法权益，保证了社会稳定。

3. **造林工程**：西安市十一五期间累计完成造林面积13.11万亩，义务植树500多万株。

4. **三北防护林工程**：十一五期间，共完成人工造林8.05万亩。

5. **日元贷款造林工程**：十一五期间，完成人工造林30.0万亩。

6. **平原绿化和绿色通道工程**：十一五期间，完成植树1.03万亩。

7. **建立自然保护区**：全市保护区累计达到6处，保护区面积达到147.9万亩，十一五期间完成了周至保护区二期工程建设，启动了泾渭湿地自然保护区的建设。

8. **大绿工程**：包括平原地区的"六片"（周丰镐遗址、汉长安城遗址、杜陵塬、白鹿塬、渭灞三角洲、潏河段），"八河"（渭、泾、浐、灞、沣、潏、黑、石川河）、"十条路"（西阎、西临、西铜、西蓝、西户、机场高速、西宝南线，西宝高速、环山旅游路）以及台塬沟壑区。十一五期间，共完成造林221.60万亩。

更重要的是坚持依法行政和依法管护、依法治林，使林业法制建设取得新进展，认真完成了林业权法责任制和林业行政许可配套制度，进一步强化了森林公安、森林防火、资源林政、野生动植物保护、植物检疫、林木种苗等林业执法机构和队伍的建设，严厉打击了乱砍乱伐、乱捕滥猎、乱征滥占等破坏森林资源的违法犯罪行为，切实保护了森林资源的安全和林区社会秩序的明显好转。

三、护林造林成果显现，生态环境大为改善

由于改革开放后，特别是经过"十一五"期间，天保工程和造林大绿工程取得显著成效，使西安市的森林覆盖率达到44.99%，林木绿化率达到50.49%。森林主要分布周至、蓝田、户县的秦岭山中和沿山台塬地区，其中森林覆盖率，周至县达66.62%，蓝田县49.99%，户县43.97%，平原区以灞桥区最高为39.69%，高陵县、阎良区和城三区依次为10.03%、8.91%、3.16%。

　　全市总土地面积10108平方公里，其中森林面积4547.59平方公里，森林覆盖率达到44.99%，有林地面积609.98万亩，疏林地面积10.28万亩，灌木林地面积72.30万亩，未成林地面积33.67万亩，苗圃地面积1.14万亩，林业辅助生产用地294亩。西安全市活立木总蓄积量为30992017.7立方米，其中乔木蓄积量28382102立方米，疏林地蓄积量103081.7立方米，四旁散生木蓄积量为2506833.4立方米。

　　西安市的森林资源大致划分为4个区域，即秦岭北坡水源涵养林区、丘陵台原水土保持林区、平原农田防护林区和城市环境保护林区。其中秦岭北坡山区总面积占全市总面积的42.3%，森林资源比较丰富，气候湿润、降雨量大，黑河、沣河、浐河、灞河均发源于该区，是西安市城市工业和居民生活的水源地，森林的主导功能是蓄水保水、涵养水源、调节气温，开展生态旅游，同时给城乡居民提供丰富的林副产品资源。丘陵台原区面积占全市总面积的16.1%，原岭交错，植被稀疏，土壤侵蚀严重，旱灾频繁，森林的主导功能是保持水土，减少泥沙输入河流，降低自然灾害，调节气温并可提供一定的林副产品资源。平原区面积占全市总面积的33.4%，高温、干旱、干热风危害严重，村旁、宅旁、路旁、水旁的散生木及片林的主导作用是保护农田、美化村镇，并提供木材及林果产品；城市区面积占全市总面积的8.2%，是陕西省和西安市政治、经济、文化的中心，城市林业的主导作用是绿化美化环境，吸附扬尘和有毒气体，杀灭细菌，净化城市空气，调节气温，为城市居民和游人、客商创造一个优美、整洁、舒适的生活和工作环境。

　　由于西安森林的增多，保护区的扩大，全市已建立了国家、省、市级森林公园12个，其中朱雀森林公园、太平峪森林公园、王顺山森林公园，已成为市民和外地游客旅游的热点，12个森林公园，每年接待游客130多万人次，实现旅游收入3900多万元。

　　对秦岭保护制定了总体规划，形成主线明确、组团发展、城镇点缀、山水掩映、田园衬托的"一轴、六纵、六片区"的空间结构模式。"一轴"是指沿环山公路为发展主轴，"六纵"是指黑河、涝河、沣河、潏河、浐河和灞河为依托的绿色生态带。"六片区"，是指太白山旅游观光区、楼观台旅游度假区、草堂科技产业基地、终南山文化产业区、汤峪温泉旅游度假区和临潼国际旅游度假区。

另外，秦岭山中，居住着25.96万人，这些山民，由于山高坡陡，交通闭塞、水电难通、文化落后，存在生产难、走路难、上学难、就医难。而且居住分散，若要修路、拉电、建房投资很大。这些山民为了生计则毁林开荒，砍伐薪林，诱发森林火灾，造成对秦岭生态环境的破坏，为此，西安市做出了《大秦岭西安段生态环境保护规划》，决定从2011年到2020年十年间，对秦岭25.96万人口中的15.58万人生态难民实行生态移民，进行搬迁，共涉及222个村庄，将安置在平原区蓝田县城和汤峪镇、普化镇、长安区的太乙街办、滦镇、户县的草堂镇、蒋村镇，周至县的九峰乡、楼观镇九个安置点进行安置。

四、西安野生动植物资源保护利用蓬勃兴起

1. **野生动植物资源**：西安市几乎具有了绝大多数陆生生态系统的类型，包括耕地、林地、湿地、森林、灌丛、草原和草甸等。据调查资料显示，西安有兽类59种，隶属7目23科，占陕西省兽类资源的72.2%；鸟类248种，隶属17目51科，占陕西省鸟类资源的68.89%，在西安地区繁殖的鸟类有177种。其中国家一级重点保护野生动物有13种，国家二级重点保护野生动物有65种。享誉中外的国宝大熊猫、金丝猴、羚牛等稀有野生动物均有分布，黑熊、金钱豹、林麝、锦鸡等珍贵野生动物资源量也十分可观，另外有昆虫资源近千种。西安市植被是暖温带落叶阔叶林为优势的植被类型，是由华北植物区系种类所组成的植被，有高等植物2500种以上，仅就经济植物就近1400种，其中：纤维植物137种，淀粉及糖类植物136种，油脂类植物168种，鞣料植物110种，芳香植物122种，树脂及树胶植物9种，橡胶及硬橡胶植物8种，药用植物约有622种，农药植物有31种。

2. **湿地保护、自然保护区利用情况**：全市自然保护区共有6处（含省上太白山和牛背梁国家级自然保护区以及市属周至国家级自然保护区、周至老县城省级自然保护区、泾渭湿地、黑渭湿地自然保护区），保护区总面积147.9

万亩。陕西周至国家级自然保护区，是1988年经国务院批准国家级保护森林和野生动物类型自然保护区，总面积84.6万亩，主要保护以金丝猴为主的野生动物及其栖息地。目前，已经完成了一、二期工程建设，完成总投资1606万元。保护区内生态环境得到有效改善，森林覆盖率达90.9%，金丝猴种群数量达到11群1210只。周至老县城省级自然保护区是1993年经西安市人民政府批准建立的野生动植物类型的保护区，2004年晋升为省级保护区，总面积18.9万亩，主要保护以大熊猫为主的野生动物及其栖息地。目前，保护区内的大熊猫数量逐年递增，从原来建区的14只增加到了38只，栖息地面积扩大了1.2万亩。泾渭湿地、黑渭湿地自然保护区正在建设中。

第二节 栽培果树 增绿致富

关中果树栽培，历史悠久，西汉时张骞出使西域引种的石榴、胡桃等优先在关中栽培，如今的陕西成为果品大省、强省。全省果树栽培面积1517万亩，其中苹果面积847.4万亩，年产810万吨，占全国总产1/3。苹果浓缩果汁年加工能力50万吨，其中90%出口到30多个国家和地区。水果总产1150.4万吨，占全国水果总产的1/10，面积和产量均居全国第一位，成为果品生产的大省。

栽植果树，富民强省，增加农民收入，同时增加植被、改善生态环境，2011年全省果树面积达到1517万亩，占全省林地的12%，使陕西省森林覆盖率提高了3.4%，成为生态陕西一个重要的支撑点，西安市所属区县果业更是兴旺，全市水果总面积74.2万亩，占农地总面积20%，形成猕猴桃、石榴、葡萄、樱桃、相枣等五大水果产业。

周至的猕猴桃、户县的葡萄、蓝田的胡桃，临潼的石榴、灞桥的樱桃，未央区的桃子等都成为当地的主导产业，果木业发展，不仅提高了绿化率，改善了生态环境，同时使农民脱贫致富奔小康，带来了丰厚的经济效益。

一、周至的猕猴桃

全省2011年猕猴桃栽植面积达到90.9万亩，产量70万吨，占世界总产量的1/3，居中国第一。三年之后猕猴桃总产量可达150万吨，将占世界总产量的2/3。位于秦岭北麓的周至县，发挥地理优势，发展猕猴桃，2012年，全县共栽植猕猴桃37.1万亩，占全省90.9万亩的40%，其中挂果面积23万亩，产果35万吨，产值21亿元。全县20万果农，人均猕猴桃纯收入达到了10000元，全县猕猴桃纯收入5万—8万元的户数就有7000多户。周至楼观镇周一村的赵志修2008年栽植猕猴桃收入达35.6万元。

在猕猴桃栽植中，禁止使用膨大剂，实行标准化栽植，优化品种结构，已从原来1—2个品种，发展到现在的早、中、晚熟8个品种，延长了销售时间，更大空间占领市场，得到了消费者的高端市场的占有率从原来的20%提高到目前的50%左右，仅此一项，实现了产业收入的翻番。全世界猕猴桃栽植面积在中国，中国最大的栽植面积在陕西，使秦岭北麓和秦巴山区成为世界上猕猴桃集中产区。

目前秦岭北麓猕猴桃基地以周至、眉县为中心，南起秦岭北麓，北至渭河，西至宝鸡的渭滨区，东至潼关县，在海拔450—650米，宽5—10公里

■ 周至猕猴桃

的山前洪积扇区，成为猕猴桃优质产业带，其中眉县猕猴桃栽植面积已达25万亩，挂果15万亩，年产35万吨。产品走向全国，走向世界。目前猕猴桃远销俄罗斯、加拿大、美国、日本、韩国、欧盟、东南亚诸国等26个国家和地区。展望未来，陕西的猕猴桃，必将击败新西兰，成为世界上最大的猕猴桃生产国，更加广阔地占领世界市场。

为了做好猕猴桃国际贸易，省上在周至和眉县猕猴桃集中产区建立猕猴桃国际批发交易中心，计划投资28亿元，其中申请国家财政资金5亿元，企业融资3亿元。将建设冷库群和加工利用工厂，到2016年全部建成后，年批发销售量50万吨，贸易额30亿元，将更加促进眉县和周至猕猴桃的发展。

二、临潼的石榴

石榴原产伊朗和阿富汗等中亚地区，西汉时张骞出使西域，带回了石榴，首先在京畿之地的长安、临潼栽植，至今已有两千多年的历史。西汉引进石榴首先在上林苑、骊山和温泉宫内栽植，到了唐代武则天十分崇尚石榴，使石榴栽培达到全盛时代。建国后特别是改革开放后，临潼石榴栽培迅猛发展。东起马额，经代王、秦陵、骊山、西至斜口，沿骊山约15公里的范围形成石榴栽培带，总面积达12.6万亩，年产10万吨，产值2.5亿元，成为全国最大的石榴生产基地，主要品种有甜石榴、冰糖石榴、酸石榴，酸石榴主要有大红酸和鲁峪蛋。

石榴不但营养丰富，含糖量高达11—14%，果酸0.4—1.0%，蛋白质和脂肪各占0.6%，维C含量是苹果和梨的2—3倍，而且具有生津、化食、健脾、益胃等医疗保健作用，也是制糖、果子露酿酒、造醋等的高级原料。石榴花艳红可爱，被西安市选为市花，也作为世园会的吉祥物，又是很好的观赏树种。石榴也是人们多籽（子）多福的象征，石榴裙是古代女性美的称谓，文化内涵丰富。

临潼的石榴驰名全国，1977年引种到北京毛主席纪念堂后，又在北京天坛、故宫、中南海、颐和园以及许多企业单位栽植。临潼的石榴种苗远销山东、山西、河南、江苏、安徽、江西、辽宁等省。从1991年起，临潼每年9月份举办"临潼石榴节",繁荣旅游市场。

■ 临潼石榴

三、临潼的火晶柿子

柿子原产我国,栽培历史悠久,秦岭北麓和渭北高原均有分布,西安市尤以临潼火晶柿子最为驰名。

柿子果形扁圆、果色朱红、色泽艳丽、皮薄无核、鲜美甘珍、营养丰富、含糖量在19%以上,单宁2.83%,每百克含维生素C10.89克,还有钙、磷、钾、碘等微量元素,是陕西的名产水果。柿子还是重要的中药材,火晶柿子味甘、性寒,有清热、润肠、生津、止渴、祛痰、镇咳等作用,可治疗慢性支气管炎、高血压、动脉感化、痔疮出血、大便秘结等症。柿子还可酿醋和制茶,日本从70年代开始,每年从我国进口数十吨柿子茶。

柿子还是观赏性很强的园林树种,每到秋末冬初,树叶变红,有"霜叶红于二月花"的观赏价值,广泛栽培于公园、道路、庭院。

临潼的火晶柿子栽植面积已有12.6万亩,远销国内外,受到广大消费者的欢迎。

四、户县的葡萄

户县地处秦岭北麓，水源充沛，无污染，沙土地，年无霜期220天以上，年有效积温43000℃，昼夜温差17℃左右，是葡萄的优生区，是中国十大优质葡萄生产基地之一，经专家论证这里可与世界葡萄优质生产区——法国波耳多相媲美。全县葡萄栽植面积2.5万亩，建成国家级葡萄标准化示范园区1个，建成百亩以上葡萄示范园15个，一村一品示范村5个，初步形成了以草堂镇为示范乡的环山路为纽带的葡萄产业带，年产4000多万公斤，远销省内外。

葡萄品种全为西安市葡萄研究所培育出的户太8号，是具有领先水平的鲜食及果汁加工兼用酿酒的优良品种，含糖量高达17—24%，每年可结果3—4次，亩产高达3000多公斤，而且抗逆性强，曾荣获中国杨凌农高会后稷金像奖。并开发出冰葡萄酒，受到市场的青睐。

户县的葡萄已成为当地主导产业，也是农民脱贫致富的"金蛋蛋"，促进了当地旅游业的发展。草堂镇叶寨村王礼明老汉，种了36亩葡萄，2011年挂果的只有2.5亩，就收入3万元。

户县县委和人民政府为了推动葡萄产业的发展，每年都举办游客前来采摘品赏，吸引了全国各地的客户前来洽谈订货。

五、灞桥的樱桃

这里的樱桃栽植历史悠久，早在唐代就在霸陵坡栽植，改革开放后，1989年从山东省引进西洋大樱桃，1993年引种成功后，大力推广，目前灞桥区的樱桃栽植面积已达3.5万亩，主要分布在霸陵坡（2.4万亩）、狄寨街办台塬区（0.85万亩）和洪庆街办浅山区（0.25万亩），共涉及6个街办42个行政村8600户。其中挂果面积2.5万亩，年产1.5万吨，产值达3.6亿元，2010年樱桃产业户平均收41860元，人均收入10465元，高于全区农民纯收入的18.30%。席王街道办西张坡村160户农民共栽植樱桃2100亩，产值达1800万元，人均收入1.2万元。

2009年随着灞桥区白鹿原现代农业示范区的启动，实施了以西张村为中心的樱桃谷旅游项目提升改造项目，规划面积为200万平方米，总投资2548万元，已完成樱桃谷观景台、广场绿化、停车场改造、村委会接待中心、度假酒店、土蜂馆等工程建设。每逢樱桃开花季节和采摘季节，游人蜂拥而至，车水马龙，热闹红火。

这里的樱桃品种繁多，主要有红灯、那翁、美早、早大果、拉宾斯等10多个中外名优品种，以个大味美、汁多、核小、产量高、易贮存而著称。2010年"灞桥樱桃"荣获中华名果称号。除供应西安市以外，已远销北京、上海、新疆等地，并出口到日本和韩国。

六、蓝田县的胡桃

西汉时张骞开辟丝绸之路，从西域引种了胡桃，首先在关中京畿之地栽培，所以在西安市属区县胡桃栽培历史悠久。蓝田县发挥山塬丘岭地貌的区位优势，近几年大力栽植胡桃作为兴林富民的支柱产业，目前胡桃栽植面积累计达到10万，计划到十二五末达到20万亩。当前挂果面积约6万亩，产量2.8万吨，产值近亿元，成为农民致富的金蛋蛋。

蓝田县发展胡桃的经验，是引进培育了河北露仁胡桃和新疆的薄皮胡桃，县上出资500万元，大力扶持，引进科学原理，推广交头换接等技术。

第三节 营造园林 美化都市

西安市委书记孙青云在西安市十二党代会上说："西安要建成国际化的大都市，必须把文明建设摆在重要位置。要坚持'绿色、低碳、环保'理念，大力加强生态治理，培育生态文化，发展生态经济，努力建设人与自然和谐共生的山水城市、低碳城市、绿色城市、健康城市，实现可持续发展，为建设国际化大都市奠定良好的生态基础。"

按此要求，建设绿色生态城市，在秦岭山区实行植树造林、退耕还林、封山育林、建设森林公园；在秦岭北麓台塬地区和平原区，大力栽培果树，振兴果业；在平原区的村庄、道路、河流两岸营造护村林、护路林、护岸

林；在城区和郊区要大力建设公园、绿色广场、建设小绿地，绿化城市道路，拆墙透绿，建设园林式工厂、学校、单位，提高居民居住区的绿化率，植树造林，栽花种草，建设园林城市、森林城市，绿化美化城市，实现四季常青、绿树红花、绿草成茵、鸟语花香、蓝天白云、碧水清波，营造优美的城市环境。截至目前西安市的森林覆盖率达到44.99%，城区绿化覆盖率40.42%，建成了63个公园、300多个城市绿化广场，使人民安居乐业，使中外游人能领略古都西安现代化和园林化的风采，重新再现和超越昔日的汉唐风采。2012年，以大树栽植、公园建设、园林景观提升为重点，投资17.8亿元，完成大树栽植2万株，栽植小乔木100万株，增量提升城区景观薄弱绿地，推进三环路和朱宏路林带建设和城区铁路沿线绿色林带建设。建设文景山、清凉山等9座大型公园，建成北客站南广场等120处绿地广场，完成12万立方米屋顶绿化和7万立方米沿街低层建筑外立面绿化。

一、加速城市公园的建设

建国60多年来，截至2011年底，西安共建成大小公园63个，其中解放前、改革开放前建成了革命公园、莲湖公园、兴庆宫公园、劳动公园、儿童公园、纺织城公园等；改革开放后西安公园建设突飞猛进，特别是近几年更是加大建设力度，相继建成了大唐芙蓉园、曲江池遗址公园、寒窑遗址公园、城市运动公园、丰庆公园、大唐城墙遗址公园、汉城湖公园、未央湖公园、浐河公园、世博园、大明宫公园、秦二世遗址公园、汉杜陵遗址公园、木塔寨公园等，使公园总计达到63个，特别是世园会在西安的举办和大明宫遗址公园的建成，在世界上引起了强烈的反响，赢得了中外嘉宾的高度赞扬。

十二五期间，西安更是加速了城市公园建设，筹划建设汉长城遗址公园、阿房宫遗址公园、清凉山公园等。

这里对民国时期建成的公园和建国后特别是改革开放后的公园（其中兴庆宫公园、丰庆公园、汉城湖公园、大唐芙蓉园、曲江南湖公园等十个公园在十湖映古城中再作介绍，这里不再重复）和正在筹划建设的重点公园作以记述。

革命公园： 革命公园位于西安西五路北侧，为纪念北伐战争前夕陕西国民军坚守西安而死难的军民而建。

1926年春，北伐战争前夕，匪首刘镇华在张作霖等人的支持下，纠集一支号称"十万人"的部队，企图攻占西安，为北洋军阀扩大地盘。国民军将领杨虎城和李虎臣带领全城军民坚守西安，后冯玉祥带大军前来支援，顺利粉碎了刘镇华的阴谋，时称"二虎守长安"。守城期间，死难者5万人左右，占当时城内人口的1/4。

1927年2月，为纪念西安的死难军民，冯玉祥率众公祭，建"革命公园"，负土筑冢，建立烈士祠和革命亭，供市民凭吊纪念。

而今，革命公园经过整修以后，拥有多处花坛、亭台，春天花木繁盛；夏天，园中莲花怒放，美不胜收。革命亭前的喷水池内立有太湖石，相传是唐兴庆宫遗物，在园中也是不可或缺的一景。园区北面有"湖心亭"。西北有假山、石洞，各处景色优美，是休闲放松的好去处。园内还竖有杨虎城将军雕像一尊。

莲湖公园： 莲湖公园位于西安市城内莲湖路18号，建在唐代长安城的"承天门"遗址上。明代朱元璋的次子朱樉依这里低洼地势引水成池，广种莲花，故名"莲花池"。清康熙七年（1668年），巡抚贾复汉主持疏浚池泥，并改名"放生池"。1922年（又说1916年）年辟为公园，称"莲湖公园"，是西安历史最悠久的公园。

解放前在我国工作的德国林业专家芬茨尔博士1936年8月14日病逝后，埋葬于莲湖公园。

为了纪念抗日战争胜利，曾在公园东大门内建有抗日阵亡将士纪念塔与汉奸汪精卫夫妇的铁铸跪像。

公园面积60000平方米，水面占公园面积二分之一，一条通道将湖分为两半，北湖种植了荷花，使"映日荷花别样红，接天莲叶无穷碧"之景色再现游人面前。南湖片片小舟在湖中荡漾，使游人领略到山水美景。在北湖的西部还建有一个水上公园——"水上世界"，有高滑梯供游人戏水玩乐。公园

还修有曲桥、假山、亭台楼榭多处。曲径幽深，加上鸟语花香，使公园颇具园林之盛。公园还建有儿童游乐场，以及饭店等服务设施，此外还经常举办灯展、花卉、盆景等专题展览。

儿童公园：儿童公园初建于1928年，当时名为建国公园。新中国成立后1960年随着附近儿童医院建立，公园也改名为儿童公园。"文革"前期改名为"红领巾公园"。1971年改回儿童公园。由于游乐设施日渐老化，游客人数减少，2002年儿童公园曾进行过重新改造，由于种种原因拖延到2005年公园才对外开放。

近年西安新兴建的公园很多，儿童公园面积小，加上基础设施老化，吸引游玩的人们逐渐减少，每年只能接待20万至30万人次。现有景观形象和娱乐设施都明显不能满足游客需要。此次重新建设儿童主题公园，改建科普馆，保留园内主要树木，扩大公园水面，重新规划公园路网，拆除不符合标准的公园临街门面房，围墙透绿，功能注重娱乐和科普教育，更加适宜儿童天性和成长，让孩子们充分享受快乐时光。

近年来，国家投资1800万元，对儿童公园进行改造，增加了魔方大厦、波浪屋、涂鸦墙，成为儿童公园的亮点。

魔方大厦：公园内原来的科普馆重新命名为"魔方大厦"。魔方大厦内部设置科普展区、色彩视觉展区、图书室、互动教育和4D影院。

波浪屋：园内建起四个"波浪屋"，建筑形式上采取波浪形状的环保设计，铺上草皮，里面有各种盆栽、花卉和灌木。让儿童触摸自然，学习尊重自然保护生态环境。

涂鸦墙：园内建起下沉式广场，设置一道以彩色石墙为主题，色彩鲜明的图案区和供儿童手绘的涂鸦区，儿童可以充分发挥想象力自由作画。

劳动公园：位于团结东路20号，属小型休闲园林公园。公园内设有莲花池，池东边有一座石砌假山，山下栽松竹，竹旁有两只雕塑大熊猫，假山下还修了一个袖珍小池，有天鹅戏水雕塑，还建有游泳池、滑冰场等设施。2004年对公园南门广场进行了改造。2009年莲湖区政府又投资近300万元对公园道路、基础设施进行改造，更新绿化，成为西郊居民休闲娱乐的好场所。

从1979年以来，这里举办舞会，十分火爆，一小时能卖掉300张舞票。这里值得一提的是"劳动公园"的园名是郭沫若所提，为公园增加了光彩。

纺织公园：纺织公园规划得很早，从最早纺织城建厂初期就同步考虑建一座公园。当时纺织城已成为纺织工业集中地，约有9万多人，但文化设施较少，职工生活单调，为了缓冲工作的紧张疲劳，市上决定在这里配套建一座公园。早在1959年就成立了东郊纺织公园建设委员会，并抽调人员进行规划和筹建工作，1962年因国家暂时困难而停建。1965年根据群众要求，又对公园进行了规划，提出了初步方案，拟于1966年下半年开始施工，因"文革"开始又被迫停建。1973年再次提出兴建，这一次很顺利，很快被批准动工。据当时的筹建者回忆，方案还上报国务院，是周总理亲自批准的。1973年11月15日，当时的西安市革委会给纺织公园和动物园各拨5万元，作为首批开办经费。包括规划设计、土方处理、修缮道路和围墙、植树绿化和准备建筑材料。1974年成立了土地回收小组办理土地转让手续。1978年7月28日纺织公园建成正式对外开放，并举行了隆重的开园仪式。公园面积：规划812亩，已建成56亩。

长乐公园：位于西安东郊兴庆路，原为西安动物园，动物园迁到秦岭脚下后，改为长乐公园。

长乐公园作为西安唯一的"城市森林公园"，是东郊市民休闲娱乐的重要场所。它不仅拥有完善的休闲设施，同时还有仅次于兴庆宫公园和丰庆公园的绿植面积，是城东区域的"绿海"，更是休闲娱乐、亲近自然的宝地。

长乐公园内有合欢园、樱花林、足迹广场等景点，园中树木枝繁叶茂、层次错落有致，小桥湖水相映成趣。沿着蜿蜒曲折的小路行进，在那层层叠叠的绿叶中，有小鸟欢快的歌声传出，整个公园都是一派生机勃勃的景象，是西安鲜有的原生态绿地。

节假日来这里"偷得浮生半日闲"，也是一种不错的选择。

文景公园：位于西安市北郊文景路上，是西安北城第一座生态公园。名字是由"文景之治"而来。这里原是以汉宣帝之母王翁须的墓园，2004年经过整修，开放为休闲公园。园内遍植花木，极富创意的雕塑、喷泉与人工湖

相映成趣，生机盎然，处处彰显着浓郁的生态气息。公园中心有一家木头房子的茶社，在周围绿树的映衬之下，显得极为雅致。另外，园内还建有各类设施，是儿童们的欢乐世界。东门里有女娲造人的雕塑，立意新颖，做工精良。园内沿鹅卵石小路的深入，碧水垂柳、绿地小桥等直逼眼球，随处可见唐诗宋词与自然美景融为一体，给市民提供了一个良好的休闲娱乐场所，极大地改善了北城的人居环境。

牡丹苑： 西安牡丹苑位于昆明路与唐延路交叉口（即古唐城的怀德坊和群贤坊的城墙遗址上），南北长约750米，东西宽89—95米，总面积约69800平方米，地势南高北低。整个园区划分为"一心、两轴、六区"的空间格局。以国花台为中心，以东西、南北两条轴线为两轴，东西两侧各有两个牡丹文化展示区和牡丹观赏区，展示物态的牡丹和人性化的牡丹，园区内不仅植物景石配置，相映生辉，而且各种仿唐建筑如剪云池、溢香亭、史话林广场、国花台、牡丹图腾柱、仿唐牌楼、神道、盛世牡丹花广场等，也与牡丹为主题的各类植物巧妙结合，彰显了西安历史文化名城的园林景色，达到了三季有花、四季常青的景观效果。西安牡丹苑是一个弘扬唐代建筑风格和牡丹文化的主题公园。围绕历代关于牡丹的诗词、歌赋、神话传说、历代名人与牡丹的逸事，以及不同牡丹品种命名的渊源、药理功能等，深刻挖掘牡丹文化，充分展示牡丹的个体及群体效果。通过营造"姹紫嫣红"、"花中之王""国色天香"三维空间，展示牡丹的发展变化历程，宣传牡丹文化和古城西安的特色。该园正式开放后，无疑为广大市民增添了一处休憩娱乐的舒适场所。

西安牡丹苑从北向南共划分为五大园区，依次是：盛世丹花园区、六仙醉春园区、国花台园区、百芳争艳园区、溢香亭园区。园区共种植牡丹35个品种，约24000余株。此外，还有芍药等其他乔灌木及地被植物80余种，合计12万余株。整体设计有两大突破，即突破了园林观赏之囿，注重文化内涵，总体规划中展现唐代的恢宏大气。

秦二世陵遗址公园： 秦二世陵遗址公园是以陕西省重点文物保护单位秦二世胡亥的墓地为基础扩建而成的，是西安曲江新区六大遗址公园之一，也是曲江唯一的秦风园林。2010年9月28日建成开放。

秦二世陵遗址公园位于西安曲江池遗址公园南岸，是区域景观轴线（大雁塔—芙蓉园—曲江池—秦二世胡亥墓）的南端口，占地面积约70亩，其中建筑面积4714平方米。园区的主要建筑包括游客服务中心、展览馆主楼、展览馆副楼、秦二世陵墓等；功能内容上则集遗址保护、秦文化展示、观光游览、公共公园、消费休闲等多种功能于一体。园区的建筑风格具有秦风特色，以直线、几何、阵列等简洁的手法体现秦文化的壮美、力量和宏大，与其他唐韵园林形成显著差异，成为曲江独具特色的遗址公园。

遗址区着重表现强大的秦国盛极而衰的历史悲剧，使游客在游览中产生对历史的反思，并达到以史为鉴、警钟长鸣的作用。遗址区分为山门、陈列展示厅、墓冢三部分，其中山门展陈内容为秦时期简单介绍及同时期的相关历史人物介绍（胡亥、赵高、蒙恬、扶苏等）；陈列展示厅对秦胡亥本人的"成长"过程加以介绍并说明，以秦为例讲述朝代由强盛迅速走向衰亡的过程，以及胡亥在这一过程中所扮演的历史角色；墓冢以真实的秦胡亥及墓碑作为结尾，讲述历史的变幻与秦末的苍凉，引发深省与感慨。

展览馆区以全面回顾表现了秦族、秦国、秦朝的历史文化为主线，展现辉煌灿烂的秦文化，给游客带来回归体验大秦文明的震撼感。

展览馆区由两大展馆组成，其中展览馆主楼秦殇馆以秦二世一生中经历的主要历史事件作为叙事主线，以秦国文明的兴起及衰落作为整个故事的背景线索，以实物复原和场景再现的手法，在展示秦代文明的同时，也客观地描述了在秦二世统治下秦文明从极盛到衰败的历史过程。秦殇文化展览馆位于秦二世冢西北方位，形简色灰，以经岁月磨砺的秦砖残砾状，凝聚秦朝历史，从地下伸长而出。展馆建筑面积2338.9平方米，展览面积1384.65平方米，整个展览馆的展陈空间共划分为8个相对独立的场景，充分利用展览馆建筑提供的功能空间，安排相关的展陈故事及场景，并采用声光、电、影像、模型、道具、文物等一些科技手段，打造了一个历史故事与当代技术手段相结合的现代化展览馆。秦殇馆中的八个场景分别为秦人起源、秦国崛起、沙丘矫诏、二世登基、二世政事、帝国终结、文明劫难、文明反思，在这些场

景中分别展示了商鞅变法、工程建设、统一度量衡、大秦一统、封建政治制度、秦代律法、秦代音乐等一系列对后世产生了重要影响的文化事件。

唐城墙遗址公园：位于大唐不夜城南500米，位于雁南二路和雁南三路东西向平行的两条城市道路之间，是唐代长安城的南城墙所在地。东西全长3600米，宽100米，占地540亩，由建筑大师张锦秋担纲设计，和曲江池遗址公园同为曲江新区的新亮点。2008年斥资40亿元打造六大遗址公园中的两大项目，其中唐城墙遗址公园投资5亿元。

唐城墙遗址公园定位为开放式的唐文化艺术长廊，是在古唐城墙外郭遗址之上，以书法雕塑、园林景观为表现手段，以唐诗人物和唐诗意境展示为主题。

公园通过工程技术手段再现了城墙、城壕、城门、里坊、坊墙、城市街道等要素。公园以城墙遗址为界，充分利用现有树种，通过不同的绿化、铺砌等技术手法，将公园划分为"城内"和"城外"不同区域，从外至内，层次分明地表现了护城河、城墙、顺城路和里坊等空间要素。同时借助雕塑，图文并茂地展示出唐朝在科技、文化、贸易、国际交流、城市建设等领域所取得的辉煌成就。唐长安城墙遗址公园的建成，优化了区域生态环境，形成了一座大型的天然氧吧，净化了区域空气，园林绿化与周边建筑物交相辉映，成为高新区一道亮丽的风景线。

公园融会古今，宛如一条绿色长廊延伸在曲江的东南方。唐城墙遗址公园以"市民、自然、休闲、健康、艺术、享受"为主，充分体现服务市民和艺术享受的理念。以唐诗为主线，以书法、雕塑、绘画、工艺美术、园林景观为表现手段，是集诗歌、哲学、美学体验、生态园林为一体的休闲文化长廊。唐城墙遗址公园八个分区以初唐到盛唐的唐诗为主线，并延伸融会到造园意境和景观设计等方面。

唐城墙遗址公园如同古都西安繁华都市的一条碧玉带，这里体现了古遗址上西安人的现代生活，扑面而来的是古韵新风尚、人居新观念的崭新理念，历史文化在这里得到最好的解读和传播。在这里，人文和谐的生态宜居区正在形成。这既是推动历史文化进入市民生活的创新形式，也是对历史遗址保护与利用的有益探索。

唐城墙遗址公园内设有儿童游乐场、健身娱乐场、棋盘休息区、音乐播放区等多个娱乐设施及景观设计，尤其是公园内的"吟诗坛"，人们昵称为西安的"回音壁"。当你站在"吟诗坛"的坛心位置，即使窃窃私语也能回音四起。还有"唐诗迷宫"，这些都是唐城墙遗址公园璀璨的"闪光亮点"之一。唐城墙遗址公园为开放式的唐文化艺术长廊，它为西安市民、海内外游客提供了一处艺术享受、文化鉴赏、活动休憩的高品位场所。

寒窑遗址公园：寒窑遗址公园是我国第一个大型婚俗婚礼婚仪体验式主题公园，它位于西安曲江新区东南隅，是以寒窑遗址为核心，以王宝钏与薛平贵的爱情故事为主要线索来建设的，是我国第一个爱情主题文化公园。

▌曲江寒窑遗址

相传唐朝末年，西安北门有位富家千金王宝钏抛绣球，抛中了寒酸的薛平贵。王宝钏并不嫌贫爱富，毅然选择嫁与薛平贵，却因此与家人断绝了关系。后受尽各种磨难，苦等18年，终盼得薛平贵西征凯旋而归，两人得以团聚。寒窑就是王宝钏出嫁后所住的地方，著名戏剧《五典坡》讲的就是这个动人的爱情故事。

现在寒窑遗址公园不仅保存了寒窑遗址，还有"贞烈殿""望夫

亭""薛平贵宝钏大殿""饮马池""玉洁楼"等景观，吸引着众多旅客前往参观浏览。

景点内开有一家"宝钏荠菜饺子馆"，游人可品尝有典故传说的新鲜野菜水饺。

景点内还有许愿池、鹊桥等适合情侣前往的浪漫景点。景区内还有戏楼，为游客提供戏剧表演。

西安木塔寺遗址公园：位于西安高新区科技六路，南靠科技八路，西接唐延路，东依太白南路，公园占地6.78万平方米，其中绿化5.5万平方米，硬质铺装1.3万平方米，水面积5020平方米。公园四周路网环绕，是高新区六大动脉的集中之地。公园内尚留存的遗址包括大殿基址和山门遗址，殿基线左右列种植的两株古龙爪槐，寺址北端雕花青砖砌筑的窑洞式建筑。沿东西方向各有一个木塔遗址，为总持、庄严二寺之木塔当年的位置，但木塔已经不复存在。

木塔寺，隋唐长安城内著名寺院。始建于603年，是隋文帝为独孤献皇后所立。初名禅定寺。618年，改名为大庄严寺。位于长安城西南隅永阳坊东半部，与该坊西半部的大总持寺左右比邻。两寺建制相同，规模宏大，各建有一座规制相同的七层木塔，高三百三十尺（约97米），周长120步（约176米），气势宏伟。

由于两寺在长安城的诸多佛寺中处于十分突出的地位，香火隆重，所以在会昌五年（845年）唐武宗灭佛运动中，被明令保护，免遭焚毁。852年，大庄严寺改称圣寿寺。907年，唐朝灭亡时，和长安城同时遭到严重破坏。后经宋、元、明时期多次修葺，但到明朝末年，又遭废毁，只有木塔仅存。清朝康熙年间，又进行过两次修复，并改名木塔寺。直到新中国成立前夕，该寺经过多次人为和自然破坏，寺内建筑和木塔均已无存。目前仅存康熙年间所建山门东西偏殿和法堂等几处遗迹。

元末兵火，木塔遭到焚毁。明清时期，大庄严寺几经重建，又遭战乱兵火，殿宇颓败，规模大不如前。新中国成立，为保护文物古迹，在寺址上建有木塔寺苗圃，古树葱郁，绿荫绵延，相融邻境兰亭坊的引龙回、曲水流觞、重阳登高三大盛唐节日景观带，成就繁华高新区不可多得的自然之境。

西安秦岭野生动物园：是国家4A级旅游景区，全国野生物保护科普教育基地，也是西北首家野生动物园。

园区分4个区域，即步行游览区、草食区、猛兽区、鸟语林，并拥有动物表演场、游乐场、珍稀动物繁育基地、咖啡厅等，功能完善、服务一流的配套项目。

其中动物展区分为车入区和步行区两大部分。步行区位于动物园的西半部，动物馆舍包括大熊猫馆、金丝猴馆、火烈鸟馆、鹦鹉廊、水禽湿地等，共展出动物计260种，8000余头（只）。车入区位于动物园的东半部，它又分为东、西两部分，分别展出产于非洲和亚洲的食草动物，共有47种，1700余只。车入区的食肉动物展出部分位于动物园的南部，由东向西依次是虎、猎豹、非洲猎犬、非洲狮、熊、狼，展出动物6种，118只。

园区内共有野生动物300余种，近万只。其中大熊猫、羚牛、金丝猴、朱鹮并称为秦岭四大"名旦"，备受旅客瞩目。

西安植物园：西安植物园建于1959年，是建国初期我国建设的8个植物园之一，也是西北地区最早成立的植物园。它占地面积20公顷，收集保存植物3400余种，保存国家重点保护的珍稀濒危植物32科70余种，是目前西北地区保存植物种类最多的植物园。

园区按经济用途将各类植物分类，设置了药用、水生、花卉、果树、油用、芳香、双子叶、单子叶等植物展览区，以及郁金香园、翠华园、苗圃等观赏地，建有两座各1000余平方米的热带、亚热带植物展览温室，以及具有日式园林风格的翠华园。

园区内假山叠石，古藤攀扶，曲径迂回。各色花卉依其不同特性布置排列，安排得错落有致。花期不同，使得园区内一年四季花开不败，每个季节都有不同的惊喜。

每年春季，这里都有郁金香及其他各种花卉展览，在花海里邀游真是别有一番情趣。

周至秦岭国家植物园：秦岭生态经济区的核心区，是于2007年开始兴建

的秦岭国家植物园，位于陕西周至县，总规划面积639平方公里，园内的平地、丘陵、山地形成了一个完整的立体生态系统，建成后将成为世界上规模最大功能最完备的植物园。

以科学研究、科普教育、生物多样性保护和生态旅游为主要功能，分别有植物迁地保护区、珍稀动物迁地保护区和历史文化保护区、生物就地保护区、复合生态功能区，主要沿关中旅游环线和田峪河游览区两个主轴进行集中建设，其余地区进行严格保护。

"如果植物园顺利建成，经济效益自然不错，但生态效益将远远大于其他简单的旅游项目"，秦岭国家植物园园长沈茂才说，这种高层次的生态保护与开发，具有广泛的可持续发展的示范性。

对保护开发战略性生物资源、构建国家生态安全屏障核心区、提升生态环境国际竞争力等具有战略意义的秦岭生态经济区建设，根据秦岭生态功能和保护的要求，划分为山体核心保护区、浅山控制开发区和沿山集约发展区的三级生态区域保护发展体系。

山体核心保护区是禁止开发区。主要由国家级自然保护区的核心部分和省级自然保护区的核心部分构成，这一区域主要是对秦岭生态的保护和修复。浅山控制开发区是限制开发区。主要由核心区以外近山区和沿山区以内的广大区域构成，在对秦岭生态进行保护和修复的同时，可以有限度地加以生态性开发。

沿山集约发展区是全面开发区。在统一规划下，以不破坏生态环境为前提，进行生态公园、文化旅游、绿色产业、生态农业、休闲观光等有序开发，实现分区划、组团式、规模化、特色化发展。

这个我国西北地区唯一的国家级植物园，在国内首家把大范围的迁地保护与就地保护相结合，进行完整流域的生态系统恢复重建；开启了以物种小群落为特征的植物有效性保护，以植物分带修复为目的的植物科学布局，建立了种质资源库，以收集和保存战略性植物资源。

经过十多年的努力，国家仅投资1.6亿元，园区内山区植被恢复26000亩，栽植各类树木50余万株，其中秦岭冷杉等珍稀植物500余株，还启动了木兰科等18个专类园建设。区域内金丝猴等国家一级保护动物，森林、水体都得到切实保护。秦岭大峡谷景区已对外开放，科研楼、温室馆等一批科学研究设施即将开工建设。

国家级秦岭生态经济区建设，需要总投资35.8亿元，秦岭国家植物园是一个龙头，在高标准推进世界一流植物园建设之后，还将适当向亚热带和周边延伸，东部向户县涝峪河扩展，南部向宁陕地区扩展，北部向107国道关中环线以北扩展，进而带动贯通秦岭南北两麓。

曲江海洋馆：是国内五大海洋馆之一，位于西安曲江新区，主要由海洋馆、海韵广场、海洋商务会所3部分组成。

其核心工程海洋馆主体建筑面积18600平方米，馆内水体总量约为6000吨，设计养殖的淡水、海水生物达300余种12000余尾（只）。海洋馆主要由海豚表演馆、海洋科普馆、热带雨林馆、海底隧道、水下大观园5部分及配套的设施组成。

这里有国内海洋馆中体量最大的热带雨林馆，分远古探秘、雨林奇观、人与自然、异域风情、未来漫步5个部分；有国内海洋馆中最长的布氏鲸标本，体长达13.5米；有国内海洋馆中最高的圆柱缸；有国内海洋馆中面积最大的海洋科普馆；还有大陆最先进、屏幕最大的高科技虚拟海洋生物展示系统。

在2012年，海洋馆又建成极地馆，展出北极熊、北极狐、企鹅、海豹、海狮、海狗等极地珍稀动物。计划明年2月正式对外开放。

曲江海洋世界的规模及展示水平可跻身国内海洋馆前5位，很值得带上孩子玩玩，从游玩中获得宝贵的知识。

浐灞国家湿地公园：国家5A级景区，是国家湿地公园的标杆工程，地处浐灞生态区北翼的灞河东西两岸，占地面积5.81平方公里，总投资15.7亿元，是国家林业局正式批复，陕西省首批列入国家湿地公园的试点工程之一。建设内容包括核心保护区、科普展示区、休闲浏览区、管理服务区，计划退耕还湿地面积40公顷，自然植被恢复100公顷，改造沙坑面积40公顷。

浐灞湿地公园分四大功能区，一保育恢复区，为湿地区的核心，区内现有植物48科180种，动物27目50科150种，是全国三大候鸟迁徙中线位置；二是科普展示区，主要是湿地水质净化及水生物科普展示；三是休闲旅游区，主要是生态农渔体验、旅游观光；四是管理服务区，主要是公园服务配套及服务。

■ 浐灞湿地公园

浐灞湿地公园一期工程，于2012年7月18日建成对外开放。一期工程在灞河华清桥至祥云桥，长3.3公里，总面积2.45平方公里，形成了3000亩的湖面，湿地面积1980亩，绿化面积1650亩。景点布设一河两岸三段：一河是灞河河道景观，两岸是指左右两岸的绿化景观，三段是指以花荡为主的湿草景观区，以河心岛为主的亲水体验区，以柳园飞雪、生态荷塘为主体的湿地景观区，构成一幅美丽的自然画卷。园区由"原生态湿地公园、亲水休闲乐园、绿动灞水运动公园、灞桥柳展园区、百花千树植物园"五大园组成。园内有植物213种，鸟类33种，生态柳树2万余株。

渭河城市运动公园：位于北郊机场高速桥段的渭河段的滩区,由于长期过度采沙变得满目疮痍。西安市在渭河整治过程中，将滩区绿化水景建设与渭河堤防建设相结合，整治沙坑，建设6处人工湖，水面合计达1690亩，建荷花池一座，面积2580亩，湿地800亩，建护滩林650亩，建成面积4200亩的渭河城市运动公园一座。

荷花池公园：位于福银高速桥两侧，占地1145亩，开挖荷花池550亩，栽植芦苇160亩。并在西起咸交界，东至浐河入渭口，规划建设20米宽的防浪林，共计160亩。

两个公园自2008年开工以来，进展顺利，到今年4月建成，5月份正式对外开放。游人可碧舟荡漾，夏日赏荷，秋季赏苇，湖光水色，绿岸成荫，景色如画，成为北郊又一处新增水景大观。

二、西安的城市绿色广场

我国城市广场历史悠久。《周礼·考工记》载："匠人营国，方九里，旁三门，国中九经九纬，经涂九轨，左祖右社，前朝后市，市朝一夫。"这是中国古代对城市设置、规模的明确规定，一直影响着历朝历代的城市建设。唐长安城是严格的里坊制，设有东市、西市。宋代都城建设打破了里坊制，出现了"草市""墟""场"，汇集了杂技、游艺、茶楼、酒馆等设施。

唐代长安城目前建成了大明宫含元殿殿前广场，东西宽735米，南北宽588米，广场面积达432180平方米，合648.3亩之大。在丹凤门前又建成了丹凤门门前广场，长1200米，宽176.4米，广场面积计211680平方米，合317.5亩。但到元、明、清则又回归前朝后市的格局，最典型的就是当时的北京城。城市的空间就是街道，"逛街"成了千百年来中国老百姓最通行的城市生活方式，乃至今天。解放后建成了天安门广场，面积达40多万平方米，合6000亩，是世界上最大的广场。

广场多是绿树成荫、花香芳人、绿草如茵、雕塑点缀、喷泉映射，或有其他标志性建筑的地方，也是人们聚会、开会、休息、锻炼、跳舞、滑冰等重要场所。西安改革开放前只有新城广场，是举办大型聚会的场所，改革开放后随着城市的飞速发展，新建成了许多新的广场，为市民提供了更多的休闲娱乐的场所。

西安的主要的广场有：

西安新城广场： 始建于1927年，东西长436米，南北宽135.5米，呈半圆形，总面积5.69万平方米，由道路、绿地等组成。据西安市城建档案馆的同志介绍，原新城广场位于唐长安皇城和宋京兆府城东一隅。元代在此设陕西诸道行御史台监察史院，简称台察院。1926年，西安反围城胜利后，仿效苏联莫斯科的红场，将清八旗校场改称红城。1931年红城更名为新城，广场称为新城广场，延续至今。

现在的新城广场位于省政府办公大楼之前，改革开放前这里是省市举办

大型聚会和游行的场所，这里交通顺畅、绿树成荫、花草争艳、喷泉四射、环境优美，是市民晨练、打拳、滑冰、跳舞、唱歌、戏水的休闲场所。

西安钟鼓楼广场：在西安城内，与钟楼相媲美的姊妹建筑当是西安鼓楼，两楼遥相辉映，故有"姊妹楼"和"文武楼"之称。唐代诗人李咸诗云"朝钟暮鼓不到耳，明月孤云长挂情"，即是对两楼的精恰写照。

■ 钟鼓楼广场

西安鼓楼是我国现存明代建筑中仅次于故宫太和殿、长陵棱恩殿的一座大体量的古代建筑，且在我国同类建筑中年代最久、保存最完好，无论从历史价值、艺术价值和科学性方面都属于同类建筑之冠。

鼓楼创建于明洪武十三年（1380年）。位于钟楼以西约200米、鼓楼什字北75米处。楼体为砖木结构，呈长方形，通高34米，东西长52.6米，南北宽38米。楼基用青砖砌成，高8米，基座南北正中辟有高宽均6米的拱卷门洞，南通西大街，北通北院门，面积1998.8平方米，登陆踏步已由原来的西北侧改为如今的正东侧。

西安市改革开放后，市政府拓宽了西大街和北大街，拆除原有陈旧建筑，建成了钟鼓楼广场，它位于西安市中心钟、鼓楼之间，东西长300米，南北宽100米，占地2.18公顷，总建筑面积5.7万平方米。其中，北配楼建筑面积26000平方米，商场建筑面积（上、下两层）31000平方米，绿地6000平方米，是目前全国中心城市中最大的一个绿化广场。

鼓楼北边是著名的北院门小吃一条街，是中外游人西安旅游必至之地。由于钟楼广场位于西安市中心，东西南北四条大街交汇之处，又有钟楼、鼓楼和大清真寺名胜古迹和世纪金花、民生百货，以及周边开元商城等大型商业设施，所以钟鼓楼广场人潮如涌，热闹非凡。

大雁塔北广场：大雁塔位于西安南郊慈恩寺内，为唐代玄藏西天取经藏经之塔，高达66米，是西安市标志性的建筑，是西安市的象征，驰名天下。

大雁塔北广场位于大雁塔之北，东西宽480米、南北长350米，占地252亩，定大雁塔为南北中心轴。广场设有山门及柱塔作为雁塔北路与广场轴线之转接点。由水景喷泉、文化广场、园林景观、文化长廊和旅游商贸设施组成。南北高差9米，分级9级，由南向北逐步拾级形成对大雁塔膜拜的形式。整个工程建筑面积约11万平方米，总投资约5亿元。广场整体设计概念上以突出大雁塔慈恩寺及唐文化为主轴，结合了传统与现代元素构成。北广场有四座石质牌坊，它们既是广场景观的标志物，又是北广场的招牌和景观。四座牌坊均用白麻石材贴面，形成中间高两边低的三门样式，呈现出平衡、稳定、简洁、大气的特点。牌坊题词用唐人崇尚的字体书写，中间大匾额用颜真卿楷书大字，大气磅礴；两边上下联，匾额题词用王羲之、王献之行书字体，典雅生动。"大唐盛世"带来了各行各业的空前繁荣和进步，此处雕塑特意从诗歌、书法、茶道、医药等领域中，选定了"诗仙"李白、"诗圣"杜甫、"茶圣"陆羽、"诗佛"王维、"唐宋八大家"之首韩愈、"书法家"怀素、"天文学家"僧一行、"药王"孙思邈八个精英人物，以逼真写实的雕塑手法展现在人们的面前。

西安大雁塔北广场是一个规模宏大的音乐喷泉广场，东西宽218米，南北长346米，是目前全国乃至亚洲最大的喷泉广场。喷泉和附属土建资金投入约5亿元，在全国首屈一指；其九级叠水池中的九级变频方阵是世界最大的方阵。这套喷泉共设计独立水型22种，其变频方阵（排山倒海水型）莲花朵朵、百米变频跑泉云海茫茫、海鸥展翅、蝶恋花、水火雾以及60米高喷水柱

163

等，都是我国最新推出的科技含量较高的新颖水型；60米宽、20余米高的大型激光水幕中，4台喷火火泉从水里喷出，在6米高空充分燃烧低温爆开，更增加了整个喷泉的夺人气魄。音乐采用高保真远射程专业音响系统，使喷泉声、光、水、色有机交融。

■ 大雁塔北广场

大雁塔北广场设计九级踏步，每个台阶五步，每级水池有7级叠水与大雁塔7层相印合。由北往南逐步拾阶而上。北广场灯光采用高岗灯、平原灯，整个广场不会有昆虫漫天飞舞的现象。广场上的绿化无接触式卫生间，天窗、门厅、休息室、沙发一应俱全，门厅后面是竹子园林。

此外在大慈恩寺南边建成了大雁塔南广场，建于大慈恩寺正门前，是对佛文化的阐释，于2001年初建成开放，占地32.6亩，包括玄奘雕塑、园林绿地、花岗岩铺地和水面过桥等设施。雁塔古刹佛文化在这里得到了很好的阐释。花岗岩铺就的地面和水面过桥展现了南广场的庄严与肃穆，园林绿地勾勒出一幅唯美古朴的画面，雄伟高大的玄奘雕塑似乎正在以"悲天悯人"的宗教情怀和入世的积极姿态，面对广大信徒大众讲经开示、宣扬教义，向人们传达着佛法的神奇与生命的奥秘。

大唐不夜城主题广场：大唐不夜城的中轴景观大道，是一条长1500米横

164

贯南北的中央雕塑景观步行街，分布着盛世帝王、历史人物、英雄故事、经典艺术作品等九组主题群雕，立体展现大唐帝国在宗教、文学、艺术、科技等领域的至尊地位，并彰显大国气象。

■ 贞观之治雕塑

广场以大雁塔为依托，北起玄奘广场，南至唐城墙遗址公园，东起慈恩东路，西至慈恩西路，贯穿玄奘广场、贞观文化广场、开元庆典广场三个主题广场，六个仿唐街区和西安音乐厅、西安大剧院、曲江电影城、陕西艺术家展廊四大文化建筑，南北长1500米，东西宽480米，总占地面积967亩，总建筑面积65万平方米。

①贞观文化广场：贞观文化广场是其核心部分，由西安大剧院、西安音乐厅、曲江美术馆和曲江太平洋影城四组文化艺术性建筑组成。该广场采取立体式设计，以地面层的四个下沉式广场把地面和地下的活动场所有机联系起来。贞观文化广场在总体设计中，四个主体建筑以正对大雁塔的南北轴线为空间对称关系，主体空间高度接近的电影院与美术展馆布置在用地的北部，两者的大屋顶均设计为重檐歇山；而音乐厅和大剧院布置在用地的南部，两者的大屋顶均设计为重檐庑殿。

2008年12月初，世界500强企业、国际投资大鳄美国华平投资集团成功进

驻大唐不夜城，建设西安新乐汇；2009年初，西安新乐汇成功招商。4月，大唐不夜城点亮工程启动。5月，景观大道开始改造建设。2010年9月26日，大唐不夜城开元广场盛大开放，标志着长达1500米的景观步行街全线贯通。

随着1500米的中央雕塑景观步行街南段及开元广场建成开放，大唐不夜城炫美的盛唐天街、绝美的盛唐画卷壮美铺呈，完美展现。

广场有两组大型雕塑：万国来朝雕塑，经过贞观之治、开元盛世，大唐王朝成为当时世界上最为强盛文明的国家，成为世界各国普遍向往东方乐土，都城长安更是众望所归的圣地，云集着数量惊人的西域胡人。唐朝文化远播东西，中华文明影响世界。"万国来朝"雕塑表现的就是大唐王朝四海朝服，万国来朝的盛世景象。"武后行从"雕塑，中间被簇拥的是中国历史上唯一的一位女皇——武则天。该组雕塑以唐代仕女画家张萱的《皇后行从图》为蓝图，连接在贞观广场和开元广场之间，上承贞观之兴，下启开元之盛，完整地展示大唐盛世气象。

位于"武后行从"雕塑两边的"唐历史文化浮雕柱"，共有24根，采用唐代建筑中斗拱的形式，将唐代48个重要的文化事件如"曲江游宴、丝绸之路、上元赏灯"等，以浮雕的形式展现，其中每个事件中的重要人物又以圆雕的形式予以表现，充分体现了大唐文化之勃兴和繁荣。

②开元广场：开元广场是大唐不夜城中轴线的景观高潮，南北长161米，东西宽78米，面积约12200平方米，其中旱喷大唐不夜城泉约1000平方米，绿化面积约1300平方米。广场上设立了1组"开元盛世"群雕和8根LED灯蟠龙柱。

"开元盛世"主题雕塑总高12.95米，最高一层基座上是4.59米高的"唐玄宗李隆基"。4.59米取意为九五之尊，李隆基站立在巨大的圆形龙壁前，帝王风范尽显。第二层是唐玄宗最器重的6位重臣及20个蕃邦使节。第三层42个乐俑，手持各种乐器尽情演奏，壮美恢弘。整个雕塑群由78个人物组成，营造出一种大唐盛世百姓安居乐业的欢乐气氛。

广场上8根朱红LED蟠龙柱高20米，柱头直径8.9米，柱身直径2米，东西两侧各有四柱，取意为四方、四极、四周、四海，与八数相合，意为四面八方、四通八达，完美地诠释了大唐不夜城的建筑美学，使得开元广场成为了一个露天宫殿，每位置身其中的游客仿佛回到鼎盛王朝。当LED灯柱在古城夜色中点亮，不夜城更加焕发出"不夜"之魅。

西钞广场： 西钞广场位于西安市西郊汉城南路西侧，西安印钞厂门前，占地面积7000多平方米。

走进广场，映入眼帘的是三座主题雕塑群：汉代铸币工艺流程、铁币换"交子"场景和马可波罗将纸币文化传入欧洲的历程。在广场东南隅，是上林苑国家铸币工厂遗址，这里可以看到汉代一些造钱的场景：陶罐、瓦当、钱币如刚刚出土，穿越千年的尘封，正等待着世人的参观。这四个文化方阵和12米见方的4组菩提树阵区互相掩映，气势恢弘。

西钞广场是由西安印钞厂投资4500万元建设而成，属于西安市政府确定的"人文西安"重点绿化建设工程之一。

张家堡广场： 位于西安南北主轴——未央大道北端，包括未央大道与凤城路口，直径约300米的中心环岛，以及环岛以北长600，宽500米未央大道中心绿岛，总体面积约15万平方米。

广场全部绿化，乔灌、花卉、草坪，一应俱全，广场北部建成行政中心地铁站。2002年完成《西安市城市景观雕塑体系规划》，将张家堡广场作为城市的主出口，属于城雕"四大片区"之一，决定在此兴建标志性城市雕塑——长安门，地址选在广场三分之一位置，与南边历史地标建筑电视塔相互对应。设计了两种方案，第一种方案长安门表面覆盖篆书"长安"为基本形态的镂空表皮，在表皮之下，用6块红色拱形巨构，是高99米的主要承重结构，底座55米见方，，直下部设置直径15米的下沉庭院，布置传统园林。第二种方案是须弥山神圣和塔，八水环绕中升起一朵莲花，徐徐升起，演化为庄严耸立的须弥山，虚幻大雁塔和钟楼、巍峨成山。乘电梯可上高48米的观景台，观景台上是重构的"钟楼"，成为未央大道的制高点，城市之门以北，布设一条长500米，宽20米，宛若银河的水池，沿水池两侧竖立20位西安历史文化名人，包括圣帝炎黄、周行天道（含文王卜卦、文王求贤、武王伐纣）大秦一统、大汉雄风、丝路漫漫、史志遗风、盛唐气象、诗史流芳、书

道画韵等大型雕塑。

上述方案选定后，不久便可开工建设，将使未央路广场锦上添花，庄严肃穆。

第四节 世园盛会 生态环保

世园会是一项由国际园艺生产协学（AIPH）批准，主办国政府组织委托相关部门举办的影响巨大、历史悠久的专业性国际博览会。自1851年在英国伦敦举办第一届世园后以来，截至目前共兴办过三十多届，其影响被称为经济领域的"奥林匹克"，在为举办城市带来了巨大经济效益的同时，也同时成功塑造了城市形象，扩大了城市的国际影响，并引发投资高潮，带动产业发展，拉动城市经济增长，促进城市建设完善城市建设体系等方面有着巨大作用。

世界园艺博览会，多数在欧美发达国家举办，在亚洲仅举办过6次，其中日本2次，韩国1次，中国共3次。中国在1999年昆明举办，2006年在沈阳举办，2007年9月4日在英国布莱顿召开的世界园艺生产者协会第59届大会决定批准，2011年世界园艺博览会在西安浐灞生态区举办，成为中国西北地区举办的首届园艺博览会。也是继北京奥运会、上海世博会之后的中国又一次国际盛会。

2011年西安世园会以自然、历史、农业、娱乐四大主题展区，展现世界各国自然、文化、艺术、科技、风情的同时，同时向世界展现古城西安历史、人文、自然景观、环境保护、经济建设等城市魅力，以实现西安和谐为宗旨。并注意吸收昆明和沈阳两届世园会的经验和教训，圆满办好西安世园会。世园会从2007年开始建设，于2011年4月28日开园，10月28日闭园，历时178天，参观人数超过1544万人，创中国举办世园会之最。

西安世园会以生态文明建设为宗旨，以"绿色引领时尚"为口号，"天人长安·创意自然——城市与自然和谐共生"为主题，会徽吉祥物命名为

"长安花"，取意"春风得意马蹄疾，一日看尽长安花"。

西安世园会在浐灞开工建设，园区总面积418公顷（6270亩），其中水面188公顷（2820亩），占园区总面积的44.98%。

总体结构为"两环、两轴、五组团"。主环为核心展区，主要分布有室外展园和园艺景点；次环为扩展区，布置世园村、管理中心等服务配套设施。两轴是指园内的主要两条景观轴线，南北为主轴，东西为次轴。五园分别指长安园、创意园、五洲园、科技园和体验园。四大标志性建筑为长安塔、创意馆、自然馆和广运门；五大主题园艺景点为长安花谷、五彩终南、丝路花雨、海外大观和灞上彩虹。三大服务区为灞上人家、椰风水岸和欧陆风情。

一、四大标志性建筑

四大标志性建筑包括长安塔、自然馆、创意园和广运门，总建筑面积3万多平方米，总投资近5亿元。

长安塔： 高99米，共13层，位于世园内制高点小终南山上。由著名建筑大师张锦秋设计，借鉴了隋唐砖塔外形，采用金属结构，运用现代技术对中国传统建筑进行诠释的一次尝试，既保留了隋唐方形古塔的神韵，同时增加了现代元素，体现了中国建筑文化的内涵，又彰显现代城市风貌，是绿色建筑与建筑艺术的完美结合，是生态建筑的实践和示范。长安塔成为国内外游人最向往最热门的看点，争相登塔光临，可以欣赏各层的精美的文物展览，如秦陵一号铜车马、铜雁鱼灯、三彩骆驼、秦彩绘跪射俑等，和从底层到高层巨幅油画菩提树，可以登高望远，园内胜景，一览无余。

■ 长安塔

自然馆： 是2011西安世园会的植物温室，位于锦绣湖畔，建筑面积5317平方米，主要展示地球上不同地域、不同气候带的珍稀植物及生态景观。同时包含一部分公共空间，具有科研办公、接待功能。

自然馆利用自然地形设计建造，造型新颖，风格独特。既有陕西、西安传统历史文化，又彰显了西安时尚、现代、绿色的城市魅力，充分体现了"天人长安·创意自然——城市与自然和谐共生"的主题理念。

自然馆建筑位置处于许多特色景观的交汇点，建筑本身半埋地下，立面材料选用玻璃、木材与少量混凝土结合，保证整个馆内有充足的光照。自然馆倚山而建，层层叠叠，与地形完美结合，从高度上、视觉上弱化了建筑的体量，保证在建筑内部也可以从不同角度，领略锦绣湖面和更远处各个展园的美景。

自然馆内的植物呈多层分布，上层喜光，下层喜半光阴，有小乔木，也有灌木。这种分层设计叫做"生态位"，能使馆内植物各取所需，减少植物死亡率。自然馆里不仅有各种珍奇的花草树木，还有仙人掌成林的沙漠景观，按照仿生学制造的大型昆虫模型，以及各种色彩鲜艳、形状各异的蝴蝶和甲虫标本。

创意馆： 建筑的外立面采用青铜与玻璃，建筑体型独特，犹如一件镶嵌钻石的青铜艺术品矗立在湖边。设计主题：创意馆由全球"景观都市主义"领军人物、英国普拉斯马公司首席设计师伊娃设计，位于西安世园会主轴线上，整个展馆结合码头和周边场地进行设计，建筑布局呈"王"字形，由三翼不规则几何体组成，青铜金属、石材及花园式种植屋面等不同饰面的无规则衔接处理，形成了错落有致、内涵丰富的艺术效果。展示园林园艺、植物花卉的新成果、新产品以及环保节能新技术、新材料等。作为东道主展馆，力求体现西安深厚的文化积淀和辉煌的历史，更重要的是通过富有创意的设计展现西安光明的未来。

创意馆总平面布局以西安世界园艺博览会概念性规划和修建性详细规划为依据，密切结合周边道路条件，并充分考虑其在全园内的位置及其与规划的长安塔和自然馆之间的关系。建筑自然分割成三个相对独立、并向水面延展的展览展示区域，横向通道将其贯穿连接。游客可以经由一系列的室内展示坡道上达屋顶观景平台。结构主体采用钢筋混凝土结合钢结构的形式，屋顶使用了混凝土褶皱板结构，以满足建筑对大跨度空间的需求，优美的结构形式体现了功能与形式相结合的建筑艺术最高境界。

广运门： 位于园区东北部，横跨60米宽的世博大道，高峰期每小时可通行2万多人。由踏步、水景、方块式园艺花卉造型组成的坡道把上下之间联系起来，与长安花谷浑然一体，气势恢宏。

二、五大主题园艺景点

长安花谷： 是世园会五大主题园艺景点的迎宾点，旨在用"天廷"五彩云霞美景构成花卉的海洋，总面积6.6万平方米。栽植在花谷区111个钻石面中，钻石面采用不规则形状布设，每个钻石面呈现不同颜色花卉，整个长安花谷共选70余种花卉，展现35种以上颜色。在178天的会展期间，按照春夏季节的变幻，更换花卉。按照园区轴线、内环路、外环路、景观节点、滨水线，累计共栽植30多万平方米的花卉，五彩缤纷，使中外游人仿佛进入花卉的海洋，赏心悦目，欣赏大自然的美景。

五彩终南： 终南山是秦岭的缩影，在五彩终南布设了秦岭园、人文山水诗意长安园、盆景园和长安园四大特色展园。秦岭园堆土构山，形成了大约十里长的小山丘，把函谷关、灞桥、全真教、万年积雪等展现在观众面前，树木葱郁，山花烂漫，绿草如茵的珍稀植物园，有黑松、秦岭白桦、栾树、竹子、牡丹、芍药等植物。在山上兴建了长安塔，巍峨壮观。另外在这里开辟了秦岭四宝馆，展出了大熊猫、金丝猴、羚牛和朱鹮，全方位展示了秦岭珍稀动物的精华。盆景园共设置了300多盆盆景，展示了最负盛名的黑松、关中碧桃、临潼石榴、日本樱花等。

灞上彩虹： 它是结合水面建筑的滨水建筑，使游客近距离感受水与花相辉映，人与自然和谐共处的美丽画卷。

南方地处江南，所以才会显得妖娆，妩媚的水乡将江南展示成一幅中国画。北方由于缺少水的滋养，所以北方的建筑并不是畔水而居，大多是依山

建造。依靠大山所提供的广阔胸怀与浩大的场景，才有了陕北窑洞，这是华夏民族的起源定居之所，才有了四合小院的清新淡雅，有了金碧辉煌、气势浩大的皇宫殿宇。在西安世园会的五大主题园艺展区中，灞上彩虹却将江南独有的小桥流水人家与北方雄壮气势的厚土相结合，营造出一种既融合了北国的深厚，亦有南国的意象色彩。

灞上彩虹结合北国的水面建筑与滨水建筑，使游客近距离感受水，所以景点中花元素的参与是必不可少的，将这种工业化之前的八水绕长安情景与花相辉映的场景真实再现。

丝路花雨：丝路花雨主题园艺展区的雕塑都用各自特有的形态与"语言"变现出西安作为丝绸之路起点的丰富文化基础。

丝路花雨完全是利用花卉、藤蔓、园艺剪栽植物构成祥和的广场绿色雕塑。其世园会的丝路花雨主题园艺区的雕塑形态各异，有表现丝绸之路的，有表现沙漠之舟的骆驼和商队，也有用园艺植物所营造出的起伏状态的仿生沙漠。

海外大观：以庄重典雅、瑰丽多姿的欧洲园林为主，集中展示其他国家和地区的园林园艺，可观天下奇花，赏五洲园艺，展示了包括国际展园区、大师园区和世界庭院，各个国家、地域的文化和国家的文化，同时可以看到这个世界园林在设计领域发展的前沿。

国际展园共有28个国家展园，各国的园艺师以不同的风格向人们展示着本国居民对生活环境的追求。竹藤园由竹阵广场和同心广场组成，展示了世界竹子资源的多样性，里面栽了24种竹子，都是从楼观台国家森林公园移栽过来的，包括这三个亭子，都是用竹子做的主框架结构，户外也是竹地板。

除了欣赏28个不同风格的国家展园，您在海外大观还能看到大师园和世界庭院。值得一提的是，在大师园中，能够欣赏到来自德国、西班牙和中国等9位世界级园艺大师的园艺作品。北京林业大学园林学院教授、四合院设计者王向荣向记者介绍说，大师园的设计大多是以中国主题或理念为创作源泉，将现代园林设计理念和新颖的设计手法进行了巧妙的结合，肯定追求的是一种新鲜的感觉，不同于以往的与大家心目中原来的花园不完全一样的表达，能够带给我们以前没有的体验。

三、三大服务区

西安世园内建成了三大服务区，十分重视低碳环保的山水景观。

灞上人家：是体现关中特色的建筑群。建筑形式采用中国传统四合院建筑群的主要特征之"四水归堂"。传统认为，四水归堂，四方之财如同天上之水，源源不断地流入自己家中。"灞上人家"采用这样的形制，天井作为人对自然的接纳，暗喻了一种天人合一的自然观。灞上人家，餐饮经营以陕西特色小吃为主，彰显汉唐饮食文化，颇受欢迎的羊肉泡馍、饺子宴、肉夹馍、凉皮都在其中。

欧陆风情：采用欧洲传统皇家园林风格特点，结合欧洲城市住宅及乡村城镇的规划典型特征，建设成的具有欧洲代表性的欧洲小镇建筑群组，总建筑面积6000多平方米，不仅为游客提供餐饮、休息、接待服务，传递欧洲异域的传统文化风情，还可以在这里可以品尝肉排、咖啡等欧陆风情。欧陆风情楼宇隔街相对，烟囱、圆塔、钟楼，不禁让人联想到了城堡，远处的美人鱼雕塑更为湖岸增添了浓郁的童话色彩。岸边的亲水平台是欣赏整个园林全景的最佳位置，远处的许愿池、方尖碑、叠水喷泉都尽在眼底。背后是被绿色包围的各个展元，展元的景观都能一览无余。

椰风水岸：融入东南亚地区园林风格特点，结合东南亚乡村城镇的规划典型特征建设而成。东南亚建筑符号以建筑形式拼贴混搭、组合，形成亲近人的建筑空间尺度，塑造出一个风格特征突出，具备典型特征代表的东南小镇建筑群组，在为游客提供餐饮、休息、接待服务的同时，传递东南亚的异国文化风情。

东南亚展园秉承了自然、健康和休闲的特质，椰子树、棕榈树等高大的热带植物配以低矮的灌木丛，营造出充满生机的热带园林氛围。静谧的凉亭，曲折的栈桥，围绕着楼体的蜿蜒水街，人影绰绰，轻声笑语，婀娜多姿的绿色植物与建筑在荡漾的碧波中交相辉映，东南亚风情一览无余。

此外还建成国内各省市展馆和陕西十个地市展馆，充分体现了各省及陕

西十地市的地域自然和人文特点，各有千秋，体现了中国和陕西优美的自然生态环境，博大精神的人文内涵。

世园会的举办起到了良好的经济效益、生态效益和社会效益。1999年昆明世园会，会期6个月，有95个国家和国际组织参加展出，接待了930万中外游客，国家总共投入60亿元人民币，使昆明市建设提速10年。2010年沈阳世园会，占地2.46平方公里，是历次世园会占地规模最大的世园会，参展国家近百个，接待人数为1200万，使沈阳市建设提速5年。而西安2011年世园会，总投资仅6亿元人民币，参加世园内的中外游客达到1544万人，门票收入5亿元，餐饮娱乐服务收入1.5亿元，具备知识产权的商品收入1亿元，共赢利8.5亿元，是投入最少收益最大的一次世园会。西安世园会促进了西安旅游业的蓬勃发展，西安2011年1—9月，旅游业收入423.62亿元，较2010年增长35.4%，在世园会历史上写下了光辉一页。

国际园艺生产者协会主席杜克·法博称赞："西安世园会为园艺博览会树立了一个新的标杆，非常完美地诠释了自然之美的理念，为建设绿色城市提供了很好的范例，这就是我们未来城市要发展的样子。"

西安世博园闭园后，经过半年的改建完善，已于2012年4月28日正式开园，免费向公众开放。世园会在2012年西洽会上吸引了来自社会各界的关注。

为迎接西安世博园的开园，浐灞生态区积极进行休闲旅游项目的洽谈引进，本次签约的西安世博园少年儿童成长基地和西安世博园飞行体验主题馆将会对丰富西安世博园娱乐项目结构，提升旅游休闲环境大有助益。西安世园投资（集团）有限公司总经理姚景芳代表世园集团与两大客商签约。

西安世博园少年儿童成长基地，是西安世园投资（集团）有限公司在世园会会址内打造的一个全世界最大的儿童职业体验场所，总占地近80亩，是一个以三分之二的比例，将真实社会中的行业及城市管理与公共设施等进行实景还原的儿童化迷你城市。这是一类新兴的儿童体验式教育产业，颠覆了传统的教育模式，以寓教于乐的教育形式提高儿童的整体素质，预计2013年1月正式对外开放。西安世博园飞行体验主题馆是集互动体验与餐饮娱乐于一体的综合性项目，规划占地约5000平方米。主要建设风洞飞行体验中心、4D模拟飞行体验等五大主体功能区。

这两个签约项目，开启了西安园的无限商机，也将掀起后世园旅游休闲娱乐业发展的新高潮。

作为新一轮城市规划中最大的发展区域，浐灞生态区拥有中心城区和其他开发区难以比拟的发展空间。未来浐灞生态区将充分发挥产业功能板块引导带动作用和经济辐射效应，以生态化、国际化指导区内产业合理分工，完善上下游企业配套，实现区内共赢发展的良好格局。送世人一个宜居、宜创业的时尚城市新区，缔造一个浐灞品牌。

第五节 生态农业 绿色食品

古老的传统农业发展到现代农业，实现了耕作机械化，大量使用化肥、地膜、农药、除草剂，获得了农业高产，满足了日益迅猛人口增长的需求，解决了人类吃饭问题。与此同时也导致土壤结构的破坏，农作物抗灾性降低，农产品（粮食、蔬菜、瓜薯等）和果产品残毒倍增，土壤和水源遭到污染，严重影响人类食品安全、身体健康及生物之间和生态平衡。

从上个世纪70年代起，欧美许多国家提出了"有机农业""生物农业""生态农业"的概念和理论，使世界各国逐步迈入生态农业的发展阶段，所生产的"绿色食品""无公害产品"成为时尚，成为健康和环保的标志。

美国夏威夷OHO农场，为了保护生态环境，生产绿色健康食品，从1979年以来，30多年间从未使用过化肥、农药、除草剂、地膜和其他人工合成化工产品，实施生态农业，施用有机肥料，喷洒天然药剂，选用抗病虫害强的品种，培育病虫害天敌，实行轮作和间作，生产蔬菜、菠萝、香蕉、木瓜、咖啡，深受消费者的欢迎。由于美国大力倡导生态农业，至1990年美国大约有600种新的绿色产品问世，其中"小世界产业集团"专门为儿童生产的饼

干，上面有11种濒临灭绝的动物图案，饼干的原料是用生物技术生产的面粉生产的，包装则是能迅速降解的纸板盒。

在欧洲1972年就成立了"国际有机农业运动协会"，规定禁止使用化肥、农药在畜牧业中禁止使用人工荷尔蒙和其他增产剂。1991年6月欧洲共同体通过法律手段，规定农产品和加工品，有机成分达到95%以上，才允许冠以有机农产品的标签，促成了欧洲国家生态农业迅速发展。据统计，欧洲约有16000个有机农业企业，其中法国有4000多家，占世界首位，德国2600多家，瑞士1900多家，意大利和奥地利各1200多家，瑞典1000多家，欧洲各国是世界绿色产品消费最多的地区。此外在日本生态农业水稻种植中普遍推广。

农业生产除化肥、农药而外，还有毁林开荒、毁草开荒、围海造田、填湖围垦，导致水土流失、地力衰退、土地沙化和沼泽盐碱化等，也破坏了生态环境，给农业生产造成威胁。

我国传统农业，使用有机肥料，种植绿肥，实行间作、套种和轮作，实施生态农业，保持着生态环境的平衡。建国后随着现代农业的发展，大量使用化肥、农药、除草剂等，造成生态环境的恶化。

近几年西安市高度重视都市农业、生态农业建设，形成现代型、产业型、生态型的区域特色，推动了全市农业的发展。

一、强化粮食、畜牧、蔬菜、果品四大基地建设

随着农村土地的流转，推进农业集约化经营，围绕粮食、蔬菜、畜牧、果品四大主导产业，集中连片构建产品基地。首先稳定粮食生产，2011年全市粮食播种面积稳定在350万亩，年产粮食近182万吨。二是蔬菜种植面积96.9万亩，总产261.5万吨，其中设施面积39.1万亩，建成日光温室6.1万亩，蔬菜大棚21.3万亩。全市水果面积达74.2万亩，形成猕猴桃、石榴、葡萄、樱桃、相枣六大特色水果产业。全市畜牧业也得到迅速发展，养牛21.1万头（其中奶牛11.7万头）、羊29.6万只、猪94.4万头、禽类1153.7万只，其中临潼建成10个优质奶牛基地，全市建成40个标准化的养殖小区。

二、加速实现农业"五化"

近几年西安市农业加快实现农业"五化"，全市农业综合实力进一步得到增强。

1.**农业市场化**：全市形成了一批各具特色的"一村一品"专业村，具有本地特色的优势农产品达100余种。组团参加了第十七届杨凌农业高新科技成果博览会等节会，与省内外近30家产品经销商建立了农产品供销关系，共签订合同、协议56多份，实现交易额76.36亿多元。

2.**农业产业化**：全市农产品加工、流通企业达到420家，完成销售收入195亿元规模以上农产品加工、流通企业达到1160家。其中年销售收入在亿元以上19家，10亿元以上4家。全市有省级重点龙头企业30家，市级重点龙头企业99家，龙头企业带动农户62万户。农产品加工、流通企业年上缴税金4.3亿元。农业产业化龙头企业的发展壮大，促进了农村繁荣，增加了农民收入。

3.**农业规模化**：农业四大板块十二条产业带加速扩张。阎良瓜菜板块面积达7666.1公顷；临潼奶牛板块有奶牛9.02万头；周至猕猴桃板块面积达2.47万公顷；沿秦岭北麓旅游观光农业板块，面积发展到2.1万公顷。西阎果蔬产业带、灞桥水安路樱桃葡萄产业带面积不断扩大。

4.**农业标准化**：2011年，全市累计组织编制农业标准化生产技术操作规程103项，组织认定无公害农业产品基地237个，认证无公害农产品、绿色食品、有机农产品累计达252个。启动建设了阎良10万亩设施瓜菜、临潼万亩设施番茄制种、临潼万头奶牛标准化养殖、灞桥白鹿原都市型现代农业、雁塔万亩都市森林、长安王莽农业生态观光园、周至万亩猕猴桃有机种植、户县蒋村镇2万亩设施瓜菜、蓝田100万只肉鸡养殖园、未央宫遗址生态农业十大农业示范园区和西安市现代农业科技示范、西安现代果业展示、高陵县高墙村农民增收展示中心。

5.**农业机械化**：2011年，西安市投入农机购置补贴资金5100万元，补贴推广各类农机具12577台（件），农机总动力达288.5万千瓦；拖拉机拥有量26305台，配套农具60401部。新建农村户用沼气池1.1万口，累计达4.4万口。完成土地综合治理项目4800公顷，启动建设扶贫重点村项目20个，实施移民

搬迁2000人，使4.6万农村低收入人口摆脱了贫困。

三、发展现代农业园

建立现代农业园成为我国现代农业发展的必然趋势和重要形态。西安市兴建了多处现代农业示范园。

例如陕西阳光雨露现代农业园，位于秦岭北麓，南依环山公路，规划占地3000亩，总投资6亿元人民币，现已投资1.6亿元，建成一期项目，占地1600亩，其中大棚面积就达4万平方米。建成高品味、高档次的温室大棚蔬菜、花卉、果树生产、观赏、技术推广示范、种植、养殖、自种自摘、垂钓娱乐、农产品交易、旅游观光、餐饮娱乐、休闲度假为一体的现代农业示范园。建成了科技生态休闲馆，名贵花卉馆、奇异水果馆、亚热带水族馆、太空种子馆、智能温室馆，还建有民间作坊原生态农主品加工区。示范园采用"公司+农户+基地"的模式运营，通过土地流转带动农民致富。去年实验成功的彩色玉米、彩椒、阳光6号西瓜、红灯笼樱桃，已开始育苗，准备向周围农民推广，做到最新科技成果的本土化，仅科技投资达100多万元。杨凌西北农林科技大学将在此设立博士点，促进现代农业与当地农户的结合。并不断延伸农业产业链，形成旅游、餐饮、观光、休闲、采摘、自耕田等多种形式，并兴建船上餐厅、温泉洗沐等项目，推进旅游观光业的发展，目前月接待游人达万余人，取得显著成效。

西安曲江农业博览园，已于2011年7月开园，位于周至县楼观台，占地585亩，建有农耕种植园、曲江菜园、绿色童年、有机食品体验馆、低碳生活馆、秦岭花鸟园、楼观驿站等七座现代农业科技温室，汇聚了农业新品种和栽培技术展示、精品花卉、生态康居、技术培训、餐饮会议接待、儿童游乐等综合功能为一体的现代农业博览园。

2012年5月泾河新城管委会与浙江森禾种业股份有限公司共同投资的森禾现代化花开科技产业园隆重开工建设，占地5450亩，总投资15亿元，建设现代化花卉苗木生产基地及物流交易区、泾河湿地花卉公园、优新种苗储备基地等项目，将建成一个集研发、生产、销售、产品展示为一体的现代化花卉科技生产园区，将带动"工业园区化、现代化、土地集约化、农村城镇化、城乡一体化、城市田园化"的发展。此外，还建立了渭北万亩农业示范园、临潼相桥奶牛标准化养殖示范园等。

四、发展休闲农业旅游

近几年西安市农业观光休闲旅游蓬勃兴起，利用农村独特的自然环境、田园风光、农耕文化、民俗风情，以农民和企业经营为主体，为旅游者提供观光度假、健身垂钓、娱乐购物为一体的农家乐旅游。西安市随着秦岭北麓西安野生动物园的建成运营、翠花山地质公园、南五台、祥峪、朱雀、王顺山等森林公园的建成开放，以及秦岭北麓诸多佛教、道教宗教寺院的兴建和扩建，诸如周至楼观台、财神庙、仙游寺，户县草堂寺、蓝田水陆庵等，使秦岭北麓观光旅游快速兴起，更加带动了农业观光旅游业的发展。2011年农业观光园发展到90个，面积达2.13万公顷，全年接待游客680万人次，经营收入8.3亿元。

第六节 农田水利 旱涝保收

建国后的西安市，农田水利得到史无前例的发展，坚持三水齐抓（天上水、地面水、地下水），蓄引堤并举（水库蓄水、引水修渠、建抽水站）大中小工程结合，使西安市的农田灌溉面积由38.7万亩，增加到现在313.1万亩（比解放初增加了7.9倍之多），占全市农田450万亩的69.6%。兴建水库至今保留96座，兴建渠道5400公里，打机井4.9万眼，建成万亩以上灌区34个，发展节水灌溉面积270万亩。使全市年产粮食近200万吨。

一、民国渠堰

进入民国时期，西安干旱频繁。在水利大师李仪祉主持下，泾惠渠于1930—1934年建成通水，其中浇高陵21万亩，临潼6.7万亩。李仪祉倡导"关

中八惠"，西安共有四惠。除泾惠渠外，黑惠渠建成于1942年，计划灌溉13.6万亩，1948年实灌9.2万亩。沣惠渠和涝惠渠，建成于1947年，计划灌溉分别为23万亩和10万亩，1948年实灌为1.6万亩和0.96万亩。因抗日战争旷日持久，军糈民粮十分匮乏，政府号召扩大垒堰修渠，打砖砌大口井以淘汰土井，对小型水利有所促进，累计经过改建、扩建小型渠堰达300余处。其中长安有三官堰、二道堰、三道堰、草堂堰、萧家堰、金家堰、王家堰、高家堰、郭家渠、校尉渠、碌碡堰、圭师堰、响崖堰、二圣宫堰、官塘堰、太平峪渠等200余条，灌溉农田3.25万亩；户县有太平东西渠、小涝河渠、草堂营渠、大堰口渠、梳头泉渠、化羊渠、黄堆渠、大良渠等11处，灌溉3.17万亩；周至有引黑渠、井尔渠、渭青渠、和尚堰、青化堰等31处，灌田2.09万亩；蓝田有青源渠、榆林村渠、陈家滩渠、莲花池渠、薛家河长渠、席邓二河渠等71处，灌稻田0.65万亩；临潼有戏河渠、三叉河渠、沙河渠等12处，灌田0.94万亩。以上共灌溉农田10万余亩，加上"四惠"渠灌面积实灌38.7万亩。

二、现代灌渠

新中国成立后，西安市水利灌溉工程遍地开花，自流灌溉渠道最多时有877处，灌地122万亩，至1990年全市引水渠道573处，引水灌溉面积109.32万亩，占到全市灌溉面积的23.8%，是西安市重要的灌溉设施，各县区渠道分布情况如表所示。

表5 西安市引水渠道分布表

区县名称	渠道处数	灌溉面积（万亩）	备　注
总　计	573	109.32	
长安区	149	5.97	
蓝田县	275	6.57	
临潼区	6	22.23	
周至县	125	23.64	
户　县	3	7.34	
高陵县		24.52	
雁塔区	1	0.11	
灞桥区	4	0.71	
未央区	2	6.35	
阎良区	8	11.88	

现兹将3万亩以上引水灌溉渠道简记如下：

泾惠渠： "关中八惠"的泾惠渠兴建最早。民国十九年（1930年）12月动工，次年一期工程通水。民国二十三年（1934年）全部竣工。由泾阳县张家山泾河峡谷筑坝引水，穿渭北平原，东流至阎良、临潼境内，分别注入石川河与渭河。东西长70公里，南北宽20公里范围内，灌至泾阳、三原、高陵、临潼、阎良5县区134万亩，有效面积126万亩；西安市属临潼、高陵、阎良设施面积63.65万亩，有效面积58.63万亩。该渠是在古郑国渠的基础上重建发展，引进西方科技与传统工艺相结合，并采用水泥等新建筑材料建拦河滚水坝，使枯水期泾水能全部入渠引用，汛期洪水能从坝上向泾河下游安全下泄。1931年成立以颜惠庆、杨虎城（时任陕西省政府主席）为名誉委员，李仪祉、李伯龄、塔德（美籍）为委员的渭北水利工程委员会，工程总投资167.5万元。

黑惠渠： "关中八惠"之一，于1938年11月开工，1938年滚水坝及左右岸进水闸建成。1940年7月黑河涨洪，坝体冲毁，8月重新设计，改为渥奇式滚水坝，长82米，高2.4米，配截渗固基板桩护坦，增加海漫护岸工程，1941年6月初坝成。右岸引水闸两孔引水量每秒4.4立方米。1942年竣工，有效面积13.96万亩，工程用款186万元，1943年春正式放水灌溉，并成立陕西省黑惠渠管理局，1945年即灌稻田6.7万亩。

1958年该渠下放周至县管理，更名为黑惠渠管理处。1956年、1960年曾两次进行扩建，西干渠上段增建进水闸两孔，扩大西一支，并扩东干十四斗，扩大灌溉面积1700亩。1990年黑惠渠灌周至县马召、楼观、广济、二曲、辛家寨、侯家村、四屯、终南、司竹、集贤、嵬峪11个乡镇、76个行政村、8个国营农场，设施面积13.94万亩，有效面积13.6万亩，每年实际灌溉11万亩左右。灌区内有机井720眼，实行井渠双灌；水电站5处，装机360千瓦。1986年灌区平均粮食亩产545公斤，高出全县平均产量200公斤。

涝惠渠：“关中八惠”之一。1947年9月工程告竣，共计完成土石方20.65万立方米，投资5.63万元。拦河坝高1.2米，长31.7米，东干渠14.3公里，流量每秒3立方米，1948年浇地9600亩。

建国后，该渠多次续建改建，完善渠系。1957年向惠安化工厂和户县电厂供水3000万立方米。1958年改为户县管理，更名为涝惠渠管理处。

1963年后，为解决工农业用水矛盾，县委决定马营以下宜井区改为井灌。1977年全县实施田园化建设，结合道路骨架，对原渠系进行调整，新修干渠2条全部衬砌，灌地2.4万亩。灌区粮食平均亩产550公斤。

沣惠渠：“关中八惠”之一。由陕西省水利局设计，在沣、潏河交汇口秦渡镇附近筑坝引水，1941年开工,1947年工程告竣，后成立陕西省沣惠渠管理局进行管理。渠首为浆砌石溢流坝，长133.5米，高1.5米，右岸设冲沙闸两孔，进水闸五孔，引水量每秒11立方米。全渠系有跌水、桥梁等各类建筑物200余座。设计灌溉面积23万亩，1949年仅灌地1.6万亩。

建国后，经不断整修、扩建，灌溉面积逐年扩大。1956年下放西安市管理。1960年未央区利用污水处理水源，引污水灌田与沣惠灌区重复，移交沣惠渠管理，并于柯家寨设管理站；同时查家寨引污水库之水入三渠，三桥站引浝河污水入二渠，扩大水源，实行清污混灌式轮灌。灌区内的大白杨抽水站，东方红一、二抽水站无交沣惠渠统管。1962年灌地6万亩，1968年灌地12万亩。1970年至1972年，市政府组成污水扩灌指挥部，增修李下壕污水西库、团结库，建胜利渠，设张家堡、红庙坡两个管理站。上述两项工程投资938万元，投工2806万工日，完成土石方量4430万立方米，干支渠16，各类建筑物393座。1985年灌地21.35万亩，渠系利用系数0.53，灌水效率1100亩第昼夜。从80年代以来，灌区粮食亩产超选手，皮棉超百斤，菜超万斤，1989年被评为水利部先进单位。

井泉渠：井泉渠系周至改造天井、龙泉两处旧有渠道兴建的有灌有排的水利工程，1966年改建竣工，有干渠29公里，支渠31公里，斗渠59公里。自终南乡双明村引水，设施面积3.83万亩，有效面积3.19万亩。灌区内有小型抽水站10处，装机556千瓦，配套机井185眼，年实际引水量55万立方米，提取地下水10万立方米。

余下污水渠：户县余下污水渠引惠安化工厂、余下电厂生活污水，引水量每秒0.55立方米，灌余下、石井、庞光、甘亭、五竹等乡镇农田4.1万亩，县管。

1960年群众自发挖渠引水灌田，1963年灌地万亩以上，1965年4月，县水利局取样送陕西水科所化验，结论此水可作灌溉用水，应注意排水，以免长期引灌，造成盐分积累，是年，污灌面积达2.38万亩，遂与惠安化工厂协议成立污水灌溉委员会。1970年县革委会决定将群众管理的污水站收归县管，1971年进行改建，新修干渠4条，面积扩大到3.85万亩。

1976年灌区出现板结，农业产量稳而不增，县委研究改灌溉用水为肥田用水，污水、井水交错灌溉，至1977年施肥面积增至6.36万亩。1983年惠安厂生产结构调整，排污量减少，污灌面积减至4.1万亩，其余改为纯井灌溉。

灞东污水渠：灞桥区灞东污水渠，是在未央区谭家乡东方红村引沣惠渠水过灞河，1978年5月建成，设计引水量每秒3立方米，设施面积6万亩，区管。有干渠26公里，衬砌13公里，支渠32公里，斗渠54公里，灌区内配机井845眼。

三、水库建设

建国后西安兴建各类水库120余座，淤满报废后，至今保留96座水库，其中小型水库有周至仰天河和西骆峪水库、户县甘峪水库、长安县大峪和小峪水库、蓝田县汤峪、岱峪水库、临潼区二龙口和戏河水库等。中型水库有以

下两库。

零河水库： 位于临潼区零口镇南1.5公里处，控制流域面积270平方公里。1965年11月开始兴建，1960年建成，1978—1982年加固，土坝增高设至46.22米，坝顶长320米，放水塔13.9米，放水闸高3.1米，宽2.2米，长120米，溢洪道泄洪流量每秒612立方米，总库容4195万立方米。洪区建成干渠1条，支渠4条，总长34公里，配套建筑物271座，灌溉零口、何塞两乡23个村7.8万亩耕地，有效灌溉面积6.3万亩。并在上游兴建小水库20余座，抽水站6处，从水库抽水灌溉4000亩。

石砭峪水库： 位于长安区石砭峪入山1.52公里处，距长安城南30公里，坝上控制流域面积132平方公里。1971年12月开工，1980年基本完成主体工程。该工程由大坝、输水洞、泄洪洞、水电站、灌区及城市供水工程组成。大坝为定向爆破沥青混凝土斜墙堆石坝，坝高85米，顶长265米，堆石方量208万立方米，其中爆破143.7万立方米，占总方量的69%。输水洞位于左岸，为圆形压力隧洞，洞径4米，长465米，出口为2.86×2.86米弧形闸门，兼备导流、泄洪和发电供水、灌溉输水功能。最大泄洪能力为每秒192立方米。泄洪洞设在右岸，宽7—8米，高10—12米，进口设7×7米弧形门，设计泄洪能力每秒707立方米。设计灌溉面积15.8万亩，干渠长46公里，支渠23条94公里，并向西安供水。

大峪水库： 位于长安区引镇大峪河出口处，1959年动工兴建，1971年10月建成，为黏土芯墙土石混合坝，坝高55.8米，坝顶长160米，顶宽6米。大坝以上流域面积58.9平方公里，总库容450万立方米。在"东水西调"工程中，大峪水库、徐家沟水库和东沟水库共同发挥作用，灌溉引镇等五个乡镇和街道办的8.2万亩良田。同时建成向供水专用管道，向西安航天基地、曲江遗址公园、大唐芙蓉园、兴庆公园、护城河等五处供水，年供水量1075万立方米。

此外，西安建成了周至县黑河金盆湾水库和正在兴建蓝田县辋川李家河水库，本书后边再作介绍，这里不再重复。

四、抽水站

抽水工程是解决西安台塬地区农田灌溉的主要方式，建国后抽水工程星罗棋布，四面开花，抽水站最多时曾达到1082座，灌溉面积83万亩，占当时全市有效灌溉面积1/5多。由于缺乏精细设计，水源不足，管理不善，到1990年全市抽水站保留602处，装机容量3.88万千瓦，有效灌溉面积53.12万亩，占全市有效灌溉面积的15%。其中5000亩以上抽水站有40座，其中交口抽渭最大，总扬程86.25米，装机110台2.5万千瓦，灌溉渭南和西安两市，总面积达118万亩，其中灌溉临潼、阎良农田19.58万亩，占交口抽渭总面积16.6%。该站渠首工程建在临潼区油槐乡西楼二村，引水流量每秒37立方米，在西安市境内干渠长14.6公里，支斗渠长155.4公里，平均粮食亩产530公斤，棉花61.4公斤，增产粮食3.4倍，棉花1.46倍。

此外，还有蓝田县鹿塬抽水站，灌地1.3万亩；临潼戏河抽水站，灌地1.33万亩；临潼行者站灌地1.3万亩；高陵县马家湾抽水站，灌地1.02万亩；张十站灌地1.23万亩。其余5000亩以上抽水站640处。设施灌溉面积41.95万亩，有效灌溉面积33.69万亩。

第七节 治理河患 防洪保安

江河安澜是从古到今治理河患的永恒主题，古人将洪水与猛兽相提并论，可见洪水之可怕。西安八水至今洪灾不断，持续威胁着西安的农业生产、城镇建设以及人民的生命财产。所以治理河患，防洪保安成为西安建设国际化大都市，实现生态平衡，保护自然环境的重要课题。

一、渭河治理

陕西省和西安市政府十分重视渭河治理。渭河的治理关系到关中宝鸡、咸阳、西安、渭南四个城市，干流长818公里，陕西境内长502公里，必须上下合作，紧密配合，分进合击，才能奏效。

省委、省政府2011年初，决定开展为期五年的渭河治理，工程静态投资

248亿元，新建加固堤防178公里，堤顶宽达到49米。目前渭河治理累计完成总投资106.54亿元，渭河干流提防工程累计开工58处，在建长度350公里，堤筑到设计高程堤防累计完成252公里，完成堤顶道路绿化81公里，修筑加固堤防坝和河道挖导坝608座。

宝鸡市的渭河治理，西起宝鸡峡渠首引水枢纽，东至杨凌，全长100公里，涉及金台、渭滨、陈仓、高新、岐山、眉县、扶风7个县区，共计堤防工程133.54公里，其中加宽加高堤防97.8公里，新修堤防35.7公里。堤防顶宽北岸为20米，南岸为30米，道路按准二级公路标准，北岸为四车道，南岸为6车道。2011年全线开工，完成路堤工程47.8公里，2012年完成60公里，2013年完成剩余的25.74公里。

西安市的渭河从周至青化乡入境，在临潼区油槐街办南赵村流出，流经周至、户县、长安、未央、灞桥、高陵、临潼等七个区县，全长140.6公里。西安市于2008年制定了《渭河西安城市段综合治理规划》，规划内容包括河道堤防建设、水面建设、滨河景观、道路配套、营造林带、防止污染等多项内容，治理范围西起西咸交界，东至高陵县耿镇，全长28.6公里，计划总投资85.67亿元。该工程于2008年10月开工建设，经过三年多的实施，已建成22.2公里的渭河堤防及堤顶滨河大道，在渭河以南营造了绿色景观林带，建成14个生态湖面，形成生态水面2000余亩，绿化面积1.2万亩，使渭河呈现出"一河清波、两岸绿色、鱼翔浅底、鸟语花香"的境界。

西安渭河生态景观公园，就是在此基础上改建而成的，西起西咸交界，东至灞河入渭口，全长22.2公里。正式开放后，市民在这里不仅可以游玩踏青，还可以欣赏多种美景。因为公园是按照滩区、堤顶、堤南200米三个部分布设的。

滩区有千亩荷塘、防浪林区、生态湿地供大家欣赏，市民还可带着孩子在绿地游乐场玩耍。古船渡口也可以让您体验一次在江南水乡划船的感觉。在堤顶，您可骑着自行车、或乘从电瓶车浏览，能看到跨河桥梁的景点、沿河节点的雕塑和堤顶的绿化林带景区。堤南有200米景观长廊，包括绿化示范段园林、12座人工湖景区、清水庄园、葡萄园、洗浴中心、水产品展示中心等，更是供您休闲健身的好地方。

目前，这里正在实施工程提升工作和滩地治理工程，已完成雁翅坝、备防石外观改造及滩地防浪林建设180亩、荷花池1145亩、人工湖1490亩，初步形成千亩荷塘和景观水面的治理效果。

临潼区渭河治理，2011年省市政府批复了临潼北田至任留段8.24公里、西康段3.16公里堤防加宽工程初步设计方案，按100年一遇洪水标准设计，堤顶宽35米，堤坝高约8米，背水坡比1:3，在坡脚修筑宽1.5米，高1米的巡堤检查道路，路外修砌石护墩。工程于2011年7月28日正式开工，由陕煤化集团承建，西泉、任留、行者、北田等街办共同努力下，今年已完成建设任务。

二、浐灞河治理

2009年11月市政府通过了《西安市浐灞河流域综合治理专项规划》，由水资源开发利用、水土保持、林业、防洪、拦河造湖六个子规划组成，期限为2006—2020年，共15年。

堤防建设： 浐、灞河城市段全部达到100年一遇防洪标准，蓝田县城达到30年一遇的防洪标准，农防段达到10—20年一遇的防洪标准。在两岸修筑水泥护坡180公里。在浐灞投资28亿元，兴建蓄水坝27座，蓄水面积达1.67万亩，在渭灞交汇处兴建湿地公园。目前完成堤防50公里和50公里长、宽14米的河滨大道，铺设50公里的截污管道，河道两旁栽植各类花木进行绿化美化。

水土保持： 在上游地区植树造林，涵养水源，开展河流治理。按照规划，完成人工造林、封山育林39058公顷，增加流域森林面积15670公顷，使森林覆盖率达到51.8%。同时还将通过淤地坝、水土保持等措施，共治理水土流失面积1071平方公里，15°以下坡地林草覆盖率由8.2%提高到32.5%，增加年保水量7093万立方米，年减少泥沙淤积1.3万吨。

一系列生态措施，将为西安带来更好的生态环境。按照预期，植被恢复保护将为浐灞生态区涵养水源，每年拦蓄降水4513万立方米。同时，每年可释放1.4万吨氧气，吸收二氧化硫113吨，固定二氧化碳2万吨，使浐灞河流域

成为西安城市的天然"氧吧"，每年造氧1.4万吨。

拦河造湖：按照规划，浐灞河流域在城区段河道规划27座橡胶坝人工湖，形成生态水面约1.67万亩，其中浐灞生态区21座，长安区2座，蓝田县4座。据了解，目前已基本建成橡胶坝人工湖19个，水面面积达到1.34万亩。到2020年27座全部建成。在人工湖两岸还将设亲水平台、栏杆，在适当位置设置码头，让百姓安全亲近水面。

三、沣河治理

沣河发源于秦岭北麓的丰峪鸡窝子，全长70.5公里，流域面积1460平方公里，多年平均年径流量2.47亿立方米，水量丰沛，水质优美，是古长安"八水"之一，历史上西周沣京、镐京都城就建于沣河的东、西两岸，两京隔沣河而望，彪池和灵沼"麀鹿濯濯，白鸟翯翯"，环境十分优美，孕育了灿烂的古代文明。

客观地说，如今的沣河与其他河流相比，具有不可比拟的优势：其一，沣河在"八水"之中，水质最好，达到I类；其二，沣河离城较近，水量充足，年径流量达到2亿多立方米；其三，目前沣河沿线建设强度大，可加快拉大城市骨架，带动外围组团的建设和发展；其四，沣河沿线可利用土地多，便于土地储备和规划实施。

随着西安城市规模的扩展，沣河将成为西安西部重要的生态屏障，治理、利用沣河势在必行。即将建成沣河生态新区，将会与高新区、经开区、曲江新区、浐灞生态区、西部物流区和航空、航天基地交相呼应，对西安经济社会发展产生深远的影响。

具体而言分为以下几个方面：

一是通过建设万亩生态水面、万亩森林，营造百里绿色长廊，让水、堤、林、路、景、园结合，打造西安西部生态之河，同时解决汉城湖和昆明池的水源。

二是通过更新改造原有大堤，将防洪标准由现在的10年一遇提高到50年到100年一遇，对沣河两岸河堤以及河道进行整治，按照防洪标准修建滨河路和防洪设施，目前该工程已开工，同时，长安区、户县、沣渭新区等管理单位已对规划范围内的用地进行控制。梁家滩地区节点细柳区城在规划中主要为高尚居住、商务、文化创意等用地。梁家滩地区已于2011年5月开工建设，前期先修建沿河道两侧的体育设施。

三是沣河流域的截污、治污工作要全面启动。自沣峪口发端，凡沣河流经的村庄都要进行污水治理，确保沣河水质。

四是着手编制沿线9个节点的综合利用规划，将梁家滩、昆明池、太平河入沣口、高冠河入沣口作为重中之重，组织精兵强将，借鉴外地先进经验，及早拿出方案。

五是通过规划建设平原水库，改善城市水环境和大气候，使沣河成为承载引汉济渭调水工程的调节之河。沣河纵贯西安、咸阳两市，在西咸接合部进入渭河，是西咸一体化不得不跨越的一道天然鸿沟，要积极推进西安、咸阳两市规划同体、经济同步、发展同源，就必须把沣河治理提到议事日程，打造西咸共建区的空间载体，构建西咸一体化之河。

总之，通过以上措施的实施，可在堤内增加建设用地，加快沣河土地储备，把沣河建成集防洪、生态、文化、旅游、商贸、人居、高新产业等为一体的城市发展新区，构建城市发展新格局，使沣河成为引领经济增长之河。

四、涝河治理

涝河属渭河一级支流，是户县境内最长的河，也是户县城区的主要水源地。按照西安市水环境功能区划分方案，户县涝河涝峪口至入渭河口水环境质量要达到Ⅲ类标准，但实际上，涝河流经县城城区以后，由于接纳了工业废水和城镇生活污水，河流水质急剧恶化，加之枯水季节河道迳流量小，河流稀释自净能力差，水质难以改变，污染负荷加重。2000年前后，涝河流域废水每年总排放量为1687万吨，其中工业废水排放量为1510.96万吨。涝河流域工业污染源主要分布在石井镇、玉蝉乡、祖庵镇、渭丰乡，行业以电力、造纸为主。由于污染源众多，涝河水质2000年COD高达652，超过国家标准300倍。

为了彻底改变涝河的水环境，2005年前后，市、县两级政府下决心关闭沿线造纸厂，首先从污染最严重的化学制浆造纸企业下手，先后关闭了玉蝉乡黄河纸业有限公司、户县宏达造纸厂、户县秦岭造纸厂等11家化学造浆造纸企业。迈出这艰难的第一步之后，2007年上半年，涝河入渭口COD保持在44—76之间。

目前，涝河沿岸的工业废水治理已经取得阶段性成果。户县正在积极筹建城市污水处理厂，在东、西各建一个污水处理厂。现在，城西日处理3万吨的生活污水处理厂项目已建成投产，城东的污水处理厂也已建成。同时，为了巩固目前的工业废水治理成果，环保部门将加大对保留造纸企业的监管力度，确保废水稳定达标，并严格控制涝河两岸建设项目，保证不再给涝河增加新的污染源。

与此同时，开展涝河一期综合治理工程，浆砌石拆除1800余米、导流渠开挖2000米，2800米堤防外侧基本填筑至原堤防高度，宾格石笼基础砌护约400米，260米基础及340米护坡砌护已完成。累计拆除浆砌石护坡5000方，清土2.3万方，堤防填筑15.3万方，准备堤防填筑料5000余方，宾格石笼基础开挖3400方。

五、潏河治理

潏河位于长安区腹地，距西安市中心约10公里。随着城区的延伸和长安大学城的建成，潏河已置身城区之中，其治理开发已纳入长安区城市建设的总体规划。

潏河生态公园建设项目由香港一公司投资建设，大型主题生态公园总投资达1.2亿美元。公园主要建在潏河两岸的河滩地上，西起南长安街，东至西杨万村的潏河两岸，长约4公里，占地约5000亩。开展"两路一河，景观治理"，按照规划，利用三至五年，这里将建成包括体育运动、生态旅游、休闲度假等主要功能的大型开放式园区。

在公园东区将建大型体育运动区。在该区除了建设常规的网球、篮球、足球场地外，还将建设一些西安目前缺乏的棒球、橄榄球运动场所地，以及一个双向练习场和滑草场。同时，园区设置大量园林小径供游客慢跑、骑自行车等户外活动。从河道治理入手，整修河堤，兴建道路，营构林带，配置花草，形成水路景观带，把潏河两岸建设成环境幽美的花园式的风景，成为田园风光展示，传统文化体验，运动健身休闲为一体的生态易居新区。

六、漕河治理

漕河是西安一条主要排污渠，接纳了主城区60—70%的生活污水和长安区的生活污水，尽管建成了第一、第二污水处理厂，已满负荷运转，但由于污水厂处理能力有限，加之漕河西区未铺设排污管网，依然造成漕河的严重污染，目前共有51个排污口，每天有38万吨的污水未经处理，直接排入漕河。所以漕河治污是工作的重中之重。

西安市成立了渭漕河三角洲生态环境综合治理工程领导小组，2012年4月6日，市长董军视察漕河，他要求确保第一污水处理厂二期工程，今年6月底以前开工建设，明年底建成投入使用。第二污水处理厂扩建工程在今年年底建成使用，同时要加快长安污水处理厂二期工程建设，实现长安区污水全处理，市政部门要做好排污管网建设，尽快解决漕河污染问题。

第八节 节水城市 率先垂范

八水绕长安已成为西安独有的水资源优势，随着森林的锐减，人口的剧增，工农业用水的消耗增大，西安八水水量萎缩，造成西安城市水荒，导致工农业用水供需矛盾日益突出。如何解决这一问题，那就是开源节流，为此2003年，西安市向水利部申请开展节水型社会建设试点。2004年水利部批准以西安市为首的全国首批第四个节水型社会试点城市，从此，西安走向了"政府主导、部门协作、全社会共建、全方位节水"的节水型社会建设道路。全面落实科学发展观，以提高水资源利用效率和效益为核心，以增强水资源与水环境承载能力为目标，以节水型社会建设为主线，强化节水理念，

优化资源配置，突出制度建设，实现人水和谐，确保经济又好又快可持续发展，创出了一条新路，经过18年的努力，2010年被水利部授予"全国节水型社会建设示范市"的光荣称号。

一、推广节水灌溉，节约水源

过去的农业灌溉，渠道的渗漏，大水漫灌，不仅浪费水资源，而且增加灌溉水费，加大农业成本，加重农民负担。为此，因地制宜采用U型渠道衬砌，发展管灌、喷灌、滴灌，利用雨水集蓄的多种形式，发展节水灌溉，每年新增改造节水面积20万亩，使每亩用水量定额下降30%，农业灌溉用水系数达到0.71。从1996年开始，市财政每年投入节水农业灌溉项目专项资金1000万元，同时吸引县区和群众投资达1500万元。目前全市共发展节水灌溉面积达270万亩之多。

其中户县推广节水灌溉，累计投入3000多万元，新打配套机井410眼，铺设地埋管线564.98公里，衬砌渠道15公里。全县农业节水灌溉面积达26万亩，占全县灌溉面积48.86万亩的53.21%，占全县总耕地面积的45%。

高陵县从1990年至今，全县衬砌渠道909.657公里，埋设低压输水管道121.617公里，新打配套机井706眼，全县实施滴灌2230亩，喷灌500亩，共合计建设节水灌溉面积达23.49万亩。全县粮食生产实现了"吨粮田"，走上了高产稳产道路。

二、保护地下水，关闭自备井

西安市长期用开采地下水补充城市供水，形成地下水位下降，引起地面下沉，造成生态环境的恶化。为此，西安市开辟新水源，跨流域从眉县石头河、周至县黑河金盆湾水库引水，以及石砭峪、沣河汇流引水，使西安日供水能力达到130万立方米，为避免地下水过采创造了条件。为此，开展了自备水源井的封停工作，划定了地下水禁采区范围。截至2010年6月底，全市累计封停自备水源井2000余眼，每年减少地下水开采量2.6亿立方米，全市地下水位稳步上升，地面下沉减缓，地裂缝等地质灾害得到有效遏制，倾斜近1米的大雁塔，开始逐渐扶正，使西安城市供水由以地下水为主向以利用地表水为主的转变。

与此同时在西安市南郊地下水漏斗区开展了地下水人工回灌试验，单井回灌量保持每小时400立方米，每年保持300个小时的回灌，地下水位则可明显上升，遏制地面下沉和裂缝的产生。

三、开展社会节水活动，减少水资源的浪费

西安市自来水公司，投资3700万元建成工艺水回用系统，使水厂基本实现零排放，每年可节约用水900万立方米。大力防治城市供水管网滴冒跑漏，城市管网漏损率下降到13.6%。在汽车行业推广蒸汽洗车，在居民家中推广节水马桶和节水龙头，节水器具推广率由50%提高到85%，并加强污水处理和利用，已建成污水处理厂8座，在建6座，污水处理利用率达到70.62%。城市污水处理后的中水、次质水排放，在灞河河道、浐灞三角洲交汇处河漫滩地，形成湿地景观区达25.3平方公里。压缩、关闭造纸、印染、纺织、机械加工等高耗水企业，使万元GDP用水量从原来187.18立方米到2008年底下降到77.85立方米，万元工业增加值用水量由159.28立方米，下降到66.25立方米。

四、健全法制、强化管理

节水城市的建设和管理，必须以法律为保障，为此，省市人大先后批准颁布了《西安市城市节约用水条例》。一是《西安市地下水资源管理条例》《西安市黑河引水系统保护条例》等30项行政规范和制度，强化了节水城市的法规管护的监督。相关部门编制了《西安市节约用水规划》《西安市雨水利用规划》。二是利用经济杠杆，强化节水城市的建设，地下水开采由原来每立方米0.08元提高到现在0.5—3.0元的标准，超采区另外加50%。污水处理费每立方米由过去0.16元调至0.8元。三是调整地下水管理机制，由过去的城建、地质、水利等职能分割，多头管理，变为西安市委和市政府决定将取水、供水、排水、城市污水管理、再生水的利用的涉水事务统一划归西安水务局管理，为进一步提高水资源利用效率和效益，推进节水城市的建设奠定了扎实的基础，用行政权力维护节水城市的建设与管理。

西安市政府将社会节水建设纳入全市目标责任制考评体系，将14大类，66项目标任务落实到市级29个成员单位，明确规定了完成任务的时限要求，逐级签订目标责任书，年底进行统一考核，使节水城市建设在领导上有所保证。

五、强化宣传，增强市民自觉节水意识

强化各行各业和市民的节水意识，是保障节水城市建设的基础，为此强化宣传，唤醒市民的环保意识和节水意识，相继开展了节水环保进社区、保护母亲河行动、安全用水进万家、节水夏令营活动等。西安电视台制作公益性宣传短片，定期播出，在钟鼓楼广场电子屏幕播放节水公益性广告，在平面媒体刊发节水型社会建设专版，开设专栏，在城市重要出入口设立广告牌，在主要大街悬挂灯柱广告。2009年6月，由中央四部委联合组织"节水中国行"到西安采访，各大媒体20余名记者开展了"产业结构调整与节水"的深入采访活动，全面报道了西安节水城市建设业绩和经验。由于西安节水成绩显著，2007年9月27日，全球水伙伴在西安举办了"公众参与节水型社会建设交流会"。2008年11月27—29日，西安举办了"全国节水型社会建设经验交流会"，受到了水利部的高度评价和赞扬。2010年4月，水利部派出专家组对西安市节水型社会建设试点工作进行了技术评估，认为西安市在水资源配置、转变用水方式，促进区域发展、法规制度建设、城乡水务一体化管理、政府推动节水城市的建设，起到了带动引领作用。2010年9月13日，水利部在北京召开了西安市、张家港市节水型社会建设试点验收会，验收合理。2010年9月20—21日在郑州召开了"全国节水型社会建设经验交流会"，水利部授与西安"全国节水型社会建设示范市"，市政府副秘书长肖争光代表西安市政府上台领奖。

第九节 修建水库 解决水荒

西安城市水荒日益严重，1875年城市每天需水56万吨，供水能力46万吨，缺水10万吨。1980年日需水56万吨，供水能力48万吨，缺水17万吨。1995年夏季日供水需103万吨，实际供水能力63万吨，日缺水达50万吨。供水不足成为制约西安经济发展和居民生活的主要矛盾，而在西安周围的八条河流，水源萎缩，无水可供，只得跨流域引水。为了开拓水源，陕西省和西安市已兴建了眉县石头河水库、周至县黑河金盆湾水库，正在兴建蓝田县李家河水库和引汉济渭工程，并筹建泾河东庄水库，以解决西安和关中城市群水荒。

一、眉县石头河水库

当初为解决农业灌溉水源不足的问题，省上决定兴建石头河水库。1969年开始勘测设计，1974年列入国家基本建设计划，1978年开工建设，全部采用机械化施工，1982年基本建成，1994年通过国家竣工验收。1996年开始向西安市供水。

石头河水库位于眉县、岐山、太白三县接壤的眉县斜峪关，是一座以农田灌溉，城市供水，发电防洪，水产养殖的综合利用的大（Ⅱ）型水利工程。水库大坝高114米，主坝段长590米，最大底宽488米，坝体土方达880.55万立方米。控制流域面积673平方公里，石头河每年平均迳流量4.48亿立方米，总库容1.47亿立方米，有效库容1.2亿立方米，年调节水量2.7亿立方米，设计灌溉面积128万亩，其中渭河南岸岐山眉县灌区37万亩，每年向西安市供水1.04亿立方米。大坝输水洞长534.22米，内径4米，泄洪洞全长697.45米，设计每秒流量850立方米。溢洪道长598米，泄洪槽宽40米，高潮泄洪流量每秒7150立方米。

石头河灌区是在原梅惠渠灌区基础上发展起来的，现有北、西、东三条干渠，全长78.91公里，支渠3条，总长103.8公里，有各类建筑物825座，设计灌溉面积37万亩，有效灌溉面积32万亩。其中东干渠承担农田灌溉及西安供

水任务，东干渠经过霸王河，因此兴建了霸王河渡槽，全长1566米，共有36跨，最大高度25米，设计流速每秒10立方米。东干渠经过法牛塬，在此兴寻了法牛塬隧洞，全长2755米，洞径3.5米。石头河水库在水坝后及沿渠建成中小电站4座，装机23660千瓦，其中坝后电站装机2.15万千瓦。

石头河西安供水工程，为跨流域调水工程，供水渠线自水库分水闸至黑河汇流池，全长57.3公里，其中利用原东干渠工程24.5公里，从汤峪河渡槽出口至黑峪河口，新开渠线32.8公里，共完成土石方81.8万立方米，混凝土13.7万立方米。供水渠道1996年5月13日全线贯通，5月30日向西安供水，设计引水流量每秒6立方米，最大日供水能力52万立方米。年向西安供水1.04亿立方米。在周至黑河金盆湾水库未建成以前，眉县石头河水库是西安城市供水主要水源地。金盆湾水库建成后，基本不再用石头河水库的水，转向咸阳市供水。

二、石砭峪水库以及四峪汇流向西安供水

1984年10月，省市政府对周至兴建黑河金盆湾水库进行了专题研究，在金盆湾水库未建成前，先引石峪水库和田峪水、沣峪水、黑河水的水进城。石砭峪水库，位于长安区石砭峪入山口1.5公里处，控制流域面积132平方公里，1971年12月开工，1980年建成，为定向爆破沥青混凝土堆石坝。坝高85米，顶长265米，顶宽7.5米，总堆石方208万立方米，总库容2810万立方米，有效库容2560万立方米，输水洞长465米，洞径4米，最大泄洪能力每秒192立方米。设计灌溉面积15.8万亩，每年向城市供水3000万立方米。

石砭峪水库向西安供水工程于1986年8月开工，1990年8月建成，从汤峪渡槽出口至黑河蔺家湾汇流池与黑河水源相接，引水渠线全长32.79公里，沿线主要建筑物87座，断面宽1米，高2米，每秒引水流量6立方米。

石砭峪水库

1991年12月又开工建设引沣峪水进城，1994年引田峪水进城，1995年8月又引黑河水，完成了甫店至黑峪口72公里的输水渠道。1996年6月石头河水库又向西安供水，共形成向西安的供水60万吨的供水规模，基本缓解了水荒。

三、周至黑河金盆湾水库

位于周至县黑峪口入口处1.5公里处，距西安市86公里，是一项以城市供水为主，兼有灌溉、发电，防洪等综合利用的大（Ⅱ）型水利工程，是西安市城市供水的最大水源地。

金盆湾水库按百年一遇洪水（Q=3600m/s）设计，两千年一遇洪水（Q=6400m/s）校核。正常高水位594.0米，汛限水位593.0米，设计、校核洪水位分别为594.34米和597.18米。

金盆水库枢纽由拦河大坝、泄洪洞、溢洪洞、引水洞、坝后电站以及古河道防渗工程等组成。

拦河坝为黏土心墙砾石坝，最大坝高130米，坝顶长宽433米，顶宽11米，坝顶高程600米，上、下游坝坡分别为1:2.2和1:1.8，其中下游坝坡布置有上坝道路。坝体填筑总量775万立方米。

泄洪洞位于左岸，采用塔式深孔进水口，建筑物全长643.39米，设计洪水位下泄流量每秒2421立方米，校核洪水位每秒下泄流量2450立方米。

溢洪洞布置在右岸，建筑物总长471.242米，溢洪洞设计水位下泄洪量每秒537立方米，校核水位时每秒下泄流量为2000立方米。

引水洞位于左岸，进口放水塔总高85.7米。根据城市引水对水质的要求，设上、中、下三个分层取水口，建筑全长764.17米，引水洞设计引水流量每秒30.3立方米，加大引水流量每秒34.1立方米。

坝后电站装置三台HLA153—LJ—120型水轮机及单机容量4000千瓦的发电机一台，8000千瓦发电机两台，总装机容量20000千瓦。电站年平均发电量7308万度。

城市输水工程按水源划分为黑河城市引水渠道工程，石头河水库补充水源渠道工程，石砭峪水库各用水源渠道工程三部分。其中黑河城市引水渠道工程

由电站尾水渠送入蔺家湾汇流池，与石头河来水汇合。黑河城市引水渠道自蔺家湾汇流池起，自西向东经过周至、户县、长安至西安市南郊曲江池净水厂，全长86公里，为重力自流输水。渠线沿秦岭北麓坡脚和山前洪积扇而行，沿途横跨嵌峪、田峪、涝峪、沣峪等河流，沟道70余条，穿越神禾、少陵等黄土塬，主要建筑物60余座，共计长约26.86公里，其中隧洞12座，长14公里，倒虹24座，长11.85公里，渡槽17座，长1.01公里，暗渠59.1公里，包括其他各类建筑物共264座。由于在工程建设过程中增加了石头河供水水源，调整了黑河包括其他各类建筑物共264座。由于在工程建设过程中增加了石头河供水水源，调整了黑河水库规模，使得整个输水暗渠各段断面和输水能力不同。

从枢纽蔺家湾汇流池至见子河倒虹出口段长70.035公里，暗渠断面宽3.1米，高3.8米，设计流量每秒14—15立方米。

从见子河倒虹出口至曲江池水厂段长16.18公里，在供水规模调整前已施工，渠道断面均为原设计尺寸。其中见子河倒虹出口至甫店汇流池段长1.88公里，设计流量10.3立方米，甫店汇流池至曲江池水厂段长14.3公里，为双线暗渠，暗渠断面尺寸为宽2.5米，高2.7米，设计流量每秒为11.6立方米。石砭峪水库备用水源渠道在甫店汇流池与黑河引水渠汇合。

由于输水暗渠在见子河倒虹出口以下过流能力不够，故在倒虹出口设分流池，修建15.2公里的输水支线至30万吨净水厂，其中φ2.0m压力管8.2公里，隧洞7.0公里，设计流量每秒4.0立方米。

四、蓝田李家河水库

李家河水库工程是列入国务院批准的《渭河流域重点治理规划》，2008年国家发改委批复的《中国中型水库规划》的主要水源工程，是西安市继黑河金盆湾水库城市供水工程之后实施的第二大供水工程和生命线工程，是改善民生，提高城市供水能力，确保城市供水安全的重大决策，是解决西安市东部的灞桥区、纺织城、阎良、蓝田县和阎良国家航空基地以及白鹿原五个乡镇，共计200万人口的生产生活用水问题的主要工程。

李家河水库大坝位于灞河一级支流辋川河中游蓝田县李家河村，距西安

68公里。大坝按50年一遇洪水设计，500年一遇洪水校核。大坝为碾压混凝土双曲拱坝，正常蓄水水位880米，总库容5260万立方米，坝后发电装机48000万千瓦，水库枢纽至净水厂输水暗渠总长70.34公里。工程建成后与岱峪水库联合调度，年新增供水量7669万立方米。

李家河水库总投资20.8亿元，于2008年11月29日开工建设，目前已完成23公里进场道路硬化和380米的导流洞，实现大坝截流，进入全面施工阶段。李家河水库工程建设总工期40个月。

五、泾河东庄水库

被誉为陕西的"三峡工程"。东庄水库位于渭河支流泾河下游峡谷。礼泉县东庄乡，距咸阳市80公里，距西安市100公里，距泾河下游张家山泾惠渠渠首大坝30公里。设计最大坝高230米，为混凝土大坝，总库容30.08亿立方米，是西北目前最大的水库，防洪库容4.2亿立方米，拦截泥沙20.6亿立方米，减少渭河下游泥沙淤积7.6亿立方米，水电装机9万千瓦，工程估算总投资120亿元。水库建成后每年可向西咸新区、铜川、富平及泾惠渠供水5亿多立方米。

泾河东庄水库的兴建对治理渭河，防洪保安，城乡供水有十分重要的战略意义。泾河发源于宁夏泾源县六盘山东麓的马尾巴梁和东南的老龙潭，穿越甘肃东部的平凉、泾川县，从陕西长武县进入陕西，流经彬县、永寿、淳化、礼泉、泾阳、高陵诸县，在高陵县陈家滩汇入渭河，干流全长455公里，流域面积45421平方公里，其中陕西境内干流长272公里，流域面积9246平方公里，分别占全长60%和总面积20%。泾河自彬县早饭头至泾阳县张家山，全部为峡谷地带，长120余公里，谷宽仅100左右，最窄仅30米，是打坝建库的最佳地址。从张家山出口到高陵县陈家滩约60公里，为关中平原区，地势开阔，土地肥沃，在秦代兴建了郑国渠，延续到今日的泾惠渠，达2200多年之久。

泾河年迳流量20.7亿立方米，其中陕西产流4.27亿立方米，是世界上水土流失最严重的河流，年输沙量达2.52亿吨，最大洪峰流量每秒达14700立方米

（1911年）。泾河洪水和泥沙危害十分严重，关系着渭河下游和黄河的防洪保安，所以兴建东庄水库，有着十分重要的战略意义，水库建成后，不但防洪发电，确保渭河平原的安全，并向咸阳、西安城乡供水。

东庄水库是国务院批复的《渭河流域重点治理规划》骨干防洪工程，是省委、省政府"十二五"规划动工建设的大型水利工程，2011年围绕项目建设书大纲和三大专题研究大纲，先后组织黄河设计公司、省水电设计院、西北院、中国地质大学等10多个科研单位和大专院校攻关，编修15大类59个子项目，项目建议书已上报水利部审查，可望明年开工基础建设，在"十三五"建成运用。

第十节 南水北调 平衡水源

西安市水资源总量23.47亿立方米，人均水量不足300立方米，仅为全省人均的1/3，全国人均的1/6。按照西安市的规划，到2020年，主城区需水20亿吨，缺口达12亿吨，所以需要从水源丰富的陕南汉江跨流域引水到西安、到关中，实行南水北调工程，以缓解西安供水不足的矛盾。为此西安市和省上计划兴建引乾济石、引湑济黑、引红济石、引汉济渭等南水北调工程，把陕南汉江水穿越秦岭引到关中渭河流域所在城市。

一、引乾济石调水工程

此工程是利用西康公路秦岭隧洞施工的有利条件，兴建输水隧洞，将陕南商洛市柞水县乾佑河（汉江支流上游称乾佑河）的水调入西安市长安区五台乡的石砭峪水库，简称引乾济石工程。该工程分别在乾佑河支流老林河、太峪河、龙潭河上分别兴建3座低坝截水，由引水渠引至隧洞前的汇水池，进入隧洞，引入石砭峪水库。引水线路全长21.85公里，其中穿越山洞长18.05公里，采用自流引水，引水最大流量每秒8立方米。为了保证乾佑河下游农民生产和生活用水，在流量每秒小于0.23立方米时枯水不引水，在汛期多引水的方式。每年可向石砭峪水库调水4943万立方米，工程总投资2.01亿元。从2003年11月30日开工，于2005年10月竣工，实现胜利通水，增强了向西安城市供水的能力。

二、引湑济黑调水工程

从周至老县城秦岭南麓的汉江支流湑水河吊口下游100米处引水，工程包括引水枢纽、引水隧洞、洞后电站、管理设施以及交通工程五大部分，引水枢纽兴建拦大坝，最大坝高11.75米，坝长28米，引水流量每秒10立方米，引水隧洞长6252米，断面2.9×3.1米，洞后电站装机2×230千瓦，工程总投资1.68亿元。从2007年11月开工，于2001年建成通水，弥补了周至县黑河金盆湾水库的水源，保证了西安城市供水和农业用水。

三、引红济石调水工程

从太白县秦岭南麓褒河支流红岩河上游取水，通过穿越秦岭隧道，流入秦岭北麓渭河支流石头河，经石头河水库调节后向西安、咸阳、杨凌、宝鸡供水，对缓解关中地区城市供水，改善生态环境，促进经济可持续发展，具有十分重要的意义。

引红济石调水工程，于2008年10月开工，工期66个月，预计2013年建成通水，总投资7.14亿元，设计最大引水流量每秒13.5立方米，设计年调水量9210万立方米，其中向渭河补给生态用水4696立方米，经石头河水库结合自产水调蓄后，水库年均供水量2.66亿立方米。该工程主要由红岩河上的关山低坝引水枢纽和穿越秦岭的五里坡与太白盆地南缘山区的19.76公里的输水隧道组成，隧道长19.76公里，工程完工后将发挥向城市供水的巨大效益。

四、引汉济渭调水工程

陕西水资源71%分布在陕南长江流域，所以从陕南调水到关中，成必然趋势。引汉济渭是陕西有史以来最大的南水北调工程，不仅关系到西安，而且对关中和陕北用水起到举足轻重的关键作用。引汉济渭工程，地跨黄河长

江两大流域，穿越巍峨的秦岭，主要由汉江西乡县黄金峡水利枢纽、秦岭输水隧洞和三河口水利枢纽三大部分组成。

黄金峡水利枢纽，位于汉江干流黄金峡锅滩下游2公里处，控制流域面积1.71万平方公里，每年平均迳流量76.17亿立方米，拦河大坝为混凝土重力坝，最大坝高68米，总库容2.29亿立方米，然后在坝后兴建泵站，将水抽至秦岭隧道，扬程为117米，总装机12.95万千瓦。电站装机13.5千瓦，平均年发电量3.63亿度。

秦岭输水隧洞全长98.30公里，设计引水流量每秒70立方米，纵坡1/2500，分黄三段和秦岭段。黄三段进口为黄金峡水利枢纽的后左岸，出口位于三河口水利枢纽坝后约300米处的控制闸，全长16.52公里，洞口断面为马蹄形6.76米×6.76米。秦岭段进口位于三河口水利枢纽坝后右岸控制闸，出口位于渭河一级支流周至县黑河右侧支沟黄池沟沟内，全长81.779公里，分段采用内径6.76米×6.76米马蹄形断面和6.92米×7.52米圆形断面，其中进口段26.14公里及出口段16.55公里，采用钻爆法施工，断面为马蹄形，穿越秦岭主脊段何用TBM法施工，断面为圆形。

三河口水利枢纽为引汉济渭的两个水源工程之一，是整个调水工程的调蓄中枢。坝址位于佛坪县与宁陕县交界的子午河峡谷，在椒溪河、蒲河、汶水河交汇的下游2公里的坝址断面处，多年平均迳流量8.7亿立方米。拦河坝为碾压混凝土拱坝，最大坝高145米，总库容7.1亿立方米，坝后设泵站，设计扬程为97.7米，装机功率2.7万千瓦，电站总装机4.5万千瓦，每年平均发电量1.02亿度。

三大工程总库容9.39亿立方米，泵站装机功率15.65万千瓦，电站总装机18万千瓦。工程建成后每年可从陕南调水15亿立方米，其中从汉江支流子午河调水5亿立方米，从汉江黄金峡调水10亿立方米，最大引水量每秒70立方米，基本解决沿宝鸡、咸阳、西安、渭南等大中城市的城市用水和工业生产用水。其中分配给西安市的用水量为5.97亿立方米，占15亿立方米的39.8%，以确保2020年西咸供水年达到20亿立方米。

引汉济渭总投资168亿元，已于2011年11月正式开工，工期为99个月。

第十一节 八水入城 城河环绕

改革开放后随着西安实行大水大绿工程，强化水利和园林建设，呈现出，"八水城中流，群湖扬碧波"的景象，展现出西安山水之城的美景。

一、八水入城

古都西安以隋唐长安城最大，城区面积达84平方公里，泾、渭、浐、灞、丰、滈、涝、潏八水均在城外，故称"八水绕长安"，如今随着西咸一体化的建设，西安三环路和关中环线的开通，泾河工业园的兴建，浐河灞河的治理，使城区与纺织城连成一片。通过沣东新城的扩展，使西安三桥逐步与咸阳连成一片，形成了"八水城中流"的格局，丰富了城市水利景观，增加了城市的灵气，彰显山水之美，使古城更加锦绣。

渭河是关中最大的河流，是八百里秦川生命线，是陕西人民的母亲河，为了从根本上解决渭河水资源短缺、防汛工程薄弱、水污染严重等问题，打造一条"洪畅、堤固、水清、岸绿、景美"的新渭河，省委、省政府大手笔制定了渭河治理规划，五年时间共投入607亿元，加宽加固渭河堤防，疏浚河道，整治河滩，绿化治污，把渭河打造成关中防洪安澜的黄金水道，绿色环保的景观长廊，区域经济发展的产业集群，重现渭河的历史辉煌。

2011年，从宝鸡到渭南400多公里的渭河两岸，铺开了40处工地，建成了高标准堤防187公里，完成河滩清障305平方公里，经受了2011年渭河30年来最大洪水考验。

西安市北郊通过泾河开发区的建设，向草滩扩展，与渭河以北的高陵县泾河新城，临潼区的渭北工业园连成一片，将渭河和泾河包在了城市之内。西安市从2008年制定了《渭河西安城市综合治理规划》，并于当年10月开工建设，工程包括河道堤防建设、水面建设、滨河景观、道路配套、营造林带、防治污染等多项内容。范围西起西咸交界，与市渭河大堤和咸阳湖相接，东至高陵县耿镇，全长28.6公里，总投资85.67亿元。经过三年多的实施，已建成22.2公里的渭河堤防及坝顶滨河大道和60公里的环渭公路，在渭

河以南营造了绿色景观林带，建成了14个人工湖，形成2000亩的城市水上景观，使渭河成为"城中河"，呈现出"一河清波，两岸荫映，鱼翔浅底，鸟语花香"的境界。

西咸新区确定建设泾河新区，重点建设崇文镇和泾河湿地生态公园。该公园位于高陵县东路以东，规划占地1500亩，将建成集湿地生态、观光、科普、研究和休闲功能为一体的社会公益性生态公园，城市水岸线将设计成为一条以旅游观光休闲娱乐为特色的滨河走廊，成为西安休闲度假的后花园，而把泾河纳入城市之中，成为城中河。

西安市东郊，原来只有纺织城，与市区分离，现在通过城区东扩，开工建设了129平方公里的浐灞生态区，将浐河和灞河囊括在市区以内，浐灞两河的治理，已投入70多亿元，建成高标准堤防50多公里，建成橡胶坝4座，形成水面15000亩，园林绿化面积7000亩，浐河上建成千亩湿地，又在灞河东岸建成了世园会园林景观，2011年成功举办了世界园艺博览会，吸引了国内外近1600万观众前来参观，使浐灞新区建设更是锦上添花。

西安市西郊，通过沣东新区的建设和世纪大道的贯通，使西安市区、三桥和咸阳连成一片，把沣河包括在内，并利用沣河为水源恢复汉代昆明池。

西安市南郊，随着长安撤县设区，以及航天工业园、大学城、郭杜镇的建设，城区不断向南推进，将潏河、潏河、滈河纳入其内，其中潏河治理工程全竣工。并加速涝河治理，以天生桥水生态修复示范为节点，将户县城向南北拉伸扩展。

经过城市东南西北四个方向的扩展，市区面积将由180平方公里扩大到415平方公里，市区人口由1990年210万增加到现在的851万。"八水城中流"的新格局，拉大了城市骨架，增加了灵气，滋养了城市园林，拓展了水利景观，改善了城市生态条件、美化了环境，使西安走向了生态建设复兴之路。

二、城河环绕

盛唐长安城，唐末朱全忠胁迫唐昭宗李晔迁都洛阳，对长安城大肆破坏，拆毁建筑，索取木材，顺渭河和黄河漂流而下，长安城就此毁灭。唐末唐哀帝天佑元年（901年），佑国军节度使韩建镇守长安，面对这个满目疮痍的长安城，只好进行缩小，放弃了原来的外郭城和宫城，只是对皇城进行了维修。此后，由五代直至元朝都没有改变，维持原状。

西安城墙及护城河

到了明朝，明太祖朱元璋当了皇帝，"藩屏帝室"，封次子朱樉为秦王，镇守西安，下令加固和扩建西安城墙。西安城墙修筑时间，从明太祖朱元璋洪武七年开始到洪武十一年止（1374—1378），共五年时间。据《陕西省通志》记载："洪武初，都督仆英增修，周四十里（此数记载有误），高三丈，门四，东曰长乐，西曰安定，南曰永宁，北曰安远。四隅角楼四，敌楼九十八座。"到了明穆宗朱载垕（hou音后）隆庆二年（1568年），巡抚张祉给城墙外面加砌青砖。崇祯末年（1642年左右），巡抚孙传庭又加修了四关城，构成严密完整的防御体系，使现今的西安城墙规模完全具备。明洪武十三年（1380年）、十七年（1384年）前后，城内修建了钟楼和鼓楼。明神宗万历十年（1582年）陕西龚懋贤将钟楼由迎祥观（今西大街广济街口）迁移到市中心的现址（清高宗乾隆五年，即1740年重修）。同时，又重新修了四城门楼。这样，以钟楼为中心，四条大街辐射四方，构成了西安城内街道

现有的基本格局，保留沿袭至今。

　　西安城墙，呈长方形，东城墙长2590米，西墙长2631.2米，南墙长3441.6米，北墙长3244米，周长11.9公里，包括瓮城长14公里，城区面积11.5平方公里。城墙底宽15—18米，顶宽12—14米，墙高12米。墙体底部用石灰黄土混合夯筑，上部用黄土夯筑，墙顶内外沿筑有女儿墙，外墙有垛口5984个，内沿墙无垛口。城四周还修有98座敌台（又叫墩台或马面），敌台就是沿城墙外缘呈凸字形的墙台，高度与城墙相同。目的是用于专门射杀爬城的敌人，敌台每相距120米一台，两敌台之间距离之一半为60米，恰好在弓箭有效射程以内。在98座敌台上，还建有98座墩楼。城四方开有城门，东为长乐门，西为安定门，南为永宁门，北为安远门。每门的门楼有三重，即阙楼、箭楼、正楼。四周围墙，箭楼在中，正楼在里，阙楼在外，箭楼与正楼之间的围墙构成瓮城。每楼下设拱形门洞（南门瓮城箭楼下无门洞），洞高宽各约6米，洞深约27米。城四角各筑有角楼一座，近南门东侧有魁星楼一座。城墙四周开挖有又宽又深的城壕，引水注入，形成护城河。正对城门的地方安置有可以起落的吊桥。升起吊桥，截断交通，便于军事防卫。所以，西安明代城墙，为研究古代城市防卫系统和城市建筑技术，提供了宝贵的实物。西安城墙被国务院列为全国重点文物保护单位。

　　西安城城垣范围比明首都南京和北京城小一些，因为西安地处西北，战略地位重要，加之又是朱元璋嫡子秦王朱樉的封藩所在地，所以城垣高大坚固，防卫森严，是我国八大古都（北京、西安、洛阳、开封、郑州、安阳、南京、杭州）中最雄伟、最整齐、最坚固的城墙，是八大古都中现存规模最大、保存最完整的城墙，也是世界上少有的古城堡。因此，西安城为世界人民所瞩目，保护和建设好西安城墙具有十分重要的意义。

　　西安城墙，解放前遭受破坏，解放以后，在大跃进和十年动乱期间又遭受新的破坏。为了保护好西安城墙，古为今用，美化环境，发展旅游，在党中央和国务院支持下，西安市决定建设西安城墙公园。1983年成立了西安环城建设委员会，各方筹集资金，组织专业队伍和义务劳动大军，开始修复和建设，1985年全部竣工。总投资8000万元以上，耗费工日300万个。环城建设确定了"墙、河、林、路、街"五位一体的建设方针，最后达到城墙完整、城河水清、环路畅通、绿地如茵、街房整齐的要求。

此后不断完善全面整修城墙，堵塞漏洞，残缺部分砌护城砖，墙顶加修城垛，恢复角楼，整修四个城门楼，其中南门箭楼工程已于2012年10月开工复建，并对开挖的城墙缺口进行箍洞补接，并完成了火车站广场城墙的连接，环绕通行，浑然一体。此后，对护城河进行了全面整修和疏通，健全引水和排水系统，清挖淤泥，整个环城河清水碧波长14.6公里，宽13—22米，形成水面168亩，成为镶嵌在古城的一道绿色项链，石砌和林草两旁护坡，修建过河桥梁，开挖地下隧洞（车站广场），建设游泳池等，使游人在这里划船、游泳。在城墙与城河之间，建设环城林，培植各种名贵花木和铺设草坪、点缀亭、台，以及园林雕塑等。另外全面打通了城内的顺城巷，铺设马路，植林绿化，安装路灯，沿街恢复古典建筑，开设商肆和兴建居民住宅。西安城墙城河成为西安的旅游名片，在这里举行隆重的古典入城式，在城墙上举办国际马拉松长跑竞赛，每逢春节至正月十五举行灯展，游人如织，特别红火热闹。

2007年4月28日，西安环城公园全民健身示范区正式免费向群众开放。全民健身示范区建成后，每天吸引近万人赶来参加健身活动，全年有300多万群众在这里受益，被陕西省委政策研究室和华商报评为近五年最受群众欢迎的十件大事之一。

西安环城公园全民健身长廊设施，突出全民健身与构建和谐社会理念，除已建成的全民健身示范区外，在环城公园一周共布局四大园区，设立四大主题雕塑，分别为"长乐园、永宁园、安定园、安远园"。园区划分为13个区段，安装器材1431件，（包括乒乓球台120台），总投入资金674万元。环城公园全民健身长廊充分考虑了老年人、中年人、青年人、少年儿童和残疾人等不同人群的健身需要，集健身广场、乒乓球、门球场、综合健身等为一体。西安环城公园全民健身长廊将成为古城西安全民健身新的亮点，健身区与古城墙交相辉映，一派和谐景象，产生了很好的社会效益。

第十二节 群湖相映 碧水清波

西安市政府决定实施大水大绿工程，在强化水源建设、农田水利、防洪保安工作建设的同时，十分重视水景园林建设。除解放前建成的革命公园革命湖、莲湖公园的莲湖以及临潼的华清湖、户县的美陂湖，建国后1958年建成兴庆宫公园的兴庆湖外，改革开放以来，加大水景建设，相继建成了芙蓉湖、曲江南湖、未央湖、丰庆湖、兰湖、汉城湖、雁鸣湖等大小湖泊，正在着手恢复西汉时的昆明池，并且加强浐灞、沣河湿地建设，使古都西安呈现出"群湖映蓝天，碧波倒树影"的水景园林景观，新增水面达4.5万亩，为西安市增加了灵气，湖光水色、碧树红花、绿草如茵，为广大市民和中外游客提供了休闲、娱乐、度假、划船荡波的场所，同时改善了生态环境和人居环境，使西安市的水景园林建设，处于全国领先的地位，也使西安荣获国家园林城市的美誉。

一、兴庆湖

兴庆湖位于西安东南郊兴庆宫公园内，水面135亩，是西安市建国后开凿的第一个人工湖泊。兴庆湖不仅以湖光水色取胜，更以历史典故驰名。

历史上这里属长安城隆庆坊，原是唐玄宗李隆基兄弟居住的官邸。唐玄宗即位后改建为兴庆宫，连同太极宫、大明宫称唐代三大宫殿，因居其他二宫之南，又称"南内"。当年兴庆宫占地2016亩，宫中开挖人工湖，称"龙池"（又称兴庆池），水面300亩。群殿耸峙，湖光倒影，景色奇丽，居三宫之首。唐代诗人沈全期在《兴庆池待宴应制》诗中，有："沧池奔沉帝城边，殊胜昆明凿汉年。夹岸旌旗疏辇道，中流箫鼓振楼船。云峰四起迎宸幄，水树千垂入御宴。宴乐已深鱼藻泳，承恩更欲奏世泉"，歌颂兴庆宫的山水风光。

1958年西安市人民政府决定在兴庆宫遗址上兴建兴庆公园。占地743亩，开挖兴庆湖135亩，以此为中心，兴建楼台亭阁等古典园林建筑。在湖东兴建了沉香亭，周围栽植牡丹，当年杨贵妃在此欣赏牡丹，唐玄宗招来李白，写下了"名花倾国两相欢，长得君王带笑看。解释春风无限恨，沉香亭北倚栏杆"的诗句，这位风流皇帝，沉湎酒色，只知"一枝红艳露凝香，云雨巫山枉断肠"，导致安史之乱，到后来只落得"玄宗回马杨妃死"的可悲下场。

西安兴庆公园

湖北建有兴庆殿、南熏阁，湖西建有花萼相辉楼，表示唐玄宗兄弟相亲之意。湖南为公园南大门，大门东边建有唐时日本友人阿倍仲麻吕纪念碑，他精通汉语、文字、政事，曾在唐朝任门下省左补阙，一生在长安长达54年，为中日文化交流做出了贡献。公园东南角为儿童游乐场。公园还建有鸟语林，以及完整的服务设施，游人在这里欣赏园林风光，湖上荡舟。

二、芙蓉湖

芙蓉湖位于西安市曲江新区大唐芙蓉园内，水面300亩，占园区总面积1000亩的30%，是西安近年新辟的水景园林。

大唐芙蓉园总投资达13亿元，建于原唐代芙蓉园遗址以北，是西北最大的唐文化主题公园，是一个全方位展示盛唐风貌的大型皇家园林为宗旨综合性的公园。全园景观分为12个文化主题区域，从帝王、宗教、科举、外交、女性、诗词、歌舞、民俗、饮食，以及茶文化等方面，全方位再现大唐盛世的灿烂文明。

　　园区总建筑面积近10万平方米，楼台亭阁、榭廊桥梁，一应俱全的仿唐建筑。主要建筑有紫云楼、仕女馆、御宴宫、芳林苑、凤鸣九天剧院、杏园、唐市、陆羽茶社等，建筑材料设计均采用砖瓦混凝土结构与木结构相结合，既保留唐代建筑风貌，又能避免砖木结构易遭损坏，集仿唐建筑之大成，在建筑规模上堪称中国之最。大唐芙蓉园，以水为魂，围绕湖周兴建水景园林。共设置了帝王文化区、女性文化区、诗歌文化区、科举文化区、茶文化区、饮食文化区、歌舞文化区、民俗文化区、外交文化区、佛教文化区、道教文化区、儿童娱乐区、大门景观文化区、水秀表演区、共十四个文化区，集中展示了盛唐璀璨多姿、雄浑大气、无与伦比的文化艺术。

　　帝王文化区以全园标志性建筑紫云楼为代表，依照史料重建，建于高台之上，高39米，共四层，一层为"贞观之治"雕塑、壁画和大唐长安城复原模型；二层为唐玄宗赐宴群臣，万邦来朝的大型彩塑群雕；三层为多功能表演厅，演出"教坊乐舞"；四层设铜塔投掷游戏。

　　紫云楼观澜台前的湖面，设有音乐喷泉、湖光火焰、水雷水雾为一体的大型水幕电影，宽120米、高20米。在这里演出《大唐追梦》及火龙钢花，盛况空前，游人如织。

　　女性文化区位于芙蓉池北岸，以仕女馆及彩霞亭为代表，仕女馆是由以望春阁为中心的建筑群组成，分别从服饰、体育、参政、爱情等方面全面展示唐代妇女开放、积极向上、乐观悠闲的精神风貌。彩霞亭，实际上是围绕湖边建成的长300米的彩色长廊，彩绘了唐代女性生活百态的历史画卷。

　　建于湖边的唐诗峡，用巨石砌筑而成，总长120米，并有喷雾设施，精选唐诗，由著名书法家书写，镌刻于诗峡摩崖之上，把唐榜书、中国印、瓦当图案完美地结合在一起，并雕刻有19个盛唐诗人的历史典故，在这里可以领略盛唐诗文的风采。

　　园内设有御宴宫和陆羽茶社，均为仿唐建筑，是游人餐饮之地。还有在紫云楼以南建成的凤鸣九天剧院，规模恢宏，金碧辉煌，是演出"梦回大唐"歌舞剧的剧场。园内西南还有"市井平常事，最是热闹处"的民俗文化区，由唐市和戏楼广场组成，体现盛唐东市和西市的盛景，集手工工艺、民艺、百戏、饮食、茶酒、美术、书法等特色项目，并在这里表演秦腔、杂技、高跷、舞狮等。在芙蓉湖的北岸还竖有"丽人行"的大型唐代仕女群雕，取意杜甫"三月三日天象新，长安水边多丽人"的诗意，共有21个人物，分为"欣喜踏青图""骑马游青图""轻歌曼舞图""湔衣戏水图"四个单元，展示了唐代仕女的宫廷生活场景，表现了唐代妇女开放、自信、从容的形象。

总之芙蓉湖的湖光水色，山绿草茵，建筑雄伟，充分体现了盛唐文化的园林风光，成为西安市的名片，吸引了无数国内外游人来此观光。

三、曲江池（曲江南湖）

西安曲江池位于西安城的西南，开发历史悠久，始于秦代,称"隑洲"。秦始皇曾在这里开辟宜春苑，汉武帝时划入上林苑，隋代又疏阔开凿。到了盛唐开元年间，唐玄宗令扩大曲江，引终南山义谷水，兴建黄渠，引至曲江池，使水面达到1000亩，成为唐代最负盛名的水景园林，兴建了紫云缕、芙蓉园、杏园等，这里"花卉环周，烟水明媚，都人游玩，盛于中和、上巳节，彩屋翠帱，匝于堤岸，鲜车健马，比肩击毂，……倾动皇州，以为盛观"。皇家园林，平民莫入，唐玄宗下令在上巳节曲江向普通市民开放，老百姓可赏皇家园林，游人如织。皇家还在这里宴会群臣，招待新科进士，举行宴会，将酒杯置于水面，随水漂流漫泛。流在谁的面前，就执杯畅饮，遂成盛事，称为"曲江流饮"被誉为关中八景之一。

随着历史的沧桑演变，昔日盛景曲江池早已湮没，成为历史的陈迹。西安市政府2007年7月决定，由曲江新区投资，兴建曲江池遗址公园，历时一年，于2008年7月1日建成，对外开放，彰显秦汉雄风，传承隋唐

■ 曲江南湖一角

源脉。曲江遗址公园，由著名建筑大师张锦秋担纲设计，占地面积471亩，南北纵长1088米，东西宽窄不等，最宽处达552米，其中曲江池水面近700亩，分上池和下池两大部分。湖周遍植花木，兴建楼台亭阁，滨水码头，桥梁雕塑，服务设施一应俱全。人们在这里可轻舟荡漾，欣赏山水风光，领略盛唐风采。

在曲江遗址公园东南，同时还建成了曲江寒窑遗址公园，再现王宝钏与薛平贵的爱情故事，这里成为男女青年谈情说爱，举办婚礼的胜地。在曲江遗址公园的南边，还建成了秦二世陵遗址公园，及唐城墙遗址公园等，共形成1500亩的城市生态景观带，成为人文西安的新标志。

四、广运潭

汉代汉武帝开凿的关中运河——漕渠，延续到隋代，虽有开凿，常有淤塞，运输不畅。唐代唐玄宗天宝元年（724年），陕郡太守、水陆转运使韦坚，申奏复开关中漕渠，准奏，主持开工建设，两年完工，在天宝十一年（752年），韦坚沿漕渠开凿了广运潭，形成一个巨大的水上码头，使漕渠畅通无阻，每年从江南转动到长安的粮食，最多达到700万石，并在广运潭上举办了一次盛大的运输博览会，全国各地的船只上装满了各地的特产，相竟媲美，并伴有歌舞，盛况空前。

2011年西安举办世界园艺博览会，会址选在了浐灞。世园会总占地418公顷（6270亩），"以水为魂"，在园内恢复广运潭，水面达188公顷（2820亩），形成西安目前最大的人造湖泊。水面占园区总面积的近1/3，湖面共分一大一中三小共有五个水面相连，由湖面把块块分割成6个大岛和若干个小岛，以灞河为水源，上入下出，流水不腐。湖河相接，蜿蜒曲折，在湖上架设了多座桥梁，在湖中竖起了巨龙雕塑，沿湖植树种草，布设了长安花谷、五彩终南、海外大观、灞上彩虹五大园艺景观，仅花卉栽植面积就达47万平方米。在湖面还设置了大型音乐喷泉，夜晚五彩缤纷，并组织了大型彩船游弋，供游人欣赏，在湖中放养了各种鱼类，游翔浅底。总之广运潭为西安世园会增加了灵气和水色风光，如同江南水乡，以改人们对西安黄土高坡的陈旧形象，刮目相看，惊叹不已。

在广运潭中，还矗立了一条长108米，高36米，宽49米，重约200吨的水龙雕塑，用现代不锈钢镜面制成，龙身在空中飞舞，龙的姿态用中国传统书画意境展现，受到观众的青睐。

五、汉城湖

汉城湖原名团结水库，右岸紧邻北二环和朱宏路，左岸紧靠古汉城遗址，由西库、中库、东库和团结水库四个相连的水库组成，主要承担着兴庆湖、护城河、老城区、西北郊和大兴路61平方公里的城市污水和雨水的排泄任务。团结水库运行了38年，原有的农田灌溉、污水净化、调蓄功能锐减。库底污泥淤积，发黑发臭，蚊蝇滋生，库周垃圾遍布，杂草丛生，生态环境恶化，成为制约新北城发展的顽疾。

汉城湖

为了保护汉长安城遗址，改善北城生态环境，保障区域经济可持续发展，振兴西安的旅游业。2006年元月西安市政府启动了团结水库水环境综合整治工程，经过四年的努力，先后完成土地征用、企业拆迁、整村搬迁和截污暗涵、库区清淤、库岸砌护、库周绿化，及注清引水管道的建设任务。累

计征地1909亩，拆迁企业446户，搬迁农户362户，拆迁面积71.59万平方米，完成土石方717.9万立方米，砌筑浆砌石6.89万立方米，浇筑混凝土8.25万立方米，埋没地下管道17.1公里，栽植各类乔灌木101个品种，共75.1万株，完成投资12.64亿元。

2009年底，西安市政府决定实施汉城湖水环境治理提升工程，将汉城湖打造成大遗址保护工程，改善生态环境的典范工程，城市防洪的重点工程，促进西安旅游的产业工程。工程总投资36.79亿元，经过三年的努力建成了汉城湖风景区，形成长6.27公里，850亩的水面，水面最宽处110米，最窄30米，形成了1031亩的园林景观。兴建了封禅天下广场主入口、水车广场、天汉雄风广场、汉市广场。竖立了高大雄伟的汉武帝铜像，兴建了汉风水韵音乐喷泉和诸多的桥梁等，使著名的"龙须沟"彻底改观，脱胎换骨，变成了美丽的汉城湖，于2011年国庆节正式对外开放，被列为国家级的水利风景区。

六、丰庆湖

丰庆湖又称金湖，位于西安高新开发区的丰庆公园内。丰庆公园原是西安西关机场，直到1991年老机场迁往咸阳新机场后，才利用机场的空地建成丰庆公园，界于高新开发区的北侧，桃园路与二环交界的西北角，园区总占地300余亩，继承中国传统的"一池三山"园林模式，其中丰庆湖水面积14.3亩，为融合历史文化景观和现代生态景观为一体的皇家园林，建筑风格为仿唐建筑。

整个公园包括梅竹墨香、嘉桂合欢、幽篁雅韵、灿锦集芳、祥湖邀月、霜枫绚秋、苍松揖翠、樱李颂春、槐阴涵碧等共9个景区。主要水景和建筑景观有：金湖、博艺馆、艺廊、怡心阁等。

园内北部建有怡心园，为全园最高建筑，游人可登高望远，俯视全园，和周围的高层建筑。东边有公园天下、西港国际花园住宅区，南边有亚美伟博、捷瑞公园首府等住宅区，西连伟基大厦、公园国际住宅区，北边有省政府桃园路家属住宅区。开元殿位于金湖的北面，是全园最大的建筑组团。园区服务设施齐全，有餐饮、瑜伽会所、儿童游乐场、水岸码头，人们可划船游弋，欣赏山水风光。园区广植花木，常绿植物为主，落叶植物为辅，乔木灌木混合搭配，配有绿草如茵的草坪，水面栽植荷花等水生植物。园内道路以灰色为基调，石材铺砌，并与传统图案文字相结合，曲径通幽，绿树成荫，花草增色，湖光水色，风景优美，是西安市高新区居民主要休闲游乐的场所。

■ 西安丰庆公园

七、兰湖

兰湖位于西安北郊张家堡广场以西的西安城市运动公园之中，湖面60亩，占公园总占地面积650亩的9.2%。

西安城市运动公园于2004年9月16日开工建设，2006年6月23日建成正式开园，是一座具有生态特点的运动主题公园，为西安市民提供了锻炼身体、休闲娱乐的良好场所。

公园规划上以"绿色西安、运动西安、人文西安"三大主题进行设计。公园整体分为两大区域，即外围区和湖心岛区。外围区除原有按国际标准建成的主、副体育馆外，新建有老人活动区、儿童活动区、三人篮球场活动区、小型休憩广场。老人活动区设有两个门球场和一个迷宫。儿童活动区设有沙坑、儿童足球场等。湖心岛区以60亩兰湖环绕，湖内种植了荷花、睡

莲、芦苇等水生植物，放养了各色锦鲤，悠闲放荡，争食腾跃。中心岛内设足球场一个，网球场4个，篮球场4个。湖心岛中还设有岛中岛——竹岛，以竹子为绿化主体，共800多平方米，并设有棋桌、石凳，典雅清幽。通往湖心岛有两座景观桥——健桥和康桥是进入湖心岛的主要通道。沿湖设置了叠石、草坡、木栈道，丰富了景观。

全园绿树成荫，花木葱郁、草地如茵、湖光水色、风景幽异。共栽植各乔木1.5万株，灌木100万株，铺设草坪16万平方米，植被覆盖率高达80%。还引进了白皮松、马褂木、火炬树等百余种珍稀树种，使游人在森林中呼吸享受空气的清新。

公园共安装景观灯2000多套，新型CED灯、草坪灯、地灯、射灯，庭院灯、高杆灯多达20余种，每当夜幕降临，丰富多彩的灯光把公园装扮的流光溢彩，光艳照人。

公园服务设施齐全，凭借先进的场馆，能承接大型赛事和演出，吸引了众多市民参与。

八、未央湖

未央湖游乐园，位于西安市北郊15公里处，距咸阳机场18公里，西铜高速公路东侧，交通十分便利。它是利用草滩滩涂开发的以水为龙头，集水景旅游、休闲度假、娱乐蹦极为一体的现代化大型游乐园。全园占地1000亩，未央湖水面达480亩。1995年开建，1997年5月14日正式对外开放、开业以来接待游人800万人次，被西安市旅游局指定为国内旅游定点单位。

西安市未央湖游乐分为五大区域：

中区为水上游乐区：以未央湖为中心，设有四开四闭的高架水滑梯、设有快艇、摩托艇、手划船、镭射战船等水上游乐项目，还有水上飞机，牵引伞等。

北区是紧临未央湖的湖岸沙滩娱乐区，设有可容纳万人的黄金海岸大型沙滩，有海陆空高空揽月、划龙舟、海盗船、射箭场和草原风情的蒙古包、舞厅、KTV包间、餐厅、茶秀等服务设施一应俱全。湖北还有挑战生命极限的西北最高78.8米的蹦极塔，游人蜂拥，争先恐后地来这里体验空中翱翔的感觉。

东区为24小时营业的自助式烧烤园、露营帐篷区，小松林、白石滩，还有落霞山庄、日本风情的龙门客栈、六角餐厅等。

西区是游乐区，有高差24米三级提升的急流勇进、惊险刺激的勇敢者转盘、摩天环车、恐怖城、滑引龙、乐险洞、碰碰车、霹雳炮、音幻屋、镜宫以及皇家狩猎场等多种游乐设施。

南区是文化娱乐场所，有红太阳大舞台、未央湖快餐厅等。

总之，未央湖是西安市民和中外游客水景旅游观光、休闲度假和娱乐的旅游胜地，撑起了西安北郊一片新天地，发挥了经济、生态、社会三大效益，取得了良好的效果。

九、丈八湖

位于西安市西南郊陕西宾馆内，也称丈八沟宾馆，丈八沟地名取于唐初魏征斩龙头的神话传说。在盛唐时期，这里就是盛夏消暑之胜地，诗人杜甫曾作诗以赞。

丈八沟宾馆位于开发区中心位置，毗邻高新区中央商务区，地理位置得天独厚，交通畅通便捷，是一座接待国家领导人、国外嘉宾以及举办大型会议的园林式宾馆，被誉为"陕西的钓鱼台"，2006年7月被中国饭店协会授予五A级"中国绿色饭店"。

宾馆占地面积1100亩，其中丈八湖水面5.4万平方米，折合81亩，湖面碧水清波、小桥沟通、亭台点缀、绿树环荫、翠竹迎风、花木茂盛、绿草如茵，人们可在湖中荡舟、赏荷，风光秀丽，令人心旷神怡。宾馆绿化率高达70%，终年披绿，四季如春，既有北国的大气，又有南方的秀美。全馆建筑面积达21万平方米，有新建的陕西大会堂，有大中小各种会议室、接待厅、多功能厅50多个。有室内游泳馆、棋牌室、健身房、网球馆、KTV厅、购物中心、美容美发室等种类齐全的服务设施。一流的环境，完善的设施，国宾式的服务，是会议、商务、度假、休息、娱乐的理想场所。

十、昆明池

是西汉时汉武帝为操练水军、城市供水、水产养殖在长安西南角开挖的最大人工湖，水面达16.6平方公里，相当三个杭州西湖。沧桑变化，随着岁月的流逝，昔日的昆明池只留下了一块凹地。西安市政府决定恢复昆明池，"以池为源，打造滨水活力之城；鉴古借今，打造文化魅力之城；天人合一，打造生态宜居之城"为重建昆明池的三大目标。

昆明池规划水面为6750亩（4.5平方公里），接近杭州西湖的面积，相当曲江水景面积的十倍。为建设具有汉文化特色环湖生态旅游、休闲、度假的旅游用地，做出了"一湖、一环、四级团、四中心"的总体规划：一湖是昆明池及湖周绿地，是整片空间结构的核心；一环指片区与昆明池紧密联系公共服务设施的服务带。四级团是指由昆明池主要进出水口周边生态绿地分割的四个各具特色的功能组团，即滨水休息组团、风情度假组团、情景居住组团、人文旅游组团。四中心是指各个组团的服务中心。在生态景区中，以汉代遗留的织女（石婆）牛郎（石爷）石雕像为依托，兴建"鹊桥长廊"，接连昆明池东西两岸。在昆明池周边建设七夕文化园、七夕鹊桥公园、七夕文化展示中心，以水为媒，重塑牛郎织女发源地，成为最大的爱情公园。

除此之外，西安市政府还在2012年制定了"八水润西安"的规划，共建28个湖泊。现已建成的湖泊有仪祉湖、太液池、鲸鱼湖、雁鸣湖、渭水湖、樊川湖、美陂湖。规划建设的新湖，除上述昆明池外，还有汉护城河、三星湖、阿房湖、沧池、航天湖、天桥湖、太平湖、常宁湖、杜陵湖、高新湖、幸福湖、南三环河等12处湖泊。不久以后，星罗棋布的湖泊将会把西安装扮得如同江南水乡般温润光彩。

第十三节 仁者乐水 水景旅游

建国后，特别是改革开放以来，陕西和西安市加快了各种水景旅游活动场地的挖掘和建设，丰富多彩，既有水利胜迹和池湖库、泉井瀑、峡溪潭、洞航渡等的旅游，还有温泉、溶洞、滑雪、垂钓以及水上运动项目，吸引了无数市民和中外游人纷至沓来，开拓了更广阔的旅游市场，同时带动了交通、宾馆、餐饮、通讯等行业的发展，活跃了旅游经济，使古都西安成为世界一流的旅游城市。西安市2011年全年接待游人达0.8亿人次，旅游业的收入达到530.15亿元，占到全市生产总值的11%。

一、西安市及周边的水景旅游

西安的水景公园：西安水景公园众多，可以划舟荡漾、享受湖光水色；也可登高蹦极，享受惊险之乐；也可探幽访古，享受古迹遗存之趣；也可撑杆垂钓，享受闲情悦态之情。西安的水景公园，如前介绍有兴庆宫公园、革命公园、莲湖公园、大唐芙蓉园、曲江南湖公园、丰庆公园、未央湖公园、城市运动公园、大明宫遗址公园、文景公园、杜陵公园、汉城湖以及灞柳生态园、渭河生态园、浐灞湿地公园等等。

西安及周边的池湖库：主要有长安区翠花山湫池、镐京镐池以及大峪、石砭峪等水库，户县的渼陂湖，临潼的华清池、芷阳湖，蓝田的汤峪水库，咸阳市的咸阳湖，眉县太白山太白三海、凤翔的东湖、铜川的锦阳湖（桃曲坡水库），商州市莲湖，汉中的饮马池和南湖等。

西安周边的峡溪潭：名峡主要有韩城黄池龙门峡、陕南西乡黄金峡；名溪有宝鸡市的蟠溪、陕南留坝的寒溪、安康市的香溪；名潭有华县东箱潭、白水县的白龙潭、陕南丹凤县龙潭。另外名渡口有咸阳古渡、合阳县夏阳古渡等。

二、温泉休闲度假旅游

西安秦岭坡脚和关中平原，温泉密布，地下热水资源丰富，开发历史悠

久，皇家温泉宫苑数不胜数，古往今来，形成温汤休闲度假旅游胜地，驰名中外。

临潼骊山温泉：又称华清温泉，位于骊山脚下。泉以山而竞秀，山以泉而清明，景色幽致，驰名天下。这里的温泉水源有四处，每小时涌水量112吨，水温41.7℃——44.1℃，内含有石灰质、碳酸锰、碳酸钠、二氧化硅等多种化学成分，总矿化度为0.964克/公升，属中性淡水。不仅可供生活饮用，还是很好的医疗矿泉水，适合淋浴，疗养治病，对风湿症、关节病、肌肉病、消化不良等有疗效。《临潼县志》中有北魏时雍州刺史元苌所撰的《温泉颂》的碑文，写道骊山温泉："乃自然之经方，天地之元医。出于渭河之南，泄于骊山之下。""不论疮癣炎肿，只要长期洗浴，都可复康疗除。""千城万国之民，怀疾枕疴之客，莫不宿米长（zhang音章）而来宾，疗苦于水。"可见以温泉治病人之多。这块《温泉颂》石碑，历经千年，多次移动，日晒风化，字迹模糊不清，现仍镶嵌在温泉水源的西侧墙壁上。是研究考证水景旅游的珍贵资料。

骊山温泉开发历史悠久，最早发现于西周，秦代已很有名，唐贞观十八年（644年）唐太宗李世民在此建汤泉宫，咸亨二年（671年）改名温泉宫，天宝元年（747年）唐玄宗李隆基在此扩建，改名华清宫，其规模很大，有五汤六门十八殿。其中供皇帝休息和沐浴的叫九龙殿和九龙汤（也叫御汤）。九龙汤因后来安禄山曾献汉白玉莲花置于池内，所以也叫莲花汤。1983年考古工作者发现了九龙汤遗址，并进行了发掘和清理。发现九龙汤位于温泉水源下面，长约19米，宽7米，使用面积76平方米，以大青石铺底，池内安有六个十字形木质喷水口，这种喷口为国内首次发现。九龙汤所在的九龙殿的墙基和浴池两条排水沟也保存完好，同时还发现唐玄宗的寝殿——飞霜殿和其他大殿的遗址，证明当年的华清宫十分壮观豪华。在这里，唐玄宗与杨贵妃演绎了名扬天下的爱情故事。唐代诗人白居易《长恨歌》中所写的："春寒赐浴华清池，温泉水滑洗凝脂，侍儿扶起娇无力，始是新承恩泽时"，即指杨贵妃在此沐浴受宠的情景。由于历代的变迁，这里的一代豪华，付诸东流。至解放前夕，温泉建筑简陋，规模很小，多为当局上层人物享用。

1936年双十二事变，第一枪就在华清池打响，当时华清池五间厅辟为行辕，蒋介石下榻于此，后逃至骊山，被擒获。解放后，特别是改革开放以来，大规模整修扩建华清池。1959年为迎接国庆十周年，兴建了九龙湖风景区，郭沫若游后称赞："华清池水色清苍，此日规模越盛唐"。1990年在挖掘遗址上建成御汤遗址博物馆并对外开放。2005年又新建成了华清池芙蓉园、长生殿和望京门等，现又大规模扩建，再现盛唐雄风。华清池成为中外游人沐浴疗养、浏览观光的胜地，特别是大型歌舞《长恨歌》的盛大演出，游人如潮，连同兵马俑成为西安东线旅游的两个热点。2012年国庆，在骊山脚下，又建成大唐华清城，占地260亩，建筑面积10万平方米。构成山、林、水、城一体化的文化旅游景区。

■ 华清池全景

蓝田东汤峪温泉：位于西安市东南秦岭北麓蓝田县城西南20公里处，距西安市40公里。蓝田汤峪温泉因和眉县的汤峪温泉东西相对，故称东汤峪温泉，也叫东汤峪矿泉，古代叫"汤"，俗称"汤泉"。早在627年，当地群众

就挖塘修泉进行沐浴，名曰"玉女疗养胜地——东汤峪温泉"。有"桃花三月汤泉水，春风醉人不知归"的美誉。

汤峪温泉地处秦岭北麓，其历史悠久，始于汉朝，鼎盛于唐朝，是历代皇家沐浴之地。汉代建有闻名于世的"皇室御汤院"，雄才大略的汉武帝刘彻，曾在汤峪、焦岱一带修上林苑，兴建鼎湖宫，还经常在此狩猎演百戏进行娱乐活动。他的儿子汉昭帝刘弗陵又把石门汤水赐给其姐盖长公主作为沐浴之用。东汉开国皇帝光武帝刘秀也在这里留有许多传说和遗迹。

地处石门关的汤峪温泉是李隆基与杨贵妃最早沐浴的地方，因此人们把汤峪温泉确定为皇室沐浴之源，世界温泉沐浴发祥地。宋敏求《长安志》载："明皇时赐名大兴汤院，并扩建五汤曰：融雪、玉女、涟珠、漱玉、濯缨"，分别供官绅、军人、妇女和平民淋浴。唐玄宗与杨贵妃沐浴后赐名"大兴汤院"。在此沐浴之人众多，唐玄宗为让天下百姓共享此处温泉的好处，遂与杨贵妃另择他处沐浴泡汤。以后历代修建，直到清朝初年，这里仍然修建有四座汤池。每年从四乡八镇赶来的洗浴者人山人海，摩肩接踵，故有"桃花之水值千金"之说。不少来治疗的患者，由于沉疴痼疾得到了治愈，恢复健康，激动之余不免挥毫泼墨，吟诗作赋，以颂扬汤峪温泉。

东汤峪温泉水含有钾、镁、铁、钙、碘等多种元素。出水口水温为50℃左右，有促进人体组织代谢和杀菌作用，对牛皮癣、慢性湿疹、慢性关节炎、腰肌劳损等病均有较好的疗效，是一处不可多得的疗养沐浴治病处。现在，又建成了汤峪疗养区，供人们休息、疗养和治病，游人如潮。

眉县西汤峪温泉：又叫凤凰泉，虽不属西安辖区，却是西安市民和中外游人光顾休闲疗养之地，这里水景旅游宾馆林立，由此从太白山森林公园的入山口来这里登山和沐浴的游人络绎不绝。

西汤峪温泉，为了和蓝田县东汤峪温泉区别，习惯上称西汤峪。位于眉县东南横渠镇以南河出口附近，龙凤、凤凰二山环抱，山青水秀，风光宜人。距眉县25公里，交通也十分方便，是有名的风景区和疗养区。

凤凰泉的泉眼很多，小者如珠，大者似拳，涌水量大的主要有三个泉眼，相距5—15米。这里的泉水出自太白山缝石岩，水温接近沸点。明代地理学家郦道元在《水经注》中记载："距渭河南十三里处之温泉沸涌如汤，可医百病。"这里温泉的温度经实测最高可达59.8℃，是陕西目前已发现36处温泉中水温最高的温泉。其他主要温泉的温度：临潼骊山温泉41.7℃—44.1℃，蓝田东汤浴温泉48℃—58℃，宝鸡温水沟温泉30.5℃，蒲城的汤里温泉34℃、温汤温泉26℃—32℃、常乐温泉41.5℃，泾阳筛珠洞温泉23℃，乾县龙岩寺温泉27℃—34℃，咸阳老鸦温泉21℃，马跑温泉21℃，兴平马嵬温泉19.2℃，岐山珍珠温泉18.8℃，龙泉温泉19℃。但都没有凤凰泉水温之高。西汤浴温泉水温为什么高？民间有一个十分风趣的神话故事：据说很古以前，天上有十个太阳，晒得地土龟裂，树木枯焦，寸草不生。一个叫后羿（yi音意）的神箭手，射落了九个，只留下一个太阳，光照人间，万物滋生。后羿射下的九个太阳中有一个就埋在了龙凤山下，所以流出来的泉水如沸，热气腾腾。

西汤峪温泉，不但水温高，而且含有硫磺等矿物质，非常适宜治疗皮肤病和风湿病，故有"神泉"之称。历史上隋文帝杨坚曾在这里修建过"凤泉宫"，专供王孙嫔妃洗澡和避暑。唐玄宗还带着杨贵妃三次到这里游山玩水和沐浴净身。但历经一千多年，宫室已早无踪迹。解放以后，经过三次建设，在翠荫之中兴建了五座楼房，设有一百多个现代化浴池（盆），每天可接待游客两千多人，同时建成多家温泉宾馆，成为关中西部一个重要的旅游点和疗养地。

西安东大南山温泉：南山温泉位于终南山下东大地区，西面有千年名刹草堂寺，东有樊川古寺庙群，北有西周丰镐遗址。在这里可以呼吸泥土的芳香，远离城市的喧嚣。这里的温泉水常年不绝，是西安城区最纯净的温泉水，把自己投入到暖暖的温泉中，慢慢放松四肢，会使您倍感神情气爽，心旷神怡。

"南山温泉"分为主温泉馆区、木屋区、室外汤池区。池中幽幽温泉碧水涟涟，水面忽似薄云，忽似轻纱，沐浴其中尽享人间仙境。

咸阳海泉湾温泉世界：位于咸阳世纪大道中段、沣京路十字的东北角，距咸阳老城区一河之隔，距西安市中心30分钟车程，与西宝高速、西安绕城高速和机场高速均有便捷的连接，交通十分便利。由于实现西咸一体化，加上世纪大道的连通，咸阳海泉湾成为西安市民和中外游人休闲沐浴的热点场所。

西安其他众多的温泉沐浴场所：由于西安地热资源丰富，西安市区和所属临潼、蓝田各区县，共建成温泉沐浴的酒店、沐池、洗沐中心、洗沐广场等多达68家，满足了西安市民和中外游人的休闲沐浴要求，而且有方兴未艾之势。如新城区的大众温泉浴池、东方温泉城；碑林区的神州温泉、卧龙泉大众温泉浴池；莲湖区的仙居大众温泉浴池、鑫龙温泉洗沐中心；雁塔区的德祥温泉浴池、北山门大众温泉浴池；高新区的科技路温泉浴室、南窑头福利温泉浴池；灞桥区的大众温泉浴池、spring泉温泉洗浴广场；临潼区华清爱琴海国际温泉酒店、蓝田县工业园温泉等等，形成了规模庞大、星罗棋洗浴中心。

三、飞流瀑布

西安市户县高冠瀑布和太平峪瀑布群，远近驰名，位于陕北宜君县的黄河壶口瀑布，更是闻名天下。

户县高冠瀑布：因高冠峪西侧有一高耸的秀峰，形似巨人，头戴高帽，故被称为高冠峪，高冠瀑布也由此得名。高冠瀑布两侧岩石矗立，刀削斧劈一般，高达20米。滔滔的高冠河水至此有千里之势，其声如雷鸣，形如银河倒泻，气势磅礴。

而瀑布最不同于一般之处在于漫流藏头露尾，格调含蓄。水流自瀑布上沿被岩石夹成一股，一波三折，喷泻而下，下有汹涌澎湃。加之瀑布上有筛子潭，下有高冠龙潭，共同构成了高冠瀑

■ 西安高冠瀑布

布独特的结构形态。

沿瀑布西侧崖壁上的石阶，穿牛鼻洞而上，过明道亭，登上鹰嘴石，站在悬于高冠潭顶上的观瀑台上向下俯视，瀑布真貌尽收眼底。水雾腾飞而上，轻烟渺渺，宛入仙境。顺阳光望去，高冠彩虹七色斑斓，又是高冠瀑布一绝。

高冠潭潭深无比，浏览时一定要注意安全。高冠风景区向南沿高冠河逆流而上是一片处女地，有"凤凰嘴""快活林""通天桥""神仙岔""老君潭"等景点，很值得一去。

户县太平峪瀑布群：如果说秦岭山水是一幅美丽的丹青画卷，首当其冲的就是太平峪森林公园中的瀑布群，共有12处瀑布，最大落差百余米，是中国北部独一无二的瀑布群，瀑下皆有潭，飞瀑入潭，激起千层雾，形成万道彩虹，置身园中，如入仙境，最具特色的瀑布有：彩虹瀑布、玉带飞瀑、龙口飞瀑、仙鹤桥瀑布等。

黄河壶口瀑布：黄河西出昆仑，源远流长，而雄伟多姿的龙门，世称"九河之蹬"的孟门（位于龙门与壶口之间）与四时迷雾的壶口瀑布最为壮观，号称黄河三绝。

壶口（俗称龙王哨）瀑布是黄河上的唯一大瀑布。位于陕西省宜川县东部100华里的壶口乡龙王辿，与山西省吉县相连。这里是有名的黄河陕晋峡谷地带，两岸低山丘陵，连绵不断。河谷上峭下缓，形势险要。河床为三叠系砂岩夹薄层页岩，页岩性软，易于冲刷，砂岩坚硬，且结构平缓，向上微倾，是形成十字路口瀑布的主要条件。汹涌澎湃的黄河，水流至此也要让步三分，瞬刻把二三百米宽大的躯体，缩成五十余米。河槽貌似一把巨壶收尽茫茫天际之水，紧束如带，飞流宛如壶口倒出一般，故有壶口瀑布之称。

据传说，大禹治水，"先壶口，次孟门，后龙门，依次凿石，引水而下"，疏通河道，治服洪水。后人为了纪念大禹治水的功绩，曾在龙王山修起了禹王庙，以及水榭、亭台，缅怀这位治黄的英雄。

大禹治水，为什么先从壶口开始，（《水经注》中有"禹治水，壶口始"的记载），可能因为壶口是黄河的第一绝，自成天险。黄河在此，从天

而降，飞流弧泻，浪涛拍岸，一声巨吼，响彻山谷，令人惊心动魄，目眩神摇。所激浪花，飞跃数丈，腾空而起，风雨迷离，云烟雾霭，气势雄伟。举目眺望，瀑布恰似一道金色的水帘挂入云端，幻影缥缈。明代一位诗人曾作《壶口》诗一首，有"源出昆仑衍大流，玉关九转一壶收。双腾虬（qiu音求）浅直冲斗，三鼓鲸鳞敢负舟"的壮丽诗句。

壶口瀑布

壶口风光，四季多变，天然造就，各有不同。春日瀑布，在冰消雪开之日，冰凌聚汇，漂浮而下，玉洁晶莹，层层跌落，如海崩地裂，琼宫惊倾。在桃红柳绿之时，风和日丽，远山如黛，飞流似丝，山光水色，令人陶醉。夏日瀑布，洪流滚滚，浊浪涛天，宛如黄色巨龙腾跃峡谷，气壮山河。数里之内，空气清新，爽气诱人。在秋高气爽之时，登高望远，壶口瀑布，来龙去脉，一目了然，令人心旷神怡。每当日出，彩虹飞舞，环跨天穹，五光十色，相映生辉，有"挑浪两飞翻海市，松崖雷起倒蜃楼"的梦幻景观。每当大雨滂沱，或秋雨连绵之时，这里瀑布飞流激溅，同天落银丝混淆一片，风雨弥漫，天地一色。黄河如同黄龙腾云驾雾而去，故有"四时雾雨迷壶口，两岸波涛撼孟门"的诗句。隆冬数九之日，茫茫秦晋高原，千里白雪，涛涛一线黄河，万里冰封，坎坷千尺壶口，银装素裹，令人神往。

由于壶口瀑布，鬼斧神工，天然造就，景色多变，得天独厚。它较之世界闻名的美国尼亚加拉瀑布、赞比亚和津巴布韦的莫西瓦恩雾（旧名维多利亚）瀑布，毫不逊色。而雄伟则有过之。在瀑布以下的黄河河谷又为河水冲成达5公里的古槽，直至黄河中游的孟门山旁，尤为世界其他瀑布所未有。黄河入壶口、过孟门、出龙门，长达150余公里，完成了她"黄河西来出昆仑，咆哮万里过龙门"的使命。进入平原，向南到达潼关后，折向东流，一倾入海。一路上，洪水暴虐，放荡不羁，泥沙沉积，造成悬河。为了征服黄河，国家将利用黄河晋陕峡谷地带有利地形，兴建水库，为人民造福。那时高坝泄流，将形成人造天河，可与壶口瀑布媲美。

黄河壶口瀑布，号称"天下奇观"，是陕西"厅傲（chu音处）诡之绝景"，是理想的旅游胜地。但因地处深山僻壤，交通阻塞，车辆莫达，所以能来观赏者屈指可数。为了发展旅游事业，方便游客，延安市决定重新修建壶口瀑布旅游工程，将壶口开辟为旅游点，加上西延高速和富县——宜川高速公路的开通，为西安游客和中外游客提供了方便，游人蜂拥而至，络绎不绝。

四、溶洞奇观

秦岭山中由于石灰岩的存在，从而形成天然溶洞，成为游人观光的胜景。

辋川溶洞：位于风景优美、气候宜人的蓝田辋川境内。唐代大诗人、画家王维曾长期隐居于此，他精心营造的"辋川别墅"和"辋川二十景"，在我国古代园林艺术上独树一帜。所赋辋川山水之佳句，后汇集入《辋川集》，享誉海内外。

整个景区集山水风光、天然洞景、休闲度假为一体，以其景似蓬莱、洞如海宫被誉为西北一大奇观。浏览区分凌云、锡水两洞。凌云洞位于照壁峰腰，海拔千米，形成于9000万年前，洞深527米，分上下两层，10个洞庭，百

余景观。天然乳石形成栩栩如生的"晚霞驼铃""仙女沐浴"，令游人叹为观止。锡水洞与凌云洞遥遥相往，洞深270米，洞内40多尊彩绘泥塑，集中展现了浓厚的道教文化。相传八仙之一的韩湘子曾在此得道羽化，故被奉为道家第五十五福地。千百年来，每逢农历二月初五至初七，方圆几百里的香客就会云集于此，举行盛大的宗教活动。

柞水溶洞：位于商洛市的柞水县的城南，虽不在西安市境内，但由于高速公路的开通，西安至柞水乘车一小时便可到达，成为中外游人观光之地。

柞水溶洞位于西安市南秦岭山中柞水县城南13公里的岔路口，磨石沟南4公里的石瓮乡一带，面积约17平方公里，距西安市60公里。这里自然环境灵秀典雅，景点多而集中，目前已发现的溶洞有115个，既有可与桂林仙境媲美的喀斯特溶洞群，又有山清水秀风光迷人的山峰美姿，是一处难得的以溶洞和自然景色为主旅游区，被誉其为"北国奇观"和"西北一绝"。1990年被陕西省人民政府首批公布列为全省十大风景区之一，1999又被评为全国名洞。

目前已发现溶洞115个，在已探明的17个溶洞中，具有吸引游人，景观绚丽多姿，可以开发利用的溶洞9个。目前佛爷洞、天洞、风洞、百神洞已对外开放。形态各异的钟乳石琳琅满目，绚丽多姿，石笋、石幔、石帷、石瀑布美不胜收；石禽、石兽、石猴、石佛惟妙惟肖，酷似逼真；晶莹透亮的石花、石果、石蘑菇、石葡萄令人垂涎欲滴。

佛爷洞：位于呼应山腰，洞口面向西北，海拔797米。1998年在洞口置3米高的铜佛像，铜佛伸出右手拂天，游人由铜佛补袖口入洞，颇有妙趣。民国七年（1918年）前，洞内庭堂有两尊佛像，惟妙惟肖，生态盎然。民国八年（1919年），当地人将二佛移往百神洞。该洞是具有上、中、下、底四层的溶洞，共有7个庭堂、23个小庭堂。大的平坦开阔，如同大雄宝殿；小的典雅秀丽，宛如苏州园林。此洞的景物奇特雄伟，光怪陆离，最值得一看的景点有：迎宾厅、叠翠廊、卧龙岗、白女洞、宝莲柱、二佛观海市、猴王点兵、菊花厅、蘑菇塔、栖鹰崖、笔架山、乌龟闯海、圣母揽天官、水帘池、水帘洞、水帘宫、雄狮镇奇峰、将军夜巡、湘子苦学等。迎宾厅诗曰："方圆二百米，别开一洞天。不是武陵地，胜似桃花源。"

天洞：天洞毗邻佛爷洞，位于海拔805米的呼应山腰。由于入洞后步步而上，大有登天之势，故名。据地质学家分析，此洞与佛爷洞相通，但目前尚未发现通道。与佛爷洞相比，有惊险、段落清晰、形象单纯的特点。主要景点有：玉瀑厅、莲花池、龙宫、惊魂道、罗汉堂、观庵草堂等。莲花池诗曰："更漏响，莲花放，碧玉潭中笑容妆。天宫神女春意荡，莲花池畔觅情郎。"

百神洞：位于天书山麓，古称玉皇宫。清代乾隆以前洞内置玉皇、八腊、龙王等100多尊神像，故名。光绪十三年（1887年），镇安知县（时属镇安管辖）李天柱住持改建为玉皇宫，在洞口增修寺庙3间，僧寮3间（均毁于"文化大革命"时期），设住持一人、僧3名，从事佛教诵经、斋戒活动，解放后废之。此洞底层有地下暗河，相传民国初年，有人将一背篓麦糠倒入暗河，七八天后，在乾佑河入汉江口的山洞中麦糠随水流出。该洞有幽深莫测的特点，主要景点有：百神厅、二龙戏珠、太白池、大圣井、听涛台等。二龙嬉珠诗曰："腾云追逐，意气轩昂。戏嬉作闹，情欢意畅。一派升平景象，千家万户喜洋洋。"

五、西安的滑雪场

越野滑雪几百年前起源于北欧斯堪的纳维亚半岛，当初生活在冰天雪地里的北欧人只是把它当作一种运输方式。如今越野滑雪比赛已经进入了奥运会，尤其在北欧国家更是一种非常普及的运动方式。

西安市的滑雪近几年才开始兴起，先后建立了三个滑雪场，形成方兴未艾的形势。

翠华山滑雪场：翠华山滑雪场是西安首家滑雪场，被誉为"秦岭第一天然雪场"，更因其距离西安市区仅20公里，而被称之为"家门口的滑雪场"。翠华山滑雪场位于翠华山国家地质公园的天池和甘湫池两大王牌景点之间，雪道海拔1200米，平均宽度为50米，总长约700米。最近几年，滑雪场进一步完善了滑雪的各项配套服务设施，新增了长200米的雪圈道一条，儿童

戏雪区一个，老少皆宜的雪橇项目，为前来滑雪的游客提供了更多选择。另外还设立了餐饮服务中心，提供美味放心的简餐和热饮，以满足游客的消费需要。据翠华山滑雪场负责人介绍，该雪场拥有滑雪服、滑雪板等雪具1300余套，更专门订购了一批适合10岁左右儿童使用的滑雪雪具。雪场内配备多名教练及看护，并在滑雪场四周设有以海绵包裹的安全网，为大多数前来体验滑雪乐趣的游客做足了安全保护措施。

白鹿原滑雪场：西安白鹿滑雪场是距离西安市区最近的一个大型滑雪场。白鹿原滑雪场也是西安唯一一个提供夜间滑雪的滑雪场。同时还设计了儿童戏雪乐园，使他们在童话般的冰雪世界中还原天真活泼的童真本色！滑雪场并配有儿童穿的雪鞋。在这里可以滑雪、滑圈、雪中拔河。

牧虎关滑雪场：牧虎关滑雪场位于商洛市牧虎关镇天屏沟生态旅游娱乐区内。这里地处秦岭之巅，距西安绕城高速58公里。牧虎关属黄河流域，暖温性山地湿润气候，四季分明，年平均气温在10.3℃，夏季平均气温约26℃，冬季0℃以下时间长达85天。植被覆盖率85%以上，生长着数百种草木本植物。景区内生态环境十分优越，风光秀丽，泉水清澈，峰岩竞秀，树木繁茂，花草林立，是理想的避暑休闲娱乐圣地。牧虎关滑雪场于2005年12月18日正式对外营业

六、垂钓休闲旅游

休闲渔业是以渔业活动为基础，以休闲娱乐为目的休闲方式的统称。休闲渔业诞生于拉美加勒比海地区，上世纪70—80年代开始在美国、加拿大、日本、欧洲、澳大利亚以及我国台湾地区盛行，90年代迅速在西方国家形成产业，例如美国垂钓爱好者超过8000万人，每年约有3520万钓客在休闲渔业上花费378亿美元。日本垂钓人数已达3729万人，占全国总人口的30%，英国家庭饲养观赏鱼的人口占到全国人口14%。

我国休闲渔业起步较晚，主要在沿海和大中城市。据不完全统计，我国目前有垂钓爱好者9000万人，北京市2009年观赏鱼养殖面积1.5万亩，年产各类观赏鱼2.5亿尾，郑州市水族业年贸易额达到8000万元。

西安市垂钓业中兴于上世纪90年代后期，2003年"非典"之后开始兴盛，2005年以后发展尤为迅速，目前全市休闲垂钓单位有400余个，其中长安区最多，达到215个，初步形成了南郊秦岭北麓环山旅游公路沿线，渭河沿岸，南北两线为主体的以池塘垂钓为主的垂钓格局，培育出汉宝水产科技园、长安特种渔场等特色企业，打造出长安"红鳟鱼一条沟"等休闲渔业品牌，形成了40万人的垂钓爱好队伍，年垂钓量1万余吨的规模。

在全市和周边地区，也有众多的钓鱼点：

西安周边的垂钓点： 西安的垂钓点，一是兴庆宫公园、丰庆公园等，二是北郊韩家湾的多处鱼池，三是灞河灞桥镇河段，可钓鲤鱼、草鱼、鲫鱼、甲鱼、鲶鱼、爬虎、斗鱼等。

长安的垂钓点： 长安区的鱼池到处可见，主要分布在韦曲以南三公里处，例如香积寺草鱼池、五台镇鲤池、引镇鱼池、东大鱼池、野钓点、大峪水库等，以及沿环山公路两边众多的农家乐开办的鱼池。

蓝田县垂钓点： 蓝田县的候河水库、汤峪水库、代家寨鱼库。

周至县的垂钓点： 有广济乡严家舍水库等。

咸阳市的垂钓点： 有渭滨公园、咸阳东北塬芋子沟水库、咸阳周陵中学对面的雀家鱼塘。另外有泾阳县北庆沟水库、乾县的南沟水库、长武县的长武水库等。

宝鸡市的垂钓点： 有陈仓区溪乡钓鱼台钓场、眉县的石头河水库等。

商洛市的垂钓点： 距西安较近的二龙山水库等。

杨凌的垂钓点： 主要是杨凌水上运动中心等。

西安市的观赏鱼，1986年出现了第一家观赏鱼专卖店，目前市区就有200多家专营店，形成了文艺路、西仓、万寿路、朱雀路等观赏鱼的专业市场，形成了20万人规模的水族消费市场，带动了养殖、渔具、鱼药、鱼食等相关行业的蓬勃兴起。全市观赏鱼养殖水面约100亩，品种包括锦鲤、锦鲫、红鲫鱼、兰寿、水泡、珍珠等30余种，以淡水品种为主，主要集中在未央区、雁塔区和户县；海水名贵品种从广州、北京通州等国内知名观赏鱼市场购进。近年来西安市渔业部门在护城河、大唐芙蓉园芙蓉湖、曲江遗址公园南湖、

浐灞生态示范园、北郊城市运动公园等投放了观赏鱼，已成为各个景区的主要亮点。但目前观赏鱼的投放工作存在着投入严重不足，基础设施薄弱，示范带动缓慢，水族业管理主体模糊等问题，值得改进和提高。

七、水上运动

改革开放后，随着西安和周边的生态环境改善，水上运动蓬勃兴起，带动了水上运动的发展，促进了西安的旅游观光业的兴起。

西安浐灞生态区摩托艇大赛：国际摩托艇联盟（Union International Molonautique简称国际摩联UIM）与摩托艇运动国际摩联总部设在摩纳哥，下设安全委员会、技术委员会、近海委员会、娱乐航行委员会、运动委员会、方程式委员会、一级方程式委员会、水上摩托委员会等。国际摩联每年举办各级别的世界锦标赛、洲际锦标赛和国际大奖赛等。摩托艇运动是集观赏、竞争和刺激于一体，富有现代文明特征的高速水上运动。其比赛场面壮观激烈、精彩纷呈、惊心动魄，是公认的具有较大影响力，较高收视率的竞技体育项目之一。摩托艇的比赛形式为闭合场地的环圈竞速，主要关键技术有：起航、加速、绕标、超越和冲刺等。比赛过程中，马达轰鸣、浪花飞溅、高潮叠起、扣人心弦。摩托艇运动包括：竞速艇（船）、运动艇（船）、游艇（船）、汽艇、水上摩托、垫船（艇）、喷气船（艇）、电动船（艇）等运动。

2007年10月至5日，世界一级方程式（F1）摩托艇锦标赛中国西安大奖赛在这里举行，西安浐灞顿时成为世界的焦点。来自全球的24名F1赛手在这里上演了一场精彩的激烈角逐，西安也通过F1摩托艇世锦赛向世界传达了一个新西安，一个现代、绿色、时尚的西安，浐灞生态区也通过

■ 广运潭

成功举办本届赛事，证明了其海纳世界、汇集全球的决心和能力！

伴随浐灞生态区建设的日益推进，浐灞，现已发展成为西安楼市的"黄金领地"，2007F1摩托艇世锦赛更是推进了浐灞生态区迈向国际化的进程，

为浐灞生态区的发展踩下了加速的油门！

2006年，生态区投资35亿元，主要以浐灞三角洲、浐河西岸与城区连接地区和广运潭项目区三大板块为重点区域，以"打造西部第一水城，创立新区建设范式"为总体目标的浐灞生态区进入了大建设、大发展的关键年。

2007年，生态区的发展建设也进入发展关键年，F1摩托艇世锦赛在这个时候与浐灞一见钟情。伴随着2007F1摩托艇世锦赛中国大奖赛落户西安、来到浐灞，F1摩托艇世锦赛的"战火"于10月4日在此燃起，这不仅吸引了全世界的目光，超过200名中外记者也云集浐灞报道F1摩托艇世锦赛，让世界了解了西安、了解了浐灞。

2008年，F1摩托世锦赛虽然没能和浐灞再次结缘，但一个似曾相识集绿色、现代、科技于一体的全新浐灞已经呈现在世人面前！

从干枯的河床到15000多亩碧波荡漾的水面，从遍地荒芜到沁人心脾的6000多亩绿化，从无人问津的荒野到举世瞩目的投资热土，三年多前，没有人能想像到曾经干枯、荒芜的土地，不仅能在瞬息间成为崛起西安的"生态化商务城"，更成为代表西安时尚、现代、绿色、新兴的城市特质，代表西安生态文明建设最新成就的"都市型生态区"。

而F1摩托用世锦赛在其中的作用，更是不由分说，三颗全球同步卫星向全球121个国家和地区进行电视转播，约有上百亿人次观看此次比赛，中央电视台体育频道等国内各大省台更是争相报道。F1摩托艇世锦赛无论是在城市知名度的提高和投资执法的刺激方面，效果都是相当明显。

杨凌水上运动中心：位于杨凌农业高新技术产业示范区南端。中心占地1552亩，水域占地700亩，陆上建筑及开发山地852亩，其水源采用了全国首创的地下水自然补给，所以水质清澈，绝无污染，是人们休闲、娱乐的良好场所。

水运中心设计建设按照国际赛联要求，是世界一流的水上运动比赛场馆之一。

水上运动中心为适应广大群众体育休闲和健身消费的需要，相继开发了水上快艇、水上自行车、划船、情侣自行车、火箭蹦极、矿山车、越野卡丁

车、水上飞机等项目。中心还为孩子们修建了儿童娱乐场。目前正在积极筹建蹦极、滑过、攀岩、空中飞人等极限项目及一个大型滑草场。这些项目不久就可以和游客见面了。

杨凌水运中心内设998个床位的宾馆、可容纳200人的自助餐厅及10人的小餐厅，自助餐是本中心最大优势，其收费合理，搭配餐具统一，卫生制度严格，得到了社会的一致公认。

第十四节 智者乐山 山地旅游

魏魏秦岭，横亘关中，群峰峙立，森林茂密，鸟语花香，山水明媚，古往今来，招引皇家兴建宫苑，佛家道派在此兴建寺观，成为西安的后花园，赢来了无数诗人的称颂和许多画家的垂青，成为久负盛名的旅游胜地。建国后特别是改革开放以来，以"山水长安"为中心，以绿色引领世界，加大了森林的保护和植树绿化，兴建旅游设施，开发山地资源，成为中外游人旅游、休闲观光的热点，返璞归真，享受大自然的乐趣，促进了西安旅游业的蓬勃发展。

一、森林绿色旅游

森林旅游迅速崛起，目前陕西省已建成森林公园78处，累计投入7.7亿元，旅游道路达2019公里，接待床位1.4万余张，餐住2.5万余个，营运车辆380余辆，2011年森林旅游接待人数1034万人，门票收入四亿元。为了保护秦岭森林植被和珍稀动物，强化环境保护，保持自然界的生态平衡，省市先后在西安市建立了12个森林公园，这里选择重点加以介绍。

太白山森林公园：太白山横卧在宝鸡市的眉县、太白、西安市的周至3县境内。因山顶终年积雪，太白山国家森林公园银光四射，故称太白。它是横贯陕西省的秦岭山脉的主峰，海拔3767米，也是秦岭的最高峰。保护区东西长45公里，南北宽34.5公里，总面积56325公顷。保护区东自周至县西老君岭，西至太白县鳌山；南起周至县龙洞沟，北到眉县营头镇黑虎关。

太白山很早以前就成为名山，诗人李白、杜甫、柳宗元、韩愈、苏轼等人曾游过这里，写下了著名诗篇。其中李白的《登太白山》写道："西上太白峰，夕阳穷登攀。太白与我语，为我开天关。愿乘冷风去，直出浮云间。举目可近月，前行若如山。一别武功去，何时复见还。"这里气候异常，风云多变，相传在山下行军，不敢敲鼓吹号，否则疾风骤雨会顷刻而至。不仅如此，这里还有奇特的风景。苏轼称它"岩崖已奇绝，冰雪竟雕皴。"太白山还有很多古建筑，历代庙宇有14处，现存房屋32栋，80余间，石碑5通，铁碑10通，铁佛110余尊，木雕像64尊，还有铁钟、铁炉等。旧历七月一日为太白山庙会，每逢此时，山上山下，游人不绝。"太白积雪六月天"是关中八景之一。在过去寒冷的年代，太白山顶终年积雪，每当盛夏，从关中平原眺望，白雪皑皑，银光四射，蔚为奇观。

太白山的主体由规模庞大的花岗岩体组成，地质学家称其为"太白花岗岩"，塑造了今日太白山奇峰林立、山势峥嵘的险、奇景色。太白山高山区至今还保留着第四纪冰川遗迹。一个个高山湖泊，碧波荡漾，湖光山色，令人陶醉。这些冰蚀湖自古就有"太白池光""高山明珠"之称，被列为太白山八景之一。在拔仙台、跑马梁一带，石河、石海望之浩然，似有翻滚奔腾之势，令人眼花缭乱。由拔仙台环眺四周，角峰、槽谷、冰斗、冰坎、冰阶等第四纪冰川所特有的地形地貌历历在目。因此，太白山是研究第四纪冰川最好的天然博物馆。

秦岭是长江、黄河两大流域的分水岭。太白山的地貌类型决定了其充分发育的河流。主要的河流（流域面积在百平方公里以上或发源于太白山的河流）有10条：东部的黑河、红水河（下游汇入黑河）。南部的湑水河、太白河、红崖河（太白河、红崖河在下游均汇入湑水河）。西部的太白河和北部石头河、霸王河、汤峪河等。东北部的河流基本上流入渭河后汇入黄河，属黄河流域。西南部的河流流入汉江后汇入长江，属长江流域。其中最主要的4条河流是：湑水河、石头河、霸王河和黑河，均发源于太白山国家级自然保护区。这些河流不仅是汉中盆地和关中平原农业用水的重要来源，同时，也

是城市生活用水的重要补充，特别是近年来实施的石头河、黑河引水工程，对保证西安市工业和生活用水，缓解西安市缺水状况起着重要作用。此外，太白山还蕴藏有丰富的矿藏，主要的矿产有铁、铜、金、石墨、白云石、石英石等。

太白山森林公园，交通便捷，并设有登山缆车，服务设施齐全，成为中外旅游、地质、动物、植物考察、登山望远，欣赏山水风光，夏季避暑的胜地，游人潮涌，成为西安西向旅游的热点。

骊山国家森林公园： 骊山位于西安市临潼区城南，其名字来源于山上终年长青郁郁葱葱的松柏，远看形似一匹青色的骊马。同时也因其景色翠秀，美如锦绣，又名"绣岭"。每当夕阳西下，骊山辉映在金色的晚霞之中，景色格外绮丽，形成了被誉为关中八景之一的美景"骊山晚照"。

骊山是秦岭山脉的一个支脉，最高峰为九龙顶，海拔1301.9米，现拥有烽火台、老母殿、老君殿、晚照亭、兵谏亭、石瓮谷、举火楼、遇仙桥、秤陀石、鸡上架、三元洞、鹞子翻身以及骊山滑索等著名景点胜地。每个景点都有其专属的典故，等待旅客去聆听。

这里女娲曾来过，来此炼石补天；这里周幽王曾来过，"烽火戏诸侯"为博美人一笑；这里秦始皇曾来过，来此修建他的陵墓，留下震惊世界的一大奇迹；这里唐玄宗曾带着杨贵妃来过，来此演绎他们缠绵悱恻的爱情故事；这里曾经还接待过逃难的慈禧太后，见证过张学良、杨虎城将军对国家的热爱与忠诚；今后它还将在这里等待旅客的到来。

王顺山国家森林公园： 位于陕西省境内秦岭北麓的蓝田县蓝桥乡，距西安市45公里。山峰耸立，沟谷幽深，云海浩渺，森林植被完好，素有陕西"小黄山"之美誉。

公园内奇峰耸立、怪石嶙峋、清潭点点。一线天，天光一丝堪称奇景；姊妹、孔雀、独秀等20多座奇峰惟妙惟肖，30多处怪石天工巧成；山上树木繁茂，葛藤飞挂，崖头青松秀立，枝叶扑展，黑熊撕嬉，山羊成群。四季赏景各有诗意：春天山花烂漫，百花争艳；夏天林荫蔽日，凉爽宜人；秋天满山红遍，色彩斑斓；冬天冰雕雪堆，银装素裹，令人心旷神怡。无论何时游赏，都会感到其乐无穷。明代诗人刘玑有赞诗"天下名山此独奇，望中风景画中诗"。

■ 王顺山国家森林公园

王顺山上山前半程有两条路，后半程有3条路。一般的路线是从前半程的右侧路往山上爬，你会观赏到飞天瀑布、步云桥、望谷台等，然后在分叉路朝左上走，会有西峰、刃峰这样奇险的类似华山的风景。

祥峪森林公园：祥峪森林公园位于秦岭北麓，属长安县祥峪乡祥峪村兴办，是陕西唯一的民营森林公园。公园内重峦叠嶂，流水潺潺，形成了一系列独具特色的山水景观，风光格外秀丽。园区根据各景点特色划分为清水岔、工草沟、远山三大景区，包含了卧龙山、卧龙洞、银龙雪崖、高崖飞瀑、幽谷清瀑、石龟望月、隐龙岩、龙门、断魂崖等景点30余处。

公园设置了野趣性、挑战性、运动性、刺激性等各类娱乐项目30多项，有野外烧烤、骑马、手划船、攀岩、蹦极、滑索等充满野趣和森林情趣的传统特色项目，更有独具挑战性的勇敢者道路，由木马飞奔、古井探险、人猿泰山、悬崖峭壁、凌空飞渡、天罗地网、凌波微步等30多组陆上项目和水上项目组成，让旅客在这青山绿水之间享受野外运动带来的刺激和享受。

祥峪森林公园内密林、悬崖、瀑布相映成趣，四景色优美秀丽，还有因

势而成的各色娱乐项目，是休闲、赏景、娱乐的好去处。

公园拥有祥峪度假山庄、清水山庄、农家乐山庄和两个泳池、两个垂钓园供住宿和娱乐。

太平森林公园：陕西太平森林公园位于西安市西南户县太平峪内。距西安44公里，咸阳60公里，总面积2117公顷。公园所处地貌为秦岭中山地。整个区域高低悬殊、峭壁林立、峰峦叠嶂、沟谷连绵、多瀑布、急流和险滩，形成了丰富奇妙的山水自然景观。园内有石门、月宫潭、石船子、黄羊坝、桦林湾五大景区。

太平峪由隋朝皇帝建太平宫得名，峪中山水景观奇特，是唐王朝观花避暑的山水乐园。园内有苍劲古老的落叶松原始森林、顶风傲雪的红桦纯林、紫荆花春开如潮。炎夏群山披绿、古木参天、万木峥嵘，好一派生机。景区自然山水独特，截至目前共发现大小瀑布十二处，瀑布最大落差百余米，主要分布于园内2.5公里范围内，形成瀑布群，是我国北方独一无二的自然景观。瀑下皆有潭，飞瀑入潭，激起千层雾，形成万道彩虹，置身园中如入仙境，最具特色的有：彩虹瀑布、仙鹤桥瀑布、烟霞瀑布、龙口飞瀑等。漫步园中，处处是诗情画意。

朱雀国家森林公园：位于户县南部，秦岭北麓，东涝河上游，面积3000公顷，有朱雀崖、秦岭梁、芦花河、奇秀峰、龙潭子、冰河翠六个景区。

景区自然山水神奇，天然森林密布，无数奇崖怪石，清潭飞瀑掩映在密林巨树、奇花异木之中，构成一幅天然的山水画卷。"冰晶顶"之雄，"奇秀峰"之险，"芦花河"之秀，"秦岭梁"之幽，各显特色，引人入胜。入园览胜，有直插云霄的天柱峰、青莲峰、佛掌峰、渡仙峰、龙脊岭，有奇姿美态的莲台观音、聚仙山、醉仙台、玉笋佛云等，飞瀑、潭涧如飞龙串珠，高山落叶松若盆景古董，山美如画，水秀若诗。游人到此可欣赏自然天功的神奇，森林风光的野趣，处处感受到大自然幽静古野的原始情调。园内动植物资源丰富，特种繁多，共有各类植物580种，属国家级珍稀濒危植物有连香树、领春木、金钱槭、华榛、花楸等；中药资源丰富，有天麻、贝母、猪苓等340种；野生动物有兽类18种，鸟类19种，属国家保护的一、二类动物有羚牛、苏门羚、金钱豹、红腹雉、大鲵等。

2011年11月《大秦岭西安保护段利用规划》和《大秦岭西安段生态环境保护规划》相继制定，确立了大秦岭西段"保一山碧绿，护八水长流"的生态和谐发展格局。为此，市政府做出决定，为重新组合秦岭北麓朱雀、太平森林公园的旅游资源，由西安旅游集团、西安投资控股有限公司和户县人民政府共同出资，成立"西安秦岭朱雀太平国家森林公园旅游发展有限公司"，于2012年3月28日揭牌，合力打造5A级旅游景区，以科学的态度，扎实的工作，丰富的想象，构建大秦岭旅游产业的龙头企业，为大秦岭画龙点睛，描绘更美好的未来。

黑河国家森林公园：陕西黑河国家森林公园位于黑河（古称芒水）源头的周至县境内，面积7462公顷，森林覆盖率94%，108国道纵横相连，交通十分便捷。公园有四大景区，100多个景点。园区森林茂密，奇峰若雕，怪石嶙峋，山水如画。大熊猫、金丝猴、羚牛等珍稀野生动物徜徉其间，傥骆道、营盘梁、钓鱼台、大蟒河等历史人文景观，凸现着深沉厚重的文化积淀。春之山花烂漫，夏之密林蔽日，秋之红叶满山，冬之白雪皑皑，更使游客情有千结，流连忘返。

公园属大太白山范畴，其生物资源具有国际影响力。森林广袤，在秦岭是原始森林相对较多的地区之一，植物种类占秦岭植物种类的65%，野生动物种类占陕西省野生动物种类的42%，是我国少有生物多样性保存相对完整的地区之一。就其科学价值、景观价值和旅游价值而言，在西北地区具有重要影响力。

黑河是西安的主要水源，公园位于黑河上游河道两侧。黑河的大流量、大落差和砾石河床的特征，造就了其逢弯必潭、逢崖必瀑的特点。沿黑河而上，如此众多的水色景点集中体现了秦岭水体景观种类多、气势大的特征，是秦岭地区最著名的水体景观旅游地。

公园的山体景观连绵起伏，雄浑壮观，与秦岭的南坡妩媚柔美山形相映成趣，在秦岭，其地人文景观类型具有多元性、地理分布集中性等特征，是秦岭地区观赏山景最佳区域之一。

夏、秋季节，公园比60公里外的关中平原相比气温只有15℃—20℃，这些特征在秦岭北麓的森林公园是少见的，是陕西关中平原最佳的避暑旅游胜地。

公园以其独有的壮丽风光、原始风貌，和在保护生物多样性、保持生态平衡方面所处的重要位置，引起世界自然基金会的特别关注，并以国际流行的生态旅游理念，与公园携手共建秦岭保护与发展共进项目，实现生态保护与可持续发展的和谐统一，创建生态旅游示范区。

楼观台森林公园：陕西楼观台国家森林公园，位于秦岭西部北麓周至县境内。东距古城西安70公里，107国道横穿而过，与陇海铁路、西宝高速公路、108国道相接。

森林公园始建于1982年，是林业部最早批建的全国十二个森林公园之一，也是西北地区首家森林公园。

公园总面积2.75万公顷。规划为东楼观、西楼观、田峪河、首阳山四个游园和木子坪生态旅游区，12个景区，200余处景点，是人文、自然、森林景观融合俱佳的旅游胜地。有40里峡一线天、野牛河瀑布、旺子沟古溶

■ 楼观台森林公园

洞、首阳山五彩石及仰天池、洞宾泉、龙王潭等自然景观。有光头山草甸、高山云冷杉、杜鹃天然林，数千亩人工竹林等森林景观。垂直带谱系明显，季相变化万千。有说经台、炼丹峰、大陵山、吾老洞、红孩洞、龙王潭、首阳山、观音庙等诸多人文景观。

目前开放的东楼观游园有景点50余处。主要有我国北方纬度最高、规模最大、品种最多的竹类品种园——百竹园；有抢救繁育国宝大熊猫、朱鹮、金丝猴、褐马鸡、金毛扭角羚等珍稀野生动物的珍兽馆；有我国最古老的道教祖庭——老子说经台，距今3000余年，为道教发祥地，史称"仙都"。有井深1700余米，日出水千吨，富含18种有益人体矿物成分的温泉水服务系

统，可供游人沐浴、疗疾、游泳、垂钓。

森林公园有木本、草本植物78科197属千余种，各种竹子18属150余种。千年古树，名木花卉，蔚为壮观。

森林公园风光绚丽，青峰碧水，深藏灵秀：

春天：层山绿秀，嫩柳含烟，百花争艳；

炎夏：群山凝翠，苍山秀水，清爽宜人；

金秋：层林尽染，满山红遍，美不胜收；

隆冬："三友"斗雪，娇娆迷人，涉趣无尽。

牛背梁国家森林公园：该公园属于商洛市柞水县，虽不在西安境内，因有高速公路可以通达，距西安仅42公里，一小时便可开车到达，所以成为西安南去秦岭的一个旅游热点，这里作简要介绍。

牛背梁国家森林公园位于秦岭南坡的柞水县营盘镇，海拔1000—2802米，总面积2123公顷。茂密的原始森林，清幽的潭溪瀑布，独特的峡谷风光，罕见的石林景观，以及秦岭冷杉、杜鹃林带、高山草甸和第四纪冰川遗迹所构成的特有的高山景观，造就了这里中国少有的景观多样性与独特性汇聚一园的国家级森林公园。

连续数里路都是百年树龄的白桦，稀疏均匀，高大挺拔；笼罩在树顶上的雾还是那么浓，好像天是被树梢顶着。虽然看不见远景，但在路边不时能遇见形态各异的山石。一些藤本植物依然浓绿，在雾雨中青翠欲滴。一路上在白桦林里不时看见骨瘦嶙峋的龙骨木、鸡骨木，还有野樱桃、山楂、野花椒、刺海棠等各种大小乔木和大叶紫荆、五角枫、水青等一些名贵树木。快到石林的时候，一丛高大的五角枫屹立在一处光光的石上，脚下几乎没有土，基围约有四五米，根扎在山崖的缝隙里，主干却如滚龙抱柱。整体看去，气势庞大，枝生云梦，叶拍苍天。进入高山景观区，在梁脊上行走，两旁是巧夺天工的盆景园，那连片的高山树木不是在长高，而是在长着各种盆景形状，随便你细看哪一棵，都如人工制作得一般。连偏坡上偶尔出现的岩松也是秃秃的，一边无枝，一边的枝飘出好远，似是伸手迎客。离得远点的高山红桦林在雾里只是绺绺红云，靠近一点的，在雨中鲜红鲜红。

　　牛背梁国家森林公园地处秦岭南麓的柞水县，是一个"九山半水半分田"的土石山区县，有着丰富的旅游资源。其中乾佑河百里生态景观带、凤凰古镇、柞水溶洞、牛脊背国家森林公园等吸引了越来越多的游客。但长期以来，交通不便严重制约了柞水的发展。原先西安至柞水的公路盘山而建，先后要翻越秦岭两道山岭，总行程146公里，最快也得三四个小时。如果遇到冬季大雪封山，那么这条公路将完全瘫痪。尽管柞水县旅游资源丰富，但落后的公路交通阻碍了游客的进入，非但不利于旅游业的发展，更是制约了农副产品的及时输出。现在高速公路修通，1小时便可到达。

　　天台山国家森林公园：虽不在西安境内，却属西安西线山地旅游的主要场所。

　　天台山国家森林公园位于宝鸡市正南，秦岭山脉北麓，距市区中心约10多公里，总面积约8100多公顷，辖四大景区：即大王岭景区、杨家滩景区、天台莲花山景区和已经开发开放的嘉陵江源头风景区。

　　天台山国家森林公园西临凤县黄牛铺镇、东北接宝鸡市渭滨区，由于秦岭山脉经历了喜马拉雅山系多次构造运动和岩浆活动，从而形成了奇峰林立，怪石广布，潭瀑众多，沟壑错纵的复杂地貌，所以公园内景观奇特，又因秦岭山脉对于我国水系划分和气候的影响而形成了独特的天象气象、水体和植被景观。有奇石陡崖，如烧香台、剑劈石、大刀石、三皇崖等，而且赋有神话传说色彩，令人神往称奇。有奇峰险关，如鸡峰山、大散关，其间还点缀着众多小溪、瀑布和潭池，水态多姿，引人入胜。另外，有罕见的雾凇、冰挂等天象景观。

二、秦岭名山旅游

　　秦岭横贯关中，尤以终南山最胜，西安境内主要名山有骊山、翠华山、南五台、嘉午台、圭峰山等，西安周边名山，东有华山、少华山；西有太白山；南有柞水牛背梁等。人们可以健身爬山，登高望远，赏山悦水，观赏泉瀑，观看日出，极目云海，领略动植物风采，也可在深山探幽，访探寺庙佛院，修真养性，还可写诗作画，抒发逸情，以探青山之幽。

翠华山：翠华山地属长安区，距西安市南28公里，是终南山的一个支峰，海拔约1500米。据传当年汉武帝曾在这里祭过太乙神，故又名太乙山，山间有太乙谷，谷水流入滈水。谷口有汉元封二年（前109年）建造的太乙宫遗址。以美丽的湖光山色和罕见的山崩地貌而著称，素有"终南独秀"和中国地质博物馆的美誉。

太乙山翠峰环列，秀丽挺拔，林壑幽美，怪石林立，湫水碧绿，景色宜人。唐代诗人王维曾作了一首《终南山》诗，赞赏太乙山："太乙近天都，连山到海隅。白云回望合，青霭入看无。分野中峰变，阴晴众壑殊。欲投人处宿，隔水问樵夫。"

游人攀登翠华山，从太乙谷口入谷，行约五六里便是一座人造湖泊——正岔水库，坝高36米，坝长81米，库容36万立方米，可灌农田4000余亩。绕过水库后盘山而上，途经十八盘，便到了大正峪村，这里是翠华山名胜集中点。村旁有天然湖泊，名叫太乙池，也叫水湫池、龙移湫。相传是唐代天宝年间（742—756），翠华山突然崩裂，造成塌方而形成。这是因为山上坚硬的花岗岩和花岗片麻岩沿着节理、裂隙发生断裂而崩塌，大大小小的石块顺坡下滑，高达200米，像一座石坝，堵塞了石谷，形成山崩湖。湖面现有水面100余亩，水深数丈，碧波荡漾，清澈见底，山影倒映，景色幽异。人们在这里轻舟荡漾，也可快艇激浪。水中盛产鲤鱼，憩息垂钓，别有风韵。

太乙池东有东峰，也叫玉案峰，山势巍峨，其路险峻，须攀援铁索，方可登峰。峰腰有翠华娘娘庙。池东南有龙涎窝，瀑布从山崖飞流而下，激流汹涌，声若雷鸣，远望如帘。池东北有老君庵，金胜堂等庙宇，皆为清代所建。池西有西峰，峰下有风洞和冰洞。冰洞在酷暑夏日，仍垂悬坚冰。风洞隐

■ 翠华山天池

于崖下，冷风呼呼，终年不息。此外西山谷还有鬼门关、奈何桥等名胜。

翠华山不仅风景秀丽，还有动人的神话传说。相传陕西泾阳县金家庄有个姑娘名叫金翠华，品貌出众。不幸父母双亡，随从兄嫂，日织夜纺，勤劳

度日。秋去冬来，翠华姑娘转眼已到待嫁之年，更加俊俏，美似天仙，她爱上了同村憨厚朴实的农民潘郎，私自订下终身，不料兄嫂嫌贫爱富，贪图财礼，将翠华另许于咸阳富豪王家作妾。眼看婚期将到，翠华在一个夜晚，悄悄含愤离家，奔至潘郎门首，正欲叩门，又为犬所惊，翠华无奈，便将棉线系在潘家门环之上，牵引线头飘然而去，深夜逃至太乙山中，隐藏于水漱池畔，盼望潘郎随线而来，但事与愿违，潘郎一直音讯渺茫。其兄金玉，恐误王家婚期，四处寻找，至南山遇一老翁，告知太乙山巅有一姑娘倚山而坐。金玉忙追至太乙山中，但见这里林深壑险，巉岩危立，在山巅洞中，果然发现翠华姑娘忧郁而坐。金玉近前欲问，翠华愤极，天地震怒。只听一声霹雳，山崩地裂，遏流成泉，山陵为峡，仙乐齐鸣，祥云瓢荡，群仙降临，接翠华姑娘腾空而去。

后人为了怀念翠华姑娘，在此修建了翠华娘娘庙，把山名也叫作翠华山。

翠花山还建有大型滑雪场，每当隆冬，西安市民和中外游客到此滑雪，欣赏北国风光，在冰天雪地里锻炼身体，乐趣盎然。

南五台山：位于西安南约30公里，海拔1688米，为终南山支脉，南五台古称太乙山，是我国佛教圣地之一。因山上有文殊、清凉、现身、灵应、观音五个小台，也是五个小山峰，称为南五台。南五台山形峻峭，峰峦重叠，森林茂密，风景极为秀丽。《关中通志》载，"今南山神秀之区，惟长安南五台为最"。原山上寺庙数百座，历经战乱，大都荒废，现存有观音寺、五佛殿、圆光寺、西林寺、圣寿寺塔等遗址。

南五台自然风景颇佳，从山下看五座山峰笔架排列，一览无余，似乎近在咫尺，从竹谷进山至大台竟有12.5公里之遥，山重水复，峰回路转，险峰秀岩，目不暇接。

涓流如帛的流水石瀑布，孤峰独秀的送灯台，屈腿静卧的犀牛石，峻拔凌霄的观音台，势若天柱的灵应台，如虎长啸的老虎岩等等，景色如画，美不胜收，真可谓"地貌构造博物馆"。山中有植物近千种，有"特殊活化石"孑遗植物、观赏珍品七叶树、望春花等，堪称为博大的植物园，活的根雕博物馆。

南五台有隋代所建的圣寿寺塔，方形七层，高23米。据传，大雁塔曾仿此塔而建，为西安现存最早的佛塔。位于长安区子午镇东8公里，距西安约30公里。

嘉午台：位于西安城东南30余公里处长安境内，是喜马拉雅运动期间形成的花岗岩构成的新块山，其地势险峻，峰峦叠嶂，景色奇丽，人称"小华山"。

嘉午台由东、西、南、北、中5座山峰组成，它的中心最高点——岱顶海拔1870余米。其形奇伟壮观：东看，像猛虎欲扑向秦岭；西看，像巨龙在云中翻腾；北看，它巍然耸立，大有华山之气势。

山上最险处"大梯子"，是在悬崖峭壁上由人工凿出的40米长的石阶，石阶旁悬有明万历十一年铸造的铁索，人们攀索拾级而上，可谓步步惊心。

雨过天晴之际，攀沿而上山顶，可看见让人陶醉的云海，俯瞰关中大地，更是让人禁不住心潮澎湃，感叹大自然的雄伟壮丽。

从大峪十里庙——狮子茅棚——嘉午台龙脊——白道峪行进，这条线路穿越嘉午台，途中须经过许多险峻之处，喜欢刺激和挑战的常来尝试。

除西安境内名山以外，西安以外周边地区还有诸如华山、药王山等名山，也是中外游人到西安旅游必至之地，这里只介绍西岳华山。

华山：是我国著名的五岳之一，被誉为"天下奇险第一山"，距西安市120公里，海拔2154.9米，北临坦荡的渭河平原和咆哮的黄河，南依秦岭，是秦岭支脉分水脊北侧的一座花岗岩山。凭借大自然风云变幻的装扮，华山的千姿万态被有声有色地勾画出来，成为国家级风景名胜区。2011年登山门票收入2.04亿元，旅游综合收入达19亿元。

华山不仅雄伟奇险，而且山势峻峭，壁立千仞，群峰挺秀，以险峻称雄于世，自古以来就有"华山天下险""奇险天下第一山"的说法。正因为如此，华山多少年以来吸引了无数勇敢者前来攀登挑战。

从玉泉院出发，经"回心石""千尺幢""百尺峡"和"老君犁沟"到北峰，从北峰南上，经"擦耳崖""苍龙岭"，过"金锁关"，从这里可分别前往东、中、南、西四峰。

山上的观、院、亭、阁皆依山势而建，一山飞峙，恰似空中楼阁，而且有古松相映，更是别具一格。山峰秀丽，又形象各异，似韩湘子赶牛、金蟾戏龟、白蛇遭难……峪道的潺潺流水，山涧的水帘瀑布，更是妙趣横生。

■ 华山

华山留有无数名人的足迹、传说故事和古迹。自隋唐以来，李白、杜甫等文人墨客咏华山的诗歌、碑记和游记不下千余篇，摩崖石刻多达上千处。自汉杨宝、杨震到明清冯从吾、顾炎武等不少学者曾隐居华山诸峪，开馆授徒，一时蔚为大观。

华山多民间小吃，既有陕西的特色美食，如面花、麻食、荞麦凉粉、锅盔、牛羊肉泡馍等名吃，又有华山特色小吃，如凉皮、凉粉、锅贴、大刀面、豆腐脑、踅面、黄河鲇鱼，尝过后让人流连忘返。华山脚下的玉泉路上以及华阴市都有很多餐馆、酒店，就餐非常方便。不过，由于华山餐馆都价格不菲，因此最好能够自备粮食。华山脚下的玉泉路上有不少私人的旅馆，比较干净，价格也公道，山上有北峰饭店、五云峰饭店等住宿地点，方便游客在山上住宿。

历时六年修编的《华山风景名胜区总体规划》已获国务院八部委审查批复，总投资650亿元。其中投资310亿元的太华湖统筹城乡开发项目已开始建设，项目包括华山清心温泉、华山峪滑道、太华书院、华山国际会议中心和华山会展中心等，建成后景区由一日游，变为两日游、三日游，推动旅游产业的发展。

三、宗教旅游

"深山藏古寺"，秦岭从古到今都是佛寺僧院聚集之地，有"长安三千金世界，终南百万玉楼台"的美誉。古代有佛寺僧院一千余所。现在遗存秦岭山中和坡脚有100余所，主要有周至楼观台、仙游寺、净业寺、水陆庵等。是游人参佛拜禅和欣赏山水风光的旅游胜地。

周至县楼观台：楼观台号称"天下第一福地"，是我国著名的道教圣地，位于西安市周至县东南15公里的终南山北麓，风景优美，依山带水，茂林修竹，绿荫蔽天，史书赞美"关中河山百二，以终南为最胜；终南千峰叠翠，以楼观为最名"。楼观台既有周秦汉唐古迹，又有青山绿水的自然风光。古迹主要有老子说经台、尹喜观星楼、秦始皇清庙、汉武帝望仙宫、大秦寺塔以及炼丹炉、吕祖洞、上善池等60余处。其中老子墓、大秦寺塔为省级重点文物保护单位。

楼观台得名西周大夫函谷关令尹喜结草为楼，夜观天象，只见紫气东来，知道将有真人从此经过。后来果然老子西游入关，被尹喜迎至草楼，在这里著《道德经》五千言，并在楼南筑台讲经，留下了楼观台这一名胜。

楼观台是我国古代著名哲学家老子李聃著书立说、传道讲经之发祥地，已有2500余年历史，道教史称"仙都"。西楼观大陵

■ 楼观台——洞天福地

山是老子修真、羽化之地，有吾老洞、老子墓等古迹。宗圣宫建于唐初，是李唐王朝奉老子为远祖、礼祭老子的宗祠。观内计存文物古迹50余处，碑石170余通，名人诗作150余篇，还有许许多多脍炙人口的传说。

西安市投入巨资兴建楼观台道教基地，以老子说经台为中轴线，结合了道教"一元初始、太极两仪、三才相合、四象环绕、五行相生、六合寰宇、七日来复、八卦演义、九宫合中"的文化概念，依山而建，一条中轴，建成九进院落，十大殿堂，建筑雄伟，雕樑画栋，错落有致。已于2012年3月建成开放，为中国道教文化和旅游观光胜地，将是西安新的旅游热点。

周至县仙游寺：位于西安市周至县城南约17公里处的黑水峪，寺塔正好建在黑河拐弯处的山坡上。隋唐时，这里离长安较近，因此帝王与大臣经常来这里游玩。这里的风光与寺庙吸引了历代许多文人墨客，如唐朝的白居易、岑参、宋朝的苏东坡等都在此留下诗文与墨宝。

仙游寺今存正殿5间，配殿与客房、僧舍20余间，并有古塔4座，其中以法王塔最为著名。黑河北岸为中兴寺（又称北寺），有殿20余间，正殿东边的房间，为宋代文学家苏东坡读书之处。在南寺与北寺之间有潭，名"黑水潭"，也称"仙游潭""五龙潭"，水色黝黑，深不可测，是宋代苏东坡等人常游之处，至今尚有"苏章石壁"等遗迹。仙游寺周围清溪似带，群峰列嶂，风景秀丽宜人，自古以来即为人们常来游览的胜地。

1998年10月，因修建黑河金盆湾水库，仙游寺将被淹没，西安市在黑河西边进行整体迁建，现已迁建完毕，并重新原样搬迁了隋代仙游寺古塔。唐代诗人白居易在周至当过县尉，在此将唐明皇和杨贵妃的爱情故事写成著名的《长恨歌》，毛主席又手书了《长恨歌》，成为书法珍品，使仙游寺更加驰名，享誉九州。

蓝田县水陆庵：在蓝田县城以东10公里的普化镇王顺山下，庵内以精美的各类雕塑而著名，有"陕西敦煌"之称。

水陆庵建于明代。明代西安秦藩王朱怀墡，是朱元璋的孙子，朱怀墡的母亲笃信佛教，他就在隋唐名刹悟真寺山口，选择了风水绝佳的地方，兴建了水陆庵，作为水陆法会的道场。

水陆庵现有五间山门，两边各建有十三间厢房，院中建有三间中殿，西边建有五间大殿，形成一个封闭的四合院。庵周青山峙列，绿水环抱，庵内殿宇雄伟，树木葱郁，花草繁茂，风光宜人，是蓝田县的旅游热点。

■ 水陆庵

水陆庵的雕塑传说是传承唐代著名雕塑家杨惠之所创作。明代建造时，继承唐代艺术风格，建造了巨大的雕塑群体，创造了佛教造像艺术的一代高峰，可与敦煌、龙门、云岗、麦积山四大石窟媲美，在中国雕塑史上写下了光辉一页。水陆庵壁雕，共分为南北山墙，殿中正隔间西壁、西檐墙四部分。其中以南北山墙上壁雕最为精彩，有山水桥梁，园林瀑布，楼台亭阁，殿宇宝塔；有释迦牟尼传道故事情节的佛事活动场面；还有其他菩萨、飞天仙女造像；另有许多飞龙、凤舞、雄狮、麒麟、大象、黄牛等动物造型。整个壁雕，布局严谨，结构紧密，层次分明，造型生动，手法绝妙，充分显示了我国古代雕塑工匠丰富的想象力和高超的雕塑技艺。

长安区净业寺：位于长安区终南山麓之凤凰山上，距西安市约35公里，

是国务院确定的佛教全国重点寺院之一。凤凰山山形如凤，地脉龙绵，山势奇古高峻，林密幽深。净业寺踞处山腰，坐北朝南，东对青华山，西临沣峪河，南面阔朗，可眺观音、九鼎诸峰，是净心清修的道场。

净业寺始建于隋末，唐初为高僧道宣修行弘律的道场，因而成佛教律宗的发祥地。道宣（596—667）自幼聪慧，9岁能作赋，15岁出家，20岁受具足戒，先后依止智𫖮、智首律师，钻研律学，曾在大禅定寺听智首律师讲《四分律》40遍，历时10年。而后，道宣律师四方参学。武德七年（624年）道宣结庐终南，始居白泉寺、丰德寺，后得护法菩萨"彼清宫村、故净业寺，地当宝势，道可习成"之示，遂移居净业寺。此后四十余年，道宣律师除两次出山，被礼请参加玄藏法师在长安弘福寺、西明寺组织的译场外，其余时间均在净业寺潜心禅定，研究律学。他曾因严持戒律、精修般若三昧而感人天送供，天神护法。

道宣以大乘教释《四分律》，与广弘律学一脉，他的著述中有关《四分律》疏、钞极多，其中《四分律删繁补阙行事钞》《四分律删繁随机羯磨疏》以及《四分律含注式戒本疏》被称为"南山三大部"，再加上《四分律拾毗尼义钞》《四分比丘尼钞》等著作，在中国佛教史上占有极其重要的地位。唐乾封二年（667年），他在终南山清宫精舍创立戒坛，依其所制得传戒、受戒仪规为诸州沙门二十余人传授具足戒。所著《关中创立戒坛图经》成为后世戒坛之模范。

道宣生平"三衣皆伫，一食为菽，行则仗策，坐不倚床"，其道行声名远播西域，唐开元三大士之一金刚智法师也慕名来长安亲拜道宣为师。玄奘、窥基、圆测法师、牛头祖师及孙思邈等与道宣律师交往颇多。唐高宗乾封二年（667年）十月三日圆寂，葬于坛谷石室。唐高宗诏令天下寺院奉供道宣律师画像，并令名匠韩伯通为其塑像。唐穆宗曾赞曰："代有完人，为如来使。龙鬼归降，天神奉侍。声飞五天，辞惊万里。金乌西沉，佛日东举。稽首皈依，肇律宗主。"后人因他长期居住终南山、尊称他所弘扬的《四分律》为"南山宗"，亦尊称他为"南山律祖"。

道宣律师门下有受法传教弟子千人，著名的有大慈、文纲等，后由道宗的再传弟子鉴真将律学传到日本，成为日本律宗祖师。

唐时净业寺因道宣弘扬律宗而达极盛，后渐衰落。寺内所存明朝《道宣律师略传》及清朝钟鼓楼碑记载：明正统二年（1437年），净业寺住持云秀募集资金，重修殿堂。明天顺四年（1460年）住持本泉筹集修葺寺院，明嘉靖三十四年（1555年）因地震塔倾，到隆庆年间（1567年）才加以修复。清康熙五十二年（1713年），寺僧又重修道宣律师塔。清嘉庆十八年（1813年），重修殿宇。道光年间，寺况稍盛。

扶风法门寺：法门寺虽不属西安地域，却由西安曲江新区开发建设，又是西安西线旅游热点，所以在这里作一简要介绍。

■ 法门寺

法门寺位于扶风县城北10公里的法门镇，距西安市110公里，距宝鸡市90公里。始建于东汉末年，距今已有1700年历史，公元前三世纪，阿育王统一印度，为弘扬佛法，将佛的舍利分成8400份，分送世界各国建塔供奉，中国共有十九处，法门寺为第五处塔寺。到唐代，将塔改建成四级木塔。在唐代200多年间，先后有高宗、武后、中宗、肃宗、德宗、宪宗、懿宗、僖宗、八位皇帝六迎二送供养舍利，声势浩大，朝野轰动。到了明代隆庆三年（1569年），历经数百年的唐代四级木塔崩塌。明神宗万历七年（1579年），地方绅士杨禹臣、党万良等捐资修塔，历时30年，建成八棱十三级砖塔，高47米。建国后1981年8月24日，砖塔半边倒塌，1986年政府决定重建，1987年2

月开始施工，开启地宫，在沉寂了1113年之后，2499件大唐国宝和佛指舍利重见天日。这些稀世珍宝，在中国社会政治史、文化史、科技史、美术史、中外交流史研究上都具有极其重要的价值。

为了展示大唐国宝，于1988年11月9日建成法门寺博物馆，正式对外开放。2011年又建成"法门寺历史文化陈列、法门寺佛教、文化陈列、法门寺唐密罗曼茶文化陈列、法门寺大唐珍宝文化陈列、法门寺唐代茶文化陈列五大陈列，使法门寺成为佛教朝拜中心。

法门寺在前任方丈澄观、净一法师的主持下，相继建成大雄宝殿、玉佛殿、禅堂、祖堂、斋堂、寮房、佛学院等仿唐建筑，气势恢宏，规模宏大，国内外游人蜂拥而至，竞相参观朝拜。

随后法门寺由西安曲江开发建设，于2009年5月建成开放。在法门寺建成合十舍利塔，如同合十的双手，手中像是一座唐塔，塔总高148米，是世界上最高的佛塔。

在佛塔前铺设了一条长1230米，宽108米的佛光大道，多尊菩萨造像排列两侧、气势恢宏。大道两头分别是可容纳10万人的朝圣广场和山门广场。

法门寺的佛指舍利，1994年赴泰国、2002年赴中国台湾、2004年赴香港瞻礼供奉，盛况空前，影响极大。法门寺开放以来，党和国家领导人江泽民、胡锦涛、吴邦国、温家宝、贾庆林、李瑞环、习仲勋、姜春云、邹家华、田纪云、赵朴初、班禅大师及外国元首、驻华大使、诸佛教团体前来瞻仰礼拜。

第十五节 抢救保护 秦岭四宝

如前所说，动植物的灭绝和衰减，已成为世界生态环境恶化的必然结果，保护和抢救这些濒于灭绝的珍稀动物，成为世界各国义不容辞的责任和义务。

陕西的大熊猫、金丝猴、羚牛、朱鹮被称为秦岭四宝，同样面临着生存衰减的严重威胁，为此陕西建立了秦岭四宝自然保护基地和繁育保护中心，发布禁猎令，积极抢救这些濒危品种，经过多年的努力，已取得显著成效。生态环境不断改善，种群数量也逐渐增加，受到国内外环保和动物组织的高度赞誉。

在2011年西安世界园艺博览会上，在园内特设了秦岭四宝展览馆，让中外游人一览秦岭四宝的芳容，受到大家的关注和欢迎。现将秦岭四宝情况介绍于下：

一、大熊猫

亦称猫熊，哺乳动物，属猫熊科。眼周、耳前后和后肢、肩部为黑色，其余为白色，憨态可掬。生活在海拔2000—4000米高山有竹林的地方。

我国的大熊猫分布在四川、陕西、甘肃三省的六大山系中——秦岭、岷山、邛崃山、大相岭和凉山，彼此连接，形成一个整体。其中岷山面积最大，分布最多。

由于熊猫栖息地的森林减少，道路的切割，致使熊猫食物短缺，再加上人类的偷猎，使大熊猫数量急剧减少，更主要的原因还有大熊猫遗传因素，自然怀孕减少，造成了大熊猫种群的下降。例如四川岷山大熊猫栖息地被人为破坏，已切割为若尔盖、九寨沟、白河、王朗、唐家河、千佛山、九鼎山、小寨子和虎牙九个小块，77%的栖息地受到人为活动的干扰。为此，国家林业局曾三次对熊猫分布进行普查，2012年公布的普查结果，全国有大熊猫1596只，其中秦岭有273只，在佛坪县有110—130只，占秦岭大熊猫总数四成以上。根据世界自然联盟（IUCN）制定的

■ 大熊猫

濒危特种等级划分体系，某一种动物群体数量小于2500只时，即被列入濒危物种之列，而大熊猫目前仅存1596只，所以应列为濒危的珍稀动物。

为了保护陕西秦岭的大熊猫，1993年国家先后建立了国家级周至老县城和佛坪自然保护区。保护区北接太白山，西连周至，南临佛坪，西南至长青。在全国第三次大熊猫普查中，保护区只发现了3只大熊猫。周至老县城，在清道光五年（1825年）原是佛坪县的县衙所在地，又是关中通往汉中傥骆道上的驿站，最兴盛的时候，人口有两万多，后来佛坪县另辟新址，迁至袁家庄，把老县城划归周至管辖，如今这里只留下残垣断壁的城门、城墙和文庙、城隍庙遗迹，全城只剩下了31户，人迹罕至。所以这里的森林保护得很好，高大的阔叶林中，杂生着密密麻麻的松花竹，成为大熊猫取之不尽的食物，赖以生存繁衍。并在周至楼观台建立了大熊猫人工繁殖中心。大熊猫人工繁殖十分困难，从1936年美国纽约Bronx动物园首次饲养大熊猫起，至1963年，首只人工繁育的大熊猫诞生在北京动物园，此前几十年中全世界动物园中，59只大熊猫从未有进行人工成功繁殖的先例。

秦岭独特的自然环境是构建大熊猫自然庇护所得天独厚的地方，"东西走向的高大山梁为天然屏障，阻挡了北方的寒流，适宜的山地温带气候，造就了良好的森林、竹林生态系统。海拔1350米是农业生态系统的上限，限制了人类在高山永久居住，从而保留了大熊猫最后栖息地"（北京大学科技出版社《继续生存的机会》一书如是说）。位于老县城保护区的大熊猫娇娇，1989年研究人员为它戴上无线电颈圈，此后持续观测它的发情、交配、产仔的各个过程，在娇娇14岁的时候已生下了5个孩子，有了3—4个孙子。现在娇娇已被收养到周至楼观台人工繁殖中心的铁笼之中，安度晚年。

为了保护大熊猫，太白县成立了野生动物救护饲养中心，建立了黄柏塬大熊猫栖息地管护站，先后救治大熊猫、羚牛、金丝猴珍稀野生动物22只。2012年3月6日，陕西省在太白县又开展了第四次大熊猫调查暨野外调查工作启动仪式，对太白山57种珍稀动物进行调查。

由于大熊猫的珍稀而贵重，作为国家级的重礼赠送或寄养在日本、朝鲜、美国、英国、法国、澳大利亚、奥地利等世界各地，共36只，受到世界人民特别是少年儿童的喜爱，成为世界各国动物园的宠儿。

二、金丝猴

脊椎动物，哺乳纲、灵长目、猴科。金丝猴毛色艳丽，形态独特，动作优雅，性情温和，深受人们喜爱。

金丝猴体长约0.7米，尾长与体长相等，鼻孔大、上翘、唇厚、无颊囊、背部毛发很长，色为褐黄。

金丝猴主要分布在我国的陕西、四川、湖北、贵州、云南、西藏等地，品种有川金丝猴、黔金丝猴和滇金丝猴三种，此外有越南和缅甸两种金丝猴。金丝猴珍贵程度与大熊猫齐名，同属国家一级保护动物。

陕西是中国金丝猴分布种群最庞大种群，秦岭发现有53个猴群，每小群约50只左右，大群约100只左右，最多约300只，估计陕西境内共约有金丝猴5340只。滇金丝猴仅1000余只；黔金丝猴700只，湖北神农架500只、川东巫山不足100只。

金丝猴

金丝猴是典型的森林栖息动物，常年栖息于海拔1500—3300米的森林中，其中植被类型垂直分布，属亚热带山地常绿阔叶混交林、亚热带落叶阔叶林、常绿针叶林以及次生针阔混交林四种植被类型。随着季节的变化，作

垂直转移。金丝猴主要在树上生活，也在地上找食物，主食为枝叶、树皮、枝根、嫩枝、花果、竹笋、苔藓，爱吃昆虫、鸟和鸟蛋等。

雌金丝猴性成熟4—5岁，雄金丝猴性成熟推迟到7岁左右，全年均可交配，以8—10月为交配盛期，妊娠期6个月，通常一胎一仔，偶产2仔。金丝猴喜欢群居，具有典型的家庭生活方式，成员之间，相互照顾，一起觅食，共同玩耍，母猴对幼崽倍加珍爱，认真呵护，公猴不断地向母猴献殷勤，梳理毛发，进行抚爱。公猴猴王在群体上享有特权，领导猴群的一切活动和配种权。

由于金丝猴皮毛有很高价值，观赏性很强，成为人类的捕杀对象。贵州梵净山黔金丝猴，据不完全统计1962—1977年，15年间就捕杀多达317只之多。陕西捕猎金丝猴的案件也时有发生，因此保护金丝猴成为当务之急。中国目前已建立了西安周至金丝猴保护区、白河川金丝猴保护区、红拉山滇金丝猴保护区、巴东县沿渡河金丝猴保护区、芒康滇金丝猴国家级自然保护区。目前，打击偷捉捕杀犯罪行为，保护森林生态环境，进行野生观摩，以及繁殖的研究，已取得显著成效。

三、羚牛

羚牛被纽约动物学会国际野生动物保护负责人乔治·沙勒博士称为"六不像"：庞大的脊背隆起像棕熊，绷紧的脸部像驼鹿，宽面、扁的尾巴像山羊，两角长得像角马，两条后腿像鬣狗，四肢粗壮的像家牛。羚牛为大型草食动物，外形似牛，又介于山羊和羚羊之间，故称羚牛。体形宠大，四肢粗壮，肩高大于臀部，身高1.1—1.2米，体长1.8—2.0米，体重200—300公斤，最大可达1000公斤。羚牛，属于牛科羊亚属，是世界公认的珍贵动物之一，羚牛生性憨厚不设防，很容易被人捕杀或掉入陷阱，加之森林减少，生态恶化，羚牛正濒临灭绝的边缘，所以国家十分重视羚牛的保护，被国际与自然资源保护联盟红皮书列为珍贵级，被我国列为一级保护动物，被中国公布的红皮书列为濒危物种，中国政府禁止将羚牛移居到国外动物园。

羚牛分布我国西南的四川、云南、西藏，西北的陕西、甘肃以及印度、缅甸。羚牛共有四个亚种，其中秦岭亚种，主要分布在秦岭西段，主要产区为周至县，一般产区有太白、宁陕、洋县、佛坪、柞水五个县。此外户县、蓝田、长安、宁强、凤县、略阳、留坝、勉县、城固、镇安11个县亦有分布，共计陕西出产羚牛的地方有17个县。

羚牛

羚牛是一种高山动物，体格雄壮，性情暴躁，力大无穷，可轻而易举地撞断直径为12.7公分的林木。海拔2000—4500米的秦岭高山、悬崖一带，由低至高，生长着阔叶林、针阔混交林、针叶林和高山草甸。羚牛栖息于此，适生性强，高大的乔木树皮、灌木、幼林、嫩草都是它们的美味佳肴，共计可食植物多达100多种。羚牛白天隐居于竹林灌丛，黄昏和夜间出来觅食，善于奔驰，纵横于悬崖峭壁之间，如履平地，身上长有厚密的皮毛，能抵御严寒，不怕寒冷，非常怕热。羚牛喜欢群居，最少十多只，多至二三十只，最多可达百只以上，由一只雄牛率领，随后是母牛和幼牛。羚牛7—8月发情交配，怀孕8个月，次年3—4月产仔，每胎一仔。发情期，雄牛为争配偶发生争斗，通过暴力手段确定等级地位，失败者会离群出走，成为独牛。羚牛平均寿命为12—15年。

为了保护秦岭的羚牛，在陕西佛坪县建立了国家级自然保护区，严禁捕猎，保护羚牛。根据观察，累计在野外见到羚牛146群次，共1090只羚牛，

其中单独活动的羚牛只有50只，占所见羚牛总数4.6%，群居羚牛占总体的95.4%，保护区对羚牛的采食、迁徙、繁殖进行了多方面的研究，取得了丰硕的成果。使羚牛受到保护，不受捕杀，种群有所扩大。

四、朱鹮

又称朱鹭和红鹤，被誉为"东方宝石"和"秦岭四宝"，历史上曾分布于亚洲东部，最北为西伯利亚北部，最南为台湾东部。在1960年召开的第12届国际鸟类保护会议上，朱鹮被定为"国际保护鸟"，是世界鸟类中最为珍惜濒危的种类之一。从20世纪中叶以来，由于森林和水田的减少，化肥和农药的使用，环境的恶化和人为捕杀和干扰，使朱鹮大量减少，上世纪七十到八十年代，朱鹮已从朝鲜和韩国消失，日本1981年将野外残存的5只朱鹮捕获进行人工饲养，最后一只也于2003年死亡。从此朱鹮成为中国独有的物种。

历史上，我国朱鹮曾广为分布，黑龙江、吉林、辽宁、河北、山西、陕西、甘肃、河南、山东、江苏、浙江、福建、台湾皆有，二十年代初我国朱鹮急剧下降，最后一个标本是1964年在甘肃康县采到的，从此再无朱鹮分布的报道。甚至有的科学家认为朱鹮已在我国野外灭绝。1978年开始，中国科学院动物研究所在全国开始考察朱鹮，随后三年里，行程5万多公里，踏遍了黑龙江、陕西、甘肃等16个省的260多个朱鹮分布点，直到1981年5月在陕西秦岭南坡的洋县境内，重新发现世界上唯一幸存的7只野生朱鹮，一经报道，震惊世界。引起世界相关组织和林业局、省林业厅的重视。此后省林业厅与日本政府相关机构合作开展了朱鹮保护和研究。1985年在洋县建立了姚家沟、三

朱鹮

岔河、花园和洋洲四个保护站，1990年在洋县周家坎建立了朱鹮救护饲养中心，占地325亩，2002年建成了占地7480平方米的朱鹮大网笼，开展了朱鹮监护、扶危抢救、饲养繁殖、野外放飞等试验研究工作。

2001年经陕西省人民政府批准，在秦岭建立陕西朱鹮自然保护，面积37549公顷，并将陕西朱鹮保护站更名为"陕西朱鹮自然保护区管理局"，管理局与洋县范围内16个分镇96个行政村签订了保护管理协议书。2005年7月23日国务院办公室以40号文件批准成立陕西汉中朱鹮国家级自然保护区。在汉中保护繁育朱鹮的同时，在周至县楼观台建立了朱鹮保护繁育基地。目前周至的朱鹮已达到262只。2011年又在世园会特设了"秦岭四宝展览馆"，朱鹮受到了中外游人的青睐。

目前陕西省朱鹮数量已由1981年发现的7只，发展到1000余只，其中野外存活50只左右，人工种群已增加到573只，（洋县救护中心161只，周至楼观台262只，北京动物园50只，日本100只，野外放生23只），取得了显著成绩。近年来朱鹮保护繁殖受到国际关注，先后有日本、韩国、美国、法国等十多个国家的专家学者纷纷到周至和洋县考察，特别在经济上得到日本政府和民间组织的支持。1998年和2000年国家领导人江泽民、朱镕基向日本赠送了三只朱鹮，陕西又派出了饲养技术人员赴日指导，实现了朱鹮异国繁殖保护，赢得了良好的国际信誉。

五、大鲵

秦腔《游龟山》一戏中，卢世宽因抢娃娃鱼发生了命案，可见娃娃鱼的珍贵，大鲵也叫娃娃鱼，属国家二类保护的珍贵物种。大鲵，属两栖动物，四肢短粗，前肢有四趾，后肢有五趾，叫声如婴儿啼哭，故有其名。

大鲵属世界珍稀动物，现存三个品种，即中国大鲵、日本大鲵和美国隐鳃鲵。中国大鲵体长可达1.5米，体重可超过15公斤，是我国现存最大的两栖动物之一。大鲵昼伏夜出，以螃蟹、鱼类、水鸟、昆虫为食，属肉食型动物，生活在海拔400—1300米的河流、水潭、溪流之中，喜欢群居。我国大鲵分布于黄河、长江和珠江中下游地区，共涉及17个省区，陕西省主要分布

于陕南、西安市的周至、户县、蓝田等秦岭山中。由于大鲵其肉鲜美，营养丰富，脾胃和胆汁均可入药，成为上等的美味佳肴和名贵药材，同时具有观赏价值，因此招致人类不断捕杀，加上生态环境的恶化，使大鲵数量急剧减少，一些地方甚至达到濒于灭绝的程度，为此国家不得不把大鲵列入二类动物加以保护。为此西安市建立了珍稀水生动物保护繁育基地，认真加以保护加繁育，并开展了多项研究，取得成效。

第十六节 净化空气 蓝天白云

空气污染在我国十分严重，全国有2/3的城市达不到空气质量要求，因此，防治空气污染刻不容缓。为此国家调整了污染项目及限值，增设了PM2.5平均浓度限值和臭氧8小时平均深度限制值，收紧了PM10等污染物的浓度限制值。其中PM2.5限制值一级为15微克/立方米，二级35微克/立方米。

西安市政府把防治空气污染作为政府重要使命，大力采取综合防治措施，杜绝和减少污染源，提升空气质量，使西安实现蓝天白云，空气质量优良天数不断增加，2006年为289天，2007年为294天，2008年301天，2009年和2010年均为304天，2011年达到305天，从2009年以来连续四年突破300天，创造历史最高纪录，距离国标311天仅差6天，可吸入颗粒物平均浓度0.126毫克/平方米，略高于国家二级标准0.1毫克/平方米，取得了相当不错的成绩。

一、大力防治燃煤污染

工业污染最严重的是燃煤锅炉的污染。无论是电力、热力、钢铁、化工、纺织、食品、制药等工业都不开烧煤。仅2011年全市规模以上工业共消耗原煤达754.8万吨，产生了大量二氧化碳和二氧化硫，造成空气污染。近年来西安集中供热发展很快，2011年集中供热面积达到5817万平方米，集中供热能力达到每小时5567吨，共安装锅炉达62台之多。再加上其他工业的需要，西安安装锅炉之多，造成污染更加严重。十一五期间，西安市加快燃煤锅炉拆除和改建，仅2011年全市拆改锅炉达到180台。

"十一五"期间对101家黏土砖场进行了关闭，拆除机砖烧轮窑102座，改变了洪庆、红旗等局部地区村村冒烟、环境污染的状况，使工业原煤减少20多万吨，二氧化硫排放量减少3800多吨，工业烟尘及粉尘减少8000多吨。西安市的居民做饭取暖，过去大多采用蜂窝煤和钢炭，造成千家万户生炉取火，造成空气污染，近十年来，西安市大力改善居民能源结构，普遍使用天然气，全市居民和工业用天然气从2006年的68631万立方米，到2011年猛增到109052万立方米，还有部分居民采用液化气做饭。这样大大减轻了居民做饭取暖所造成的空气污染。

二、淘汰落后的产能企业，减轻废气污染

西安市在"十一五"期间，全市关闭、拆除造纸企业45家，淘汰落后产能71.85万吨/年；关停小火电机组14台、总装机容量32.3万千瓦；拆除落后水泥生产线30条，淘汰落后产能259.3万吨，淘汰落后印染产能3450万米，关停小型轧钢企业17户，淘汰落后产能9万吨；关停焦化产能20万吨/年，关闭128家电镀企业，并引导20家企业入驻户县表面精饰工业园，实行集中监管，为优化全市经济结构和推进发展方式转变发挥了积极作用。

三、防治汽车污染

近年来，随着西安市经济社会的快速发展和城市化进程的推进，机动车保有量迅猛增长，已由2006年的67.55万辆，2007年的74.72万辆，2008年的84.22万辆，2009年的98.39万辆，2010年的120.07万辆，增长到2011年的141.5万辆，2012年达到151万辆。机动车保有量的快速增加，使机动车污染物排放日益凸显。2010年，西安市机动车污染物排放总量29.12万吨。其中总颗粒物0.18万吨、氮氧化物3.72万吨、碳氢化合物2.6万吨、一氧化碳22.62万吨。2011年，西安市机动车污染物排放总量31.66万吨，其中总颗粒物0.2万吨、氮氧化物4.3万吨、碳氢化合物2.79万吨、一氧化碳24.37万吨。

从交通空气质量监测情况看：2011年，西安市三环路以内道路两侧近地

层空气中，一氧化碳平均浓度为每立方米4.8毫克，超过国家二级标准的0.2倍，较前两年均由不同程度增加；二氧化氮平均浓度为每立方米0.094毫克，虽然达标，但较前两年也呈逐年增长趋势。

以上情况表明，西安市机动车污染物排放呈逐年加重趋势，已导致城市空气污染呈煤烟扬尘与机动车尾气复合的特点，由此带来的负面影响日渐突出，潜在危害日益增大，对人体健康和生态环境影响巨大。

对此，加快推进机动车排气污染控制与防治工作已迫在眉睫，刻不容缓。

分析西安市机动车排气污染逐年加重的主要原因：一是机动车保有量急剧增多，且主要集中在城区内，导致排气污染力加重；二是城市道路对机动车污染物的排放影响较大，许多路段已处于饱和状态，导致机动车在行驶过程中平均车速较低，车辆处于频繁的加速、减速、怠速状态，运行情况较差，增大了污染物排放量；三是老旧车辆数量较多，淘汰更新速度缓慢，造成了单车排放因子平均值居高不下；四是现有的车用燃油品质难以达到现阶段执行的机动车污染物排放标准的要求。

为了防治汽车污染，市委、市政府采取了以下措施：

一是颁布出台了《西安市机动车排气污染防治条例》。《条例》经市人大常委会审议通过、省人大常委会审议批准，于2009年9月1日起在西安市全面施行。《条例》对机动车排气污染预防与控制、检测与治理、法律责任等内容予以规定，为西安市机动车排气污染防治工作，提供了强有力的法律保障。

二是严格执行了国Ⅳ排放标准。市政府于2008年颁布出台了《西安市人民政府关于执行国家第三阶段机动车污染物排放标准的通告》，自2008年8月1日起，凡新车和外地转入车辆达不到国Ⅳ排放标准的，一律不准在西安市注册登记。2012年西安开始使用甲醇汽油，年内准备在西安建成10个甲醇加油站，以减轻对空气的污染。

三是全面实施汽车环保标志管理。于2011年颁布出台了《西安市人民政府关于限制无环保检验合格标志和持黄色环保检验合格标志机动车通行的通告》，实施环保标志管理，有利于减轻城市中心区域的交通空气污染，有利于加快高排放、高污染车辆的淘汰更新，有利于提高机动车排放达标率。截止2011年底，全市共核发机动车环保检验合格标志1027124枚，其中绿标956730枚、黄标70394枚。

四是强化执法检查力度：采用调集多方力量，实施多路出击，采取流动巡查、设点暗查、突击抽查和严管重罚、持续发力的办法，对超标排放车辆和"冒黑烟"车辆形成高压态势。近年来，共检查各类机动车23万余辆，查处超标车3万余辆，曝光"冒黑烟"车2362辆，勒令停运公交线路"冒黑烟"车106辆，促使淘汰更新公交车454辆。对10起环境违法行为给予重罚，对5家环保机构给予通报批评。2012年计划全市将淘汰3万辆黄标车。

五是批准组建了专门的执法队伍。2007年，市机动车排气污染监督监测中心正式成立。该"中心"属市环保局下设参照公务员法管理的县处级事业单位，编制40人，内设办公室、年度检验科、道路检验科、标志管理科和信息数据科5个科室。负责全市机动车排气污染防治的日常监督管理工作。

六是开展汽车防治的社会宣传。西安市环保局先后开展了"每周少开一天车"倡议活动，举办了《西安市机动车排气污染防治图片展》，深入到学校、社区、企业、公共场所巡回展出56场；编制了《为了古城的蓝天》专题片，在省市电视台和公交移动电视滚动播出；利用《西安日报》《西安晚报》开辟专刊，分污染危害、污染现状、防治行切、绿色出行、未来展望5个篇章系列宣传；策划了"呵护古城蓝天，防治尾气污染，红领巾在行动"创模宣传实践活动，制作的《灰太狼的大灰车》动漫宣教片，发放到全市1800多所小学，受教育面达100多万人；编印了《宣传册》30余万份，面向社会各界发放；自编自演了《今天我们不开车》音乐情景剧，演出达10余场。截至2011年底，各类宣传报道达860余次，网站点击率达170万余次。营造了良好的社会氛围。

四、做好秸秆禁烧工作

西安市地处关中平原中部，主产小麦和玉米，随着农业机械化步伐的加快，全市300万亩小麦大多采用联合收割机作业，秸秆很多，留的麦茬较高，

影响当年玉米播种，农民便用火烧麦茬。每到麦收，西安郊县，火光冲天，烟尘笼罩，造成空气污染，并引发大火烧毁麦田和道路两旁树木的事故屡屡发生。近年在省市政府高度重视下，各区县和乡镇政府和广大农民努力下，麦茬禁烧工作取得良好效果。从2009年西安6月份空气质量全部达到二级以上良好状态，其中优级天数达到4天，比2010年增加了3天，优良率达100%，巩固了禁烧工作的良好局面。

为了做好秸秆禁烧工作，采取了以下措施：

1. 实行严格的奖罚制度：对禁烧工作取得成绩的，市政府从2007年至2011年，共奖励2509万元，县级财政每年共发奖金1500万元，用于秸秆综合利用和禁烧工作经费。并坚持"有火必查"，发现一处着火点，罚所在区县政府3000元，从2007年至今，全市共罚款471.3万元。有效地扼制了麦田点火的问题。2012年市政府出资150万元，补贴秸秆综合利用的农业机械，使秸秆综合利用率达到90%以上。

2. 部门联合，齐抓共管：三夏季节，各区县从农林、环保、公安、检察、法院等部门抽调人员组成联合执法大队，市县交通、气象、电讯、电视台、新闻媒体也积极配合，广造声势，开展联合检查，区县政府与乡镇签订责任书，各村组也成立了秸秆禁烧巡查队，实行群防群治齐抓共管，建立了层层负责的良性机制。

3. 大力宣传，广造舆论：组织省、市新闻媒体对全市禁烧工作进行现场采访，及时宣传报道禁烧工作典型做法和事迹；广电部门对秸秆综合利用和禁烧工作的宣传报道进行了详细的安排，"三夏""三秋"期间，西安人民广播电台、西安电视台《西安晚报》《西安日报》都加强了对秸秆综合利用和禁烧工作的宣传报道，同时，广告中心还积极制作公益广告，集中播出，营造了强大的舆论氛围。

另外，各区县、各乡镇（街办）也不断通过广播、电视、标语、横幅和黑板报等多种形式进行秸秆综合利用和禁烧的宣传，印发区县政府禁烧通告，发放《致全县群众的一封信》《致农民朋友的一封信》《致学生家长的一封信》《村民禁烧秸秆倡议书》等宣传品进行宣传。

4. 积极推广秸秆综合利用工作：在坚持推广秸秆粉碎还田和秸秆饲草加工技术的基础上，先后引进示范了秸秆气化、秸秆沤肥、秸秆打捆、秸秆工业利用等新技术，强化了秸秆利用途径，并进行奖金扶持，取得了良好的效果。

五、做扬尘污染防治工作

西安市的空气污染，除黄土高原空气中夹杂黄土造成扬尘外以及人为因素造成的工厂废气、燃煤废气外，主要影响空气环境的是城中村和棚户区改造拆迁，以及城市建筑工地和基础建设的扬尘污染。根据自动监测与对城区大的建筑工地连续监测，PM10的浓度超标2—3倍，清洁工用扫帚干扫街巷，造成二次扬尘，据流动监测，扬尘瞬间超标4—5倍。

此外，农业和畜牧业污染源增长加快，也加剧了空气污染。以蓝田县为例，农牧业排污量为1492.87吨，占全县的41%。根据十二五规划，全县到2015年，增加奶牛2800头，生猪7.16万头，肉牛1.45万头，蛋鸡36.95万只，肉鸡1446.4万只，将使农村排污量猛增，给治污减排工作带来了强烈的冲击。

因此做扬尘污染防治迫在眉睫，西安市环保部门加大力度，做好拆迁工地和建筑工地，以及农牧业养殖基地的扬尘污染工作，加大巡查力度，加大处罚违法企业，防止二次扬尘污染，已取得显著成效。而防止扬尘二次污染，还是任重道远，需要长期坚持治理，才能奏效，以实现西安蓝天白云的天气，保障市民的身心健康。

六、做好家用电器污染防治工作

随着西安市城乡人民生活水平的提高，家用电器更加普及。2011年西安市城市居民，每百户平均有彩电130台，洗衣机101台，电冰箱98台，电脑82台，固定电话70部，手机207部。2011年西安农村农民每百户平均彩电133台，洗衣机100台，电冰箱66台，电脑29台，电话57部，手机207部。成千上万的家用电器造成辐射，污染释放二氧化碳，增加气温，使西安城区产生热岛效应，以致城区气温夏季比城郊高出2—3℃。为了节约用电，防止热岛效

应，西安市政府要求机关单位、宾馆、商场夏季空调温度最高限定在26℃。

另外空调、电冰箱制造时把氯氟烃（即氟利昂）作为制冷剂，氯氟烃在分解出氯原子时，会夺去一个氧原子，成为破坏臭氧层的"罪魁祸首"，被称为"臭氧杀手"，对空气危害十分巨大，也是使用家用电器的巨大危害。另外，电视、电脑、手机还会造成电磁辐射，有害于人体健康。

七、做好噪音污染防治

噪声污染也是现代都市生活影响居民健康，干扰正常生活的普遍问题，诸如建筑工地施工、家庭住房装修、餐饮业的划拳行令、家畜家禽等宠物的叫声、商业高音喇叭招引顾客、公园和社区娱乐活动、家庭室内娱乐活动等等，都会造成噪音污染。为此国家制定了《中华人民共和国环境噪声污染防治法》，自从1997年3月实施以来，西安市各级公安机关将噪音污染治理作为公安工作一项重要内容来抓，利用广播、电视、报纸新闻媒体的新闻宣传、召开会议、办黑板报等形式，广泛深入地宣传，主动配合环保部门出击治理。近年来，西安市公安局出动警力7000余人次，车辆1800台次，对群众举报的噪音污染扰民等投诉案件积极查处，共处理社会生活噪音扰民事件960余件，批评教育1280余人，保证了市民生活的安静。特别是在每年学生高考、中考期间，组织警力，进行维护和巡查，保证了广大考生正常的复习与考试。

第十七节 减排治污 净化水源

陕西和西安市为了保护生态的平衡和环境的优美，从2005年以来，大力防治三废污染，特别是八水中的渭河、浐河、沣河、浐河等河流的污水防治工作。省委、省政府提出了用三年时间（2012—2014）投资80亿元使渭河水变清的决策。

渭河是西安八水中最主要的河流，也是污染最严重的河流。渭河聚集着陕西全省2/3的人口，56%的耕地和2/3生产总值，而却接纳了全省80%的工业废水和生活用水，因此，加速渭河污水治理，成为全省治污之首，刻不容缓。陕西省及西安市采取一系列综合措施治理渭河和其他河流已取得显著成果。

一、关停并转排污企业

渭河污染主要是工业废水和生活废水，渭河工业废水排放量达到3.75亿吨，COD的排放量约13.83万吨，使渭河丧失基本的生态功能，水质黑臭，污染浓度高，既不能农业灌溉，两岸群众饮水也受到污染，也影响着引黄济津的水质安全。"十一五"期间渭河两岸工业污染行业，其经济贡献率五年不足6%，而污染负荷却占到60以上。这些污染企业，尤以造纸工业危害最为严重。2005年渭河造纸企业共有194家，此后逐年关闭，到2006年减少到93家，2009年减少到63家，2011年减少到60家，渭河污染物浓度下降，计划2012年到2014年，3年内再关闭造纸企业33家，届时可削减化学需氧量1万吨，氨氮约0.1万吨。西安市2012年关闭造纸企业8家，2013年计划把沣东新城所有造纸企业关闭，到2014年造纸企业控制在5家左右。2010年以来西安共关闭了1717家违法排污企业和小作坊，2012年3月又关闭了未央区南高村和高北村等34家非法排污企业。

在压缩造纸企业的同时，对造纸行业进行结构调整，将20余家污染负荷很重的化学制浆造纸企业，转产为污染负荷较小的废纸造纸企业，使化学制浆造纸规模压缩了近三分之二。

渭河流域有9家氮肥企业存在设备工艺陈旧、吨产品能耗高、排水量高，污染物不能稳定达标排放，且治理无望、环境安全隐患突出等情况，这些企业将在三年内全部关闭。届时，将削减化学需氧量1137.99吨，氨氮754.31吨，二氧化硫1393.04吨，氮氧化物301.81吨。

这些年，陕西省依据国家产业政策的调整变化，及时清理渭河流域高排污企业，凡不符合产业政策的高排污企业一律淘汰关闭。省上还对耗水高、难治理的小氮肥企业逐步实行关闭，并对关停并转的企业每年发放不低于

3000万元的补助。

抓落实不可能轻轻松松，必须昂扬向上、开拓进取。今后三年陕西省渭河治污总计要投资约80亿元，来完成31个关闭转产项目（含迁建1个）、62个新建扩建污水处理设施项目、51个升级改造城市污水处理厂项目、8个新建垃圾处理项目、53个工业企业污水处理设施提升改造项目、10个农业污染治理项目、14个生态湿地和生态治理项目、32个监控能力建设项目……工程量之大，涉及资金之多，时间之紧前所未有，形势要求我们干部必须定责任、定目标、定任务，身子沉下去，工作抓起来，这样一个碧波荡漾的新渭河才能回到我们的生活。

此外，陕西还对其他污染较重的行业进行了压缩、淘汰，关闭了140余家电镀、果汁、化工、印染等企业。在压缩高污染行业的同时，限制新上造纸等耗水量高、污染大的建设项目，通过限期治理等措施，对20余家果汁加工企业、3家国有大化工化肥企业、3家淀粉加工企业以及其他水污染物排放量较大企业的污水处理设施进行了改造和完善。并对2000余家餐饮企业、120余家二级以上医疗机构和10所高校进行了治理，督促健全了治污设施。

二、加大污水环境违法案件的查处力度

2011年陕西省先后开展了8次亮剑热潮战役，出动执法人员7.84万人次，查处企业2.06万家，依法取缔关闭310家，停产治理8家，限期治理105家，收缴罚款1206.1万元。不少污染企业为了自己的企业经济利益，无视于《环保法》，被关停的企业擅自开工生产，或利用暗管偷排污水，或有污水处理设施而不运行等违法行为，造成河流污染。拿渭河来说，不仅要做好西安污水防治，还要做好宝鸡和咸阳两市渭河上段的污水防治才能奏效。2011年省环保厅对18起环境违法严加查处，实行省级挂牌督办。宝鸡市环保部门彻底封堵法门寺造纸厂等四个企业污水暗排口，全面实行限产限排。宝鸡建忠五一造纸厂擅自开工生产，超标排污，环保局勒令停产，并进行最高限罚，同时会同供电部门采取断电措施。咸阳市对咸阳东方纸业公司违法排污也进行了查处。

2012年省环保厅又联合发改委、工业信息化厅、住房城乡建设厅、工商局、安监局等九个省级部门开展了环保执法大检查，对宝鸡、咸阳、西安、安康等7市8起环保违法案件进行了查处。其中咸阳市兴平华陆水务公司，每天将5—7万吨的污水排入渭河，氨氮超标2.66倍，并涉及暗管排水。西安明德集中供热有限责任公司，部分脱硫废水未经处理排入城市管网，烟尘又超标排放，浓度为每立方米89mg，勒令限期整改。西安高新区成立以来，20年来先后建成步长制药、东盛集团、大唐制药等药类企业300余家。医药企业是化学需氧量和氨氮的排放大户，除了这些，制药企业根据不同类型，还有其他一些特殊污染物。生物工程类制药企业有大肠菌群和生物急性毒性，中药类制药企业废水里则有汞、砷、氰化物等，提取此类制药废水中的污染物则比较复杂，可能含有多种一类污染物，比如砷、汞铅、六价铬、镉、氰化物等，还有一些基础的化学品，比如烷基汞、苯胺类、硝基苯类。众所周知，一类污染物对人体的危害是非常巨大的，氨氮、化学需氧量则是水体污染的综合指标，直接反映水体的污染程度。2001年环保部对部分医药工业进行专项执法检查，随后于2012年1月3日，有15家企业违法被环保部挂牌督办，其中西安华东医药博华制药有限公司、华阴市锦绣前程药业有限公司被列入名单进行了查处，要求锦绣前程药业有限公司新建污水处理站，要求当年5月竣工，投产后每天可处理污水200吨。

三、加速污水处理厂的建设力度

渭河治理，关键在于统筹兼顾，在渭河污染最严重的2005年，整个流域只有6座污水处理厂，设计日处理能力不足50万吨，所以解决这一瓶颈核心问题需要打破常规，以特事特办的勇气加快进度——建！

在过去的"十一五"期间，渭河流域污水处理厂建成56座，日污水处理能力240余万吨，实现了县县有污水处理厂的目标。按污水处理负荷和污水管网纳污能力测算，渭河流域的实际污水处理率已达到60%。垃圾处理厂（场）建设也取得重大进展，五年内新建33座，在建10座。今年一季度，陕西污水处理厂余磷脱氮提标改造项目完成12家，6家在建；新建成污水处理

厂3个，在建垃圾处理项目3家。对已建成的污水处理厂各地政府和相关企业高度重视，积极开展污水处理厂综合整治工作，对存在的问题已经全部整改到位，大批污水处理厂建成投运，使城镇生活污染对渭河水质的影响大大减轻。

把污水处理厂建设拓展到重点乡镇，并要求污水未纳入城市污水处理厂处理的大学园区、工业园区和居民小区，也要建设污水处理及回用工程，将生活污水处理纳入整体建设规划进行项目审批，完善纳污管网建设，实现雨污分流。

现有及新建污水处理设施要全部完善脱氮脱磷工艺，并纳入考核指标，落实污水处理收费、付费政策，重点保障县级污水处理厂的运营经费足额到位，确保污水处理厂的高效运行，充分发挥减污效益。

■ 西安污水处理厂

加快城市垃圾无害化处理设施的建设步伐，对已建成的简易垃圾填埋场进行无害化处理工艺改造，重点解决渗滤液污染问题，全面提升垃圾处理场（厂）的无害处理水平。城市要逐步开展垃圾分类存放并做到日产日清，坚决制止任何单位和个人向河道倾倒垃圾。

西安市1970年4月建成了西安市第一污水处理厂，年处理污水2万吨，此后18年停滞不前没有再建设污水处理厂，直到1998年5月才建成西安市第二污水处理厂，年处理污水5万吨。从2008年以来西安污水处理厂的建设进入黄金阶段，仅2010年和2011年开工建设的和建成的污水处理厂多达9家之多。不但西安市区厂子增多，就连西安市所属区县阎良、临潼、户县、周至、高陵也建成了污水处理厂。截至2011年底，全市共建成污水处理厂17个，日污水处理能力达到130.6万吨，使西安的污水处理率达到83.96%。其中高陵县污水处理场投资2400万元，已建成投产日可处理污水1万吨。通远镇也建成了污水处理场，日处理污水500吨。正在建设的耿镇污水处理站、东樊污水处理站也将很快建成，使全县污水处理率从去年的59%提高到现在80%以上。

2011年同时又开始新建第四和第二污水处理厂二期企业户县第二污水处理厂、新建西安市第六污水处理厂，以上四个污水处理厂建成后，日可增加污水处理量46.5万吨。加上原有建成的厂子，使西安日污水处理能力累计增加到177.1万吨，基本上消除西安污水的污染。

由于河流水质的改善，游栖的鸟类不断增多，如在浐灞河，2012年3月6日发现了陕西已绝迹30多年东方白鹳，就是生动的例证。

四、实行环保补罚并济制度

事实上，处罚不是渭河治污目的，采取的方法也不能只是堵而不疏，陕西已经尝试渭河治污利用经济杠杆——补！

这种尝试最早发端于2010年1月1日正式实施《陕西省渭河流域水污染补偿实施方案（试行）》，这个规定首次在西北引入上下游生态补偿的经济手段，2011年又根据国家"十二五"污染减排目标和渭河污染治理要求，陕西对渭河流域水污染物补偿方案做了进一步调整。按照新标准，沿渭河流域的宝鸡、咸阳、西安、渭南4市，一旦排入下游城市的污染物浓度超标，每超标一个单位，上游市政府须支付污染补偿金最高将达到150万元。2011年前三季度，西安、宝鸡、咸阳3市因治理渭河污染不力，3市总计缴纳了8930万元的环保罚款。陕西省财政厅将设立专项资金用于污染补偿资金，污染补偿资金的六成用于各级市区的污染物治理补偿，包括渭河流域综合治理的减排工程、民众饮水安全工程和污染补偿项目等。剩余四成用于奖励工作力度大、

水质改善明显的市区。补偿范围主要包括区域内污染企业关闭、生态修复、水污染防治、污水处理厂建设及运行等方面。

对于渭河的发源地甘肃省，陕西也开始着手跨区域生态补偿和全流域水污染联防联治机制，保护渭河不分你我，向天水、定西两市提供600万元渭河上游水质保护生态补偿资金，用于支持渭河流域上游两市污染治理工程、水源地生态建设工程和水质监测能力提升等项目，开创了我国水污染防治的先河。在副省长江泽林倡议下，由宝鸡市和天水市发起，甘肃省天水市、定西市和陕西省宝鸡市、杨凌示范区、咸阳市、西安市、渭南市成立了渭河流域环境保护城市联盟，发表了市长宣言。由于渭河上游的甘肃省天水、定西等地，多年来为了保护渭河水质，以牺牲自身发展为代价，延缓了工业化、城镇化进程，输送到陕西的水质一直保持在Ⅱ类、Ⅲ类，陕西有责任对两市给予补偿和鼓励。

据了解，今年，陕西省省内也将进一步扩大考核范围和补偿范围，重点加大对渭河一级支流特别是污染严重的入渭一级支流的考核力度，为此，要完善渭河流域水质监控体系，对现有的水质自动监测站进行升级改造，同时新建一批水质自动监测站，为考核工作和补偿工作提供数据支持。

在处罚制度上，罚谁，罚多少钱，成了争议的焦点。为了使处罚者有据，被罚者清楚，陕西对流域内110余家国控、省控重点排污企业安装了水污染物排放在线自动监控装置。同时，建成了渭河干支流10个水质自动监测站和省、市环保网络监控平台。省市网络监控平台与国控、省控重点污染源自动在线监控装置、渭河干支流10个水质自动监测站联网，形成了三位一体的网络监控体系。这样一来，都是用具体的数字来呈现，陕西省将处罚非法排污引入精细化管理时代。

五、进行污染企业的技术改造

西安蔡伦造纸厂，原来每天排放污水3万吨，全部排入了渭河，达不到造纸工业水污染排放标准。为此该厂从德国进口设备，使排放的污水达到国家规定的标准要求。2006年又开始逐步实施节水减排工程，节约清水用量，采购了世界先进的回收水设备"多圆盘真空过滤机"3台，对造纸污水进行回收，使回收利用率达到70%，并在污水处理厂推出磷胱氮工艺。

综上所述，渭河已初见成效，渭河干流中的6条重要支流中，沣河、涝河、小韦河、浐河、新河水质已有了较大改善。浐河是西安一条重要的排污渠，接纳主城区60—70%生活污水和长安区的生活污水，目前全河有51个排水口，浐河西区尚未铺没排污管网，每天有38万吨污水排入浐河，为此，西安市第一污水处理厂二期工程，已于2012年6月底前开工建设，2013年底投入使用。第二污水处理厂已在年底前建成使用。西安要进一步提升浐河（含太平河）、新河的污染治理水平，针对重点污染源制定改进措施，提高入浐城镇污水的处理率，促进这两条支流水质的进一步改善。咸阳、杨凌要积极配合宝鸡、西安两市抓好这三条河的治理。同时，对其他支流要继续抓好污染治理和水质改善工作。为保护好水质良好的支流，宝鸡市要加大对小沣河的污染治理力度，采取得力措施，尽快解决小韦河的污染问题，使污染尽快降下来，努力争取达到地表水标准。

第十八节 处理废物 洁净环保

西安正在建设国际化大都市，随着人口的剧增（已达851万人），工业化和城镇化步伐加快，组织开展了大规模的城中村和棚户区的改造，产生了大量的城市垃圾、建筑垃圾、医疗垃圾和工业垃圾等，这些日益剧增的垃圾，造成环境污染，影响市容破坏自然环境，给人民生命健康造成威胁。所以处理好固体废物，变废为宝，有着重大的意义。

一、城市垃圾的处理

西安市日产垃圾50000吨，年产垃圾209.33万吨，其中灞桥区江村沟垃圾填埋厂处理了188.16万吨，临潼代王垃圾填埋厂处理13.87万吨。其中垃圾处理厂焚烧了2.18万吨，无害化处理垃圾达到204.21万吨。另外临潼、周至、高

陵生活垃圾处理填埋场等待验收，户县及蓝田县生活垃圾处理场正在积极筹建之中，再经过一两年的努力，西安市生活垃圾无害化处理将迈上一个新台阶。

西安市生活垃圾，主要由江村沟垃圾填埋场处理。该场位于西安市东南方向的灞桥区狄寨乡和灞陵乡交界的白鹿原北缘，距市中心16.5公里，总占地面积1031亩，总容量4900万立方米，每天接纳全市生活垃圾5000余吨，接纳400多车次，是西安市唯一一家生活垃圾填埋场，也是全国最大的生活垃圾填埋场之一。

全国第二次生活垃圾填埋场无害化等级的评定，是根据《生活垃圾填埋场无害化评定标准》进行评定，共涉及23个省市自治区、直辖市的156座生活垃圾填埋场，其中48座被评为一级，西安江村沟垃圾填埋场榜上有名。中国城市环境卫生协会副理事长陶华和国家级专家冯淇麟教授对西安市江村垃圾填埋场的评价是："这个垃圾填埋场管理好，标准高，可以作为全国生活垃圾填埋场规范的示范基地。"

江村沟垃圾填埋场，从2005年正式投入使用以来，生活垃圾日处理量由最初的1260吨增加到现在的4100吨左右，可消纳50年的城市垃圾，这意味着西安99%的垃圾都运到了这里，因为它的存在，城市垃圾有了去处，为市民营造了良好的生活环境，为完善和提高城市综合治理能力，促进创建卫生城市等方面发挥了应有的社会效应和较好的环境效益及生态效益。

城市垃圾夏季的含水量可达70%，填埋后产生的沼气越来越多，如不有效利用，不仅可能造成局部爆炸，也造成资源浪费。为此，该厂实行沼气发电，于2003年12月建成，一期装机为2500KKM（两台1250KKM机组），2006年扩至5000KM（四台1250KM机组），2006年年发电量达到3000KWH，效益相当可观。

江村沟垃圾填埋场设计日处理垃圾5000吨，但垃圾实际日产生垃圾渗沥液为946吨，直接排入第三污水处理场，经灞桥分局环境监测，所排污水中的COD（衡量水污染的重要指标之一）平均浓度超过了国家标准，氨氮浓度也有超标状况。既加大了第三污水处理厂的预处理的难度，又形成了强烈的异味，使周边的高家沟、肖家寨、江村、唐家寨村的2000多户村民，因臭气无法生活。为此市政府于今年元月12日连续召集市容、市政、环保、水务和江村沟所在的灞桥区政府召开会议，由市容园林局制定的《关于西安市江村沟垃圾填埋场渗沥液处理厂改造工程实施方案》，计划投入1.7亿元用于江村沟垃圾填埋场渗沥液处理厂的改造，提高渗沥液处理标准。按照新的方案，经过改造的渗沥液处理规模为1000T/d，浓缩液产生量为250T/d，采用蒸发器处理，渗沥液出水水质14项指标均可达一级排放标准直排，可以从源头上堵住污染源。该方案于2011年12月16日通过了专家组评审。其他相关部门治理方案也已经制定完毕，等待最终审议后开始动工兴建。

为减少江村沟垃圾填埋场对纺织城地区的大气污染，西安市对整个垃圾堆体的卫生填埋在目前按照国标运行规范压实0.3米黄土的基础上，再覆盖一层1毫米厚HDPE膜形成双层覆盖，仅剩余一个单元的暴露面积正常填埋作业（约80米×30米）。环卫专业队伍实行100%垃圾压缩清运，减少垃圾运送过程中垃圾的含水量。同时加强垃圾压缩站和桶、箱、台、站的管理，要求每个站点对在运行的车辆出发前认真检查车辆，将污水尽量排放干净，同时检查污水排放的阀门，严防运输过程中滴漏现象的发生。并对垃圾场周边及垃圾场专用线两侧进行了绿化，使垃圾场周边有一个优美的环境，同时减少气味与垃圾粉尘对周边的污染。

二、建筑垃圾的处理和利用

随着西安城市建设的飞速发展，城中村、棚户区改造规模的增大，地下铁路的建设等，城市建筑垃圾日益剧增，年产约为3500万吨之多，成为破坏西安生态环境的严重问题。

2010年度西安市共有拆迁建垃圾7503925立方米，开挖建筑垃圾11535251立方米，地铁出土建筑垃圾1956020立方米，总计产生建筑垃圾20995196立方米；其中262000立方米建筑用于再生利用，4410960立方米回填利用，其余6322236立方米填埋处理。日产量约为57521.1立方米，合97785.87吨，年产量约为3500万吨。

对这些建筑垃圾，及时清运到建筑垃圾处理厂进行处理。目前全市建立了建筑垃圾消纳厂16个，总容量达到2530万立方米，其中长安区6个，未央区5个，沣东新城2个，灞桥、莲湖和国际港务区各1个。2012年6月，市园林局决定再增加建筑垃圾消纳厂10个，目前三个通过环评，分别是户县黄家庄、灞桥沟泉村、航天基地西万村选址。部分垃圾进行了回收利用。目前沣东新城一个全国最大的建筑垃圾再利用企业已经投产，一年可利用垃圾200万吨，生产透水砖和保温砖。全市已建8个企业进行建筑垃圾利用生产，预计年可利用垃圾440万吨。

为了进一步加强建筑垃圾清运管理，防止抛撒污染，维护城市环境卫生，依据相关法律法规，结合西安市实际，西安市环保局已经制定了建筑垃圾管理规定和处罚规定，规范了垃圾的清运。

三、工厂废物的处理

"十一五"期间西安市加大了工业固体废物的处理，其中灞桥区工业废物由"十一五"初期的30多万吨增加到60多万吨，主要为大唐灞桥热电厂"上大压小"项目的实施，使该厂发电量及集中供热面积不断扩大，原煤年消耗量从"十一五"期间的年均60多万吨增加到2009年的204万吨，增加了两倍多，工业固体废物产生量也大幅度的增加。在工业固体废物管理上，灞桥区在发展循环经济的方针指引下，推行工业固体废物资源化，工业固体废物综合利用率从"十五"期间的95%提高到99%。以部门联动的方式加强对工业危废和医废的管理，使全区工业危险废物及300多家医疗机构医废安全处置率达100%。

灞桥区委、区政府还加强了强辐射与固废管理。2011年对11家开放型工作场所和20家重点核技术应用单位，开展了许可证执法检查。联合公安部门对50家废矿油单位开展专项整治，查处了黑窝点9处，暂扣废油45吨，防止了废矿油的流失。

四、危险废物的处理

西安市的工业生产门类齐全，产生的危险废物涉及能源、化工、制药、电渡、纺织、印染等工业企业和众多的医疗卫生单位和中学、大专院校，许多部门，如不处置，将导致产生严重后果。

西安市危险废物2008年为0.29万吨，2009年为0.31万吨，2011年上长到0.43万吨。这些危险物排名前五类的分别是废碱（HW35）、无机氰化物废物（HW33）、表面处理废物（HW17）、废矿物油（HW08）、感光材料废物（HW16），分别占到工业危险废物的82%、8.2%、0.78%、0.07%和0.06%，这些危险废物，不但会造成环境污染，更严重影响和威胁人民健康、生命安全。所以开展危险废物意外事故的发生，排查隐患，进行危险废物的安全处理就显得特别重要。西安市2009年的危险废物0.31万吨，2010年0.43万吨，全部得到了处理和利用，处置利用率皆达到100%，取得了骄人的成果。为此西安市环保局采取了以下措施：

1. 开展固体废物网络申报登记工作：为提高固体废物环境管理的科学性，根据省环保厅《关于开展固体废物申报登记工作的通知》（陕环函〔2010〕204号）的要求，我局全系统有17个分县局参加了省厅组织的固体废物申报登记管理软件培训，并组织开展固体废物网络申报登记工作。截至目前，西安市已有406家企业录入固废申报登记网络管理系统，并通过县市两级审核。

2. 完成危险废物台帐试点工作：按照省厅的统一安排，西安市参加危险废物台帐试点的4家企业，能够严格按照危险废物管理台帐要求，做好各项登记统计工作，严格按照许可范围将危险废物交有资质单位处置，并组织到第一批试点省市进行调研学习，台帐试点工作取得一定成效，并将在西安市危险废物产生单位中逐步展开。

3. 组织进行固体废物环境管理相关法律法规培训：为加强《固体法》的宣传，提高企业对工业固体废物环境管理的认识，2010年5月份，西安市环保局与省固体废物管理中心联合举办了《固体法》及配套法规培训班，全市共有140家单位，150多人参加了培训。

4. 开展危险废物执法检查，增强整改力度：全市环保系统2010年共出动400余人次，车辆200多台次，排查单位170余家。

按照环保部和省厅的统一部署，在与市药监局沟通下，对64家药品生产企业进行检查，西安市涉及抗生素药品生产企业4家，西安利君制药有限公司在生产过程中产生抗生素药渣，其余3家涉及抗生素的企业，均为直接购进抗生素原药，经过分装后进入市场；有20家企业均以中药材和动物器官组织为原料，年产生固体废物约1000吨。环保局对以填埋方式处置废物的西安德天药业和陕西开元药业等2家单位，要求立即改正，尽快与有资质的处置单位签订处置协议。对中石化西安分公司、西安热电化工有限公司、西安中国近代化工有限公司、西安澳华科技有限公司等单位进行了现场检查。从检查情况看，这些单位比较重视固体废物环境管理工作，将危险废物交有资质单位进行处置，并能按照要求整改存在的问题。

第十九节 现代交通 快速便捷

西安的道路建设，特别是改革开放以来得到了快速发展，形成了市区路网、三环线、关中环线、地铁、高速公路、铁路、航运的立体交通，特别是超越秦岭的天险，结束了"蜀道难，难于上青天"的历史，高速快捷，形成了四通八达的交通网络，适应了经济快速发展的要求，调整了城市空间结构，加快了物流和人流的周转，方便了群众的生产和工作，也带动了旅游业的快速崛起。

一、城市路网建设

历经历史演变和近些年来城市道路建设，西安逐步形成了以东西五路、南北大街为两轴，围绕明城墙的一环路、二环路和三环路为三环，太华、太平、大白、太乙路延伸线及环南、环北路的东西延伸线为八条放射线的"两轴、三环、八线"城市道路网主骨架。

目前西安城市道路网总长度1009.6公里，其中快速路36.44公里，主干道99.60公里，次干道119.18公里。人均拥有道路面积5.12平方米，距规范标准6.0—13.5平方米/人尚有一定差距。

表6　　市区、城市二环线内及明城墙内道路现状

位置	道路网		主干道		次干道	
	长度/公里	密度/（公里/公里²）	长度/公里	密度/（公里/公里²）	长度/公里	密度/（公里/公里²）
明城墙内	104.12	7.95	17.14	1.31	8.10	0.62
城市二环线内	370.93	4.87	68.19	0.90	43.52	0.57
市区内	1009.6	5.40	99.60	0.53	119.18	0.64

依据西安市行政区划、城市土地利用性质、交通区位图，将西安市划分为33个交通区。其中"主核心区"为明城墙（城市道路一环线）内的范围，控制面积13.10平方公里；"中心区"为环绕"主核心区"，位于城市道路一环线与二环线之间的范围，包括11个交通大区，分别为东关地区、太乙路地区、文艺路地区、南关地区、大白路地区、劳动南路地区、西稍门地区、红庙坡地区、北关地区、太华路地区和胡家庙地区，控制总面积49.85平方公里；"外围区"为分布在"中心区"周围，位于城市道路二环线与三环线之间部分区域，包括9个交通大区，分别为韩森寨地区、西影路地区、小寨地区、高新区、大庆路地区、大白杨地区、龙首村地区、张家堡地区和辛家庙地区，控制总面积108.66平方公里；"周边区域"为西安市行政区划（新城区、碑林区、莲湖区、雁塔区、未央区、灞桥区）六区隶属部分，并除去"中心市区"部分的区域，包括12个交通大区，控制总面积为654.39平方公里。"中心市区"为"核心区"，"中心区""外围区"之和面积171.62平方

公里，包括21个交通大区。

根据2000年西安市市区居民出行调查结果，西安市区289.69万居民一日出行总量为603万人次左右，暂住、流动人口日出行量130—160万人次，市区居民人均日出行次数2.08次。从市区居民出行时间分布特征可知，居民工作日出行在早、晚形成出行高峰，早高峰发生在7：00—8：00之间，其出行量占全日出行量的14.5%；晚高峰发生在18：00—20：00之间，其出行量占全日出行量的18.7%。通过调查知道，整体上客流走向以主核心区为中心向四周呈放射状。沿城市道路两条主轴线向主核心区客流凝聚力强。城市两条主要的客流走廊以横向主轴线为界，南部客流大于北部客流。现有道路基本可以满足市民出行要求。

在充分分析现状道路网结构的基础上，考虑现状道路网结构特征、土地利用性质、城市客流、货流的主流向、未来发展中的交通结构模式等因素，西安城市道路系统的层次结构布局应为：一环线内平面道路系统为慢速模式，以"三纵三横"为主核心区道路网主骨架，利用有限的城门，起对内、对外各交通区交通流的输入、输出作用。一环线与二环线其间道路网功能起到城市内、外交通流的连通性和疏解性作用，以二条轴线、八条射线为道路网主骨架起连通性作用。在确立明城墙区域特征的前提下，完善该交通区对外通道的建设与改造，建立比较发达的、便于均衡交通流分布的平面道路网体系；以轨道交通系统的建立，实现该交通区与其他交通区间高效、快速连接，形成"以轨道交通为骨架，以常规公共交通为主体"的客运交通体系。

如何重点解决主核心区交通问题：

1.在完善"三纵三横"对外通道建设改造的同时，加强对次干道和支路的建设与改造。

2.近期以公共交通运输为主体，改善交叉口、单向交通、均衡交通流等具体办法缓解交通拥挤；中期在制订交通限制措施的同时，通过轨道交通部分解决该区交通问题；远期通过比较完善的轨道交通网，完成该交通区对外交通的连接。

3.加强交通需求管理对策的研究，通过西安市城市道路与交通需求调查和统计，现状是西安市道路里程年平均增长率为3.15%。根据《西安市城市建设"十五"计划及2015年规划纲要》预测，在"十五"规划年，市区客车拥有量年平均增长率为9.54%，货车拥有量年平均增长率为6.18%（低增长）。由此可见，在对道路进行适当改造和建设的同时，应对交通需求进行有效的调节和管理。

二、三环路的建设

一环城路的建设： 环城路全长约15公里，它的建成，大大方便了市区交通。

隋唐长安皇城外的东南西三面，有紧临皇城墙的三条环城路。环城南路为郭城春明门、金光门东西大街的中段，长与皇城南墙齐，约2820米；唐皇城环城东路为外郭兴安门、启夏门南北大街北部的一段，长与皇城东墙齐，约1843.6米；唐皇城环城西路为外郭芳林门、安化门南北大街北部的一段，长与皇城西墙齐，长1843.6米。唐皇城北面因与宫城相接，无环城北路。环城路先后开了四个城门东南西北和玉祥门立交桥，2013年又准备建设东门、南门等立交桥，构成完整的交通体系。

二环路的建设： 西安市二环路位于城市建成区的中心地带，距钟楼3—5.6公里，全长34.04公里，其中南二环10.79公里，东二环7.55公里，西二环5.23公里，北二环10.47公里。路宽50—100米，设计车速每小时60—80公里，为城市快速干道。全线建成13座立交桥和西二环高架、东元路高架、长乐路——长缨路三段5公里长的高架桥，总投资约24.31亿元，于1993年开始建设，2003年9月全线贯通，完善了西安的城市路网骨架，有效缓解了市区车辆拥挤、交通紧张状况，并使西安的城市出入交通和过境交通更加便捷畅通。

其中东二环北段工程南起长乐路，北至辛家庙，主干线长5公里，同期改造华清路、含元路，总投资5.6亿元，其桥梁和地下通道占总里程的70%，是控制二环路贯通的关键路段，也是二环路工程量最大、地质条件最复杂、线性变化最多的路段。高架桥跨越长乐路、樱花路、长缨路、含元路、东元西路和马旗寨路6条路口，跨越3条铁路专用线，地下通道下穿华清路和火车

东站。路段通过西安东郊的沉降区，有3条地裂缝，因此该工程被誉为西安市"头号"工程。二环路工程后续工作仍将继续建设立交工程，除目前已经开工建设的朱雀路—含光路高架桥、太白路立交桥等项目外，还将计划建设咸宁路、太乙路、土门、昆明路、大兴路等立交桥，使二环更好为群众生活和城市经济发挥作用。

三环路的建设：西安市三环路是西安市"两轴、三环、八射线"城市快速路网骨架的重要组成部分，主线全长74.8公里，其中东西三环新建主线39.4公里，双向8车道，设计时速80公里/小时。南北三环主线利用既有的绕城高速主线35.4公里，为双向6车道，设计车速120公里/小时。另新建三条连接线（朱宏路北延线、东二环北延线、北二环东延线）14.9公里。全线设互通式立交桥10座，跨河大桥4座，分离式立交29座（含铁路桥涵3座）。

三、关中环线

关中公路环线是陕西省规划的"一纵、二环、三横"公路次骨架的重要组成部分。路线全长480公里，它环绕西安、渭南、咸阳、宝鸡四城市，13个区（县），43个乡镇。环线还和"米"字形高速公路相通，和108、210、310、312国道相连接。这一项目的建设对关中城市群的形成和发展，对促进沿线经济发展和旅游资源的开发具有极其重要的意义。从地图上看，这一公路环线就好像是环绕在关中平原的一条金光灿灿的项链。

关中环线是一条生态旅游公路，它的建设将带动秦岭北麓旅游产业发展，带动周至、户县、长安等6个区县的发展和新农村建设，使沿线群众受惠。与以往建设道路不同的是，关中公路环线充分体现了注重环境保护、生态平衡和以人为本的设计新理念。环山线在工程设计中，更是按照靠近山前，又为沿山生态保护和开发留有适当空间的原则进行布线，将"以人为本、环境保护、公路与景观协调"的理念贯穿始终，公路与自然环境相互融合，相得益彰。

关中公路环线2004年开工建设，2008年12月19日全面贯通。

关中环线像一条项链，连接起了长安、户县、周至、扶风、乾县、礼泉、泾阳、三原、高陵、阎良、渭南临渭区、蓝田等区县。

以西安的沣峪口为起点顺时针绕行关中环线，线路如下：

沣峪口→马召→西汤峪→法门寺→乾县→三原→阎良→渭南→玉山→水陆庵→东汤峪→太乙宫→沣峪口。

关中环线基本由环山公路、乾汤公路（217省道+209省道大部）、312国道乾县到礼泉段、107省道、108省道构成，是在原来各段公路的基础上改造新建完成的，有的路牌仍沿用了老名称，有的路段如北线，很大一段使用了"关中环线"的新路碑。

四、西安的立交建设

西安市围绕三环路建设，兴建了许多立交，大大方便了交通，缓解了车流。

一环路立交：一环路的东边建成了太华路立交、朝阳门地下通道、城东南角立交；2013年将兴建东门立交；南边将建南门立交、朱雀门立交、含光门立交；西边建成西门立交、玉祥门立交、星火立交；北边建成小北门立交、北门立交和太华路立交。

二环路立交：东边建成东元路高架桥、华清路高架桥、长乐路—长缨路高架桥、互助路高架桥、咸宁路高架桥；南边建成兴庆路高架桥，太乙路、雁塔路、长安路立交、朱雀—含光路立交、太白路立交、高新四路立交；西边建成土门—昆明路立交、西二环高架桥、大兴路立交；北边建成朱宏路高架桥、未央路立交。

三环路立交：三环路已建成和拟建许多立交桥。目前已建成雾庄立交、灞河特大桥等，还拟建28座立交桥。

同时城内外还建成了许多地下隧道和过街天桥，方便了交通。

五、西安地铁建设

西安是全国重要的交通和通讯枢纽中心，又作为向国际化大都市迈进的城市，地铁的建设在改善投资环境，带动陕西乃至西部经济发展具有重要意

义。

西安地铁，是西安市的城市轨道交通系统。1994年，西安市人民政府在《西安城市总体规划（1995—2010）》中，首次正式提出兴建4条城市轨道交通线路，长度73.17公里。这项规划于1999年获得国务院的批复。2004年2月，在重新编制的《西安市城市快速轨道交通线网规划》中，市政府将轨道交通线网的远期规划，增加到6条线路，总长251.8公里。2012年西安市地铁又出台新的规划，将地铁线路增加到15条。

二号线的建设：二号线路全长26.4公里。远期规划二号线从西安铁路北客站向东北方向延伸至草滩陈家堡，长度约为6.13千米。功能定位：该线路位置为西安市南北向主客流走廊，线路将西安火车北站、西安市行政中心、西安市经济技术开发区、城市中心北大街及钟楼、南郊省体育场、小寨、西安电视塔、韦曲等大型客流集散点串联起来。线路北端连接西铜高速、西延高速、210国道，南端连接西康高速，是南北向对外交通要道。二号线与一号线构成轨道交通线网中的十字骨架，是线网中的骨干线。二号线近期建设的是铁路北客站——韦曲段，全线全长26.4公里，其中地下线20.9公里，全线共设23座车站，其中5座车站分别与后期建设的其他轨道交通线换。

一期工程已于2006年9月29日开工，2011年9月16日下午14：00通车正式运营。

一期建设：北客站——韦曲南线路，北起北客站，是亚洲最大铁路枢纽站——西安火车北站，向南经北苑站、运动公园站，沿未央路经行政中心、凤城五路、市图书馆、大明宫西、龙首原至安远门站，线路穿越古城墙后，经北大街站后设钟楼站，绕西安钟楼后沿南大街至永宁门站，穿越古城墙后，沿长安路经南稍门、体育场、小寨、纬一街直至会展中心站。

一期工程南线2009年9月开工，会展中心——韦曲南线路北起会展中心站，绕电视塔继续南行，经三爻、凤栖原、航天城站后设终点站韦曲南站。

二号线远期向北延至陈家堡，增设东兴隆、草滩镇、陈家堡3站，线路延伸约6.162公里。

西安是闻名世界的古都，如何确保地铁工程建设不破坏文物古迹是此次地铁建设的关键之一。此次轨道1、2、3号线主要涉及的文物古迹为明城墙和钟楼，护城河的深度为12—15米，城墙基础只有3—5米，而地铁线路埋深在20米以下，并且穿越位置避开了城墙的变形敏感区；通过钟楼时则进一步采用了绕避方式。同时，采用先进的施工方法及严密科学的施工保护与监测措施，确保施工中对文物主体不产生影响；通过减震降噪道床等设计保证运营期间文物的安全。另一方面，专家认为，城市快速轨道交通的建成，可以减少地面道路修建规模，减轻老城区交通压力，改善人居环境，为传统民居和历史文化街区内的文物保护留出了足够空间，有利于历史文化名城环境风貌和古城格局的保护，符合文物保护原则。

■ 西安地铁线路图

列车运行最高时速达80公里，平均行车时速为35公里，每站停车约20—35秒。二号线由铁路北客站至韦曲的行车时间为39分钟。由于地铁不受城市路面交通情况或天气影响。在交通繁忙的高峰时间，地铁列车初期每5分钟开出一班，运营时间由早晨5：30至晚上23：30。

西安地铁二号线车辆采购总计22列132辆，列车采用3动3拖6辆编组的形式。该地铁车辆线条流畅，造型美观，设计环保，内饰简约时尚，具有西安古城的鲜明特色。西安地铁二号线地铁车辆为国家标准CJJ96—2003中的B2型车，采用接触网的方式受电，车辆长约19米，宽约2米，高约3.8米，整列车核定载员1468人，最大载员为1880人，坐席240人；车辆最高运行速度为80公里/小时，车辆的使用寿命为30年。

车体采用先进的轻量化不锈钢车体，外表免涂漆处理，既绿色环保，又降低了对车体外表面的维护成本；车体前端设计成可吸收撞击能量的结构，以保证乘客安全。

一号线的建设： 西起咸阳森林公园，东至西安纺织城。全长30.2公里。其中一期工程已于2008年10月开工，计划2013年建成通车。

线路西起西安市西大门后卫寨站，经三桥站，沿枣园路一路东行，经沣河、汉城路、枣园站后，沿大庆路经开远门、劳动路至玉祥门站。线路穿越古城墙后沿莲湖路、西五路、东五路经洒金桥、北大街、五路口至朝阳门站，穿越古城墙后，沿长乐路经康复路、通化门、万寿路、长乐坡站，西行下穿浐河后，经浐河、半坡站后沿纺北路至终点纺织城站。线路全长23.9公里，设车站19座。功能定位：该线路位置为西安市东西向主客流走廊。线路起点后卫寨为西安市对外交通的西大门，后卫寨连接西宝高速、西兰公路、西户公路、快速干道、西宝高速疏导线等，是西安市西向对外交通枢纽；终点纺织城东向连接西潼高速、西蓝高速、西韩公路等，是西安市东向对外交通枢纽。线路连接西郊汉城路、玉祥门，城市中心北大街、解放路，东郊金花路、长乐路以及我城区内城西客运站、西安客运站、康复路批发市场、长乐路客运站、半坡客运站等大型客流集散点和长途客运枢纽。一号线远期向西延伸至西安咸阳国际机场，向东延伸至临潼旅游度假区，可大大促进西安市旅游事业的发展及沿线土地开发利用，进一步加强西安作为国际化旅游城市的地位。因此，从一号线在城市中所发挥的作用和在交通中的重要地位分析，将其确定为规划轨道交通线网中的骨干线。

地铁一号线二期工程西起咸阳森林公园，向东沿世纪大道布设，经沣东路、上林路等规划路，跨绕城高速后，在太平河西侧设张家村站引线后至后卫寨站，线路长约6.3公里，共设车站4座。计划2013年开工建设，2016年建成通车试运营。

三号线建设：由南丰至保税区。南丰——岳旗寨——晃家庄——鱼化寨——丈八北路——延平门——科技路——太白南路——吉祥村——小寨——大雁塔——北池头——青龙寺——延兴门——咸宁路——长乐公园——通化门——胡家庙——石家街——辛家庙——广泰门——桃花潭——浐灞中心——香湖湾——务庄——国际港务区——双寨——新筑——保税区。其中一期工程，由鱼化寨至保税区，全长27.13公里，已于2011年5月开工建设。东郊的国际港务区，途经西高新、小寨、大雁塔、金花路、浐灞等地，线路长39.15公里，其中地下线长27.13公里，高架线长11.57公里，敞口段长0.45公里。全线共设车站25座，其中19座地下站（含6座换乘站），6座高架站，平均站间距1.585公里。西安地铁三号线一期工程总投资198.3亿元，试验段已于2011年5月11日开建。先开工建设鱼化寨——延平门区间、吉祥村——小寨区间、国际港务区——保税区站和预制梁等四个试验标段，2011年10月全面开工建设，2015年年底通车试运营。

四号线的建设：尚稷路至航天东路。路线是尚稷路——尚苑路——尚新路——凤城十二路——凤城九路——文景路——行政中心——凤新路——长青路——百花村——曹家庙——玄武路——大明宫——含元路——火车站——五路口——大差市——和平门——李家村——后村——大雁塔——大唐芙蓉园——雁南四路——金浮沱——航天大道——东长安街——神州大道——航天东路，全长34.3公里。

该线主方向为南北向，大部分地段与二号线平行。线路先后通过了雁塔区、碑林区、新城区以及未央区等4个行政区，连通航天产业基地、曲江新区

及经开区等3个开发区，途经西安火车站、明城墙内五路口及大差市、历史文物景点大雁塔等客流密集区。因此，四号线在新一轮地铁规划中被确立为骨干线。

线路南起航天产业基地，北至草滩，线路全长34.3公里，共设车站28座，平均站间距1.27公里。采用B型车，6辆编组。列车运行最高速度80公里/小时，总投资214.5亿元。线路自航天南路东端引出，经规划航天南路于神州四路折向北至绕城高速，穿过绕城高速后，沿芙蓉西路至大雁塔，沿雁塔路、解放路、太华路至凤城八路折向西，沿凤城八路、明光路至草滩。全线均采用地下线敷设方式。2011年10月份地铁三号线全线开工的同时，四号线试验段工程也将启动。四号线试验段北起火车站，南至大雁塔站。地铁四号线于2012年全线开工。

五号线的规划：东起纺织城火车站，西至和平村。路程设计纺织城火车站——月登阁——长鸣路——荣家寨——岳家寨——青龙寺——兴庆路——太乙路——李家村——南稍门——黄雁村——边家村——劳动南路——高新四路——新桃园——汉城南路——西窑头——阿房宫——和平村——丰镐村——镐京——牛角村——张望渠——高桥——气屯铺——靠子屯——东江渡——联庄——新庄。

线路东起西康铁路纺织城火车站，西南前行跨浐河、长鸣路后，折向西北沿雁翔路行至南二环折向西，沿友谊路，经劳动南路西北前行至昆明路，沿昆明路西行至和平村。

五号线主方向为东西向，大部分地段和一号线平行。东端的纺织城火车站为既有西康铁路客运站，是西安铁路枢纽的辅助客站，西端连接阿房宫，途经曲江新区、友谊路老城区等大的客流集散点，将辅助一号线分流城区内东西向客流。因此，将其确定为规划轨道交通线网中的辅助线。

五号线一期工程，西起和平村，东至纺织城火车站，线路全长25.7公里，共设车站19座，平均站间距1.45公里。采用B型车，6辆编组，列车运行最高速度80公里/小时，总投资251亿元。线路自和平村向东，进入西三环后，沿昆明路、南二环至劳动南路折向东沿友谊路至雁翔路向东南至青龙寺，线路自青龙寺站向南，先后沿雁翔路以及曲江新区、浐灞区规划道路布设，终止于纺织城火车站。一期线路东端受浐河河谷地形条件限制，跨越浐河段采用高架桥方案外，其余部分均采用地下线敷设方式。

地铁五号线一期工程拟于2013年开工，2016年建成通车。

六号线的规划：南起侧坡村，北至纺织城停车场。路线设计纺织城——纺一路——纺六路——纺南路——田家湾——万寿南路——咸宁路——兴庆宫——南廓门——和平门——永宁门——含光门——丰庆路——劳动南路——科技四路——团结南路——大八沟——老烟庄——锦业路——纬六路——西部大道——韦斗路——纬二十八——侧坡。线路全长35.7公里，共设车站25座，平均站间距1.49公里。采用B型车，6辆编组，列车运行最高速度80公里/小时，总投资217亿元。线路自侧坡出发，沿经二十二路向北，至科技六路折向东，再沿高新路至劳动南路，经劳动南路、环城南路、咸宁西路至纬十街进入纺织城，沿纺南路、纺织城正街、纺北路布设。全线均采用地下线敷设。计划2014年开工建设。

7号线至15号线的地铁建设：7号线，穿越咸阳市区一路向东，然后折向沣东新城，再拐进高新区，终点在曲江；8号线，从西安西南方向的高新扩区处向东北，进入长安区，北上进入高新区，沿环西路、朱宏路向北，再由经开区向东再向北，终点在港务区附近；9号线，从西南郊的外包基地出发，北上到高新扩区，再东进至长安区，终点在航天基地；10号线，起点为8号线的北终点，进入渭北产业区后呈人字状分开，一路进入高陵，一路东进伸展至渭北产业区东；11号线，由曲江向东北方向延伸，进入洪庆，再到达临潼；12号线，从高新扩区出发北上，经长安、高新、秦汉新城，终点到空港新城；13号线，从沣西新城向东北再向东进，经火车北客站进入港务区，终点在港务区内；14号线，起点为13号线的东终点，北上进入渭北产业区，继续北上进入阎良副中心城市；15号线，从户县副中心城市东进，到高新扩区与9号线衔接。1-15号线全面建成，西安地铁可长达620公里，形成完整的地下交通网络。

大唐新干线：由大雁塔至曲江南湖，路线设计从大雁塔——大唐不夜

城——唐城墙——曲江池——秦二世皇帝陵——寒窑——曲江海洋世界——大唐芙蓉园，全长9.57公里。

大唐新干线将串连西安曲江国家文化产业示范区内主要景区，发挥轻轨效应，扩大城市承载能力，提升城市品位。线路将串连陕西历史博物馆、曲江新区内的大雁塔北广场、大唐不夜城、唐城墙遗址公园、长安芙蓉园、南湖、曲江海洋世界站等项目，线路为封闭式轨道，全长9.57公里，8个站（主要集中于各大景点），设有大雁塔站、大唐不夜城站、唐城墙遗址公园站、曲江池遗址公园站，秦二世皇帝陵公园站，寒窑遗址公园站，曲江海洋世界站，大唐芙蓉园站，单轨运行，双向线路，车辆间隔10—20分钟，配车辆12台，根据节假日流量增加，车型暂时确定为C车，每列编组3节车厢，根据曲江整体复古的建筑和设计风格，大唐新干线的单轨轨道和车辆都会布置成和整个曲江比较协调的复古样式，现已建成单轨轨道。

六、高速公路建设

在最新的高速公路网规划中，西安、关中将与陕北形成2条高速通道，与陕南形成6条高速通道。届时，以西安为中心，全省将形成28个高速公路出省通道，比原规划新增7个。规划里程总长8000公里，其中，11条国网高速交会于西安市，西安将成为在全国范围内，高速公路交会最密集的城市。西安可通过高速公路，实现当日到达所有周边相邻省（区、市）。

1986年12月25日，西安至临潼高速公路开工，拉开了西安市高速公路建设的序幕。2005年至2008年，陕西高速公路累计完成投资720亿元，投资总规模位列全国第三，通车里程已达到2466公里，至2012年通车里程已达4000公里，实现全省9市1区、73个县（市、区）通达高速公路。西安市境内352公里的"米"字形高速公路全部建成通车，所有区县均已通达高速公路。

西安市及周边的旅游资源丰富，人文、自然景观又星罗棋布。高速公路的相继开通，形成了以西安为中心的西线、北线、东线、南线旅游新格局。兵马俑、黄帝陵、法门寺、华山、柞水溶洞、商南金丝峡、汉中武侯祠等一系列名胜旅游景点，很快成为市民旅游选择的一个个热点。

在高速公路和干线公路经过的地区，沿线群众收获了最大的实惠。其中以西安为中心向关中五市一区辐射的高速公路，使关中地区成为全省最活跃的经济增长带。依托高速公路，以西安为重点的关中五市开发区建设有了突破性的进展，吸引了大批世界著名公司和国内骨干企业入区，形成了电子和微电子、机电一体化、新能源、新材料和生化工程等产业。高速公路沿线的高新技术产业，已成为沿线城市经济发展的新的增长点。

陕西省高速公路网将建成"两环六辐射三纵七横"，简称"2637"网，即由2条环形线（西安绕城高速和西安高速大环线）、6条以西安为中心的辐射线，即西安——禹门口线、西安——商州线、西安——漫川关线（去武汉、福州）、西安——汉中线（去成都）、西安——长武线（去银川）和西安——旬邑线（陕甘界）。除"2637"网外，陕西省还规划了18条联络线，涉及有西安咸阳国际机场专用线、西安咸阳北环线等，长约1675公里。其中围绕西安将形成2条高速环行线，6条以西安为中心的辐射线，构成西安对外辐射各地市的高速通道，西安到各地市实现当日往返。此外，还将形成跨省高速通道，实现西安到周边相连的省（区、市）当日抵达。

西安除已建成通车的80公里的绕城高速公路外，还要建设360公里的大环线，是一条环绕阎良、三原、乾县、杨凌、武功、周至、户县、长安、蓝田、渭等地的大环线。大环线贯通将让沿线区县的联系更加紧密、快捷、方便，通过高速公路相连，西安与渭南、铜川、咸阳等地相互联系更加紧密，继西咸一体化概念后，很可能还会发展形成西渭一体化、西铜一体化等概念。

七、西安的铁路建设

陕西的铁路建设，解放前只有陇海铁路，解放后，克服了大秦岭的艰难险阻，于1957年建成了宝成铁路，全长669.6公里，至1975年实现宝成铁路的电气化，是中国建成的第一条电气化的铁路。此后又相继建成西包、西禹、西康、宝中、襄渝等铁路干线，西延铁路复线、神延铁路复线，以及西郑客运专线，正在建设的有西（安）平（凉）线、西（安）宝（鸡）客运专线等。

西安铁路局位于省会西安。管辖有陇海、宝成、宝中、宁西、西康、

襄渝等重要干线；线路纵贯南北，横跨东西，覆盖陕西全省；辐射甘肃、宁夏、河南、山西、四川、湖北、重庆等省市部分地区，是承东启西、连接南北的咽喉要道，是进出川、渝、滇、黔西南地区的运输通道，是西北乃至全国重要客货流集散地和转运枢纽之一，在西部乃至全国路网中具有重要的战略地位。

管理范围：西安铁路局管辖内，宝成线以广元站与成都局分界，襄渝线南端在达州站与成都局分界，陇海线东端在太要站与郑州局分界，宁西线在商南站与郑州局分界，陇海线西端在天水站与兰州局分界，南同蒲线在风陵渡站与太原局分界，侯西线在禹门口站与太原局分界，宝中线在安口窑站与兰州局分界。

管辖营业线路15条，总营运里程2811.0公里，总延展长度5231.816公里，其中正线3562.604公里，道岔5791组，其中正线道岔2185组。桥梁2897座，285116延长米（其中特大桥65座），隧道1218座，782594延长米，涵渠6198座，179327延长米。配属机车725台，其中电力机车538台，内燃机车187台。配属客车1939辆。自动闭塞线路678.672公里，半自动闭塞线路2186.568公里。固定资产原值6281124万元。

建局以来，在铁道部和陕西省委、省政府的正确领导下，西安铁路局以科学发展观为指导，以创建全国一流铁路局为目标，深入推进和谐铁路建设，规范基础管理，坚持内涵扩大再生产，大力发展运输生产力，实现了企业健康快速发展。2009年完成旅客发送量5181.5万人次，完成货物发送量8779.0万吨。铁路局坚持企业效益服从社会利益，在运能紧张的情况下，优先保证关系国计民生的煤炭、石油、粮食、化肥、机电等重点物资运输，有力促进了地方经济发展。

按照国务院通过的《中长期铁路网规划》和铁路跨越式发展战略，陕西省是全国铁路建设的主战场之一，迎来铁路建设的新高潮，这其中包括十大建设工程：

一是新建太原至中卫铁路，在陕境内346公里，投资72亿元。2005年开工，2008年建成。

二是新建西安至平凉铁路，在陕境内285公里，投资36亿元。已于2008年11月开工建设。

三是安康枢纽、宝鸡枢纽和绥德铁路枢纽建设。安康枢纽将改扩建安康车站、安康东编组站。宝鸡枢纽将新建第二客运站，改扩建编组站及货运站。绥德车站将形成区域路网枢纽。

四是安康至武汉铁路复线。自安康枢纽，经过陕西、湖北两省引入武汉枢纽。在陕境内130公里，投资27亿元。2004年开工，计划2008年建成。

五是郑州至西安客运专线，正线全长459公里，速度目标值为200公里/小时以上。在陕境内设新华山、新渭南、新临潼、西安北等车站。全线投资总额390亿元，2005年开工，2008年建成通车。

六是西安铁路枢纽扩能工程，主要包括新建货运北环线、建设西安集装箱中心站、新丰镇编组站改扩建、新建西安北站、改扩建西安站。

七是陕北能源化工基地铁路支线建设，共两条支线，约62公里。

八是西安经延安至神木铁路复线，全长714公里。2008年11月已开工，2010年12月28日建成通车。

九是西延线扩能改造工程，总投资11.7亿元。2004年10月已开工，2006年完工。

十是西安经安康至重庆铁路复线，自西安枢纽，经安康枢纽，从大巴山出陕入川，引入重庆枢纽。在陕境内长356公里，总投资91亿元。

"十大铁路工程"建成后，全局线路总长将超过8000公里，固定资产总值将超过900亿元；年货物发送量将突破1亿吨，周转量将突破2000亿吨/公里，铁路将为地方经济社会发展提供充足的运力保证。

此外，西安北站于2011年1月11日正式投入运营。西安北站位于西安市城区北部中轴线未央路及文景路、北三环和绕城高速公路的衔接处，距西安市中心钟楼12公里，咸阳市中心21公里，西安咸阳国际机场20公里，西安新的行政中心3公里，是一座重要的交通枢纽，也是西安市最大的地标性建筑。

西安北站站房的总建筑面积为33.66万平方米。站房南北向长550米，东西向宽440米；站房由地下2层（地下通道和地铁站）和地上2层（高架候车层和

站台层）共4层组成。

站房的周边有一圈高架匝道，这一圈高架道路环绕北站，全长达到1500米，南北向与多条辅道相连，匝道宽度18米，落客平台宽度16米，确保了多方向、大车流旅客进站需要，极大方便了自驾车旅客和社会车辆就近到达高架候车室，设计极具人性化特点，旅客下车后可直接到达高架候车室进站上车。

西安北站主要由站房、站场和动车运用所二大区域组成。西安北站周边的总体规划布局：西安北站设有南北双向两个广场，南广场是主广场。南北两个广场都设有地下停车和公交、出租、私家车停车场。南广场地下还设有大型地下商业广场和长途汽车站。地铁2号线南北向垂直穿过西安北站，并在北站地下负二层设地铁站，这些便利的交通设施将使西安北站实现真正意义上的交通"零换乘"。根据规划，西安北站周边还将配套建设大型的商贸中心及城市综合体。

西安北站的站场布局分为3个场、34个站台面、34股道。

郑西场：也就是郑州到西安的客运专线停车场，这个场为15个站台面15股道。

西成、西大场：也就是西安到成都、西安到大同客运专线的停车场。这个场为12个站台面12股道。

西银、关中城际场：也就是西安到银川，西安到关中各城市之间的城际铁路的停车场。这个场为7个站台面7股道。北站将来动车组到达、始发的站台基本上是固定的，旅客可以通过高架道路经过高架候车室就近进站上车，目前西安北站设有自动售票机58台、检票口36个，共计152台自动检票机，23部电梯将站房各层上下相连。

随着全国高速铁路网的建成，西安也将与其他城市形成"一日交通圈"，届时从西安出发，30分钟到宝鸡、汉中；1小时到关中城市群；1个半小时到郑州；2小时到兰州、太原、成都；3个半小时到南京、合肥、武汉；4个半小时到上海；8小时到广州。对促进西部大开发，把陕西建成西部强省将起到十分重要的作用。

八、西安的民航建设

西安老机场原来位于西安市区西关，于2007年9月10日建成西安咸阳国际机场1号和2号航站楼，建筑面积6万平方米。

2007年4月，国家发改委批复同意西安咸阳机场二期扩建工程立项。2009年2月，项目可行性研究报告通过国家发改委批复。经过前期的征地拆迁、文物勘查、环境影响测评等准备工作后，从2009年3月，西安咸阳国际机场二期扩建工程全面开工。项目总投资103.91亿元，在现有跑道南侧建设长3800米，宽60米的第二条跑道和平行滑行道，使飞行区达到4F标准，能够起降A380等超大型洲际飞机。新建25.3万平方米的3号航站楼，规模为现有航站楼的4倍，新建的3号航站楼将和现有的1号、2号候机楼连为一个整体，并有摆渡车往返其间，方便中转旅客转机，各航站楼之间实现一体化交通。

二期扩建工程已于2012年5月3日正式投入使用，以2020年为设计目标年，按照满足年旅客吞吐量3100万人次，高峰小时9616人次，年飞机起降25万架次，高峰小时起降72架次，年货邮吞吐量40万吨设计。新增30个机位和3个货机位，新建10.9万平方米停车场，2.45万平方米货库，3.2万平方米的航空配餐中心等。而其他飞行区消防工程、场内公用设施工程等项目，都将进行不同程度新建和扩建。新机场将与多条高速路直接连接，在远期规划中还将与城市地下轨道交通相连，届时人们驾车或来地铁从市区前往机场，行程只需20分钟左右。

T3航站楼由26万平方米的T3A和28万平方米的T3B组成。T3B将在远期实施。T3A和T3B之间将建设空港城的中央商业交通核心。26万平方米的T3A航站楼有三个主要的功能层，即出发、到达和行李处理。为方便旅客的使用，主楼的二层为出发层，东南侧为国际出发，其他部分为国内出发。这样可以使国内部分的运行与北侧的2号楼连在一起，提高运行上的灵活性和有效性。由于未来机场快车道将从西侧接入，而地面交通可以从东西双向到达T3A航站楼，因此出发层采用了七组沿东西向布局的岛式办票柜台，使出发大厅全部开敞，形成了即面向西安又面向咸阳的独特效果。

第二十节 生态文明 繁荣文化

西安古代良好的生态环境，孕育了炎黄文化、西周文化、秦代文化、西汉文化、隋唐文化，以及宗教文化、诗词文化、书画文化、建筑文化，取得了举世瞩目的丰硕成果，成为中华文明宝库中的奇葩，为我们留下了宝贵的历史遗产。

建国后特别是改革开放后，经济建设飞速发展，环境保护和建设日新月异，文化建设空前繁荣，无论是小说创作、电影电视、歌舞戏剧、音乐歌曲、诗词楹联、文化胜迹、学术活动、饮食文化等蓬勃兴起，开创了现代的辉煌。

一、小说创作

陕西作家名篇迭出，陈忠实的《白鹿原》、路遥的《平凡的世界》、贾平凹的《秦腔》、高建群的《最后一个匈奴》等，享誉海内外，其中不少是与生态相关的好小说。

《白鹿原》：著名作家陈忠实，以白鹿原20世纪前半叶为背景创作的小说《白鹿原》，荣获第四届茅盾文学奖，《人民文学》出版社1999年评选为"华人百年百部文学作品第一名"。故事主要讲述了白鹿村白家和鹿家两家的故事，将白鹿原的地理环境、风土人情、民俗文化推向了世界，勾勒出一幅白鹿原的雄奇史诗，描绘出一幅波澜壮阔的白鹿原历史画卷。

白鹿原在西安城东浐灞两河之间的黄土高原，面积263平方公里，自古为兵家必争之地，声名显赫。商周时伯夷、叔齐叩见武王，不食周粟的故事就发生在这里。楚汉相争时刘邦也曾屯兵于此。汉文帝及窦太后和其母薄太后均葬于此。东晋义熙十四年（481年）西夏王赫连勃勃攻陷长安，在白鹿原筑祭坛登上皇位，明末这里涌现出李自成的大将刘宗敏，清末涌现出关学传人——牛兆廉。陈忠实就在这块人文厚重的地域上写出了著名小说《白鹿原》。

2012年由著名导演王全安执导的电影《白鹿原》问世，由段奕宏、张丰毅、张雨绮、郭涛、刘威等名家主演，在国内引起了轰动。

《洛水三千》：是陕西人民出版社最近出版的一本颇有特色的新书。全书24万言，收集的报告文学、通讯、小说、散文、游记共33篇。

作者杨玉坤是《陕西日报》主任记者，其功力深厚、观察敏锐、文笔细腻、流畅。《美男子与金发女郎》作为篇首，约4万字，生动地揭示了佛坪自然保护区绿色王国的奥秘，翔实记录了从其王国发现、捕捉的一对雌雄大熊猫的趣闻轶事。

《洛水三千》（节选）作为末篇——压台戏，约8万字。这部集传记、传奇性长篇纪实文学（全书约80万字），多层次地刻画了我国水利泰斗李仪祉先生的高大形象和波澜壮阔的一生。

《老县城》：是一组由"傥骆道、老县城、土匪们、老百姓、大熊猫、华南虎、众生灵、山与水、保护神"共九章组成２３万言的"天地人和生态文化散文书系"。全书以叶广芩走访老县城行迹为主线，各章既有机相连又独立成篇，构成了环环相扣的链状结构。

2000年叶广芩响应号召赴周至县挂职体验生活，任县委代理副书记。她选择了清代道光年间秦岭腹地的老县城村为她的生活基地。老县城村古名佛坪，地处高山峻岭之间，山路盘曲，野兽、土匪出没，被称作"高山峡谷的尽头"。民国初年两任县太爷被土匪杀害后，继任者不敢守城，背着官印四处流窜，县城荒芜，人烟稀少。建国后老县城村是西安最偏远的一个自然村。1994年为了保护深山里种类繁多的野生动物，这里成立了动物保护站。

■ 老县城

叶广芩窝在这里，写出了纪实散文集《老县城》。几年的秦岭生活，让她对这里的生灵抱有浓烈的感情，无论是保护站的粗野汉子，还是深山野岭里的憨厚农民，在她笔下都是善良而有责任感的人，他们生活窘困。与当代

社会有隔膜，但他们对家乡、对秦岭的感情简直是掏心掏肺。在作家笔下，国宝熊猫、珍稀动物金丝猴、一级保护动物老虎、野猪、狗熊、羚牛、獾、蛇与农家常见的狗，都是那样憨态可掬，如同淘气的孩子一样，时不时闯出些祸来，再眨着清澈的眼睛一脸懵懂地看着哭笑不得的人。并非恃宠而骄，它们只不过在摸索与人类共处的途径，试探人类爱它们的程度。

叶广芩说："到山里来，我换了一肚子狼心狗肺，我学会了用动物的眼光来理解自然，解读生存。存在着就是合理的，我们要尊重并且珍惜每一个细微的生命，尊重珍惜老天爷赐给我们的这片山林。"秦岭这片神奇的土地不仅给沉迷于昔日荣光的京城格格换了一副肚肠，也透过作家的笔试图唤醒盲目追求经济利益、享受物质文明的现代人。爱自然，爱一切生灵，才能更好地热爱人类。

二、电影电视

西安市是全国闻名影视制作中心之一，建国后围绕生态建设和人类生存条件，拍摄了许多著名的影视节目，在国内外获得大奖。代表作有以下几项：

《大秦岭》：由陕西省委宣传部、陕西省人民政府新闻办公室、陕西电视台联合出品的8集纪录片。2010年1月1日晚起，在中央电视台科教频道（CCTV—10）《探索·发现》栏目首播。文字版《大秦岭》也于2010年由陕西人民出版社出版。

《大秦岭》第一次以纪录片的形式从中华文明、中国历史的进程中来审视一座山脉。《大秦岭》还第一次在纪录片中用唐诗作为主题歌，参与词曲创作的人数之多，投入拍摄时间之长，也都在国内同类题材的拍摄中少见。102位专家学者参与了八集纪录片的拍摄访谈，这在国内同类题材中并不多见。摄制组跑了北京、上海、杭州等许多地方，与众多国内顶级专家对话，最后整理出的访谈记录足有100万字这多，工作量巨大。

《大秦岭》共分八集：

第一集《宏基伟业》：在秦岭的荫庇下，秦王朝不但完成了中华统一的春秋霸业，更奠定了中国两千多年"以农为本"的基础，开创了中华农业文明的第一个高峰。

第二集《山佑汉脉》：在巍峨的秦岭之中，汉王朝奠定了中国辽阔的版图，此外，沿着一条条秦岭古道，造纸术等中华文明的文化遗存，更是穿越千年时空留后传世。

第三集《盛世佛音》：莽莽秦岭之中，佛教在唐朝完成了它与中国传统文化的高度融合，谈起中国文明，后世人每每神往的是大唐王朝，而佛教文化便是盛唐文明尤为绚丽的一朵奇葩。

第四集《高山仰止》：老子的《道德经》在秦岭从这里流传，而以《道德经》为核心的道家思想与儒家思想，亦成为中国古代思想文化史上的两座并持高峰。

第五集《感恩秦岭》：从秦岭流淌而出的河流浇灌了中国十三个封建王朝，又承载着今天"南水北调"的使命，牵系着中国的未来。

第六集《万类霜天》：秦岭深处的洋县是地球上唯一的朱鹮营巢地，人与自然和谐相处的思想在这里得到了最好的彰显。

第七集《生息与共》：秦岭密林深处，熊猫等珍稀动物在此自由地生活着，这里不但被称为野生动物的乐园，也被国际最大的自然保护组织世界自然基金会称为全球第83份"献给地球的礼物"。

第八集《秦风雅颂》：从李白的《蜀道难》到白居易的《长恨歌》，从王维的《辋川图》到山水田园诗派，面对秦岭，历代才子或挥笔豪放，书写秦岭的雄浑奔放，或淡雅、内敛，挥洒自己对秦岭山水的感悟。

《山水长安》：由西安市委宣传部、市政府新闻办、中央电视台科教频道、梅地亚电视中心有限公司联合制作的系列节目《山水长安》，2011年在中央电视台科教频道品牌《地理·中国》隆重推出。为了全方位地宣传西安市的生态文明和自然地理资源，中央电视台科教频道，于2011年10月，深入秦岭腹地进行拍摄采访，并制作成6集系列节目《山水长安》。

《山水长安》从"八水绕长安"的历史佳话入手，与地理、地质学家同行，通过丰富而艰辛的科学考察，揭示西安历史上1200年建都史和当今建设

国际化大都市的自然地理原因。通过对西安段秦岭以及其山水关系、山水资源的科学考察，揭示出西安得天独厚的自然条件，反映了西安市"人与自然和谐发展"的生态建设成就。同时，翠华山、太白山、终南山、王顺山、太平峪等闻名遐迩的旅游胜地，也在节目中精彩亮相，通过对这些地方环境、物产、动植物保护现状的科学考察，展示西安"华夏故都·山水之城"的自然地理风貌。

中国工程院院士李佩成，著名作家陈忠实、贾平凹，知名学者韩骥、刘胤汉、王战、吴成基、延军平等，担任该系列节目的嘉宾，从各自的学术角度，向观众生动讲述了关于"山水长安"的精彩故事。

电视剧《江河赤子》：1983年由陕西电视台与陕西省水利厅联合拍摄的我国近代水利科学家《李仪祉先生传记》八集连续剧，在中央和全省20多个省市台播映。李仪祉由著名话剧演员高明扮演，获得了大家的好评。该剧展示了陕西蒲城人李仪祉先生，求学奋进，德国留学，回国后致力陕西农田水利和治江导淮、治理黄河的丰功伟绩，以及追求民主革命，支持双十二事变，组织抗日救亡运动的爱国风范，造福三秦和九州大地的感人事迹。

电影《老井》：是西安电影制片厂1987年拍摄的电影。曾于1988年获第11届大众电影百花奖最佳故事片奖，1987年在日本东京电影节上获得大奖。

《老井》电影围绕太行山"老井天井渴死牛，十年九旱贵如油"的恶劣环境，讲述了村民顽强向自然做斗争，寻找水源的故事，给人们展示了人与恶劣自然环境而拼搏的奋斗精神。

黄土高原的老井村祖祖辈辈打不出一眼井，老年人打井的希望寄托在年轻人身上。容貌俊秀的农村姑娘巧英，高考落第后回乡务农。她热恋着同村小伙子孙旺泉。两人有着向往山外世界的共同志向。但万水爷为了给旺泉弟弟换取金钱，硬要他做年轻寡妇喜凤"倒插门"女婿。为此，巧英、旺泉决定离家出走。万水爷大怒，砸锅摔罐，硬是将二人拦住。正在这时，旺泉参被炸死在井下。迫于家庭压力，旺泉只好答应去做倒插门女婿。为了让家乡人喝上水，旺泉参加了县办水文地质学习班。学成归来，他与巧英、旺才等年轻人风餐露宿，终日颠簸在群山之中。老井村历史上第一口以科学方法测定的井位终于破土动工。正当全村人日夜奋战的关键时刻，出现了塌方事故，旺才牺牲了。巧英和旺泉被土石封在井下，在生命可能随时被夺走的情况下，他们终于做了一次夫妻。不久，他们被救上地面。旺泉出院后又继续带领大家打井，资金没有了，万水爷带头捐出自己的棺木，喜凤也将自家的缝纫机捐出来，村民们踊跃捐献。巧英托人将自己准备的嫁妆全部捐出来，独自走出这万重大山，去寻找新的生活。井，终于出水了。村民们集资刻了一块石碑，石碑上镌刻着"千古流芳"和《老井村打井史碑记》。刻上了老井村几百年来为打井而死去的一长串祖辈的名字，让坚忍不拔的精神千古流芳。

三、歌舞戏剧

建国后特别是改革开放以来，西安市文艺演出单位，先后推出与水与生态相关的戏剧歌舞剧目，丰富了群众的文化生活，促进了旅游业的发展。

大型歌舞剧《长恨歌》：该剧斥资亿元，阵容强大，气势恢宏。它以骊山山体为背景，以华清池九龙湖做舞台，以亭、榭、廊、殿、垂柳、湖水为舞美元素，运用领先世界水平的高科技手段，营造了万星闪烁的梦幻天空，

华清池一角

滚滚而下的森林雾瀑，熊熊燃烧的湖面火海以及三级约700平方米的LED软屏和近千平米的隐蔽式可升降水下舞台，将历史与现实、自然与文化、人间与仙界、传统与时尚有机交融，演绎了一篇神奇的历史乐章，成就了一个杰出的艺术典范。以"两情相悦""恃宠而娇""生死离别""仙境重逢"等四个层次的十一幕情景，由700名专业演员组成强大演出阵容而演出。开创了首部山水历史剧《长恨歌》。

"躺着的历史"在华清池的九龙湖畔"站了起来"，它创造了国内旅游文化演出若干个"第一"，被冠以"中国首部大型实景历史舞剧"，堪称中国旅游文化演出的惊世之作。

第一个把一个完整的历史爱情故事在发生地复活起来，让人们亲身感受爱情的恒久魅力；

第一个把舞剧从艺术殿堂搬到露天舞台，让高雅的艺术为大众所欣赏和享受；

第一个在唐代歌舞演出领域打破了一般性的片断节目表演，演绎了一部流传千古的历史巨著；

第一个调动真山真水和古典建筑物为背景和舞台，营造了一个匪夷所思的场景艺术境界，在实景当中上演舞剧艺术；

第一个运用水中升降舞台、美国拉斯维加斯火海技术、瑞士超高高度大型影像摄影机、意大利香气广散效果系统、亚洲最大的700平方米LED可折叠软屏，舞台效果堪称世界一流，国内独创。

戏曲剧目：在文化大革命中，西安市各个秦腔剧团曾上演了《洪湖赤卫队》《沙家浜》等剧目，陕西省京剧团曾上演《西门豹》歌颂了西门豹治邺，破除迷信，兴修水利，造福于民的精神。咸阳市大众剧团，曾上演了《郑国渠》，歌颂了秦始皇和水利专家兴修郑国渠，实现富国强兵，统一六国的感人事迹。西安市秦腔剧院所属西安易俗社近年推出了《柳河湾的新娘》，弘扬了爱国主义精神，演红了全国，在全国获奖。

四、诗文楹联

长安雅集：西安是唐诗的故乡，从古到今诗咏长安经久不衰。从2003年以来，由中央文史馆和陕西省人民政府连续四届在西安举办"长安雅集"活动，坚持政府主导，市场动作，社会参与的办会模式，突出国际性，彰显开放性，办成国际性文化盛会。活动会内容包括笔会、诗会、画展、歌舞、论坛等六项内容。长安雅集第一届、第二届分别于2003年和2005年在大唐芙蓉园举办，第三届2008年在大唐西市举办，第四届2010年在西安大慈恩寺举办，参加人数超过1000余人。

①诗文活动：第三届"长安雅集"，面向全球征集咏长安诗1.2万余首，文怀沙、霍松林、李炳武获诗词大赛"特别奖"，一等奖由李茂学、刘克皋获得。在第四届"长安雅集"活动中，中央电视台台长高峰朗诵了王羲之的《兰亭序》、白居易的《雁塔题名诗》、文怀沙的《长安雅集赞》、霍松林的《长安雅集赋》、陈忠实撰写的《长安雅集题名碑记》。

②雁塔题名：雁塔题名的风俗在唐中宗神龙年间已经形成，凡新科进士及第，便在曲江流饮、杏园游宴，然后登临大雁塔，题名留念。为弘扬雁塔题名中华优秀文化传统，建设民族共有精神家园的重要意义，为和谐社会树碑，为中华文明立传。由中国书协主席张海先生题书的"长安雅集雁塔题名立碑纪念"长卷上盖印留念。来自全国百余位书画家挥毫泼墨、谈文说艺、示存以德。

③书画展览：第四届中国长安雅集国际文化活动——中国画流派回顾暨研讨会，在陕西亮宝楼艺术博物馆举行。

展览汇集了近现代中国画坛海派、岭南画派、京津画派、新金陵画派、长安画派五大画派代表人物吴昌硕、齐白石、高剑父、陈树人、赵望云、傅抱石、陈半丁、石鲁、贺天键等60余位大师的代表作品80余幅，是目前全国规模最大、五大画派代表画家最为集中的一次美术盛会。

第三届长安雅集，由陕西文史馆组织208位书画家，历时三年，创作完成209幅迎奥运书画作品。其中赵振川创作的《陕北乾坤湾》、画家陈国易《蜀山幽居》等引起大家的关注。

楹联创作：改革开放后，陕西省成立了陕西省楹联学会，此后西安市、户县、蓝田县、周至县、新城区等成立了楹联学会。开展了征联活动、楹联普及教育、专著的编辑出版工作，取得了显著成绩。

①征联活动：省市楹联学会先后开展了秦始皇兵马俑、西安大雁塔、西安小雁塔、西安城墙、西安城隍庙、丰庆公园、兴庆宫公园、广仁寺、长安香积寺、西安事变、灞柳风雪、西安汉城城门、长安翠华山等名胜景点的征联，同时开展了西安利君集团、民生百货、西安太白商厦、西北眼镜行、西安贾三包子等商业性的征联。这些征联，对提高陕西的知名度，促进旅游事业的发展，都起到了很大的作用，例如西安2006年的城门征联，参与媒体多达100多家，引起了新浪、人民、搜狐、雅虎等知名网站、《北京新青年》《文汇报》《海峡都市报》、香港《大公报》以及美国《大文摘》的英华线、凤凰卫视等多家媒体和关注。在短短十几天时间，共收到美、英、德、法及全国31个省的作品五万副，并在南门瓮城举行了隆重的颁奖仪式，一等奖奖金高达8000元，在社会上引起强烈反响。

②专著出版：省市楹联学会先后出版了《华清池楹联荟萃》《双十二事变征联集萃》《秦风新和——秦兵马俑征联征诗集萃》《香积寺揽胜》《民生杯征联大赛选集》《城隍庙对联》等多部专著。

③普及教育：为了普及楹联知识，从娃娃抓起，2004年省楹联学会将户县四中列为陕西省楹联教育示范基地，西安市楹联学会将户县人民路小学列为教育示范基地。省市学会开展了楹联知识讲座学习班多次，并在陕西电视台举办知识讲座。1991年西安电影制片厂和云南玉溪烟厂联合拍摄了四集电视连续剧《孙髯翁》，孙是陕西省三原人，是云南大观楼号称天下第一长联的作者。

④建立示范基地：陕西楹联学会先后在西安市书院门、北院门建立了两条楹联示范街起到率先垂范的作用。还在市美术艺术家画廊举办了田恒五先生"楹联艺术展""明清楹联艺术展"等大型展览活动。2009年3月5日，户县荣获全国县级第十个、省级第一个"诗词之乡"的光荣称号。

五、文化胜迹

西安及周边地区留下了不少和生态有关的文物胜迹，彰显了西安博大精深的文化内涵，也促进了旅游业的发展。

郑国渠：秦代郑国渠，历经兴衰，绵延不断。郑国渠首段，自然风光秀丽，文物古迹荟萃，现代工程雄伟，是文博考古、观光旅游的一道风景线。

①峡谷明珠：泾河从长武县入陕境，过彬县城不远，便进入峡谷，穿过崇山峻岭，奔腾呼啸，于九嵕山东麓与张家山（仲山）西麓谷口出山，进入关中平原。这里峪谷狭长，群山对峙，山坡陡峻，岩石壁立。就在这峡谷两岸之中，建起了一座高35.7米的拦河大坝，截断仲山云雨，库内青山水绕，曲折迂回，碧波荡漾，倒影生辉，晨烟缭绕，夕阳落霞，景色多变。水库宛如一颗明珠，游人登上大坝，登高望远，上视山光水色，下观泾河奔泻，令人心旷神怡。巍巍大坝和水电厂房是现代水利工程之精品，每当溢洪泄流，浊浪滚滚，飞瀑而下，尤为壮观。

②龙渠博古：泾惠渠的渠首段2公里多的渠道，沿泾河左岸开凿，全为石渠。渠道沿山随弯就势，曲折蜿蜒，跨沟越涧，时而明渠顺流，时而穿洞而行，居高临下，俯视泾河滩岸，怪石嶙峋，上仰蓝天白云，碧草绿树，一派山野风光，令人留恋忘返。

沿渠还可以欣赏历代引泾渠口陈迹：郑国渠口、白公渠口、丰利渠口、王御史渠口、广惠渠口、鄂山新渠遗迹、袁保恒新渠渠口等。泾惠渠管理局对历代渠口均竖小石碑，刻文标记。游人在此可以追昔忆古，领略中华先民高超的水工技术和"愚公移山"的伟大精神。

③筛珠洞泉：位于泾惠渠首，泾河峡谷左侧，是典型的构造泉。沿谷长达三四里之遥，成为陕西罕见的一处群泉。主泉口称"筛珠洞"，其大股分别称"龙洞""琼珠""鸣玉""鸣琴""倒流""暗流""天涝池"等。筛珠洞口流量充盈，经过30多年和实测，每小时出水量保持1400吨，水温冬夏均保持22℃上下，甘甜可口，为碳酸钙型矿泉水。清代龙洞渠，便以此为水源，如今泾惠渠，也是汇流入渠。游人至此，山泉汩汩，漱珠喷玉，围泉嬉戏，雅趣盎然。

④郑国雕像：韩国水利专家郑国，行"疲秦"之计，背井离乡，冒着生命的危险，入虎狼之国的强秦，栉风沐雨十个春秋，建成郑国渠，开创了引泾灌溉之先河。历代虽有变更，但万变不离其宗。可见郑国水利技术的高超。他为秦"建万世之功"，泽惠两千年，流芳百世。为了纪念郑国的丰功伟绩，1988年，泾惠渠管理局请雕塑家为郑国雕刻半身石像一尊，放置渠首管理处展室，游人来此无不敬仰，膜拜者也不乏其人。

⑤渠首碑林：从明代以来郑国渠遗存下来了不少碑石，是历代引泾历史见证的珍贵文物和书法瑰宝。为了保护这里散存的碑石，泾惠管理局在渠首管理处，建立了渠首碑林，共树十四通：其中记事碑八通、颂法碑十通、议诗碑二通、水利制度碑二通。

李仪祉纪念馆：李仪祉纪念馆是全省"十二五"水利的重点建设项目和水文化建设的标志性工程，按照"省内一流、国内有影响"目标规划建设。该工程经省委省政府同意，省发改委批复立项，省水利厅主持兴建，陕西省泾惠渠管理局承建。

李仪祉纪念馆位于距西安60公里的泾阳县王桥镇，总规划面积90余亩，主要建设内容有：一是新建2000平方米的李仪祉纪念馆一座。二是对墓园进行整修改造。三是建设水文化大道。展陈内容为古代水利、近现代水利、"十二五"水利以及水利科普等四个方面，着力打造陕西水利历史的"档案馆""活字典"和水利科普教育基地。

2011年1月8日该纪念馆开工建设，2012年8月22日正式开馆，免费参观。李仪祉纪念馆的建成，将填补陕西省水利专业博物馆的空白，并将在传承秦人治水历史文化、弘扬仪祉精神和存史、资政、育人等方面发挥重要作用。

泾渭分明：泾河在高陵县陈家滩注入渭河，形成泾渭分明的景观，成为著名的成语典故，常比喻人品的清浊。任昉《出郡传舍哭范仆射》诗有"伊人有泾渭，非余扬浊清"的哲句。《诗经·邶风·谷风》说"泾以渭浊"，孔颖达疏"言泾水以有渭清，故见泾水浊"。实际上还是以渭清泾浊为主，因为泾河的含沙量很大，汉代民谣有"泾水一石，其泥数斗"之说，每立方米平均含沙量177公斤，泾河每年向黄河输送泥沙3亿吨，是世界上产沙最多的河流，所以才造成渭清泾浊的局面。可是每年12月到翌年1月泾河较清，出现泾清渭浊的状况。泾河与渭河交汇，一浊一清，蔚为壮观，成为一大景色，来这里观光的人络绎不绝。

六、音乐歌曲

建国后西安的音乐、歌曲创作，成绩丰厚。

蓝田水会音乐：蓝田县位于关中平原东南部秦岭北麓，是古长安南通荆楚巴蜀的门户。这里地貌奇特，山川原岭皆有，全家岭便坐落在横岭的浅岭区，属普化镇北部的一个村子。

"水陆大会"通称"水会"，是一种古老的民间取水形式，是过去天旱时人们祈雨的一种带有迷信色彩的祭祀活动。民间叫"取水"。在历代的取水活动中，伴同取水活动的这种吹打乐就叫"水会音乐"。因为它便于长途行走，也叫"行乐"。水会音乐细腻悦耳，人们也把它叫做"细乐"。据《音乐史》记，南宋灌圃耐得翁《都城纪胜》云："细乐……以箫管笙嵇琴方响之类合动"。在声势浩大的取水活动中，水会音乐起着相当重要的作用，正像人们常说"水会不动乐，马角不起驾"。

据唐段安节所著的《乐府杂录》记载，唐贞元年间（785—805），关中遇到大旱，唐德宗下令让长安民众祈雨。当时东市和西市都组织了祈雨队伍，并进行了音乐比赛，得胜者还受到皇上的奖赏，从那以后，祈雨比赛音乐便在关中形成风俗。据蓝田田家村乐社老乐工讲：过去田家村乐社天旱时除了去周至县太白山取水外，还常和西安的几个乐社斗乐比赛。

蓝田普化水会音乐分为行乐和坐乐两类，因演奏所涉事由严肃、庄重，故从不用于喜庆婚俗场合。水会音乐质朴、清越、雅致、细腻，与激越、粗放的秦腔形成鲜明对照。常见曲目有《清江颂》《小曲子》《三联子》《八板》《宫调》《老钉缸》等。

蓝田水会音乐手抄传谱原有八十多种曲牌，其记谱法为唐代燕乐半字谱，这也是它历史久远的实证。

水社音乐目前在蓝田有三个乐社，蓝田东川的秋树庙村水会乐社、全

家岭村水会乐社和西川的田家村水会乐社。过去在这些乐社中，不管哪家取水，都是声势浩大，取水时一般观众多达二三万人。2006年5月20日，蓝田普化水会音乐经国务院批准，列入第一批国家非物质文化遗产名录。

《祓禊谣》：是2011年西安世界园艺博览会歌曲，由王军作词、赵季平作曲。歌词是："祓禊祓禊，杨柳依依，沐之灞水，风乎东隅。坐看终南紫云起，咏而归，情自怡。祓禊祓禊，流觞水曲，惠风和畅，把酒索句。走笔龙蛇醉烟絮，咏而归，乐而居。祓禊祓禊，霓裳羽衣，春城飞花，踏歌青堤，长安水边多佳丽，咏而归，长相忆。"

曲名《祓禊谣》三字，蕴含着浓郁文化气息和厚重历史意蕴。唐人的乐府中就有《祓禊曲》：词曰"昨见春条绿，那知秋叶黄。蝉声犹未断，寒雁已成行。金谷园中柳，春来已舞腰。那堪好风景，独上洛阳桥。何处堪愁思，花间长乐宫。君王不重客，泣泪向春风。"祓（读音：fú）是古代为除灾求福而举行的一种仪式，禊（读音：xì）是古代春秋两季在水边举行的清除不祥的祭祀。祓禊是农历三月三上巳节中最重要的一种习俗，而上巳节则是一个流逝已久的节日。相传三月三是黄帝的诞辰，中国自古有"二月二，龙抬头；三月三，生轩辕"的说法。魏晋以后，上巳节定为三月三，后代沿袭，遂成汉族水边饮宴、郊外游春的节日。在这一天，人们成群结队去水边祭祀饮酒，用浸泡过药草的水沐浴（即祓禊）。青年男女谈情说爱，相约春游踏青，上巳节也因此有古代情人节之称。祓禊二字是全曲中心所在。

全曲共108个字，分为上中下三阕，文字典雅，内涵丰富，音韵缭绕，悦耳动听。

《绿色的呼唤》：陕西作曲家韩兰魁创作的《绿色的呼唤》，共分《高原悲叹》《黄帝陵遥想》《流沙统万城》《昆仑冰雪消融的季节》《苏醒的黄土地》《绿色的太阳》六大乐章。

确实，与一般交响乐风格不同，韩兰魁在创作中，特别追求雅俗共赏的音乐风格，"拿《绿色的呼唤》来说，此音乐从地域与历史的不同侧面，把西部现实与生态情结交织在一起，既有对往昔历史的追忆，又有对当前现实的感叹和对明日辉煌的热切寄望。而且作者在创作中结合交响乐与原生态音乐，比如用西洋乐器模拟出了唢呐等民族器乐的演奏，表现西北风韵的特有气质，效果很好。"

《绿色的呼唤》唱片出版后，第一批很快脱销，出版方中唱公司不得不再次加制。此前，这种现象很少出现在国内交响乐新创作品专辑中。

七、学术活动

围绕生态建设，开展了许多重大学术活动。

华山论剑：金庸是中国武侠小说的一代宗师，一生创作了15部武侠小说，其中被改编成60多个版本的影视剧目。一部《射雕英雄传》的电视剧，名扬天下，为此，人们熟知了翁美玲（黄蓉的扮演者）、朱茵、周迅等明星级的人物。华山论剑是《射雕英雄传》的一个重要环节，2003年10月8日，这位武侠作者金庸先生，到达华山北峰"华山论剑"的主会场，著名学者魏明伦、编剧杨争光、导演张纪中也到达现场，就武侠的论剑展开了讨论。金庸说："侠是有着崇高道德观念的，是那打抱不平、见义勇为，为了大家的事情可以倾家荡产，牺牲自己一切的人"。"屠龙刀可以说是号令天下的，团结朋友的，但如果被暴虐之君得到了，就由倚天剑来控制它，天就是老百姓，用倚天剑的意思就是要善待老百姓"，"武就是止戈为武，就是要把干戈放掉。人们其实就是应该团结、友好，因为打赢仗的一方并不是最后的赢家"。

本次活动，由主办方提供了倚天剑、屠龙刀，金庸留下了自己的手模，并题写了"华山论剑"四个大字，镌刻在一块巨石上，以志留念，因此更加提高了华山的知名度，吸引了众多的中外游人来此观光。

楼观论道：曲江新区管委会与周至县人民政府合建楼观台道文化区，经过两年的努力，已于2012年3月2日建成，对外正式开放。道文化区建设包括道文化区、化女泉景区、延生观景区、财神庙景区，以及农业博览园，规模庞大，气势恢宏。道文化区以说经台为核心，以"经一至九，九九成道"为文化内容，形成"一条轴线，九进院落，十大殿堂。"各大殿集中供奉了道教三清尊神、四御尊神、民俗众神及道教宗师各路福神，形成全球规模最大的道教宫

观，充分显示了道源仙都的大道气魄。

在道教文化区开放的同时，举办了第一届道教论坛会。群贤毕至，会聚一堂，探讨道教渊源。老子是春秋的思想家，道家的创始人。老子名老聃，字伯阳，楚国苦县（今河南鹿邑）人，著成《道德经》五千言，用道说明宇宙万物的演变，提出"道生一、一生二、二生三、三生万物"的观点，提出"人法地、地法天、天法道、道法自然"的哲学命题。道可以解释为客观自然规律，同时又有着"独立不改，周行而不殆"的永恒绝对的本体意义，包括朴素的辩正法因素，提出一切事物都有正反两面的对立。"祸兮福所倚，福兮祸所伏"，在物质生活上强调"知足"和"寡欲"，憎恶工艺技巧，并归结道"绝圣弃智""无为而治"，其内容富有哲理，给人启迪，受到后人的推崇。

欧亚论坛： 2001年上海合作组织成立后，西安作为丝绸之路的起点，与中亚各国交往源远流长，为此决定兴办欧亚论坛，并将西安设为永久会址。

欧亚论坛旨在促进欧亚各国各地区的相互了解，是以上海合作组织成员国和观察员国为主体，面向上合组织所覆盖的广大欧亚地区的开放性的国际会议，致力于发展区域对话，促进中国西部与中亚各国及俄罗斯全方位、多角度的沟通，是一个立足高端、务实合作、品牌化运作的论坛，至今已举行了三届。

欧亚论坛，首先将为西安拓展更为广阔的发展空间，扩大西安与中亚的经贸往来，打开向中亚开放的出口，纵身向西亚、欧洲及南亚辐射，逐渐融入欧亚产业经济，成为西安加入国际产业分工和全球化体系，实现建成国际化城市目标的第一步。

其次，欧亚论坛将为西安发展产生持续的联动效应。凭借西安独特的资源优势，不断加强西安经济、技术、文化等方面的国际交流与合作，彰显古都文化魅力，把西安融入国际经济大循环，纳入世界城市体系。

第三届欧亚论坛于2009年11月16日至17日在西安举行，国内外嘉宾930余人参加。仅部长级以上的国外政要就有27位。包括亚美尼亚共和国国民议会副主席阿·彼得罗克，乌克兰前总统克拉夫亚克，哈萨克斯坦前总理捷列先科，韩国前总理李寿成，比利时前副首相阿塞法马赫等。我国有9名副部级以上的领导出席，包括海关总署署长盛光祖，外交部副部长张志军等。

本届论坛主题为"携手合作，促进经济复苏"，设置能源合作、金融合作、海关与商务合作、教育合作四个分会。签订合同金额200亿元，取得丰硕成果。

长安论坛：第四届长安雅集举行了国际文化活动——长安文化与西安国际大都市建设论坛，著名专家学者刘庆柱、萧云儒、黄留珠、朱士光、和红星、王双怀等10人先后发言，对西安文化遗产保护、生态环境建设、大西安的规划等提出了建设性的意见。

中国社会科学院考古研究所所长刘庆柱先生认为，在西安国际化大都市建设中，应对丰镐遗址、秦都咸阳遗址、秦阿房宫遗址、汉长安城遗址、秦汉上林苑遗址等特大型、特别重要的国家级历史文化遗产予以特别重视。他建议加大对大明宫遗址、汉长安城遗址、秦咸阳城遗址等国家考古遗址公园建设，置换历史文化遗产空间，通过考古遗址保护，升华西安、绿化西安、美化西安、造福西安。

陕西省文史馆馆员、中国古都学会名誉会长、陕西师范大学教授朱士光先生认为，西安在今后的生态环境保护与建设中，一方面对主城区应采用"分区另类综合防治"的办法治理环境污染问题；另一方面还应着眼关中——天水经济区，组织专家学者对渭河流域之水环境与水资源进行全面深入的科学考察，摸清家底，掌握变迁趋向与动态，统筹做好秦岭、北山——渭河的两山一河整体防治工作，有效解决西安生态环境中水资源不足与污染两大重要问题，使西安这座千年古都在今后10—20年内建设成为生态环境优良、可持续发展的文化古都。

西安市副市长段先念认真听取了专家的发言后，代表西安市委、市政府感谢各位专家学者为西安国际化大都市建设建言献策。目前国务院列入国际化大都市的城市只有北京、上海和西安。西安除了区位优势外，主要在于它是文化之都。今天西安建立国际化大都市的核心就是文化复兴。汉唐长安曾是历史上的国际化大都市，周的礼仪文化、秦的制度文明、汉形成的以汉民

族为主体的多民族大家庭、唐积极进取开放包容的博大胸怀，使这块土地孕
育了无可替代的周秦汉唐文化，这是西安建设国际化大都市的基础与核心。

八、长安画派

古都西安历史上画家人才济济，建立了辉煌业绩。建国后以石鲁、赵望
云为首开创了"长安画派"，其中山水画占有重要位置，他们以三秦山水、九
州山河以至世界名山大川为题材，创造了许多蜚声中外的名作。石鲁以水为
题材的画作《延河饮马》《禹门逆流》《山雨欲来》《太白山巅》《赤岩映碧
流》等作品，其中毛主席《转战陕北》画作，开创了以山水画形式表现重大政
治主题的先河。赵望云有《风雨归牧》《春江水暖》《平湖秋月》等。方济众
有《黄河大桥》《汉江渔村》《夜渡》等。何海霞有《大地常春》（金笔山水
画），《爱我河山》《庐山图》等。李梓盛有《汉江青晓》《山清水秀》《漓
江风光》等。以及赵振川、崔振宽、苗重安、张之光、安中振、杨建今、徐义
生、罗国士、景德庆等众多山水画家，承前继后，创新发展，为长安画派山水
画作再创辉煌，立下了汗马功劳。

九、饮食文化

西安依托良好的生态环境，创造出"长安八景宴"。长安八景中，曲江
流饮、灞柳风雪、太白积雪、草堂烟雾、咸阳古渡等皆与生态环境有关，是
西安市近年来创制的一组名肴，荣获省商业厅科技成果三等奖。

它取材于长安八景的胜迹，利用各种烹饪原材料精工制作而成。一菜一
格，一菜一景，融美味艺术于一体。既品赏了陕西菜的风味，又领略了"长
安八景"的胜景，为古老的陕西菜增添了一朵艳丽多彩的奇葩。

灞柳雪花鸡：取材于"灞柳风雪"的胜迹。菜用鸡脯肉、清水马蹄、鸡
蛋、香菇、韭叶和调味品制成。基本制作工艺是，将鸡脯肉切成大拇指盖形
的雪花片，马蹄切圆片，水发香菇切斜刀片。锅内放少量熟猪油，下生姜、
马蹄、精盐、料酒、味精、鸡汤，勾流水芡，下鸡片，颠翻均匀，淋油出锅
装大条盘。上边用香菇摆成柳树，韭叶用沸水轻烫摆成柳枝状，形似"满柳

风雪"。取材于其风味特点是：色白如雪，肉质鲜漱，清香味美，把食者引入到"阳春柳絮飘似雪"的美景之中。

曲江雏鹌宴：取材于"曲江流饮"的胜迹。是用雏鹌、稠酒原汁和多种调味品等精制而成。雏鹌加调味品淹制，稠酒加热放白糖，分装在10个玻璃杯内。雏鹌炸橘红色，装圆盘。将圆盘放不锈钢茶盘，稠酒杯放周围。其风味特点是：外酥里鲜嫩，一菜三味，味味醇厚。低脂肪，高蛋白质，营养丰富。

太白雪山金鱼：取材于"太白积雪六月天"的胜迹。是用鸡脯肉、发菜、鸡蛋、鸡酿子、鸭掌、樱桃和多种调味品制成。基本制作工艺是，鸡脯肉砸成茸泥，鸭掌煮熟剔骨保持原状完整，掌心向上，鸡酿子用小刀刮成金鱼身子，小头朝上，大头两侧放上半个樱桃，鸭掌如金鱼尾巴。另用鸡酿子以同样方法摆成鱼身，用樱桃作鱼眼睛，用发菜摆成鱼尾，鸡蛋加水炎摊成蛋皮。中间放小鸡酿丸子，将蛋皮折起，用筷子头由两边向中间收缩，形成鱼身鱼尾。如同上方法做成三色15条金鱼放盘中，上笼蒸熟。其风味特点是：色彩协调悦目，筋韧耐嚼，清爽利口。

草堂八素：取材于"草堂烟雾"的胜迹。选用户县草堂寺附近出产的板栗、核桃仁、冬笋、香菇、花生米、嫩豆角等八种原料和多种调味品烹制而成。基本制作工艺是：将板栗油炸呈橘红色；将八种制好的菜品装在盘内，中间放一小盅，装入辣椒面，芝麻油烧八成热时，泼在辣椒面上，迅即上桌，用小勺点香醋，顿时"烟雾腾空"，成为陕西特有的"睁眼辣子"。少顷，将辣椒油调入菜里。其特点是：一菜多味，鲜嫩清爽，富有营养。

渭水团鱼：取材于"咸阳古渡"的胜迹。用渭水团鱼、水发玉兰片、火腿、水发香菇、菜心、母鸡腿、猪肘肉和各种调料等精制而成。基本制作工艺是：将团鱼宰杀后剁掉头，在沸水中烫后，再用冷水冲洗。刮去鱼身上黑皮，漂洗干净，入沸水中煮，剔掉团鱼盖。将团鱼剁成10块，装在鸭子汤盆内，盖好团鱼盖，鸡腿、猪肘肉用沸水冲净，压在团鱼上边，加鸡汤和调辅料，给鸭子上边蒙上白麻纸（防止蒸馏水下去），上笼蒸烂为止。其风味特点是：团鱼软烂鲜嫩，汤汁浓厚，裙边透明似胶，滋味醇美，具有滋阴凉血

的食疗作用。

华松扒熊掌：取材于长安八景中"华岳仙掌头一景"的胜迹。它是用秦岭山区的熊掌和传说为古代河神巨灵培育的华山松的松子烹制而成的山珍菜。华松扒熊掌选用熊掌、松子仁、水发玉兰片、熟火腿、水发香菇和多种调味品精制而成。炒锅加鸡汤、精盐、酱油、料、酒、味精，勾流水芡成为卤汁。另一炒锅内加熟猪油、花椒，葱炸出香味，拣去葱、花椒，速放松子、姜米，烹入卤汁，放青蒜苗段，浇在熊掌上即成。其风味特点是：色泽红润，肉质筋绵，松子清香，营养丰富，强身壮筋。

晚霞映牛舌：取材于骊山晚照的胜迹。选用誉满全国的秦川牛牛舌和番茄酱烹制而成，把诗人赞颂的"入暮晴霞红一片"胜景尽收盘中。基本制作工艺是，牛舌用沸水烫过，鲜蚕豆仁用水煮熟，用凉水漂凉。炒锅内加熟猪油，烧热，放进姜米、番茄沙司，炒出红油，加鸡汤，放入牛舌、水发玉兰片、料酒、精盐、味精煨烧，勾流水芡收汁后淋油出锅装盒，表面撒上蚕豆仁即成。其风味特点是：牛舌细腻，筋绵柔软，味醇爽口，色泽红亮。

西安又是酒的故乡，近年发现窖藏西汉美酒，轰动世界。唐代是美酒荟萃之地，有烧酒、玉液、绿醑、松醪、葡萄酒、松叶酒、桑洛酒、竹叶酒等几十种之多，"曲江流饮"习俗成为长安八景之一。现在西安除了有西凤酒、太白酒、杜康酒之外，还有长安老窖、稠酒名传天下。还有汉斯、金威啤酒、可口可乐等中外名酒，享誉中外。西安茶文化历史悠久，唐代的茶圣陆羽著成世界第一部《茶经》，如今西安名茶荟萃，汉中仙毫、龙井、乌龙等遍布市区，成为人们品茶的主要品种。

第二十一节 强化人防 抗震救灾

我国人防建设在建国后一直是一个薄弱环节，住房要求发扬"干打垒"精神，建筑标准很低，直到1976年唐山发生大地震死亡25万人之后，才引起国家的重视，在全国范围内开始了大规模的楼房加固建设，重新审视建筑标准，开始地下防空设施的建设管理，不少城市强化了地铁建设，如北京地铁已达408公里，上海地铁已达560公里，使全国加快进入了人防建设、抗震防灾的新阶段。

一、原有防空洞保留不足三分之一

1972年，毛泽东主席号召全国人民"深挖洞、广积粮、不称霸"，以应付霸权主义国家发动侵略战争，人民防空建设掀起了一个高潮。我国一些重要城市基本上形成了"地上千家万户，地下万户千家"的四通八达的地道网。西安市属于国家设防的重点防御一类城市，又是省会城市，可以说，在那个年代西安所有单位的地下都有防空洞。

例如，当年西安东风仪表厂的防空洞，从现在的居民区一直弯弯曲曲延伸到厂区，主体洞宽大概有三米、高二米多，有四五里长，中间还有许多通气孔和掩体支洞。改革开放这些年来，由于仪表厂扩大生产规模，增加设施建设，挖地基时防空洞有一部分被掩埋了，主体大部分还完整保存，但基本上都没有再利用。上世纪六七十年代的人防工程，现存的像西安东风仪表厂那样的规模在西安已经不多了。因为防空洞建设在组织上采用"群众路线"，在技术上强调"群众创造"，因而缺乏整体规划与设计，布局与城市建设脱节。大多因为建造时间久，功能单一，质量低劣，年久失修，雨水浸泡，地下环境恶劣，在防漏、防火、通风等方面或多或少存在某些问题，再利用功能难以发挥，大部分就自然报废了。目前西安早期人防工程维持现状的总数不到原来的三分之一，并且随着城市建设，还将继续减少。对其的管理办法，遵照"维持现状、不再发展"的原则，能利用的就再利用。

现存防空洞再利用的情况如何呢？人防部门于上世纪80年代初开始以"平战结合"为原则，对一些有规模、质量好的早期人防工程进行了改造，发挥了经济效益。比如，西安火车站广场的地下商场、西五路西安体育场的地下娱乐城等，就是早期人防工程的再利用工程。随着城市的现代化发展，人防也在加快发展，城市所有新开发的地下空间利用工程都要具备人防、民防体

系，符合防战、防灾、防火的技术、设计、质量要求。

二、唐山地震后加固楼房，提高建筑标准

上世纪五六十年代，民用建筑标准很低，一般为砖混结构，楼板现浇，没有构造柱和圈梁，建筑层次多为5—6层。1976年唐山地震后，西安对原有建筑普遍进行了立柱、圈梁和钢筋加固，提高了抗震性能。

与此同时，提高建筑标准。西安被国家列为八度地震设防区，一般民用建筑增设构造柱，设圈梁，楼板由现浇发展到预制楼板，实心砖多改为空心砖填充，降低了墙体重量，减少了建筑负荷。例如新城广场的省政府办公大楼，东西长257.6米，南北宽39米，建筑面积6.3万平方米，采用钢筋混凝土条形基础，按抗震八度设防，框架、剪力墙结构，全现浇混凝土。1984年5月开工，1986年4月交付使用，荣获中国建筑业联合会授予的"建筑工程鲁班奖"。

上世纪80年代以来，西安城市发展迅速，高楼林立，多采用筒体结构、框筒结构、框架—剪力墙结构，大大提高了抗震性能，保证了建筑和人民生命财产的安全。

三、修筑地下人防掩体工程

从上世纪80年代开始，商业服务、工厂车间、机关单位、大专院校、仓库、旅社、民用建筑、实行平战结合，兴建地下室扩大空间利用，增加经济收入，安排人员就业，收到了良好的效果。例如西安火车站地下商场，营业面积0.8万平方米，500多套柜台，安排600个就业，1989年12月30日投入使用，开业仅3个月，营业额达700多万元，收回租金43万元，受到国家人防办的表扬。西安马腾空地下粮库，从1974年开始存粮，库容8000万斤，并建成制粉车间，战时可供西安市民3个月的用粮。西安化工机械厂人防车间206平方米，从1972年使用以来，完成设备维修3万余件。西安大雁塔地下宫，从1980年开始营业，10年间，接待中外游人906万人次，安排就业人员960人，营业额累计505万元，上缴国家税收19万元，上缴人防办101万元，荣获兰州

军区平战结合优秀工程称号。西安市第四医院新建门诊大楼，建成地下救护所，使用面积709平方米，从1978年至1980年，共收住患者1563人，实现手术1645次，无一人感染。目前正在兴建的唐延路人防一期工程，投入5亿元，占地45.55亩，建筑6万平方米，相当世纪金花地下广场的两倍，战时可容纳2万人避难，是目前西北最大的人防工程。2012年还将开建土门街心花园地下大型商场，建筑面积8万平方米，地下三层。文艺北路地下大型商场，建筑面积2.4万平方米。还有雁塔路地下商城，建筑面积2.7万平方米。目前建成的地铁2号线和正在修建的1、3、4、5、6号线和兴建的7——15号线总长度163.73公里，平均每公里可以形成20万立方米的空间，163.73公里，可以形成2374.6万立方米的人防掩体。

四、西安人防建设存在的问题

1. 政策、资金支持不够。 毋庸置疑，西安的经济在快速发展，高楼大厦越盖越多，机动车数量直线上升，地面空间越来越少，"城市综合症"也在日益显现。截至2012年底，全市机动车保有量已经达151万辆，并且每天汽车挂牌数都在800辆左右，静态交通问题越来越突出。

省政府决策咨询委员、中国交通工程学会常务理事张仲良认为：要解决这些问题，靠扩展城市用地面积和向高空延伸，则会进一步加剧城市用地的矛盾。只有充分利用城市地下空间，才能解决城市交通拥堵和环境污染问题，是节省耕地、改善城市绿化环境、保护历史文物古迹、战时人民防空的有效途径和未来发展趋势。

事实上，在寸土寸金的古城西安，向地下空间开发已经成为政府和投资商、开发商关注的热点。但是，目前还存在一些问题阻碍着它的快速发展。有着近40年关于交通问题研究的张仲良认为，突出表现的问题有：一是政策不到位。目前西安还没有一个城市地下空间建设的总体规划，造成人口密集地段的地下建设缺项，补建非常困难；政策不完善，缺乏可操作性，使某些优惠政策落实不到位。二是地下空间利用产权不明晰，缺乏科学管理城市的有效办法。三是投入资金不大。缺少政府、民间的大批量投资，导致地下空间建设普遍存

在着规模小、设施差、功能弱、建设水平低的问题。

2. 西安地下空间利用不足。 人防工程只是城市地下空间利用其中的一项内容。据西安规划局副总规划师孙浩介绍，地下空间的主要利用形式有：

①地下交通设施。这是缓解地面交通拥挤的有效途径。主要包括地下铁道、地下公路、地下人行过街道、地下车库等。

②地下公共活动中心。可缓解地面公共设施不足的矛盾，有利于保持城市景观的完整性。主要包括各类地下娱乐设施、地下商业设施、地下文教设施等。

③地下人防体系。此项建设遵循"平战结合"原则，平时综合利用，战时体现防御功能。

④其他地下设施。主要有地下工厂、地下仓库、地下资源供应设施、地下管线等。

当今发达国家已把对地下空间开发利用，作为解决城市人口、环境、资源三大难题的重要措施，是医治"城市综合症"，实施城市可持续发展的重要途径。曾有13朝建都史的西安，具有特殊的地域优势，加上经济的快速发展，目前城市地下空间利用状况与国内外许多城市相比，其建设速度、规模、形式、管理还远远不够。

目前，西安地下空间设施主要分布在城市商业中心和部分经济开发区，如钟楼商业圈、小寨商业圈、火车站、西高新开发区、北郊经济开发区等，以及点式分散在商住楼地下层、酒店、娱乐设施和一些餐馆地下层等。

据人防办原工程处李彦儒处长介绍，城市地下空间利用工程包括单建式工程和附建式工程，西安的单建工程少，附建工程多。像钟楼世纪金花地下商城、小寨好又多地下商城这样的单建工程太少了，且规模小，目前西安还缺少比较有规模的地下街、地下快速路；高层建筑的地下利用属于附建式工程，主要用于地下停车场和仓库，地下公共活动中心少；并且地下楼少，多是单层，其利用率也不高，宾馆饭店地下室的利用率在70%，商业建筑地下利用率为65%，地下车库利用率仅40%左右。

2011年，西安地铁2号线建成使用。目前全国已经有10个城市的轨道交通在运营。北京、上海、广州、深圳、南京正在大规模建设地下交通体系，成都、重庆等城市地铁建设速度远比西安要快。

除了地铁的大规模建设外，许多大城市还开发了大型的地下综合体。如大连总建筑面积12万平方米的"不夜城"，地下商业部分3层，停车部分5层；北京的东方广场，因地面高度受限，地下开发了4层，共30余万平方米，占总建筑面积的20%。值得注意的是，有些城市在重点再开发地区，开始实行地下空间大规模的整体开发，即在地下建立动、静态交通体系，并将各种城市公用设施归入多功能公用隧道，即"城市共同沟"，使地面上保持安静、优良的环境。例如北京市的中关村西区和东部的中心商务区都采取了这种再开发方式。西安市在唐延路开始建设大型地下商业设施，以增加地下综合体的建设。

依据我国目前的法律，地下空间的产权问题属于法律盲点，地下空间的使用权转让和收益尚缺少法律依据，投资商和开发商无法明确获得地下空间的产权。因此，为鼓励民间投资，采取"谁投资，谁使用，谁受益"的开发原则，减免了一定的税费、水费和电费。但地下开发成本高，工期长，建设一层相当于地上三层的费用，并且回报周期长，如果没有产权，政府管理、鼓励政策不积极落实，就难以吸引开发商的大批投资。

3. 应尽快做好城市总体规划。现代城市空间发展的方向之一是向地下延伸。作为一种资源，开发城市地下空间，如果缺乏统一长远的科学规划，没有科学性、超前性、协调性的管理政策，就会影响到整个城市的未来发展。

交通问题的研究专家——长安大学周维新教授说：城市地下空间是城市发展到一定阶段必然要考虑和面对的问题，它是人类解决城市交通、环境、防灾、景观、仓储和可持续发展等问题的最有效途径之一。地下空间一经建成后，对其再度改造与改建的难度是相当大的，不可能恢复原样，因此它的建设必须有个长远的科学的整体规划，以提高城市用地效率，减少城市灾害损失，实现城市的安全可持续发展。

据西安规划局副局长惠西鲁介绍，在西安市第四轮城市规划修编中，西安城市地下空间开发已经列入了城市建设总体规划的一部分，关于城市地

下空间利用的总体规划目前还没有。但开发地下空间已经列入规划纲要，专家们已经提出了有序开发陕西主要城市地下空间的基本思路。对此，省政府决策咨询委员张仲良，对开发西安城市地下空间有如下建议：一是应该尽快制定西安城市地下空间开发总体规划，地上地下，统一规划。组织编制西安及关中城市群的轨道交通（地铁、轻轨、城际铁路）发展规划。二是加速地铁、轻轨和城市铁路建设。三是地下城的开发建设是节约利用城市土地资源和保护古城西安的有效途径。应把南门广场地下空间的开发利用和地铁建设作为西安开发利用地下空间的示范工程，尽快组织对南门广场地下空间进行规划、设计、开发利用，建南门地下城、南门地铁站、地下停车场、地下人形通道；建设从文昌门、南门到朱雀门这一段的地下快速路。如今，在西安高楼鳞次栉比的主要区域，如钟楼商业圈、小寨商业圈、西高新开发区、北郊经济开发区、长安路上的高科广场、枫叶新都市、香舍丽榭、国际商务中心、经发国际大厦、泛美大厦、成城大厦、太平洋大厦、国际展览中心等都开发了规模较大的地下停车场，总面积都在几千平方米，甚至上万平方米。

第二十二节　控制人口　均衡发展

我国古代，秦代只有0.2亿人，西汉近0.6亿人，唐代只有0.53亿人，明代也只有0.6亿人，到清末达到4.1亿人，民国4.5亿人，解放后至今已达13亿人口，成为世界第一人口大国，土地、水源、粮食、木材、钢铁、石油、煤炭等资源消耗，不堪负重，也是造成贫困的主要原因。现在虽然是世界第二经济强国，但按人均排位却在90位以后。所以搞好计划生育，控制人口，成为基本国策。

一、西安市计划生育工作取得显著成绩

1. 计划生育，控制人口成效显著。西安市从1970年推行计划生育以来，人口发展发生了显著的变化。主要成绩有：一是人口再生产类型实现了历史

性转变，妇女生育率降到更替水平以下，低于全省、全国水平，并保持持续稳定。人口过快增长势头得到有效控制，人口出生率、自然增长率分别由1970年的26.97‰和21.66‰下降到2011年的9.51‰和4.82‰。人口对经济、社会、资源、环境压力沉重的局面得到有效缓解，创造了较长的"人口红利"期。计划生育全面推行以来，西安市少生了277万人，为家庭和社会节约抚养费2770亿元。少生人口所带来的人口抚养比的下降，有利于积累社会财富，提升人力资本和降低劳动力成本，创造了劳动力丰富、人口抚养比低的黄金时期，促进了经济可持续发展和社会的全面进步，推动了群众生活由贫困到温饱再到总体小康的飞跃。

2. 继续努力解决人口出生性别比偏高问题。在我国几千年封建统治下，男尊女卑，重男轻女的传统习俗和理念在农村特别根深蒂固，常常发生女性弃婴，甚至溺死的情况，造成男女比例失调。根据人口普查，西安市常住人口男性为4340804人，占总人口的51.26%，女性人口4127033人，占48.74%，形成男多女少的形态。为此，要大力开展"关爱女孩行动"和"婚育新风进万家"活动，引导群众改变生育观念，建立健全对女孩家庭利益导向机制和社会保障体系，遏制男女比例失调问题。

3. 大力推行计划生育优惠政策。认真落实计划生育奖励扶助政策，以及在扶贫开发、新型农村合作医疗、安居工程、林权制度改革、农村危房改造等方面的政策。累计全市免除12.6万户（38.6万人）计划生育新合作医疗费3120万元，10714人获得计划生育奖励扶助，1.1万名计划生育家庭，女孩享受中考降分投档政策，1400多人获得教育资助，办理计划生育保险134万份。城市独生子女父母每人每月106元补助金的发放。

4. 加强领导是搞好计划生育的关键。坚决落实"三个一"领导机制，严格执行目标管理责任制，完善党政线、部门线、人口计生线"三条线"考核机制，落实"一票否决"制度。另外加大计划生育的投资力度，确保工作正常开展。全市13个县（区）获得"省优"先进称号，8个县（区）为"国优"单位。126个乡镇服务实现了标准化、规范化。累计计生免费检查164万人次，实施一般性治疗73万人次，实行计划生育手术19.8万例，免费发放药具20

余种1000万盒，为群众提供咨询服务25万人次。

二、西安市人口基本情况：

根据《全国人口普查条例》和国务院的决定，我国以2010年11月1日零时为标准时点，进行了第六次全国人口普查。在国务院、陕西省、西安市委市政府的统一领导下，在全体普查对象的支持配合下，通过广大普查工作人员的艰苦努力，圆满完成了人口普查任务。

1. 全市常住人口：全市常住人口为8467837人，同第五次全国人口普查2000年11月1日零时的7411411人相比，十年共增加1056426人，增长14.25%，年平均增长率为1.34%。

2. 家庭户人口：全市常住人口中，共有家庭户2504155户，家庭户人口为7396064人，平均每个家庭户的人口为2.95人，比2000年第五次全国人口普查的3.40人减少0.45人。

3. 性别构成：全市常住人口中，男性人口为4340804人，占51.26%；女性人口为4127033人，占48.74%。总人口性别比（以女性为100，男性对女性的比例）由2000年等五次全国人口普查的108.51下降为105.18。

4. 年龄构成：全市常住人口中，0—14岁人口1091263人，占12.89%；15—64岁人口为6660212人，占78.65%；65岁及以上人口为716362人，占8.46%。同2000年第五次人口普查相比，0—14岁人比重下降9.38个百分点，15—64岁人口的比重上升7.39个百分点，65岁及以上人口的比重上升1.99个百分点。

表7　　西安市人口分布表

地区	人口数（人）	比重%	
		2000年	2010年
全市合计	8467837	100	100
新城区	589739	7.24	6.96
碑林区	614710	9.60	7.26
莲湖区	698513	8.68	8.25
灞桥区	595124	6.80	7.03
未央区	806811	6.33	9.53
雁塔区	1178529	10.93	13.92
阎良区	278604	3.24	3.29
临潼区	655874	8.79	7.74
长安区	1083285	11.87	12.79
蓝田县	514026	7.70	6.07
周至县	562768	8.21	6.65
户　县	556377	7.56	6.57
高陵县	333477	3.05	3.94

三、西安人口素质不断提高：

人口文化素质不断提高。人口素质的高低关系着一个国家社会经济发展的进程。改革开放以来，西安市坚持了高教、普教、师范、成教、中专、职业、中技、学前和特殊教育等高层次迈进。西安市已于1996年在全省率先实现了"两基"（基本普及壮年非文盲率达到99.8%。基本扫除了青壮年文盲）。截止2007年末，西安平均受教育年限9.63年，分别比2000年提高3.0个百分点和0.4年。

全市常住人口，具有大学（指大专以上）文化程度的人口为1863345人；具有高中（含中专）文化程度的人口为1749630人；具有初中文化程度的人口3020395人；只有小学文化程度的人口为1239380人（以上各种受教育程度的人包括各类学校的毕业生、肄业生和在校生）。

同2000年第五次全国人口普查相比，每10万人上具有大学文化程度的由11149人上升为22005人；具有高中文化程度的由19145人上升为20662人；具有初中文化程度的由35253人上升为35669人；具有小学文化程度的由23602人降为14636人。

全市常住人口中，文盲人口（15岁及以上不识字的人）为135851人，同2000年第五次全国人口普查相比，文盲人口减少127174人，文盲率由3.55%下降为1.60%，下降1.95个百分点。

四、西安市老龄化日趋严重

根据联合国教科文组织的定义，老龄化是指一个国家或一个地区的60岁以上人口占该国或地区人口总数的10%或以上，或者65岁以上的人口占该地人口总数的7%以上。本文对西安市人口老龄化探讨选用前一标准。西安市人口老龄化的基本特征如下：

1. **西安市已进入老龄城市行列**。2000年西安市60岁老年人口已达74.39万人，2006年60岁老年人已达108.2万人，预计西安市2030年老年将达120万人口。

2. **西安市人口老龄化程度高于全省平均水平**。1982年—1990年，陕西省老年人口增长1.97%，低于西安市1.13个百分点；1990—2000年，陕西省老年人口年均增长3.1%，低于西安市1.18个百分点。2000年陕西省老年系数为9.46%，比西安市低0.7个百分点。由此可见，西安市人口老龄化程度较全省更高。

3. **西安市人口高龄化趋势明显**。在西安人口年龄结构趋于老化的同时，老年人口趋向高龄化发展。1982年、1990年和2000年西安市高龄老年人口分别为每百万人口中1.34万人、2.92万、5.58万人，高龄老年人口在老年人中的比例明显上升，分别是3.43%、5.96%、7.49%。

4. **老年人口性别比随年龄增长呈下降趋势**。老年人口中女多男少，并且随年龄增大越来越明显。1990年普查数据中低龄老年人口性别比分别为108.70，中龄老年人口为97.61，高龄老年人口性别比为65.18；2000年西安市老年人口中60—64、65—69、74、75—79、80—84、85—89、90—94、95—99、100岁及以上人口性别比分别为：92.6、98.28、103.77、90.23、78.92、67.82、50.39、48.94、23.08，总体呈下降趋势。

五、如何解决老龄化问题

根据中国人口普查资料显示，西安市1964年、1982年、1990年、2008年的老年抚养比分别为：5.74%、6.82%、7.55%、9.08%，可以看出老年抚养比在以平均16.59%的速度增长。这将会使西安市在业者承受的经济负担加重，也就是说，老年抚养比不断加大的同时，也加重了西安市在岗职工的负担系数，使我国养老负担不断加重，直接关系到养老保险基金的平衡。世界各国养老保险基本模式是：

1. 投保资助型的养老保险模式。这种模式是企业、个人投保占主要部分，国家承担补贴或资助。在这种制度下，工薪劳动者和未在职的普通公民，都属于社会保险的参加者和受保对象；在职的企业雇员必须按工资的一定比例定期向社会保险机构缴纳一定的养老保险费，作为参加养老保险所履行的义务，才有资格享受社会保险；企业或雇主也必须按企业工资总额的一定比例定期缴纳保险费。这些规定都是强制性的，必须依法执行。

2. 福利国家的养老保险模式。它是指在实行与职业相关联的养老金的同时还实行普遍养老计划，从而达到高水平养老保障的养老金体制。它的资金主要来源于国家财政，政府将税收收入通过转移支付的方式向普遍养老金供款。代表国家有英国、北欧国家以及英联邦国家。

3. 雇主雇员投保的养老模式。这是一种强制储蓄的模式，在这种保险制度下的保险基金来源于雇主和雇员两个方面，国家不进行直接的投入，只是给予税收和利率上的政策性资助。目前世界上只有少数亚、非发展中国家实行这一制度。

4. 个人投保的私人公司运营的养老模式。在这种模式下，养老金资金来源于雇员的投保，别无其他途径。由于采取明确缴费制度，养老金的数量完全依靠个人的投保额和个人账户的增值部分。养老金由私有或民营的养老基金公司管理运作，这些公司以市场竞争的方式争取投保人。国家的作用已经从直接提供养老保障转到制定法规、监督和某种和度上对私有化养老金制度的担保上。

5. 国家统筹的保险模式。工薪劳动者在年老丧失劳动能力后，均可享受

国家法定的社会保险待遇，但国家不向劳动者本人征收任何老年保险费，老年保险所需要的全部资金，都来自国家的财政拨款，或者说都纳入政府的财政预算。但是随着社会经济的发展和人口老龄化的加快，特别是社会主义市场经济体制的确立，国家统筹式养老保险制度暴露出许多弊端。

今后应不断完善人口老龄化的养老保险对策：

（1）解决资金供给问题

①弥补制度缺陷、减少养老金支出需求。作为地方政府一级的西安市政府，应当严格控制提前退休，尽量少出台或不出台提高退休人员待遇的政策，以消除人为故意因素造成的养老金支出压力，降低企业缴费率。

②按照社会统筹与个人账户分离的原则，考虑做实个人账户。个人账户资金在个人生命周期内实现再分配，不受人口老龄化的影响。做实个人账户是保证养老保险事业正常、合理运转的根本，西安市政府目前应着手制度上的考虑和计划。

③做好养老保险基金的运作，提高基金回报率。

（2）完善养老费收缴制度

①加快养老保险法制建设。必须在现行法律法规的基础上，加快立法进程，进一步规范国家、集体、个人三者利益关系，变养老保险行政管理为法制管理。

②加快信息管理系统建设。建立统一、高效的信息管理系统是完善社会保障体系的重要内容。

（3）抑制提前退休问题。根据我国的实际，延长退休年龄可采取弹性的、过渡的措施，先取消特殊工种的提前退休。职工从事特殊工种的从劳动报酬中予以补偿：降低企业缴费率，以收节支为完善养老保险制度应对人口老龄化压力而争取时间。

第二十三节 规划建设 国际都会

2009年，国务院颁布《关中——天水经济区发展规划》明确提出，要建设以西安为中心的统筹科技资源改革示范基地，为建设创新型国家探索新路径。还将西安定位为建设具有历史文化特色的国际化大都市，这是继北京、上海之后，第三个在国家战略层面提出建设国际化大都市的城市。2011年10月，科技部批准西安市为"首批现代服务业创新发展示范城市"，创建国家级文化与科技融合示范基地成为西安推进示范城市建设的重要内容之一。

一、城市规划，彰显汉唐雄风

西安是中国的千年古都，华夏民族的精神故乡，丝绸之路的起点，东方古都的典型代表。西安历史文化遗产浓缩了中华文明的精华，体现了古代东方的先进文化，见证了东西方文明相互交融和碰撞的历史。西安与罗马，以及开罗、雅典并称世界四大古都，是人类历史不可缺少的重要组成部分和人类共同的宝贵财富。

唐长安城是当时世界上最大的都城，堪称国际化的大都市，规模宏大，设计周详，布局井然，天人合一。一条南北中轴线纵贯全城，东西两市左右均衡对称，108坊里排列如棋局，是中国里坊制封闭式城市的典型。展示出盛唐开阔、明朗、辉煌、洒脱、包容的格调，如日之升，光照大地。直至今日，西安依旧城墙厚重，城郭方正，街巷笔直，有如汉字。

中轴线讲究对称和风水，中轴线上的建筑追求"倚山向阳、山水环绕"的风水建筑布局。

历史遗存是祖先对西安人最恩宠的赐予，是现代城市规划建设的宝贵财富和文化营养。正是由于古人对城市规划的高度重视与匠心独运，才为我们留下了这样一座伟大的城市。历史是城市的根，文化是城市的魂。在这里，讲历史文化不得不提的是长安文化。长安文化具有与中华文明起源的一致性、完整性和持续性，特别是以史前、周、秦、汉、唐文化为代表的文化体系，已经成为中华文化的象征和核心。反观西安历史上的城市建设，无不和

长安文化存在密切关系——文化渗透、文化传承、文化复兴始终在影响着我们近现代的城市建设。

1. 西安城市规划的历程。第一轮总规即《西安城市总体规划（1953—1972）》目的在于恢复生产、加快建设。确立了东、西郊工业区，南郊文教区，北郊为保护用地的发展方向，规划了城市基本路网骨架，沿袭了长安城棋盘路网和轴线对称的基本格局。城市性质为"以轻型精密机械制造和纺织为主的工业城市"。城市规模为：中心市区面积131平方公里，1957年人口100万，到1972年人口达到120万。

第二轮总规即《西安城市总体规划（1980—2000）》是在国家发展战略调整后城市经济大发展的历史背景中做出的，该《规划》率先在全国提出了历史文化名城保护课题，使得城市规划在城市空间整体结构调整中对历史文化城市的保护手段得到充分体现。城市性质为"西安将建设成为一座保持古城风貌，以轻纺、机械工业为主，科学、文教、旅游事业发达的社会主义现代化城市"。城市规模为：中心市区面积162平方公里，人口180万。

第三轮总规即《西安城市总体规划（1995—2010）》将单核心空间发展模式调整为"中心集团、外围组团、轴向布点、带状发展"的空间发展战略思想，为调整城市空间结构，优化资源配置，达到整体协调发展，发挥指导作用。城市性质："西安是世界闻名的历史名城，我国重要的科研、高等教育及高新技术产业基地，北方中西部地区和陇海兰新地带规模最大的中心城市，陕西省省会"。规划的城市规模为：用地275平方公里，其中中心市区面积175平方公里，到2010年规划人口达310万。

第四轮总规即《西安城市总体规划（2008—2020）》是在西部大开发战略及构建和谐社会的背景下编制的，规划在全面落实科学发展观的同时，以加强西安中心城市的辐射带动作用、提升古城战略地位为出发点，立足于建设"人文西安、活力西安、和谐西安"，突出了五大特点：城乡发展一体化、城市特色更加鲜明、资源配置科学合理、配套设施安全高效、人居环境舒适宜人。到2020年，城市建设用地规模控制在490平方公里以内。

2. 历次总规所传承的城市特色。这四次城市规划在正确引导城市建设、促进经济发展的同时，充分延续历史文脉，挖掘西安地域特色，形成了西安所固有的城市特色，即：古代文明与现代文明交相辉映，老城区与新城区各展风采，人文资源与生态资源相互依托。具体体现为：

（1）九宫格局，棋盘路网。"九宫格局"即在市域范围内形成虚实相间的大九宫格局，在主城区范围内形成功能各异的小九宫格局，每一宫格的定位不同，功能不同，便于操作。"棋盘路网"即市区道路网继承唐长安棋盘式格局，外围功能区结构也以棋盘路网为特色，形成明显的区级中心。这种城市空间布局从根本上保护和发展了城市特色，亦在城市哲学上体现了历史连续性。

（2）新旧分治，传承文脉。历次城市总体规划中始终将历史文化名城的保护放在首位，以城市协调发展为目标，坚持保护优先，开发有序的原则，我们在规划中提出"新旧分治"的规划理念，在老城启动"唐皇城复兴"计划，旨在重现盛唐长安空间意象，复兴盛唐长安城市精神，加强对大遗址、各类遗产、秦岭等历史文化资源及生态资源的保护，重点保护传统空间格局与风貌，体现西安古都特色。

（3）八水绕城，天人合一。山、水、田、塬形成了西安独特的地质地貌特色。历次城市总体规划中坚持生态优先原则，在西安市域内形成以南部秦岭山地生态环境建设保护区、渭河流域湿地生态环境建设保护区为主体，逐步恢复"八水润长安"盛景，同时妥善处理城市建设与生态环境保护的关系，以山、林、塬为骨架，以风景名胜区、遗址保护区、自然保护区为重点，以河流、交通廊道沿线绿色通道为脉络的生态体系，提高生态环境质量，走生态建设的复兴之路。

（4）传统意象，汉唐精神。灿烂辉煌的长安文化，以兼容并蓄的恢宏气魄吸收了来自各国的文化精华。在科学技术、文学史地、绘画雕塑、音乐舞蹈、书法艺术和佛学研究等诸多方面都达到前所未有的高度。在文化体系规划中，以城市文化复兴为起点，以点、线、面结合的形式，采用汉、唐王朝灿烂辉煌文化为主题的创意，以表现繁荣、统一、开放的主题，形成一个具有西安地方特色的由文化体系组成的城市诗篇。

二、迈向国际化大都市，阔步前进

1. 大西安总体规划——西安重返世界的最好机会。2009年6月，在全球金融危机和西部大开发10周年之际，国务院正式批复了《关中—天水经济区发展规划》，规划提出将经济区打造为西部大开发的战略高地，成为带动整个西部的重要增长极。同时，规划明确提出了建设大西安，带动大关中，引领大西北的发展思路。这是党中央、国务院对西安建设的一大举措，也是西安未来发展难得的一次历史机遇。北京市建筑设计院的朱小地院长说："这将是西安最后一次重返国际历史舞台的机会"。这一规划的实施，无疑是西部地区乃至中国经济发展的重大动向，标志着关中——天水经济区将被提升到全国的战略层面上进一步加以推进。

在深入分析研究《关中——天水经济区发展规划》的基础上，在对建国以来西安城市建设进行重新审视的基础上，我们认为：要实施这一规划，必须要着力推动关中——天水经济区的核心城市即西安（咸阳）大都市的发展，"大西安"的率先发展将对西北、西部乃至北方内陆地区具有十分重要的现实意义和深远的历史意义。

2. 大西安规划主要内容。

（1）发展目标。结合国家发展政策以及区域的发展背景，大西安的发展目标的突破点立足于转型，即通过区域转型、引导产业转型、引导文化转型、引导人居转型、引导城乡转型，加快城市发展。

（2）城市性质。大西安是国际一流旅游目的地、国家重要的科技研发中心、全国重要的高新技术产业和先进制造业基地，以及区域性商贸物流会展中心、区域性金融中心，将逐步建设成为国家中心城市之一、富有东方历史人文特色的国际化大都市、世界文化之都。

（3）城市规模。大西安范围包括西安市整个行政辖区、渭南市富平县城、咸阳市秦都、渭城、泾阳、三原。至规划期末，建设用地共1329平方公里，总人口1250万人。

主城区范围北至泾阳、高陵北交界，南至潏河，西至涝河入渭口及秦都、兴平交界，东至灞桥区东界。至规划期末，建设用地共850平方公里，总人口850万人。

（4）市域规划：

①空间格局——组团式、多中心。一个核心城市：大西安主城区。三个副中心城市：做大做强阎良、临潼、户县，以特色主导产业打造50—60万人口规模的副中心城市。八个新城：包括周至、蓝田、高陵、泾阳、三原、富平、常宁、洪庆等，以建设10—15万人口规模的新城。

发展方向：以"陇海经济发展带""省域经济增长轴"为依托的发展导向。

②交通网络结构——棋盘路网、米字辐射。

城市交通实施公交优先战略和交通一体化战略，支持城市多心化，分散老城区交通压力，形成"棋盘路网"加"米字辐射"的形式。核心城区形成"两轴、三环、一高、一绕、六纵、七横、八射线加旅游环线"的道路网格局。

（5）主城区规划：

①发展方向。根据城市发展现状及布局原则，以渭河生态带为串联，形成"中优、东进（拓）、西接、北跨、南融"的发展格局。

中优：以91平方公里唐皇城为基础的商贸、旅游综合区，凸现城市特色；

东进：以建设阎良国家航天城及临潼国际旅游城市为契机；

西接：通过西咸一体化共建东咸阳北塬新城、渭河南城和沣镐人文生态区，实现两市对接。进一步保护好周、秦、汉、唐遗址，完善城市空间结构；

北跨：以泾渭新城及空港新城带动城市空间向北跨越渭河，在渭河北岸形成全国先进制造业基地及多功能的机场城市；

南融：控制城市建设用地向南拓展，加强生态建设，使南部秦岭的生态格局融入城市发展中。

②规划空间格局——一心八区、组团发展。以组团发展为模式，以绿化廊道、交通为网络，分割形成"一心、八区"的主导产业、职能产业综合体，完善城市发展格局的需求。

一心：大西安"中心区"。八区：沣渭新区、泾渭新区、浐灞新区、澺滈新区、空港区、高新区、物流区、养生区。

③规划功能结构——"一河三带、两主轴、四次轴"：

一河：渭河生态带；三带：秦岭绿脉生态风光带；北塬绿脉帝陵风光带；综合经济发展带；两主轴：南北向大都市主轴；东西向大都市主轴；四次轴：沣河城市发展轴、浐灞城市发展轴、秦汉大道城市发展轴、商贸大道城市发展轴。

④主城区交通网络。西安都市区要建设以轨道交通为骨干、常规公交为基础、出租车为补充的公共交通系统，加强中心城与郊区的公交联系，满足市郊通行和生活出行需要。

⑤产业片区结构。以优势产业及城市历史人文特色为优势，以经济政策为导向，以主城区为核心，逐步形成具有集聚规模的主导产业片区，大力发展文化旅游产业、服务业、物流产业、装备制造产业、高新技术产业等。将主城区着力打造成为全国统筹科技资源改革示范基地，全国先进制造业重要基地，彰显华夏文明的历史文化基地。

3. 大西安规划特点——继往开来、传承与发扬城市的特色。

（1）传承传统特色，重塑古都风采。针对城市整体的历史文化价值日趋衰落的情况，在本次大西安规划中，我们注重对城市传统特色的继承和延续，将城市传统特色的继承发扬作为一项重要课题去研究，在弘扬优秀传统文化、振兴民族文化精神的基础上，适应城市现代化发展的需求，统筹考虑大西安的发展战略、总体布局、城市设计等方面，将保护与建设统一，继承与发展统一，使西安焕发新的生命力。

（2）发扬城市优势、迈向国际化：西安的国际化之路要从产业经济、社会环境以及城市特色方面入手，将其打造为引领西安走向世界的最重要的优势和核心竞争力。

①强化大西安产业实力，拉动经济快速发展。坚持总量扩张战略，实现西安跨越式发展，整合优势资源，明晰重点产业，优化产业布局，完善支持政策，构建以高技术为支撑的门类齐全、产业链完整的现代产业体系。通过5—

10年的努力，把西安建成世界知名的科技创新城市，中国最大的航空航天高技术产业基地、西部重要的汽车研发中心和生产基地、技术领先的电子信息产业基地和国际一流旅游目的地城市，全面提升西安的竞争力、创新力和发展力。

　　②构建和谐的社会环境，建设宜居城市。完善大西安各项基础设施：未来西安将构筑以航空、铁路、高速公路为骨架的综合交通运输网络，形成面向国际的中国西部航空枢纽、国内重要的公路枢纽和铁路交通枢纽、西部最大的物流中心。同时在城市交通方面，建立以轨道交通、普通公共交通为主，多种交通方式相结合的城市综合交通系统。基础设施方面，综合部署各项市政公用设施，建成安全、高效的现代化市政基础设施体系，为西安城乡经济社会可持续发展提供支撑和保障。

　　4. 未来的愿景——建设特色西安、活力西安、幸福西安、生态西安、美丽西安、人文西安、和谐西安。 在未来，我们按照"继往开来"的思路，"一张蓝图干到底"，始终坚持延续城市发展的传统，强调文物保护与城市建设的和谐共生，强化城市生态与自然生态的桥梁，进一步突出市民的幸福指数，传承历史文化，彰显华夏文明，将大西安逐步建设成为世界城市之文化之都。

　　（1）提升城市核心竞争力，建设特色西安。西安是一座历史文化名城，在城市化发展进程中，如何把西安塑造成为一座特色鲜明的城市，不仅是城市发展的战略选择，同时也是西安走向世界最重要的优势和核心竞争力。

　　（2）完善城市功能，建设活力西安：城市的可持续发展，很大程度取决于城市的功能设施完善和产业布局。如何在城市快速发展的背景下，完善城市功能结构，增强城市的可持续发展能力，我们结合西安自身特点，突出发展五大产业，逐步建立了完善的基础设施体系，为城市的可持续发展提供支撑。在未来大西安建设中，首先要拓展城市规模，发挥核心引领作用；其次要优化整合现有产业聚集区，促进区域经济发展。第三要加强区域交通，构建完善的交通网络系统；第四综合部署供水、排水、能源、水利、环保、防灾等市政公用设施，建成安全、高效的现代化市政基础设施体系，为西安城

乡经济社会可持续发展提供支撑和保障。

（3）突出改善民生，建设幸福西安。2009年，西安被评为全国最具幸福感的城市，未来西安将进一步结合旧区改造与新区开发，在城市外围新区建设配套设施完善的大型居住片区，逐渐引导中心城区30万人口向外迁移。为解决中低收入阶层住房问题，西安结合城中村、棚户区改造，加快廉租住房、经济适用住房建设；同时合理安排民众必需的教育、医疗、交通、绿化、休闲等必要的公共空间，建立覆盖城乡的公共服务设施体系。

（4）注重生态保护，建设生态西安。2010年2月9日，西安已经成功地成为国家级园林城市。在未来大西安建设中：一方面要构筑山水城市格局，构建具有本土特色的生态人居城市。另一方面，建设低碳城市，促进城市可持续发展，依托特色优势，确立高新技术、装备制造、现代服务等符合低碳经济发展要求的主导产业体系，未来要在发展低碳经济方面走在西部前列。

（5）保护历史遗存，建设人文西安。我们的目标是要把西安建设成为世界城市之文化之都，首先在历史遗存方面，西安应成为中国历代文化的博物馆、教科书，继续严格执行老（明）城保护为主的城区历史名城保护带，以隋唐长安的历史环境为主的中部历史地貌河湖水系保护带，以周丰镐、秦阿房宫、汉长安城、唐大明宫等四大遗址及古代帝王陵墓形成的古遗址、古陵墓保护带，秦岭山地森林、水系和人文资源为主的南部自然和人文保护带等"四带保护"思路，妥善处理好城市建设与这些历史文化资源的关系；其次在精神文化方面，西安应成为中华文化、哲学思想和民族精神的百科辞书，要注重传承这种精神，并赋予时代气息。

（6）推动城乡统筹，建设和谐西安。通过规划建设具有西安特色的城乡发展模式，带动整个区域统筹协调发展。一是围绕大西安规划都市圈，做大做强周边城镇，按照"东进、北跨、西接、南融"思路，拉大城市骨架，重点发展各组团、卫星新城，做大做强周边城镇。二是以重点镇建设为抓手，按照"居住向城镇集中、工业向园区集中、产业向规模经济集中"的原则，打造一批重点镇，强化典型带动作用。统筹规划，协调发展。

古都西安已成为历史的记忆，但我们按照继往开来的思路，在今日取得的成绩，大家有目共睹，来之不易。如今我们又提出了大西安的规划，要将明日的西安建设为一个特色鲜明的国际化大都市，我们每个西安人都应该有饱满的热情，发自内心地去热爱这座城市，呵护这座城市，让西安的城市特色更加鲜明，让西安的文化走向世界，引领世界，为世界城市之文化之都的发展目标而奋斗。

⊙第四章
西安生态文明建设的启示

地球作为人类生存和发展的活动场所，随着人类的工业化、城市化和人口骤增的压力，正在失去生态平衡，环境的破坏和污染日益国际化和全球化，给人类生存和发展造成巨大的威胁。所以我们在享受地球丰富的自然资源和优美环境的同时，必须重视对地球的保护，保持自然界的生态平衡，免受破坏和污染，为建立生存和发展的良好环境，为缔造现代文明而努力，这是人类共同利益所在，也是人类面临的共同责任。

2007年党的十七大报告提出："要建设生态文明，基本形成节约能源资源和保护生态环境的产业结构、增长方式、消费模式。""经天纬地"意为改造自然，属物质文明；"照临四方"意为驱走愚昧，属精神文明。

生态文明的崛起是一场涉及生产方式、生活方式和价值观念的世界性革命，是不可逆转的世界潮流，是人类社会继农业文明、工业文明后进行的一次新选择。

生态文明观的核心是"人与自然协调发展"。生态文明的含义可以从广义和狭义两个角度来理解。从广义角度来看，生态文明是人类社会继原始文明、农业文明、工业文明后的新型文明形态。它以人与自然协调发展作为准则，建立健康有序的生态机制，实现经济、社会、自然环境的可持续发展。这种文明形态表现在物质、精神、政治等各个领域，体现人类取得的物质、精神、制度成果的总和。从狭义角度来看，生态文明是于物质文明、政治文

明和精神文明相并论的现实文明形式之一，着重强调人类处理与自然关系时所达到的文明程度。

生态文明观的核心是从"人统治自然"过渡到"人与自然协调发展"。在政治制度方面，环境问题进入政治结构、法律体系，成为社会的中心议题之一，在物质形态方面，创造了新的物质形式。改造传统的物质生产领域，形成新的产业体系，如循环经济、绿色产业；在精神领域，创造生态文化形式，包括环境教育、环境科技、环境伦理，提高环保意识。

生态文明与其他文明形态关系十分密切。一方面，社会主义的物质文明、政治文明和精神文明离不开社会主义的生态文明。没有良好的生态条件，人类既不可能有高度的物质享受，也不可能有高度的政治享受和精神享受。没有生态安全，人类自身就会陷入最深刻的生存危机。从这个意义上说，生态文明就是物质文明、政治文明和精神文明的基础和前提，没有生态文明，就不可能有高度发达的物质文明、政治文明和精神文明。

另一方面，人类自身作为建设生态文明的主体，必须将生态文明的内容和要求内在地体现在人类的法律制度、思想意识、生活方式和行为方式中，并以此作为衡量人类文明程度的一个基本标尺，也就是说，建设社会主义的物质文明，内在地要求社会经济与自然生态的平衡发展和可持续发展；建设社会主义的政治文明，内在地包含着保护生态、实现人与自然和谐相处的制度安排和政策法规；建设社会主义的精神文明，内在地包含着环境保护和生态平衡的思想观念和精神追求。建设生态文明必须以科学发展观为指导，从思想意识上实现三大转变：必须从传统的"向自然宣战""征服自然"等理念，向树立"人与自然和谐相处"的理念转变；必须从粗放型的以过度消耗资源破坏环境为代价的增长模式向增强可持续发展能力、实现经济社会又好又快发展的模式转变；必须从把增长简单地等同于发展的观念、重物轻人的发展观念向以人的全面发展为核心的发展理念转变。

第一节 生态文明是缔造千年古都和中华文明的前提

西安其所以成为13朝古都和中国古老文明发祥地，其根本原因是西安古代有着良好的生态文明环境的支撑。相反陕北西夏王都统万城因土地沙化湮没，陕南平利老县城因洪水而废弃，同样新疆的楼兰古城因水源枯竭而毁灭，河南宋城开封因黄河泥沙而重建，江苏泗州城因洪水埋于地下，说明一个城市失去生态文明的保障，社会文明便毁于一旦。

西安古代生态文明为古都文明奠定了良好的基础。

一、秦岭横亘，森林茂密。高大雄伟的秦岭是西安的屏障，茂密的森林，成为水源涵养之地，天然氧吧之所，林特所产之依，矿产沙石之藏，温泉疗养之地，佛寺僧院之中心。

二、八水环绕，水源充沛。西安周围的泾、渭、浐、灞、沣、滈、涝、潏八条河流环绕，水量充沛，为西安的农业灌溉、城市供水、运河航运、渔业养殖、水景建设，提供了丰富的水源。

三、水利发达，城乡供水。利用八水有利条件，先后建成郑国渠、白渠、三白渠、沣惠、涝惠、黑惠渠以及城市供水的昆明池，唐代长安城的龙首渠、清明渠、永安渠，开拓了关中运河——西安漕渠，一直延续到唐代。

四、关中平原，物产丰饶。关中平原，地势平坦，土地肥沃，气候温和，山林川谷美，天材之利多，盛产麦稻杂粮、瓜果蔬菜、牛马驴骡。在汉朝长安人口占全国30%，而财富占全国的60%。

五、关寨雄险、固若金汤。关中平原，东有黄河之险，南有秦岭之固，东有函谷关，南有武关；西有大散关，北有肖关，四塞险固，一夫当关，万夫莫开，有良好的军事战略地位。

六、水陆交通，四通八达。水路有西汉漕渠、隋代的广济渠、唐代的兴成渠。陆路秦代驰道、武关道、陈仓道、子午道和通内蒙古的直道，汉代有丝绸之路，唐代设置了勾通全国的驿道。

七、汉唐长安，国际都会。唐长安城面积84平方公里，由于丝绸之路的

开拓，长安成为国际都会。隋唐长安城东西共14条大街，南北11条大街，分割成108坊，规模宏大，气势恢宏，人口超过100万，是当时世界上第一大城市。外国人口在长安居住的多达5万人，成为国际都会。

八、文化繁荣，源远流长。良好的生态环境，孕育了繁荣的文化，在这里产生了炎黄文化、西周文化、秦代文化、西汉文化、隋唐文化、宗教文化、书画文化、建筑文化和理学文化。

第二节 人类的觉醒
——生态环保意识是生态文明的基础

美国《洛杉矶时报》曾以《大地母亲生活中的一日》为题报道了世界各地一天之中发生的事情：

世界各国70%的城市居民，呼吸着不卫生的空气。至少每天有800人由于空气污染而过早死亡。

5600万吨二氧化碳排入大气层，大部分是通过使用矿物燃料和焚烧垃圾排放的。

至少15000人死于不安全的水造成的疾病，其中大部分是儿童。

12000多桶石油泄漏到世界的海洋，足以注满25个游泳池。约3800万磅垃圾被从船上丢入海中。

180平方英里的森林消失。多达140种植物、动物和其他生物灭绝，主要原因是森林和珊瑚遭到破坏。

63平方英里的土地，由于放牧过度和风蚀水冲而成为不毛之地。世界农田丧失约6600万吨表土。

为使农田生产更多的粮食，世界各地使用近40万吨化肥。

近14万辆各种新汽车加入已经行驶在世界各国公路上的5亿辆汽车的长龙。

世界上413座商用核反应堆，发电量约占世界能源消费量的5%，产生的核废料达20多吨。

世界各国军事每年开支达25亿多美元，而计划生育开支为1200万美元。

每天又有25万人出世，其中亚洲14万，非洲7.5万，拉丁美洲2.2万，其他地区1.3万。

人类的上述活动，已使地球上的动植物遭受厄运。地理学家克劳德指出，"我们再也不能把地球这颗小行星当作一个无穷无尽的舞台，当作可以为人类提供各种资源，对每一种需要都慷慨给予而没有极限的母亲了。"据国际自然保护联合会发表的红皮书资料，每天有3种动物或植物从地球上消失，今后10年，动植物灭绝率将增加到每小时3种，每天70种。到本世纪末，人类已知的动植物中将有20%彻底消失。同时，每天有300平方公里的热带雨林从地球上消失，即每年被砍伐的森林面积达11万平方公里。

联合国教科文组织东南亚办事处撰写了一个报告，警告说，如果听任全球气候大大变暖的情况发生，那么，由于干旱的加剧，单是温室效应就会导致雨林永远丧失。……森林毁坏得越多，全球气候变暖过程可能就无法制止了。华盛顿气候研究所的托平博士警告人们，随着人类活动与气候变化，海面上升的幅度将超过人们所担忧的程度，到2100年，上海、亚历山大、香港、里约热内卢、东京等大城市将被海水淹没。因此，保护地球生态环境刻不容缓。

拯救地球，治理环境，从根本上说，要增强人们的环境意识，使每个人认识到，地球环境的好坏，与人类的生存和发展息息相关。为了唤起人们对环境保护的重视，增强环保意识，国际著名人士纷纷发出呼吁：为了我们的子孙后代，救救地球。1970年在美国的发起下，把每年的4月22日定为"地球日"。自那以后，每逢4月22日，世界各地都要举行有关活动，参加人次达2亿左右。在各国人民保护地球环境活动的影响下，联合国规划署于1991年决定每年6月5日作为"世界环境日"。世界各地通过广泛的纪念活动向广大群众进行"保护环境就是保护人类自身""爱护地球，给子孙后代留下干净地球"的教育活动。

战后，当资本主义国家经济高速增长，发生环境污染等公害问题时，

人们不仅将其归之为资本主义发展的必然结果，认为它不是"公害"，而是"私害"，是资本主义私有制之害，而且盲目地认为"社会主义没有公害"。在这种思想指导下，我国采取了鼓励人口迅速增长的方针；为了解决吃饭问题，又不顾大自然的规律，对地球进行掠夺性的开发。更为严重的是盲目追求高速度。50年代在旧中国留下的工业破烂摊子上，建起了一批缺乏起码防污设施的工程，60年代中后期至70年代初受"文革"的影响，原来一些不很完备的规章制度被"砸烂"，无政府思潮泛滥，在城市中心、居民稠密区、水源地、风景游览区又建设了一批污染严重的工厂企业。这导致我国大气、水质污染严重，森林资源锐减，草原大面积退化，沙漠化急剧蔓延，水土流失日益严重。正当人们还在高谈"社会主义无公害"之时，周恩来总理已开始认识到我国环境问题的严重性，一再告诫有关负责同志，"要以世界公害为镜，看到我们自己存在的环境问题"。在他亲自推动下，1972年我国出席了在斯德哥尔摩召开的第一次世界人类环境大会。1973年我国召开了第一次全国环境保护大会。中国环境保护事业从此在动乱年月艰难起步，提出了防治污染工程措施必须与生产主体工程同时设计、同时施工、同时投产的著名"三同时"政策。"文革"一结束，接着又提出了"谁污染，谁治理"的原则，对167个重点排污单位、12万个污染源下达了限期治理的指示，并以法律形式推出了强制性的"排放污染物收费"制度，对工程建设项目施行"环境影响评价"制度。1978年国务院批准了"三北防护林体系建设工程规划"，随后又相继批准和公布了长江中上游防护林工程、沿海防护林工程、平原农田防护林工程和治沙工程规划。这五大生态工程建设的全面铺开，使我国的环保工作进入了全面发展、总体推进的新阶段。

80年代初，我国有关部门对我国环境污染状况作了专门调查，指出由于环境污染，我国每年的经济损失达690亿元。这引起了我国政府领导人的高度重视，并于1983年12月31日紧急召开了第二次全国环境保护大会，确定"环境保护"为我国基本国策，提出了以强化环境管理为环保工作中心环节的总思路。为组织、协调、推动全国的环保工作，会后又立即成立了"国务院环境保护委员会"，由李鹏同志任主任，中央有关部委负责同志和专家参加。

这是我国环境保护史上划时代的大事，有力地推动了我国的环保工作。

自改革开放以来，我国经济高速增长，取得了举世瞩目的成绩。但是，我国的生态环境也由此而受到新的冲击。

由于种种原因，煤依然是我国当前工业发展的主要动力来源。每年约开采10亿多吨，比世界上其他任何国家都多。到上世纪末，我国每年生产14亿吨，2020年将达20亿吨，占世界总产量的一半。煤的燃烧对大气的污染尤为严重，预计在未来几十年里，我国将超过美国。随着工业的发展，大量未被处理的废水、污水被排入江河，使我国的江河水质严重污染、恶化，不仅影响当地居民的身体健康，而且造成我国上千亿美元的经济损失。据统计，我国每年排入大气的粉尘约2000万吨、二氧化碳1500万吨、氮氧化物400多万吨，大气中有害物质含量远远高于世界卫生组织规定的标准。例如，我国大气中悬浮颗粒物的含量北方为526微克/立方米，南方为318微克/立方米，而世界卫生组织规定的标准为60—90微克/立方米；二氧化碳的含量北方为93微克/立方米，南方为119微克/立方米，而世界卫生组织规定的标准为60—90微克/立方米。在水质污染方面，我国每年废水排放量为360亿吨，导致523条河流中有436条受污染；在47个有地下水资源的城市中，受不同程度污染的有43个；在2亿城市居民中仅1/2能获得安全饮水，而农村中仅1/7人口能得到安全饮用水。

值得指出的是，我国乡镇工业的发展，加剧了我国的环境污染，使环境污染由城市向农村扩展。在上世纪六七十年代，我国社队企业环境污染的污染范围很小。进入80年代，乡镇工业突飞猛进，产业部门不断拓宽，而技术水平依然低下，再加上将城里的一些耗能多、易污染的工业转移到农村，使农村的环境污染日趋严重。1989年全国乡镇工业产值6100亿元，比1984年增长4.1倍，而废水、废气、废渣的排放量分别增长12%、82%和15%。1990年农业部、国家环保局、国家统计局对全国乡镇工业污染的普查，乡镇工业废水排放量达271.5亿吨，占全国总排放量的7.3%；废气排放量为9.54万立方米，占全国总排放量的14.8%；废渣排放量为21176万吨，占全国总排放量的9.9%。乡镇工业污染点多面广，类型复杂。以长江三角洲地区为例，乡镇工

业污染最严重的是水污染和区域性农业大气污染。废水污染是以有机物污染为主，造纸、印染、电镀、化工、制革等行业的重金属有毒物质80%未经处理就直接排入河流、水塘和农田。京杭大运河杭州段周围集中了几百家乡镇企业，每年上亿吨废水，大大超过了其水体的自净能力，使水质恶臭发黑，鱼虾濒临灭绝。杭嘉湖平原星罗棋布的砖瓦窑群产生的大量废气污染，使该地区经常普降酸雨，严重影响当地农业和蚕桑业的发展。

关于酸雨，日本横滨市立大学教授矢吹晋在中国参观访问后写道，现在重庆的酸雨，其程度接近60年代欧洲的酸雨闹得最凶的时期。从宜宾到上海，沿江南岸18座城市都有类似情况，四川东山摩崖佛因酸雨而"流泪"。当地居民告诉他，如果冬季来，浓烈的烟雾将是"黑龙从天降，黑雨打人脸"。他还指出，北京、沈阳大气中的二氧化硫含量已接近东京和川崎的程度，中国正处于日本60年代那样的"公害时代"。

随着经济的发展，森林被加速砍伐，草原被过度放牧，水土流失日趋严重。全国水土流失面积比1949年增加了29%，达150万平方公里。长江作为中国现代文明的摇篮，河水越来越浑浊，每年流失50亿吨肥沃土壤，有可能变成第二条黄河。在北方，400万公顷农田和500万公顷草原不久将沙漠化，沙漠每年向北京靠近10公里。

生态环境的恶化，使我国野生动植物种正在减少。多少世纪以来，各种种类的猴子在长江两岸林木中攀援跳跃，真是"两岸猿声啼不住"；野生牦牛在西藏高原上奔驰，大熊猫在山林中缓步漫游……但是，如今我国已知的2200种哺乳动物、两栖动物、爬行动物和鸟类中，已有98种面临灭绝，另外还有数百种动物也受到严重的生存威胁。

尤其是随着市场经济的发展，一些不法之徒利欲熏心，乱捕滥猎，倒买珍禽异兽猖獗，使我国的野生动物陷于空前大浩劫之中。近几年来，国宝大熊猫被猎杀的案件屡见不鲜，仅四川、陕西、甘肃三省已判决的猎杀大熊猫案就有102起。雪豹作为世界上濒临绝种的珍稀动物，在主要栖息地青海，目前仅不足100只，1989年4位农民一次竟猎杀4只；有一次青海发生汽车相撞事件，发现其中一辆汽车装满了无头的国家二级保护动物岩羊和黄羊，总重12

吨，轰动了全国。1981年在大陆，还发现了世界珍禽朱鹮7只，1990年却被人猎杀了4只。甘肃省兴隆山保护区一次搜出1.17万个钢丝套，213只麝被套死。各省中，猎杀金丝猴、东北虎、金钱豹、白唇鹿、野象、野牛和珍贵鸟的现象，同样十分严重。

更为严重的是，一些商业、外贸单位擅自收购国家保护的野生动物及其制品，餐馆、饭店以经营"野味"招揽顾客。大连一家外贸单位曾先后从黑龙江收购熊掌2.75吨（需捕杀300只熊）。陕西省一名科研人员在当地寻找20多年终未见踪影的珍稀动物普氏原羚，却在一家企业的加工车间找到了这"活宝"的头盖骨。广东于1988年查获倒卖、走私的珍稀动物1018只，1989年上升为1474只，1990年达到3340只。由于一些地方的野生动物减少，自然环境不断恶化，生态平衡遭到破坏，一些害虫甚至是一些早已绝迹的有害生物开始大量繁殖，越来越严重影响我国农业、林业和牧业的进一步发展。

西安市的生态环境，随着极"左"路线影响、人口的骤增，工业化、城镇化的加快，遭到了严重的破坏。秦岭森林解放后经过1958年大炼钢铁，1962年暂时困难的毁林开荒，文革中割资本主义尾巴三次破坏，森林锐减。八水绕长安，水源萎缩，大量开采地下水，造成地面下沉，导致1995年全市水荒，后来不得不从眉县石头河水库、周至金盆湾水库，跨流域调水到西安，解决水荒。而且河流污染严重，渭河工业废水排放量达到3.75亿吨，使渭河基本丧失生态功能，其他如浐河、沣河、浐河、灞河都遭到严重污染。西安市日产垃圾5000吨，年产210万吨。城中村和棚户区改造，仅2010年产生建筑垃圾3500万吨，还有工业废物的排放，空气污染也十分严重；2011年西安机动车污物排放量达到31.66万吨，其中一氧化碳24.37万吨。上述这些环境的破坏，有的已达到触目惊心的程度。

人们从全世界、全国和全市的生态环境破坏中，应该觉醒，重视地球保护，爱护和保护自然环境，保持自然界的生态平衡，才是生态文明的前提和基础，因此，从政府到人民必须自觉地投入到环境保护工作上来。

第三节 强化环保宣传是推动生态文明建设的动力

为了拯救地球，国际社会已行动起来，青少年走上街头，政治家发表演说呼吁，科学家在埋头研究，企业家为生产无污染新产品奔波，一场声势浩大的环境保护和治理运动已蓬勃兴起。它将再次证明，人类自有回天术，在治理环境之中创造新的文明。

上世纪80年代，各国人民自发组织起来，以各种方式为净化环境而忘我工作。肯尼亚狩猎管理处33岁的米切里·韦里霍，从1982年起开始徒步远征，从乌干达穿越肯尼亚到坦桑尼亚，行程2400公里，向村民、学生讲演，为保护野生动物募集基金3万美元；从1988年起又步行去欧洲，行程2900公里，为建立犀牛保护区募集到基金100万美元。

为谴责对自然资源的破坏和污染，给子孙后代保留一块净土，1992年8月初，来自欧洲和世界50个国家的400名青年男女集合在索非亚，分乘火车和汽车，在保加利亚的一处幽静的深山里，创建了"人间最后一片净土"。在这里急流把东西绵延千里的巴尔干山脉拦腰截断，形成长达百里的人迹罕至的山间谷地。两岸山崖陡峭，其势插云接天，初升的太阳把峰峦染成玫瑰色，河流在深谷中汹涌咆哮，鹤鸟、鹊鹰、山鸡、野兔等自由自在地奔跑欢跳。青年们在入口处扯起一条横幅，上写"生态理想国——92"。简陋的厨房前竖着一块木牌，写着"食肉就是屠杀"。他们洗脸和洗澡用白陶土做"肥皂"；安装起功率为1300瓦的太阳能电池，在瀑布下装起水轮发电机，用以发电照明；"冰箱"是用砖砌起的，因空气流通，里面的温度保持在8摄氏度。他们白天搞讲座，就人生和社会种种问题展开辩论，爬山、游泳，夜里则点起篝火，搞联欢，在烧红的石头旁久久地接受烘烤，直被烤得大汗淋漓，以体验"生之艰难"。"生态理想国"的成员每人每天可得到10个"理想国钱币"，这是一天的生活费，在用植物茎叶围成的酒吧里，花1个钱币可买到一瓶果汁或两杯咖啡。他们认为，在这里，裸体不是色情，而是反抗；吃素不是表示信教，而是表示一种厌恶；赤足不是为了走路，而是表示否定。他们企图用这些"野性"活动，向世界发出震撼人心的呐喊："还我一个土净水清气爽的地球！"

美国青少年也为环保事业而奔走呼号。他们自发地组织起数以百计的环保团体：如"维护环境洁净青年组织""救救我们的世界""处理海洋塑料品学生组织""改善未来环境""反污染儿童组织""环保行动学生联合会"等等。他们自己管理自己，极有主见，寸步不让。主张放弃使用一次性商品，唱着"少用、再用、回收"的主题歌，挨家挨户进行调查；准备了各种令人触目惊心的活报剧、幻灯片、歌曲，像传教士那样在全国各地宣传；联络同学，连续不断地向有关公司寄明信片，直到他们采取行动注意环保为止。

伯利兹的女生物学家帕特利彻·吉布松向政府和各界游说，1981年建立了伯利兹第一个海洋生物保护区，以制止捕捞、控制污染，已使这里的海底生物逐年增加。20年来，加尔迪卡斯心系巨猿更是令人钦佩。20年前，比鲁杰·加尔迪卡斯是加州大学的一位书生气十足的女学生，专修心理学，后又攻读人类学，大学毕业后立志去加里曼丹与巨猿一起生活。巨猿寿命长、生长发育缓慢，并有很高的智力，体重达100公斤，居住在热带雨林的深处，只有在信得过的人面前才肯露面。为了仔细观察和研究巨猿，她和助手整天跟着巨猿钻密林，过山谷，劳累程度为常人所难以想象。但她从不退缩，忍受着痢疾、伤害、登革热、有毒树叶刮伤皮肤及吸血水怪的侵袭。通过科学研究，开展了一场保护濒临灭绝的巨猿和它们赖以生存的热带雨林的活动。现在她已有了一个初具规模的营地，摸清了巨猿从小到大的生活情况。她本人已获得了加拿大西蒙·弗雷泽大学的终身教授职务，每年除在该校讲课4个月外，其他时间仍在雨林深处40平方公里地区内继续对巨猿进行潜心研究。由于她的努力，已在美国的洛杉矶建立了巨猿国际基金会，美国的一些机构也向她的研究提供赞助或资金。

其他一些亚洲和欧洲国家也很重视生态文明教育。日本从70年代起就已注意环境卫生的教育，而且也是从儿童抓起。在小学四年级课本里就有垃圾处理常识；向家庭主妇和儿童发行有关宣传手册、漫画读物；免费向市民提供有关电影片和录像带；定期举行垃圾问题活动月，组织市民参观垃圾处理

设施，动员他们参加回收废物的活动。英国政府在环保宣传小册子和出版物上，醒目地写着"请节约我们的资源""80%的家庭垃圾可以再利用""垃圾就是英镑"，以此来提高民众对回收废物的认识。德国把防治环境污染的知识列入中学、大学、成人教育大纲中，并在有关城市用新闻、广播、各种广告、科教片、演讲会、报告会进行广泛的宣传教育工作。甚至在大学里设置废料后处理的课程。法国巴黎市政府及各旅游单位都有用5种文字印刷的广告宣传品，提醒民众注意废旧物资的回收利用，一份关于回收玻璃制品的广告宣传品上写道：如果每人每月按规定交给有关部门两只旧酒瓶，那么全市一年就可向防癌协会提供50万法郎的基金。瑞典首都斯德哥尔摩市开展了大规模的宣传活动，向市民陈明利害，以求得他们的配合，将垃圾分类交运。孩子从小学三年级起就开始接受环境和垃圾处理方面的教育。

随着环保意识的增强，不少科学家也加入了环保运动，尤其是一些核物理学家，带头开展了反核运动，呼吁消灭核武器。曾参与美国曼哈顿计划、研制原子弹的约瑟夫·罗特布拉特于1992年年底在芝加哥大学艾伯特·爱因斯坦和平奖基金会第11届年度授奖会上发出呼吁，建立一个无核武器世界。他说"希特勒没有造成原子弹，可是我们却继续制造，而且一制成马上就使用。在与苏联进行核武器竞赛期间，我们制造了6万枚弹头，最后使苏联落到了经济崩溃的地步，而我们的经济也受到了严重破坏。"他的呼吁得到世界各国科学家的支持，甚至一些诺贝尔奖获得者联名致函美、苏政府，呼吁消灭核武器。

在全世界各国大力宣传环境保护的背景下，有名的"绿色和平组织"成立了。

在唤起民众关心和保护地球的过程中，绿色和平组织做出了杰出的贡献。它产生于70年代初，执行任务的第一艘船是旧渔船，暂被命名为"绿色和平"号，意在把和平与环境联系在一起。1971年派出第二艘船，它是由扫雷舰改装而成的，取名为"绿色和平"2号。船员是加拿大温哥华的环保主义者和和平活动分子。他们云集华盛顿，迫使美国取消在阿留申群岛的安奇特卡岛上进行地下核试验，返回温哥华时犹如英雄凯旋。

　　随着绿色和平基金会的成立，1972年派出了起名"绿色和平"3号的一艘38英尺的帆船，远征抗议，阻止法国准备在太平洋的穆鲁罗瓦岛上进行的核试验。该船中途被法国军舰撞坏，但却引起了国际社会的关注。法国政府一年后不得不结束了在大气层的核试验。法国政府的一位律师说"不可否认，麦克塔格特（绿色和平组织主席，这次行动的指挥者）帮助说服了法国政府选择用地下核试验取代在大气层中进行的试验。"

　　1975年绿色和平组织开始展开反对捕杀鲸鱼的活动，1976年开始反对屠杀纽芬兰的爱尔兰海豹。由于他们的努力，每年被捕杀的鲸鱼已从1975年的25000条下降到1000条，欧共体决定禁止进口用海豹皮制作的产品。

　　1992年9月，绿色和平组织成员为了阻止纽约市向大西洋倾倒下水道污水，冒着生命危险，参加了为期3天的抗议活动。第一天，他们和其他环保组织分乘500条小船聚集在纽约港，抗议把有毒化学物质的污泥倾入大西洋。第二天，他们占领了一条运污泥的驳船，后来，5人被逮捕。第三天清晨，13名绿色和平组织的成员从特里鲍鲁大桥的栏杆顺着绳索滑下去，在离水面110英尺高的地方挂起了横幅标语，抗议向大西洋倾倒有毒污泥。在这次活动中，绿色和平组织的24名成员和11名支持者先后被捕。但是，他们的英勇行动取得了良好的效果，新闻界对此作了广泛的报道，引起了国际社会的关注。

　　绿色和平组织在保护地球环境活动中取得的胜利，大大鼓舞了世界各地的青年人。他们纷纷向绿色和平组织成员学习，要求参加该组织。这样，绿色和平组织越出国界，在世界各大城市成立了绿色和平组织的办事机构。1979年底，绿色和平组织终于在荷兰正式成立，成为一个具有联合会性质的国际组织。它强调每个国家的组织有自己的国家目标，但致力于国际协调和合作，推动环境问题的国际解决。在解决问题时，严格遵守"非暴力行动、脱离党派之争、坚持国际主义"三条原则。其目标是反对污染空气、防止酸雨生成；反对损害南极环境的行为；反对在近海开采石油资源；反对破坏海洋动物资源的商业性活动；反对倾倒有毒废料；反对向地下水道排放有毒化学废料；反对欧洲建立核电站、美国制造核武器；反对在任何地方以任何方式处理核废料。

目前它在20个国家设有32个办事处,成员及支持者达250万,遍及世界各地;活动经费1992年增加到2750万美元,资金全部来源于捐款;拥有9艘船,雇用400名全日制工作人员和数百名业余工作人员,另有一支数以千计的志愿人员队伍。由于他们大多数是二三十岁的年轻人,富于理想,又深感自己责任重大,因而大都有胆有识,不追求高薪,敢冒生命危险。为了保护白鲸,他们差一点被捕鲸者的鱼叉叉穿脑袋;为了阻止核废料向大海倾倒,敢冒被砸死的危险在核废料船舷旁转来转去;1991年春天,"白鲸"号两位船员爬上数百英尺的悬崖挂起长60英尺、宽36英尺的"让我们救救白鲸"的大条幅。

西安市的环保宣传如火如荼,成为政府的一项重要任务,通过政府文件、报纸、杂志、电视、标语、课本、公益广告、办黑板报、戏曲、快板、相声演出等多种形式进行环保宣传,例如仅焚烧秸秆工作,在"三夏"和"三秋"期间,西安电视台、西安人民广播电台、《西安晚报》、《西安日报》加强了对焚烧秸秆和综合利用的报道,各乡镇印发焚烧通知,发放《致全县群众一封信》《致农民朋友的一封信》《致学生家长的一封信》《村民焚烧秸秆倡议书》以及公益广告、书写标语、悬挂横幅、办黑板报等多种形式的宣传,真正做到家喻户晓,有效遏制了秸秆焚烧工作,做到了零失火,由此可见宣传工作的重要性、推动性。通过宣传,推进环保,由省环保厅、省团委、省秦岭生态保护委员会,发起了2012年秦岭72峪生态环保环保志愿行动,从今年6月至10月进山捡垃圾活动,发动1万人参加。

第四节 变废为宝、化腐朽为神奇,
是增加财富的重要来源

随着科学技术的发展和人们环保意识的增强,垃圾及其他"三废"(废物、废气、废水)在越来越大的程度上不再是负担,而是一笔可贵的财富。各国开始对它们进行"资源化"处理,变废为宝,从中回收"可利用资源",取得了十分可观的经济效益和社会效益。例如,1988年美国回收废旧物品行业的收入为48亿美元，1989年增加到60亿美元。中国在过去40年里从各种废弃物中回收的再生资源总量达2.5亿吨，价值720亿元。

　　垃圾处理已成为环保运动中的突出重点。长期以来，各国处理垃圾的方法是露天堆放、围隔离堆、填埋、焚化和生物降解。据美国试验表明，燃烧一吨垃圾大约能发出525度电，并使垃圾量减少75%—90%。因此，不少发达国家建立了垃圾发电厂。目前，美国约有160座，正在兴建或计划兴建的还有100多座。目前全日本共有1800个垃圾焚烧场，其中，只有90个能生产出转化能源，而且只有41个将生产的垃圾能源卖给电力公司。到2000年日本全国垃圾转换成电能的能力可达1000万千瓦，是目前的34倍。但是，这些方法大部分受各种因素的限制，在处理过程中会造成二次污染。欧共体委员会估计，12个成员国的520座垃圾焚化厂每年排放尘埃2.5万吨，铅570吨，氧化氢144吨，汞68吨，镉31吨，严重污染生态环境。因此，人们开始将垃圾作为资源进行综合利用的探索。

　　废旧物资，如人们生活中的废弃物，生产过程中产生的废料一直是污染环境的重要原因，人们将其作为重要负担。实际上，废旧物资是个"宝"，只要收集起来，进行加工，再生利用，就可以变为社会财富，既节约了自然资源，又防止造成公害。据英国《新科学家》周刊报道，诺丁汉大学的研究人员发现，制造新塑料袋所需能源是回收塑料袋的3倍，即新制造1吨聚乙烯塑料袋需要1106亿焦耳的热能，而回收同样重量的塑料袋只消耗353亿焦耳的热能。而且，制造1吨塑料袋产生4034公斤二氧化碳，回收1吨塑料袋只产生1773公斤二氧化碳；前者消耗水143.9吨，后者消耗水16.8吨，前者是后者的8倍。制造1吨新塑料袋所产生的二氧化硫61公斤，回收的仅为18公斤；前者产生的氧化氮为21公斤，后者为9公斤。回收1吨塑料袋还比制造1吨新的要省1.8吨燃料油。

　　为便于综合利用，各国都分类回收废旧物资。瑞典人倒垃圾时，将玻璃瓶扔进草绿色的大铁罐里；废旧电池扔进马路旁电池形状的火红色大铁筒里；废铁器扔进专用集装箱；废纸捆起来定期交运。美国将垃圾分成可回收和不可回收两种，分堆集中在路边等待收走；超级市场设有金属罐回收机，

顾客将空罐投入后，可获得一张收据，在指定商店兑换现金，如一次投入10个空罐，还可获得一张能廉价购买食品的优待券。在加拿大，公园及游客常到之处，都放着几种浅蓝色的子弹形大胶筒，分别回收废报纸、罐头盒、玻璃瓶等。英国伦敦有26个"再循环中心"，在一些地区专设回收废报纸、破旧衣服、玻璃瓶、铁皮罐等垃圾筒。德国专设回收塑料的垃圾筒，法国专设回收玻璃瓶的垃圾筒。澳大利亚穆斯曼公园从1992年10月起，为居民设置"电子垃圾桶"。它在旁边装有电子线路系统。当清洁人员把其中的废物倒进垃圾车时，垃圾车就会发出无线信号，该系统就会"回话"，垃圾车上的电脑便能辨别"百宝箱"是谁家之物，并打出取款单送到住户手中。

一些工厂还利用这些废旧物资，生产各种再生产品。日本北海道地区技术中心从稻草灰中提炼出一种粒子，经高温加工成新型陶瓷，可制造汽车发动机和人工心脏。日本每年还将3000万吨的炉渣通过冷却处理，制成建筑材料和优质水泥原料，用于建筑、雕塑等。美国杜邦公司和北美废物处理公司建立了回收利用废塑料的联盟，在芝加哥和费城开办了垃圾管理中心，每个中心回收10万吨旧塑料瓶，再制成公园长椅和公路隔离路障之类的产品。美国勃朗宁——费里斯公司向140万个住户收集垃圾中的废旧物资，将其制成织地毯用的纤维和被褥的保暖衬里。美国电话电报公司所属的西方电气公司，每天处理大约25卡车垃圾，从线路组件中提取黄金，从焊料中提取白银，从旧电话开关中提取锌，将碎塑料制成篱笆桩柱和花盆。美国经回收后再生产的产品琳琅满目，包括纤维制品、洗涤剂、人造木材……几乎应有尽有。德国目前在新产品中利用废料生产的，新闻纸占50—60%，玻璃瓶占50%，铝制品占35%，铜占40%。为了鼓励人们使用再生纸品，在一些产品上印着"蓝天使"环保产品的特殊标志，图案是蓝色橄榄枝环绕一个张开双臂的小人，上面还印着"这是百分之百用废纸制作的，请您用用看！"的文字。目前，德国有14种纸张，5种卫生纸，35种墙纸和36种建筑用材料被授予"蓝天使"标志。

德国正从钢铁生产的酸溶液中回收有用的硫酸，从罐头工业废弃物中回收可供销售的醋，从造纸业废液中回收化学药品供再利用，从而减少现代化造纸厂排污物的90%。澳大利亚布里斯班一家公司先用磁铁把含铁的金属从垃圾中吸出来，然后按1吨普通家庭废物、一吨黏土和300升水（或污水）的比例组成混合物，经绞碎，挤压成如同玻璃弹子的小球，经过1200°C的高温烘烤、冷却，制成轻质建筑材料，将其加入水泥中，制成的水泥比普通的轻1/3。加拿大的多伦多市每月可收回3750吨旧报纸，每收回1吨旧报纸，就能少砍19棵树，这样推算，每年可少砍伐85.5万棵树。

西安市每年产出废钢材40多万吨，废铜2万多吨，废铝2.4万吨，其他废旧物资，如报废汽车、废电机、废变压器、废塑料等价值6000多万元，总价值超过20亿元，所以废旧物资收回利用有着广阔的发展前景。但是我市一是废旧物资利用不规范，个体经营，非法流动，非法收购，存在散乱现象。有6万吨的废纸、废塑料、废玻璃没有收回利用；二是西安废旧物资加工利用能力薄弱。就拿废钢铁来说，西安现有10余家钢厂、铸铁厂，每年只能消化废钢铁产出量的30%左右，剩余的废钢铁通过火车东站、西站、三桥、533铁路专线发往湖北、四川、重庆等地。而废铜、废铝、废塑料出省率更是高达90%；三是回收企业工艺技术落后、经营规模小、缺乏新技术、新工艺、新设备，仍然以手工劳动为主。工人用氧割和锤砸的方法分散大件废钢铁，用酸浸、火烧和人工拆卸的方式收回有色金属和废家电中的贵金属，还有把铅板从蓄电池抽出后，把硫酸液直接倒在土壤里，造成二次污染，同时丢弃现象严重。

为此西安市努力改变废旧物资收回利用工作，再生资源回收利用体系的第一批600辆流动收购车、新建100个环保回收亭、扩建450个回收站工程将在近期启动。回收网络全部建成后，全市80%以上的回收人员将纳入规范化管理，统一着装、统一标识、统一衡器、统一收购价格、统一管理；80%以上社区纳入规范化回收站点；80%以上可用废弃物可得到回收利用；80%以上废旧物资进入指定市场进行规范化交易；80%的废旧物按类别进行科学的分拣和加工，在三环周边地区新建废金属、废塑料、废纸加工工业园区；80%废弃电子物实现科学和无害化处理；50%废旧物资进行深加工；基本消除二次污染。据测算，建成后，每年可实现毛利1600多万元，并可安置下岗失业人员近5000名。

第五节 促进人口长期均衡发展
是生态文明的战略措施

　　地球正在失去平衡的原因，是人口的迅速增加，随着工业化的进展和医疗技术的提高，人口的死亡率下降，人的寿命延长，人口增长率居高不下。尤其是发展中国家，目前达到年增长率2.5%左右。据统计，世界人口每增加10亿需要的时间，第一个10亿为近300万年，第二个10亿约为130年（1800—1930），第三个10亿为30年（1930—1960），第四个10亿为15年（1960—1975），第五个10亿为12年（1975—1987）。目前，世界正在以每秒钟3个人的速度增长，每天大约要出生25万人，从上世纪90年代起，每年将增加9000万到1亿人，10年中将增加10亿人。

　　人口迅速增长首先增加了对食物的压力。从1946年算起，世界粮产平均增长速度超过世界人口年平均增长速度的幅度愈益缩小。1946—1950年差幅为2.5%，1950—1960年为1.3%，1960—1970年为0.8%，1970—1980年为0.5%。全世界按人口平均的粮食占有量增势由此呈递减状，1950—1960年从251公斤增加到285公斤，10年增加了34公斤。1960—1970年10年里只增加24公斤，1970—1980年只增加了15公斤。其中，发展中国家粮食形势更为严峻，许多地区由于发生自然灾害而粮食减产。更为严重的是，战后，许多发展中国家为发展工业、交通运输业等，大量占用了农业耕地，使人均耕地面积急剧下降。同时，由于滥砍滥伐森林，围湖造田，不合理开垦草原，不少国家的土地沙漠化愈益严重，每年都有大片耕地被沙漠吞没。尤其是上世纪80年代中期和90年代初期撒哈拉南部非洲国家和南部非洲国家因而发生严重旱灾，粮食生产遭到毁灭性打击，几百万人饿死荒原，几千万人营养不良，非洲大陆陷入空前的"粮食危机"和"生存危机"。亚洲、拉丁美洲有些国家也由此从粮食输出国变为粮食进口国。有些国家虽然农业发展较好，粮食产量年年增长，但它是在"传统工业化"理论指导下，粮食增长靠的是化肥、农药的大量使用，因而其对土壤肥力、结构和生态环境的破坏也是十分严重的。

人口迅速增加还对自然资源造成巨大压力。人类是在利用自然资源的过程中向前发展的。自然界为人类的劳动提供原料，人类劳动又把这些原料加工成财富。人口规模只是与耕地、淡水、能源、矿产等自然资源之间保持适当的比例关系，才能推动经济社会发展。自新中国成立以来，随着经济社会迅速发展，我国人口规模的增长已不能与自然资源的增长相匹配，人口与资源之间的比例关系严重失调，资源供需矛盾日益尖锐，资源短缺，例如我国年石油产量为1.8亿吨，对外依存度提高到52%，将面临严峻的国际市场和政治风险。

人口规模的不断扩大，对生产、消费资料的需求增多，对资源的开发、生态的索取越多，对自然的依赖越强，所带来的环境压力越大。本应在不同阶段出现的生态与环境问题在短期内集中体现和爆发，导致生态系统整体功能下降，生态环境总体恶化的趋势尚未根本扭转。中国是世界上水土流失、土地沙漠化、草原沙化最严重的国家之一，全国水土流失面积占国土面积38%，荒漠化土地占国土面积的18%，危机1.7亿人，并以每年3436平方公里的速度扩展。森林和植被覆盖率低造成洪灾增多、水库泥沙淤积和鱼类资源减少，对后资源培育构成极大威胁。中国人均生态占用与人均生态空间不均衡，已大范围出现严重的生态赤字。中国人口容量已超出自然环境的承载力，而社会环境又不完备，人口容量低，对生态系统的破坏增加，使资源生产能力和环境支撑能力极度降低，极大削弱了可持续发展动力。

因此，在中国经济社会发展进程中面对人口众多、人均占有量少的基本国情，人口与资源环境关系紧张的状况短期内难以改变的现实，坚持实行计划生育基本国策，全面做好人口和计划生育工作，统筹解决人口问题，促进人口与经济、社会、资源、环境全面、协调和可持续发展具有极其重要的地位。

上世纪40年代末，美国学者W·福格特在《生存之路》一书中，就提出了地球资源有限论。60年代末出版的P·埃里希的《人口爆炸》一书，使悲观论达到顶点，断言地球必遭灾荒，亿万生灵涂炭。1972年罗马俱乐部也在《增长极限》研究报告中认为，人类生存和发展空间是有限的，但人口增

长、粮食需求增加、自然资源消耗、环境污染加剧都是不可节制的和无限的，说人类和地球已经走到了增长的极限。的确，上述"资源枯竭论""增长有限论"是形而上学的，毫无根据。但是，它反映了战后世界经济迅速发展，资源大量消耗，环境被严重破坏的客观事实，应该引起国际社会的关注。不能因为由于"资源枯竭论""增长有限论"形而上学而放松对世界人口增长的控制，以及对自然资源的节约和合理使用；持盲目乐观的态度，也是错误的。人口尤其是城市人口的迅速增长造成环境污染。战后，全球人口城市化趋势加快，特大城市猛增，城市群大量涌现。

西安市从1970年推行计划生育以来，少生人口270万人，节约抚养费2770亿元，人口素质不断提高，男女性别比例趋于合理，但老龄化严重，计划生育任务仍任重而道远，是必须坚持的基本国策。

第六节 立法建规是生态文明的保障

防治环境污染要以法治害，运用法律手段，即制定和完善严格的环境保护法规，使每个产业、每个部门、每个成员有法可依。战后，尤其是上世纪70年代前后，各国政府制定了一系列防治公害的法律和法令。

美国国会于1969年通过了《国家环境政策法》，以后又通过了《大气净化法》《水质改善法》《资源回收法》《住房、城镇发展法》等。1983年以来，美国已有30个州先后制定了垃圾处理及回收废物的法律规定，对废旧物品的回收利用计划实行减免税、提供贷款等优惠政策。1989年9月30日加利福尼亚州颁布的有关法律尤其严厉，要求所属各市县广泛回收垃圾中的有用资源，5年内减少垃圾25%，到2000年减少垃圾50%。美国1985年制定的农业法，经过1990年的修改，明确规定在易于造成地下水污染的地区，要发展少用农药和化肥的农业；限制使用农药。美国还制定了对破坏生态者实行经济的、行政的以至刑事的制裁与惩罚的法律。华尔街大金融家琼斯在马里兰东海岸的一个私人猎场用沙子等材料填沼泽地准备进行开发，法院下令对其判处100万美元的罚款，并禁止再对沼泽地进行开发。

日本于1967年制定了《公害对策基本法》，1970年国会通过了14个有关保护环境的法律，1971年通过了《环境保护法》《整顿公害防治体制》等六项条例，逐步形成了日本防治公害的法律体系。1971年9月24日起实施的《废弃物处理和清扫法》规定，对于违法者，可分别处以1年、6个月、3个月以下的惩役或50万、30万、20万、10万日元以下的罚款。如不按规定将可燃与不可燃的垃圾分类存放，就要处以罚款。日本农林水产省按1992年6月公布的"新的食品、农业和农村政策"方针，制定了"建立日本特有的环保型农业"目标。

欧共体为处理欧洲共同性的污染问题，也制定了许多有关的法律规定。例如对二氧化硫、氮氧化物的排放量，公路使用的燃料，如何处理有毒废气，都有明确的法律规定。为防止包装垃圾泛滥，制定的垃圾处理法（草案）明文规定，谁把商品带入市场，谁就应该承担回收的责任。1991年5月21日又发表了有关污水的指令，要求各市镇在2005年以前都要拥有污水收集与净化系统。

英国在大气污染方面，1956年公布《清洁空气法》，1958年加以补充；1956年扩大《制碱等工厂法》实施范围。还有《公共卫生法》《放射性物质法》《汽车使用条例》。在水质污染方面，1951年、1960年两度颁布《河流防污法》。还颁布《垃圾法》《公民舒适法》《有毒废物倾倒法》《城乡规划法》《新城法》《乡村法》等等。1988年制定了《垃圾的收集和处理规则》《危险垃圾的处理规则》两项法规。

原西德从1957年以来制定了水法、有害物质排放法、原子能法、区域规划法、建筑用地法、城乡革新法、植物保护法、废油法、狩猎法、森林管理法、采矿法、保护自然和保护风景法、废物处置法等。两德统一后，制定了适用于整个德国的农业与环境的新联邦法。1990年1月制定了有关食品和饮料的塑料包装法规，限制塑料包装的品种，要求尽量使用可多次循环的包装，尽量减少使用一次性包装。

法国同环境有关的法令主要有：1960年的国立公园法令，1961年防治大气污染法令，1964年防治水污染的法令，1970年6月制定了《环境保护初步规划》和"百项措施"。1992年1月颁布新水法。该法对水资源进行规划，制定每条水道流域的整治和管理蓝图，确定中期与长期目标，确定城市化和开发范围，划定自然保护区和引水区等等。该法强调保护水系生态，所有可能危及水系平衡的工程必须得到批准方可进行。法国为降低工业污染，于1988年规定大型工业和民用供热锅炉的二氧化碳的排放标准，企业必须装备防污染系统，扩大大气污染附加税征收范围，为减少汽车废气污染，政府将无铅汽油的税额减少了0.41法郎。目前，无铅汽油已占法国汽油消费量的30%。1990年春环境部长明确指出了农业污染水源的责任，强调谁污染谁付钱的原则，按其对自然环境的损害程度纳税；谁保护环境的措施越多，谁的纳税就越少。为此，一些环保机构同农民一起制定反扩散性污染计划，清除硝酸盐污染尤其重要。1989年初法国环境部长提出了减少、处理、开发循环利用垃圾的10年规划，目标是用10年时间关闭或改造所有传统垃圾场，实现全部垃圾的处理与价值化。到那时，存放到垃圾场的将只是经过处理或价值化后的残留物——最终垃圾，以及少量从经济角度看无法处理的垃圾。

瑞典于1985年明确规定了农药使用量标准，要求在1990年前减少一半，同时要求在1995年之前将氮肥使用量减少一半。

荷兰于1984年公布法令，禁止开设新的奶酪畜牧场，检查和控制增设畜产设施；禁止在冬季施撒用家畜排泄物制作的肥料；建立将家畜排泄物贮藏6个月的设施；规定每公顷土地的化肥施用量，氮素成分为125—250公斤。但由于执行不力，1992年荷兰政府重申，所有畜产农场必须遵守上述措施，否则就改种其他作物。

丹麦1987年规定，每公顷土地家畜排泄物施用为氮成分200公斤；家畜排泄物要在贮藏设施内发酵9个月；耕地的65%全年都要作为绿地；以1992年为基础，氮肥使用减少50%，磷肥使用减少80%；农药投放量1992年削减25%。

南斯拉夫议会保护和改进人类环境委员会通过法律，规定某种产品在制造过程中污染生态环境，应征收相当于该产品出厂价格5%的生态保护税。

智利为防止过度捕捞导致鱼类灭绝，于1991年制定新的渔业法，规定全球范围的限额、单独的可转让限额、按单船及其船具规定的限制。它改变了过去那种完全放开的毫无限制的捕捞。虽然执行时会遇到不少困难，但毕竟是一种进步。智利为净化首都圣地亚哥的空气，1990年颁布一项法令，规定了工业废气排放的新标准。在这基础上，政府从市内运营的12000辆公共汽车中报废2600辆旧车；减少冬季行驶的公共汽车、私人汽车20%；将通过市中心地区的公共汽车从每小时2000辆减少到1000辆；同时，规定从1992年9月起，进口汽车要加装催化器，使用质量高的汽油、柴油，引进无铅汽车。

前苏联在上世纪五六十年代由各加盟共和国先后制定了《自然保护法》《鱼类保护法》《公众卫生保护原则》等，1980年公布了《苏联保护大气法》。1990年8月莫斯科市实行新的污染罚款法。在这些法律和法令的基础上，各国政府还根据实际情况，制定了有关大气、水质污染的环境标准，制定了工厂废气、汽车废气、工厂污水的限制法和排放标准，明确规定了国家、地方、企业居民在环境保护方面的职责、权利和义务，还规定了造成环境污染者应负担费用等原则，使环境保护工作有章可循，有法可依，走上了"以法治害"的道路。

我国十分重视相关环境保护的法律建设。国家先后颁布实施了《土地法》《环保法》《森林法》《草原法》《水法》《水土保持法》等多种完善的法律体系，以保障生态环境的保护和改善，各省市除贯彻中央法律外，还做了多种实施条例和地方法规，更加具体地落实法律、规定和政策。例如陕西省为保护秦岭和渭河的治理，专门制定了《秦岭保护法》《渭河治理法》西安市出台了《西安机动车排气污染防治条例》等等，使环保工作走上了法制管理的道路。

第七节 加强领导是生态文明建设的保证

环境污染受多种因素的影响，因此只靠单一的治理不能从根本上解决问题的，只有用综合防治的办法，才能使防治工作经济、合理、有效。也就是说，将环境作为一个有机整体，根据当地的自然条件和污染产生、形成的因素，采取经济、管理和工程技术相结合的综合措施，以达到最佳的防治效果。在这过程中，首先应该建立统一、集中的公害防治体制，确立重点，协调各部门、各地区的行动，解决防治过程中出现的各种问题。上世纪70年代前，各国没有一个专门负责公害防治和环境保护工作的机构。例如，在美国，大气污染的控制归卫生教育福利部管，水污染的控制归内务部管，土壤保护则归农业部、卫生教育部和内务部分管。因此，环保政策没有一揽子考虑方案，仅是头痛医头，脚痛医脚。在英国，环保制度更是分散，由住宅与地方行政部管大气污染控制法令的实施，制碱检察署管理特定工业部门的废气排放，河流局管理河流排污。前苏联虽然是计划经济国家，但相当长时间内没有环保的统一机构，卫生部只管制定环境卫生标准和规程，科学院更多地从事环境污染的调研工作，国家科委只起计划协调作用，农、林、渔等部也负责水利资源、土地侵蚀、森林保护等管理工作。在日本，公害防治和环境保护工作分散在内阁各省。由于这种防治体制分散而没有实权，再加上各部门权限不清，政策法令不统一，意见分歧，互相扯皮，各行其是，因此，环保工作往往收效甚微。

各国政府为此于上世纪70年代前后分别建立了统一、集中的公害防治体制。美国于1969年成立了总统的咨询机构"环境质量委员会"，负责向总统提出关于环境政策的建议；1970年又成立了直属联邦政府的控制污染执行机构的"环境保护局"。1990年新上任的环保局局长赖利责成环保科技顾问理事会（简称科顾会，由国会立法成立，有60名理事，250名科技顾问），用最先进的科学方法评估各项公害对国民生活和生态危害的程度。科顾会经过一年的研究，发表了著名的《污染危害程度的分析》报告。该报告指出，危害国民健康的污染主要有空气污染、有毒化学物的暴露、室内污染（被动吸烟、溶剂、杀虫剂、甲醛）、饮水污染（水内含铅、三氯甲烷、致病微生物等）；影响生态平衡有高度危害的环保问题主要有：动植物栖息地被破坏，生物灭绝，品种减少，臭氧枯竭，地球气候变暖；对生态及国民健康危害较轻的公害是：农用杀虫剂及除草剂，地表水被污染及空气中的毒性浮尘；对生态及国民健康危险较小的公害是石油外泄、地下水污染、辐射性污染、酸雨、热污染。报告进一步指出，为了解决这些环境问题，美国必须建立统一的环境保护体制。

日本于1971年将分散在各省的公害防治和环境保护的职能工作集中在一起，正式成立由首相直接领导的"国家环境厅"，作为统一管理环境的权力机构，并在各地方和基层企业建立相应的专门机构。国家环境厅每年发表一本《环境白皮书》，指导全国的环保工作并为世界环境问题出谋划策。1991年法国成立了环境与能源控制署、环境研究所、工业环境与事故研究所，以此扩大了环境部的职权范围，增强了国家的技术干预能力。印度在70年代初期成立了一个起咨询作用的环境机构。

苏联迟至1981年也建立了全国性的环境保护机构"环境保护和合理利用自然资源委员会"。哥斯达黎加为了更好地保护国家公园和保护区，1986年将大量机构并入自然资源、能源与矿产部，创建了一个新的全国性的保护区制度，建立起一些有较大决策权和资金自主权的地方"超级大公园"。每一个公园都得到不同的国际捐赠者集团的支持。由于建立了集中统一的防治体制，各国的环境保护部门和机构有职有权，各部门间职权分明，互相协作，有力地促进了公害的防治工作。

我国成立环境保护部，各省市县区相应成立环保局，全面监督运行环保工作，并相应成立环保研究所，并与各种气象、水文、污染、药检等监测站构成完整体系。西安市为了强化秦岭的保护和治理，成立了秦岭生态环境保护管理委员会办公室。西安市为加强黑河金盆湾水库水源保护，专门成立了派出所。

西安市政府各届领导始终把生态环保作为工作重中之重，纳入领导和重要议事日程，人文西安、山水长安、绿色引领时尚，实施大水大绿工程，治

理山河，绿化大地，建设浐灞生态区，防治三废污染，关停并转污染企业，实现蓝天白云，举办了世界园艺博览会，创建了中国园林城市、卫生模范城市，把西安建设成绿色生态城市，取得了显著成绩，使千年古都面貌一新，为建设国际化大都市而努力奋斗。

■ 西安世界园艺博览会一角

第八节　强化生态文明是我国发展的永恒主题

　　面对日益恶化的生态环境，我国政府在1989年召开了第三次全国环境保护大会，为建立环境保护工作新秩序，向环境污染宣战，大会制定了经济建设、城乡建设与环境同步规划、同步实施、同步发展，实现经济、社会和环境效益相统一的战略方针；实行预防为主，谁污染谁治理和强化环境管理三大政策；加强环境保护法制建设，建立各级环保机构，中央政府建立部级环保协调机构；深入开展城市环境综合整治和工业污染防治；广泛进行环境保护教育，提高全民族的环境保护意识；大力开展环境科学技术研究。具体办法是：

1. **坚持"预防为主"，控制新污染源**。完善、健全"环境影响评价"和"三同时"制度，确保全国大、中型建设项目100%执行，小型建设项目也要达到90%。1991年乡镇工业环境影响评价报告执行率达45%，"三同时"执行率为22%。全国15个省、自治区、直辖市关、停、并、转、迁的乡镇企业13043家，其中，关和停的11857家，占总数的91%。电镀、造纸、化工、炼焦、炼砷、炼磺、制革等8个主要污染行业中，关、停、并、转、迁的企业2337家，占总数的18%。到1991年底，在351个城市中，已累计建成2199个烟尘控制区，面积达8897平方公里；在216个城市中，累计建成1089个环境噪声达标区，面积达1803平方公里。

2. **坚持"谁污染，谁治理"，消除老污染源**。在及时完善排污收费管理办法，加紧实施污染源限期治理项目的同时，又先后推出了"排放污染物许可证"、"污染集中控制"两项新制度。1991年全国除台湾省外已全部实行了环境保护目标责任制。470个建制市中有近300个参加了城市环境综合整治定量考核；完成限期治理项目6574个，实现总投资17亿元；有3.2万家企业事业单位办理了排放水污染物申报登记，颁发排放水污染许可证3447个；通过实施许可证制度，落实治理投资5.75亿元，完成治理项目523项。全国收缴排污费总额达20.1亿元，比1990年增加2.6亿元，征收户达20.7万元。

3. **强化环境管理，坚持依法防治污染**。1991年继续深入贯彻落实国务院《关于进一步加强环境保护工作的决定》，积极推行环境管理制度和措施。全国人大常委会批准了《控制危险废物越境转移及其处置的巴塞尔公约》，国务院批准了《中华人民共和国陆生野生动物保护实施条例》《中华人民共和国大气污染防治法实施细则》等。到1992年年中，我国已颁布了12个资源保护和环境保护法律，20多个部门规章，127件地方法规，723件地方行政规章，以及大量的规范性文件，初步形成了环境保护的立法体系。为加强环境保护的执法工作，不少省市还制定了环境执法程序规定，如环境违法行为查处程序、环境行政应诉程序、环境行政复议程序、污染纠纷调处程序等，规范了行政执法法律文书，使行政执法制度化、规范化和程序化。

4. **建立环保科研体系**。在过去30年中，我国已相继成立了300多个环境科

研机构,科研人员有17000多人。同时,建立起日臻完善的环境监测和信息体系,初步实现了环境监测站台网络化、采样布点规范化、分析方法标准化、数据处理计算机化、质量保证工作系统化。另外,还实行环保技术实用化,建立环保产业,已有2000多个企业、200多个公司和集团30多万从业人员,加入了环保产业大军,年创产值40多亿元。尤其是生态农业在我国悄然兴起。据统计,到1992年年中,全国28个省市已有各类生态农业试点1198个,组织"绿色食品"生产、开发和出口,已有389个食品类产品被农业部授予"绿色食品"标志,深受海内外消费者的欢迎。

5. 保护生态环境。 全国已建成各种类型自然保护区708处,总面积达5600多万公顷。长白山、卧龙、鼎湖山、武夷山等8个不同类型的保护区已加入世界生物圈自然保护区网。1991年,全国共造林567万公顷,比1990年多造林14万公顷,首次消灭了"森林赤字"。"三北"防护林二期工程继续延伸,全年造林101万公顷;长江中上游水源涵养林封育78万公顷;平原绿化工程已有508个县达到标准,占平原总县数的55.5%;沿海防护林工程已造林550万公顷,建起海岸林带10000多公里。1991年,我国还人工种草和改良草场200万公顷,围栏草丛草场631万公顷,治理水土流失面积200多万公顷,治理沙化草场面积75万公顷等。

6. 增加环境保护投资,加强技资管理,提高投资效益。 1989年用于环境保护的投资已达102.5亿元,比1981年的19.7亿元增加了4倍,远远超过了同期国民生产总值的增长速度。据测算,实现"八五"计划环境保护目标,其投资至少要占国民生产总值的0.85%。同时,还调整产业结构,严禁发展能耗高、资源浪费大、污染严重的企业,以提高投资的环境效果。

陕西省在第十二次党代会上提出"经济强、科技强、文化强、百姓富、生态美"为标志的全面建设西部强省的目标,第一次将"生态美"作为战略目标,提升到全省经济发展的大局,充分彰显出科学发展理念,体现了以人为本的思想。建设"生态美"的陕西,是富民强省,加快发展方式,应对全球气候变暖,实现人与自然和谐共处的必由之路。为此,必须坚持保护优先和自然修复并重,加强生态环境整治,维护生态平衡,努力构筑生态安全屏障，巩固退耕还林还草成果，坚持植树造林，防沙治沙，保持水土，加快实施关中大地园林化工程，打造公路、铁路绿色长廊的建设。"十二五"末森林覆盖率超过45%，让三秦大地天更蓝，山更绿，水更清。

西安市政府十分重视加强环境保护的建设，理念超前，行动迅速，投入较大，成效显著。2002年提出创建"国家环保模范城市"，2005年提出创建"国家园林城市"，之后又进行"四城联创"，将文明城市、卫生城市、环保城市、园林城市的创建工作捆绑在一起，全面启动了碧水、蓝天、绿地工程。2010年5月被国家建设部命名为"国家园林城市"，2011年市委市政府提出，再用三年时间把西安建设成"国家生态园林城市"。

经过多年的努力，初步实现了"八水入城，群湖清波"的目标，加大河流治理，兴建污水处理厂，成立了秦岭保护机构，实现了退耕还林，绿化荒山，使森林覆盖率达到41.42%，2011年成功举办了世界园艺博览会，加大环保执法力度，关停并转污染企业，实现了蓝天白云300天的目标，充分展示了"山水秦岭，人文西安"，实现了城市建设与山水融合，生态与经济协调，人与自然和谐发展的新格局。

第九节 生态文明建设要强化国际合作

人类保护地球环境的国际行动由来已久。从1902年3月10日11个国家在巴黎签订《保护农业益鸟的欧洲公约》，到1940年美洲国家签署的《关于在西半球保护自然和建立野生动物保护区的公约》，都记录着人类关心地球的前进步伐。战后，环境污染问题日益严重，越来越受到国际社会的关注。不仅成立了保护自然和自然资源的国际联盟，而且多次举行国际会议，讨论人和地球的关系。1968年9月在巴黎召开了在科学基础上合理利用和保护生物圈资源的政府间专家会议。它广泛讨论了有关全球生态问题，标志着国际社会已承认人类社会和自然世界存在着相互依存的关系。在这基础上，1968年12月3日联大把人类环境问题列入其议程，决定1972年夏天在斯德哥尔摩召开人类

环境会议。1969年12月15日，联大通过决议，成立会议筹备委员会。随后，筹委会提出了六项议题：计划和管理人类居住地的环境质量；自然资源管理的环境方面；指明和控制有广泛国际性的污染物；环境问题的教育、情报社会和文化方面；发展和环境；行动建议书在国际组织中的意义。

1972年6月5—16日，联合国人类环境会议第一届会议在斯德哥尔摩召开，有113个国家参加。会议的目的是要促使人们和各国政府注意人类的活动正在破坏自然环境，并给人类自己的生存和发展造成严重的威胁。会议还希望鼓励和指导各国政府和国际机构采取保护和改善环境的行动，并要求各国政府、联合国机构和国际组织在采取具体措施解决各种环境问题方面进行合作。会议通过了全球性保护环境的行动计划和《人类环境宣言》，通过了将每年的6月5日作为世界环境日的决议。这次会议不仅把生物圈的保护列入了国际法之中，成为国际谈判的基础，而且，第三世界国家成为保护地球环境的重要力量，使环保成为全球的一致行动，并得到各国政府的承认和支持。另外，在会议的建议下，成立了联合国环境规划署，总部设在肯尼亚首都内罗毕。值得指出的是，《人类环境宣言》指出，"地球上的各种自然资源，包括空气、水、土地、动植物系以及其他各种自然生态系统中有代表性的种族，应通过精心的规划及最适当的管理，为了当代人及子孙后代的利益而加以保护"。经过充分的准备，克服了一个又一个困难，联合国环境与发展大会（地球首脑会议）终于在1992年6月3—14日，在巴西的里约热内卢顺利召开。与会的有180多个国家和地区的代表团和代表，102位国家元首或政府首脑，以及数十个联合国机构和国际组织的代表。我国政府总理李鹏也应邀率领代表团出席了会议。这是联合国成立以来规模最大，级别最高，人数最多，讨论内容最广、最深，时间最长的一次盛会。它通过了五个文件，就环境问题达成一些共识，意义深远，标志着世界环保运动进入了一个新阶段，是人类拯救地球的里程碑。

与此同时，世界环境非政府组织举行的"92·全球论坛"，与地球首脑会议同时召开。来自160多个国家和地区的3500个非政府组织在里约热内卢的弗拉门戈公园，每天举行上百场的报告会，就世界经济、社会和生态问题进行热烈讨论。世界上最激进、最活跃的生态主义者组成的绿色和平组织的轮船也停泊在瓜纳巴拉湾。由于主办国巴西政府积极开展环境外交和与会各国政府代表的努力，会议获得了圆满的成功。

与此同时，环保国际合作组织还签订了一系列环保公约。

《21世纪日程》：于1992年6月14日通过。这是一份为各国领导人提供下世纪在环境问题上战略行动的文件，长达800页，含40个章节。它们包括：增加国际援助以减轻贫困，改善环境，增加收入，如提供卫生设施、洁净的水、减少室内空气污染以及满足基本需求等；增加投资，加强技术的研究和应用，以减轻土壤侵蚀和退化，使农业生产可维持人类对食物的需求；为计划生育、小学及中学教育，尤其是对女孩的教育提供更多的资金；为保护自然栖息地和生物多样性提供资助；增加对非碳能源替代物研究和开发的投资，以适应气候的变化等。它阐述了保护大气层、抗旱防沙、保护生物多样化、保护海洋及其资源、保护淡水和生态、管理垃圾等有关政策。这些政策的实施需要庞大的资金。因此，如何解决这些资金成为发展中国家与发达国家在地球首脑会议上争论的重要问题之一。产油国沙特阿拉伯和科威特以"日程"重视核能、歧视石油为由，只是"有保留地"接受了这一文件。该"日程"不具备法律约束力。

《生物多样性公约》：于1992年6月5日通过。其宗旨是保护濒临灭绝的植物和动物，推动和保护地球生物的多样性。公约共有42条，并附有2个附件。它要求签约国为本国境内的植物和野生动物编目造册，制订计划保护濒危的动植物；建立金融机构，以帮助发展中国家实施清点和保护动植物的计划；责成使用另一个国家自然资源的国家，要与那个国家分享研究成果、盈利和技术。该公约具有法律约束力。到1992年6月14日，共有153个国家签署了这项公约，欧洲共同体也签了字。其他国家在1993年6月之前在联合国签署这个公约。该公约还须经各国政府批准。美国是主要经济大国中唯一没有签字的国家。

《防止全球气候变暖公约》：是一项具有法律约束力的公约。它呼吁各国将造成温室效应的二氧化碳等气体的排放量限制在最低水平，决定成立专

门机构，以便向发展中国家提供环保援助资金和能将二氧化碳等气体排放量减少到最低限度的技术。截至1992年6月14日，已有153个国家（包括美国）签署了这项公约。其他国家在1993年6月之前在联合国总部签字。公约必须得到各国政府的批准。马来西亚因最后文本缺乏具体目标而拒绝在公约上签字。

《有关森林保护原则的声明》：于1992年6月14日通过。它认为，出于经济、生态、社会和文化的原因，持续管理森林是重要的。其内容共有17条，建议各国评估经济发展对本国森林的影响，采取措施减轻损害；加强各国在保护和利用森林资源方面的合作，促进一项有法律约束力公约的缔结。目前，该声明没有法律约束力。

在地球首脑会议举行期间，一些非官方的国际环境保护组织也云集里约热内卢，举行了声势浩大的"全球论坛"讨论会。经过热烈的讨论，大会通过了《消费和生活方式公约》。这是一个非政府组织通过的公约。它认为，商品生产的日益增多引起自然资源的迅速枯竭，造成生态体系的破坏、自然物种的灭绝、水质污染、大气污染、垃圾堆积。因此，新的经济模式应该是大力发展满足居民基本需求的生产，禁止为少数人服务的奢侈品生产，降低世界消费水平，减少不必要的浪费，而且要重复利用产品和原料，以产品的再循环和专门生产不会增加垃圾为行动准则；禁止生产不能重复使用的包装品，建立产品生态商标制度，在各国小城镇开展普及新生活概念的宣传工作。

40年来，各国政府和人民响应宣言的号召，在保护环境和生态平衡方面采取了不少有力的措施，也取得了一定的成绩。尤其是在联合国环境规划署的推动下，各国缔结了《濒临灭绝种类的国际贸易公约》（1973年3月缔结，1975年7月生效）、《防止倾倒废料和其他物质污染海洋的公约》（1972年12月开放签字，1975年9月生效）等。但是，地球环境却在继续恶化，生态平衡不断遭到破坏，它已严重威胁着人类的生存和发展。为此，根据联合国大会决议成立的世界环境与发展委员会，于1987年建议召开联合国环境与发展大会。1990年12月12日联合国通过决议，决定在联合国人类环境会议第一届会议20周年时举行地球首脑会议。

各国政府对此十分重视。他们纷纷举行环保会议，阐述其对环境的立场与主张。1991年6月在北京举行了第一届发展中国家环境与发展部长级会议，并发表了《北京宣言》。该宣言基本上反映了发展中国家对"发展与环境"的立场。1992年4月在马来西亚举行了第二届发展中国家环境与发展部长级会议，发表的《吉隆坡宣言》进一步阐述了发展中国家的主张。1991年4月10日举行的"非洲环境保护日"会议呼吁非洲各国加强环境保护，维护生存条件，促进经济发展。同年6月23日在布拉格举行的欧洲环保会议，呼吁建立欧洲环境署协调中欧和东欧的环境问题。7月3日举行的南太平洋地区环境计划部长会议，中心议题是海水上升的威胁、海上污染等问题。7月4日举行了亚洲和太平洋地区环境会议。1992年4月17日欧佩克举行环境问题讨论会，强调必须与第二世界合作。4月30日拉丁美洲28个国家发表关于环境与农业的《圣地亚哥声明》，主题是根除贫困。同年4月在东京召开的"地球环境会议"（部分在任和卸任的国家领导人参加的会议），发表了《东京宣言》，强调确立新的环境伦理与价值体系。该体系以下述三方针为基础：加强人类、环境、开发三者之间的联系；按照生态系统的自然规律采取行动，以保护地球有限并且容易受到伤害的生态系统；任何国家都不能垄断环境，只能在平等分享美好环境的同时，根据当代人和下一代人的需要采取行动。

地球首脑会议的成功召开，将环保运动推向一个新高潮。1992年11月23—25日在丹麦首都哥本哈根举行了有86个国家的部长和官员们参加的联合国环境会议。会议结束时达成一项协议，一致同意到1995年底逐步停止生产用于冰箱、空调和气溶胶的含氯氟烃以及四氯化碳熏蒸剂，比原规定的截止期提前4年；到1994年停止生产用于消防材料的聚四氟乙烯，比原规定的截止期提前6年；到1996年，而不是原规定的2005年停止生产用于干洗的三氯乙烷；在1996年后冻结含氢含氯氟烃的生产，并把2020年作为完全禁止生产的截止日期。与会者还设立一项永久性的蒙特利尔多边基金，从1993年起将已经获得的1.13亿美元，用于把发达国家的技术转让给第三世界国家，生产对臭氧无害的化学物质。1992年11月23—27日在巴西举行了来自欧洲、拉美、非

洲49个国家150多名议员代表参加的环境与发展会议，集中讨论了如何共同落实地球首脑会议的决议。与会议员就《生物多样化公约》和《防止全球气候变暖公约》的批准方式交换了看法，还确定了地球首脑会议其他三个文件中提到的一些环境问题急需在法律上得到认可的方式。这些会议和活动进一步贯彻和落实了地球首脑会议的精神。

我国政府的环境保护，坚持国际合作，与周边国家和世界各国携手共进，遵守各种国际公约，履行自己的义务和责任，开展技术交流与合作，共同保持地球的纯净，在这种背景下，西安市的环保工作，也在国际合作之背景下，积极推进，必将取得更大的成果。

参考书目

1. 张宝珍：《为了绿色的地球》，世界知识出版社，1995年北京。

2. 王社教：《汉长安城》，西安出版社，2009年。

3. 肖爱玲：《隋唐长安城》西安出版社，2008年。

4. 张永禄：《唐代长安词典》，陕西人民出版社，1990年西安。

5. 周云庵：《陕西园林史》，三秦出版社，1997年西安。

6. 王崇仁：《古都西安》，陕西人民美术出版社，1981年西安。

7. 畅琳芳主编：《生态文明与城市发展》，西安文史馆，2011年西安。

8. 《西安市水利志》，陕西人民出版社，1999年西安。

9. 张骅、陈谦：《陕西之最》，陕西科技出版社，1986年西安。

10. 张骅：《豳风斋闲话》，工商出版社，1992年香港。

11. 张骅：《秦郑国渠》，三秦出版社，2008年西安。

12. 张骅：《水利泰斗李仪祉》，三秦出版社，2008年西安。

13. 张骅：《陕西治水史话》，天马图书有限公司出版，1999年香港。

14. 张骅：《水事春秋》，天马图书有限公司出版，1999年香港。

15. 张骅：《水事杂览》，华夏出版社，2010年北京。

16. 张骅：《西安建筑文化》，陕西人民美术出版社，2012年西安。

17. 果鑫喆：《长安画派研究》，陕西人民出版社，2002年西安。

18. 西安历史文化名城研究会编：《新世纪西安历史文化名城保护与发展论文集》，陕西人民出版社，2003年西安。

19. 郭琦主编：《陕西五千年》，陕西师范大学出版社，1989年西安。

20. 南京大学历史系编：《中国历代名人辞典》，江西人民出版社，1982年南昌。

21. 蒋建军、刘建林主编：《渭河箴言》，西北大学出版社，2008年西安。

22. 司马迁等：《二十四史》，天津古籍出版社，1999年天津。

23. 萧涤非等：《唐诗鉴赏辞典》，上海辞书出版社，1983年

24. 王学理：《秦都与秦陵》，三秦出版社，2008年西安

25. 李令福：《曲江史话》，三秦出版社，2008年西安

26. 李若弛、许文辉：《道教圣地楼观台》，三秦出版社，2007年西安。

27. 杨宽：《战国史》，上海人民出版社，1981年。

28. 西安市政协文史资料委员会编：《西安佛寺道观》，陕西人民出版社，2009年西安。

29. 张敏、张文立：《秦始皇帝陵》，三秦出版社，2007年西安

30. 张双棣等：《吕氏春秋译注》，吉林文史出版社，1993年，长春。

31. 梁思成：《中国建筑史》，百花文艺出版社，1998年天津。

32. 《唐诗鉴赏辞典》，上海辞书出版社，1983年。

33. 杨希义：《西安的军事与战事》，西安出版社，2002年

34. 杨秀伟、李宗新：《水文化论文集》，黄河水利出版社，1995年郑州。

35. 西安市地方志办公室：《西安2010年鉴》，2010年

36. 王作兆：《长安史迹纪略》，陕西人民出版社，2005年西安

37. 腾明道：《中国古代建筑》，中国青年出版社，1985年北京。

38. 朱士光、王元林：《历史时期关中地区气候变化的初步研究》。

39. 王仲生：《长安无处不飞花——古代长安的环保实践及其现实意义》，原载《生态文明与城市民展》

40. 《中国珍稀濒危保护植物名录》，国家环保局，中国科学院植物研究所。

▌后 记

2011年9月，在西安市文史研究馆召开的"生态文明与城市发展"研讨会上，段先念副市长要求文史馆编写一本《西安生态文明启示录》。文史馆领导高度重视，会后让我写该书的编写大纲，随后又召集文史专家讨论。我根据专家意见，对大纲进行了修正，上报市政府立项，得到了批准。

谁来写这本书？讨论会上，大家一致推荐我承担任务，我犹豫不决。因为我年事已高，又患高血压，1999年宣布封笔，随后又承担了文史馆《西安建筑文化》一书的编写任务；现在又要写这本书，如牛负重，压力很大。

我为什么又承担了这本书的编写？一是市长的重托，责无旁贷，并且有"生态美"的重大意义，也是创建西安国际化大都市的关键所在；二是我的本职工作，我从事了三十多年的水土保持和水利工作，也属于生态环保范畴；我又是学林的，平时十分关注园林工作，从职业角度讲，行业相近；三是我一生编著出版了32部著作，改革开放后在报刊发表文章1800余篇，其中涉及生态环保的文章有400多篇，有较多的现成材料，为编书提供了方便；四是该书内容庞杂，涉及农业、林业、水利、水保、畜牧、城建、园林、交通、环保、旅游、历史、文化、抗震、计生以及法规政策、领导等各个方面，资料收集难度很大。为此，文史馆领导答应配备专人为我收集资料。基于以上四点，我便答应承担这本书的编写任务。

此后，我从2011年12月开始，先后用6个月的时间完成了近40万

字的初稿，分别送相关部门审查，得到了各方的支持。2012年9月14日，在文史馆召开了审稿会，西安市水务局、林业局、地震局、环保局、市容园林局、农委、人防办、计生委8家单位和文史馆的领导、许多同仁参加。大家对本书作了肯定，并提出了修改意见，随后我又修改润色，交给西安出版社出版，分社社长李宗保又提出修改意见，我又再次修改补充，最后定稿。

写这本书稿，一是利用我原有的现成材料；二是网上下载了60万字的资料；三是参阅出版的图书、报刊杂志、电视新闻，收集补充资料，特别是引用了张宝珍《为了绿色地球》一书的不少资料；四是通过现场采访，获得资料。经过一番努力，才完成了编写任务。

该书的时间界定，上至周秦，下至现在，也涉及一些计划建设的项目，如昆明池、地铁诸线的建设。地域的限定，以西安为主，兼顾秦都咸阳，也涉及周边地区，如华山、法门寺、壶口瀑布、柞水溶洞等。

本书共分四章，各节依类列目，但文字长短差异较大，短的几千字，长的上万字，因内容而定，不求平衡。最后一章"西安生态文明建设的启示"，立足西安，放眼世界，进行阐述。

本书的编写出版，首先感谢市政府的批准立项、拨款支持和文史馆领导的高度重视，承蒙西安市副市长段先念在百忙中为该书写序，相关部门的领导与同志参与审订，西安出版社社长张军孝、分社社长李宗保的斧正。受到畅琳芳、曹永辉两位馆长和巡视员张三星的重视和支持，特别是文史馆廖晨光同志，一年来不避寒暑，频频往返文史馆与寒舍之间，负责搜集下载资料、打印稿件，付出了艰辛的劳动。还有省政府机关事务局杨冀、省水土保持局张星等同志的帮忙，在此对以上领导和同仁表示衷心的感谢和崇高的敬意。

本书内容庞杂，涉及面广，而本人水平有限，书中不足和错误难免，欢迎专家和读者的批评指正。

张 骅

2012年12月25于西安豳风斋